国家出版基金项目
NATIONAL PUBLICATION FOUNDATION

黄贤金 毛熙彦 李焕 陈逸 等 著

长江经济带
资源环境与绿色发展

Resources, Environment
and Green Development of
the Yangtze River Economic Belt

南京大学出版社

图书在版编目(CIP)数据

长江经济带资源环境与绿色发展 / 黄贤金等著. — 南京：南京大学出版社，2020.11
ISBN 978 - 7 - 305 - 22814 - 8

Ⅰ. ①长… Ⅱ. ①黄… Ⅲ. ①长江经济带－生态环境保护－研究②长江经济带－绿色经济－区域经济发展－研究 Ⅳ. ①X321.25②F127.5

中国版本图书馆 CIP 数据核字(2019)第 295569 号

审图号：GS(2020)4979 号

出版发行　南京大学出版社
社　　　址　南京市汉口路 22 号　　　邮　编　210093
出 版 人　金鑫荣

书　　　名　长江经济带资源环境与绿色发展
著　　　者　黄贤金　等
责任编辑　田　甜　　　　　　　　　编辑热线　025 - 83593947

照　　　排　南京南琳图文制作有限公司
印　　　刷　徐州绪权印刷有限公司
开　　　本　718×1000　1/16　印张 35.5　字数 524 千
版　　　次　2020 年 11 月第 1 版　2020 年 11 月第 1 次印刷
ISBN 978 - 7 - 305 - 22814 - 8
定　　　价　198.00 元

网址：http://www.njupco.com
官方微博：http://weibo.com/njupco
官方微信号：njupress
销售咨询热线：(025) 83594756

前　言

资源环境可持续承载,是长江经济带可持续发展的基础,更是长江经济带生态大保护的战略支撑。但长江经济带流域格局如何影响着其绿色发展? 长江经济带流域系统主要资源环境要素的承载底线是否存在? 长江经济带重要经济发展空间或城市的承载力如何合理评价? 如何按照长江生态大保护的要求,科学推进长江经济带空间治理? 如何通过政策或机制创新,夯实长江经济带资源环境可持续承载,实现长江经济带永续发展?

为此,本书在基于"胡焕庸亚线"的发现与分析,揭示长江经济带空间格局特征的基础上,分别从流域格局与绿色发展、资源环境与承载测算、承载评价与典型案例、空间治理与生态优先、流域发展与政策创新等五个篇章就上述问题做了研究与探讨。

流域格局是人与自然相互作用的时空结果,也是时空过程。科学揭示长江经济带空间格局是认知长江经济带资源环境特征与流域上、中、下游协同发展的基础。由于流域格局的经济社会发展与自然生态关系的差异性,特定时期不同格局也有其相应的人与自然关系协调需求。为此,第一篇"流域格局与绿色发展"(第 1~5 章)基于"胡焕庸亚线"的发现,进一步揭示了长江经济带流域的"四元"格局(即苏浙沪、皖赣湘、鄂渝贵、云川)的空间特征,并据此进一步阐述了长江经济带的绿色 GDP、城市用地扩张、国土开发限度等绿色发展问题,从而为认知长江经济带绿色发展的格局特征做了铺垫。

变化中的长江经济带流域格局,其人与自然关系协同发展状态如何? 虽然人们对于资源环境承载力的科学评价仍存在不同看法,但仍不失为认知区域人与自然关系的科学工具,在我国还是编制国土空间规划、优化国土空间格局的政策工具。因此,资源环境可持续承载是协调长江经济带人与自然关系、实现绿色发展的基础。基于此,第二篇"资源环境与承载测算"(第6~10章)基于资源环境要素与经济社会发展相互作用的"点—力"关系,探讨了资源环境承载力核算的理论与方法,揭示了长江经济带关键资源环境要素的人与自然关系特征。主要是,针对长江经济带人地关系、人水关系以及应对全球变化的需要,分别开展了基于粮食安全的耕地资源人口承载力、基于水安全的水资源人口承载力以及应对全球升温的碳峰值人口承载力的研究,并发现了长江经济带人口综合承载力的空间特征,从而为优化长江经济带国土空间格局、协调长江经济带人与自然关系提供了认知基础和决策借鉴。

长江经济带具有流域—省域—特大城市—中小城市的层级格局特征。影响不同层级空间资源环境承载能力的关键资源环境因素是什么?如何更为科学地评价承载水平?为此,本书第三篇"承载评价与典型案例"(第11~13章),针对长江经济带流域空间差异性大,不同区域资源环境承载力影响因素的差异性大的特点,从典型省域—长三角城市群中心城市—城市等三个层次,开展了资源环境承载力评价研究,从而探索性地形成流域—省—中心城市—城市等多层次的资源环境承载力认知体系和评价借鉴。

国土空间治理是长江经济带永续发展的重要举措,也是长江经济带绿色发展的重要内容。针对长江经济带通江暗河塌江、"化工围江"、城市碳排放等问题,如何开展针对性的空间治理或纠错,推进长江经济带生态优先发展?基于此,第四篇"空间治理与生态优先"(第14~17章),结合长江岸线安全、长江岸线治理、长三角城市碳排放治理、长江经济带产业空间治理等的调研、分析以及模型测算,探讨了基于生态优先的长江经济带国土空间治理路径。

流域政策创新是长江经济带可持续发展的重要支撑。尤其是,长江经济带流域发展离不开流域可持续发展政策和特大城市资源环境政策的创新,而且这两个方面是相辅相成、相得益彰的。如何通过政策创新,引导长江经济带资源环境可持续利用?为此,第五篇"流域发展与政策创新"(第18~21章),在借鉴国际大流域资源环境与可持续发展政策、国际特大城市建设用地管控政策的基础上,探讨了长江经济带流域资源环境政策以及特大城市对于资源紧约束的应对策略。

但是,长江经济带资源环境与绿色发展,不仅需要面向当下长江经济带生态大保护的路径探索,还需要面向全球发展环境变化的适应与应对。因此,长江经济带作为中国最为重要的巨流域空间,也是最具发展活力、面临巨大挑战的国际巨流域空间之一,还需要有更为广阔、更为系统、更为深入的研究与认知,才能为支撑长江经济带绿色发展奠定更为坚实的理论基础,并提供策略借鉴。

黄贤金

2020 年 3 月 25 日

Preface

The sustainable carrying capacity of resource and environment is the basis for the sustainable development of the Yangtze River Economic Belt and it is also the strategic support for its ecological protection. Nevertheless, how does the basin pattern of the Yangtze River Economic Belt influence the green development? Does the bottom line of the main resource and environmental elements of the basin system of the Yangtze River Economic Belt exist? How to reasonably evaluate the carrying capacity of important economic development space or cities in the Yangtze River Economic Belt? How to scientifically promote the spatial governance of the Yangtze River Economic Belt in accordance with the requirements of the ecological protection of the Yangtze River? How to guide the sustainable carrying capacity of resource and environment of the Yangtze River Economic Belt through policy or mechanism innovations in order to achieve the sustainable development of the Yangtze River Economic Belt?

To this end, based on the discovery of the Huan-Yong Hu Sub-line about the characteristics of the spatial pattern of the Yangtze River Economic Belt, this book responds to the above questions in the following five parts: basin pattern and green development; resource environment and calculation of carrying capacity; evaluation of carrying capacity and typical cases; spatial governance and priority for ecology; basin development and policy innovation.

Scientifically revealing the spatial pattern of the Yangtze River Economic Belt is the basis for understanding the resource and environmental characteristics of the Yangtze River Economic Belt and the coordinated development of the upper, middle and lower reaches of the Yangtze River basin. The pattern of the basin is the spatio-temporal result of human and nature and it is also the process of their interactions. Nevertheless, due to the difference in the relationship between the socioeconomic development and natural ecology, different patterns in a specific period have their corresponding needs between human and nature. Therefore, based on the discovery of the Huan-Yong Hu Sub-line, the first part "basin pattern and green development" (Chapter 1~5) reveals the spatial characteristics of the "quaternary" pattern of the Yangtze River Economic Belt at province level (i. e. Jiangsu-Zhejiang-Shanghai, Anhui-Jiangxi-Hunan, Hubei-Chongqing-Guizhou, and Yunnan-Sichuan） and further elaborates the green development issues, such as green GDP, urban land expansion, and territorial development constraints of the Yangtze River Economic Belt, so as to recognize the characteristics of the green development patterns of the Yangtze River Economic Belt.

How is the coordinated development between human and nature in the changing basin pattern of the Yangtze River Economic Belt? Although people have different views on the scientific evaluation of the carrying capacity of resource and environment, it is still a scientific tool for understanding the relationship between human and nature in the region. In China, it is also a policy tool for the preparation of the planning for territorial space and the optimization of territorial spatial patterns. Therefore, sustainable carrying capacity of resource and environment is the basis for coordinating the relationship between human and nature in the

Yangtze River Economic Belt and achieving the green development. Based on this, the second part "resource environment and calculation of carrying capacity" (Chapter 6~10) discusses the calculation theory and method of resource-environment carrying capacity based on the "point-force" relationship between the resource and environmental elements and socioeconomic development. This part reveals the characteristics of the relationship between human and nature of the crucial resource and environmental elements in the Yangtze River Economic Belt. Focusing on the "human-land" relationship and "human-water" relationship of the Yangtze River Economic Belt and the requirements for coping with the global change, this part investigates the population carrying capacity of cultivated land resources based on food security, the population carrying capacity of water resources based on water security, and the population carrying capacity of the carbon peak value in response to the global warming. It also finds the spatial characteristics of the comprehensive population carrying capacity of the Yangtze River Economic Belt, thereby providing a cognitive basis and decision-making reference for optimizing the spatial structure of the Yangtze River Economic Belt and coordinating the relationship between man and nature in the Yangtze River Economic Belt.

The Yangtze River Economic Belt has a hierarchical pattern of "basin-province-mage city-small and medium-sized city". What are the crucial resource and environmental factors that influence their carrying capacity of resource and environment at different levels? How to evaluate the levels of carrying capacity more scientifically? To this end, the third part "evaluation of carrying capacity and typical cases" (Chapter 11~13) focuses on the large spatial differences of the Yangtze River Economic Belt and the differences in the influential factors of the carrying capacity of resource and environment in different regions at three levels, including typical provinces, core cities of urban agglomeration in the Yangtze River delta and other cities. It investigates the evaluation of the carrying capacity of resource and environment, so as to form a multilevel cognitive system and evaluation reference.

Spatial governance is an important measure for the sustainable development of the Yangtze River Economic Belt, and it is also an essential part of its green development. How to carry out spatial governance or governance error correction, and how to give priority to the development of the Yangtze River Economic Belt, are all the key questions for the sustainable development of the Yangtze River Economic Belt. Thus, the fourth part "spatial governance and priority for ecology" (Chapter 11~14) is based on the investigation, analysis and model calculations of the safety and governance of the shorelines of the Yangtze River, the reduction of carbon emission of the Yangtze River Delta and the industrial spatial governance of the Yangtze River Economic Belt. It discusses the paths of spatial governance of the Yangtze River Economic Belt based on priority for ecology.

Policy innovations of river's basin are important supports for the sustainable development of the Yangtze River Economic Belt. In particular, the development of the Yangtze River Economic Belt cannot be separated from the innovations of the basin's sustainable development policies and resource and environmental policies of mega cities. The two aspects are mutually reinforcing. How to guide the sustainable use of resource and environment in the Yangtze River Economic Belt through policy innovations? Thus, the fifth part "basin development and policy innovation" (Chapter 18~21) investigates the resource and environmental policies of the Yangtze River Economic Belt and the strategies of mega cities to deal with resource constraints.

However, in order to improve resource and environment and green development of the Yangtze River Economic Belt, it not only needs to explore the ecological protection paths of the belt, but also need to adapt to and respond to the changes of the global development environment. Therefore, as China's most important river basin, the Yangtze River Economic Belt is one of the most dynamic and mega basin facing huge challenges. It also requires broader and more systematic research and recognition to provide theoretical foundation and strategic references for the green development of the Yangtze River Economic Belt.

Huang Xianjin

March 25th, 2020

目　录

第一篇　流域格局与绿色发展

第二篇　资源环境与承载测算

第三篇　承载评价与典型案例

第四篇　空间治理与生态优先

第五篇　流域发展与政策创新

Contents

Part Two   Resource Environment and Calculation of Carrying Capacity

Part Three   Evaluation of Carrying Capacity and Typical Cases

Chapter 11   Evaluation of Resource-Environment Carrying Capacity of the Yangtze River Economic Belt on Province Level: Case Study of Jiangsu / 233

Chapter 12   Evaluation of Resource-Environment Carrying Capacity of the Yangtze River Economic Belt on City Level: Case Study of Nanjing / 273

Part Four　Spatial Governance and Priority for Ecology

Part Five   Basin Development and Policy Innovation

第一篇　流域格局与绿色发展

　　流域格局是人与自然相互作用的时空结果，也是时空过程。而由于流域格局的经济社会发展与自然生态关系的差异性，特定时期不同格局也有其相应的人与自然关系协调需求。为此，本篇基于胡焕庸亚线的发现，进一步揭示了长江经济带流域格局的空间特征，并据此进一步阐述了长江经济带的绿色 GDP、城市用地扩张、国土开发限度等绿色发展问题，从而为认知长江经济带绿色发展的格局特征做了铺垫。

第一章 / 胡焕庸亚线与长江经济带资源环境空间格局

当前,长江经济带内各地区人口密度呈现出明显的从沿海地区向内陆地区递减的阶梯式分布,这里从"胡焕庸线"的理论内涵出发,提出"胡焕庸亚线"的构想,并对长江经济带的人口区域分布与自然、社会、经济要素之间耦合性进行分析,探索性提出长江经济带战略空间格局优化的可行途径,以期带动和促进全国区域发展差距的缩小,格局的进一步均衡。

一、中国发展格局与长江经济带战略

人口,作为经济社会发展的基本要素,也是国土空间资源配置的重要依据,长期以来我国的人口分布形成了胡焕庸线两侧人口比例基本稳定分布的格局[1][2]。虽然在计划经济时期,国家区域均衡发展战略引导投资、人口向中西部转移,但是在改革开放后的"两个大局"战略影响下,沿海地区发展迅速,吸引了内陆地区大量劳动力向沿海集聚。20世纪30年代初,胡焕庸线东南及西部两个半壁"江山"的人口比例分别为96.79%和3.21%[3];2010年胡焕庸线两壁的人口比例分别为93.49%和6.51%[4]。人口变化最为迅速的时

---

① 吴瑞君,朱宝树.中国人口的非均衡分布与"胡焕庸线"的稳定性[J].中国人口科学,2016,1:14-24.

② 王桂新,潘泽瀚.中国人口迁移分布的顽健性与胡焕庸线[J].中国人口科学,2016,1:2-13.

③ 胡焕庸.中国人口之分布[J].地理学报,1935,2(1):33-73.

④ 郭华东,王心源,吴炳方,等.基于空间信息认知人口密度分界线——"胡焕庸线".中国科学院院刊[J].2016,31(12):1385-1394.

期,1982—2010 年,胡焕庸线东南半壁的人口年均增长 1%,而西北半壁的人口年均增长 1.33%,从胡焕庸线提出到 2010 年,胡焕庸线两侧的人口密度仅变动了 2 个百分点[1];而自 20 世纪 50 年代以来,胡焕庸线东南、西北两壁人口规模分别从 1953 年的 94.80%、5.20%,到 2010 年的 93.49%、6.51%;相应地,人口密度分别从 1953 年的 139.51 人/平方千米、5.83 人/平方千米,到 2010 年的 303.92 人/平方千米、15.72 人/平方千米[2]。不过,也有学者基于县级尺度的研究发现,从两侧地理区域的人口分布来看,在 1953—2017 年,中国东南半壁人口占比从 91.53%降至 88.88%,仅下降 2.65 个百分点,西北半壁人口占比从 8.47%升至 11.12%[3]。有学者对胡焕庸线的成因进行分析,认为胡焕庸线不仅是人口分布的分界线,也是自然资源要素格局分布的分界线[4][5]。也有学者从生态环境承载力角度认为胡焕庸线也是生态环境承载力差异的分界线[6]。在未来新型城镇化过程中,为缓解资源环境压力,能否打破胡焕庸线成为学术界研究争论的焦点话题。

当前,"一带一路"区域开放开发战略对于未来中国人口分布格局会产生一定的影响,长江经济带建设战略势必会推动城镇化的发展,要素的集聚开发会加剧其生态环境压力。我国"T"型区域发展战略意图通过"点—轴渐进扩散"的模式实现空间发展由不平衡到相对平衡的过渡[7],在实践中对我国的经济发展起到了极大的指导作用[8]。长江经济带区域城市之间的经济联系有逐步增强的趋势,城市之间的协调发展有利于人口等要素的自由流动,促进区域

① 王开泳,邓羽. 新型城镇化能否突破"胡焕庸线"——兼论"胡焕庸线"的地理学内涵[J]. 地理研究,2016,35(5):825 – 835.

② 周春山,曹永旺. 中国人口聚集格局演变及影响因素[J]. 科学,2019,71(5):32 – 36.

③ 尹德挺,袁尚. 新中国 70 年来人口分布变迁研究——基于"胡焕庸线"的空间定量分析[J]. 中国人口科学,2019(5):15 – 28.

④ 吴传钧. 胡焕庸大师对发展中国地理学的贡献[J]. 人文地理,2001,16(5):1 – 4.

⑤ 胡焕庸. 中国人口的分布、区划和展望[J]. 地理学报,1990,45(2):139 – 145.

⑥ 钟茂初. 如何表征区域生态承载力与生态环境质量?——兼论以胡焕庸线生态承载力涵义重新划分东中西部[J]. 中国地质大学学报(社会科学版),2016,16(1):1 – 9.

⑦ 陆大道. 我国区域开发的宏观战略[J]. 地理学报,1987(2):97 – 105.

⑧ 陆大道. 论区域的最佳结构与最佳发展——提出"点—轴系统"和"T"型结构以来的回顾与再分析[J]. 地理学报,2001(2):127 – 135.

的一体化发展[①]。在这一过程中长江经济带建设面临着水资源、粮食安全等资源环境方面的人口承载问题[②③]。2019年中共中央十九届四中全会将长江经济带作为"5＋1"（"一带一路"建设、京津冀协同发展、长江经济带发展、长江三角洲区域一体化发展、粤港澳大湾区建设、黄河流域生态保护和高质量发展），尤其是2016年9月，《长江经济带发展规划纲要》正式印发，《纲要》围绕"生态优先、绿色发展"的基本思路，确立了长江经济带"一轴、两翼、三极、多点"的战略空间，《长江经济带生态环境保护规划》更将"共抓大保护，不搞大开放"的发展战略落地，使得长江经济带在协调我国东、中、西发展中的作用日益突出。人口资源作为最具活力的生产要素在空间上有着极强的流动性，合理引导人口资源的流动对于缓解发达地区承载压力，释放落后地区发展潜力有着重要的意义，因此长江经济带战略空间格局的优化离不开对人口问题的审视。

二、"胡焕庸线"与人口分布空间格局

1935年，著名地理学家胡焕庸先生在《中国人口之分布》一文中，基于我国人口密度提出了"瑷珲—腾冲线"，即"胡焕庸线"，将我国的疆域划分为东南与西北两部，其中东南部以我国国土面积的36％支撑了全国96％的人口，这一发现对我国东南地区地狭人稠，西北地区地广人稀的人口空间布局做出了有力佐证。进一步将人口分布与地形、降水条件重合对比，可以发现三者之间存在密切联系，说明我国人口的这一空间布局特征一定程度上可以从自然地理要素视角得到解释[④]。"胡焕庸线"所反映出的我国人口与自然地理本底之间的空间耦合性，使得其在地域开发、人地关系协调等研究领域得到广泛应

① 吴常艳,黄贤金,陈博文,等.长江经济带经济联系空间格局及其经济一体化趋势[J].经济地理,2017,37(7):71-78.

② 李焕,黄贤金,金雨泽,等.长江经济带水资源人口承载力研究[J].经济地理,2017,37(1):181-186.

③ 金雨泽,黄贤金,朱怡,等.基于粮食安全的长江经济带土地人口承载力评价[J].土地经济研究,2015(2):78-90.

④ 胡焕庸.中国人口之分布[J].地理学报,1935,2(2):33-74.

用①。然而，自然地理条件带来的对人口空间分布的限制即使在技术不断进步的时代背景之下也很难实现突破。数据显示在"胡焕庸线"提出后的57年间，两侧人口仅出现了1.8%的变动②。而在过去的80多年内，尽管我国人口密度的分界线呈现出自东南向西北的推移，然而整体推移幅度较小，且伴随着阶段性的收缩③。

2014年国务院总理李克强在国家博物馆人居科学研究展上抛出了"胡焕庸线怎么破"这一重大课题，学术界针对这一问题的观点分割成"不能破"与"能破"两大截然相反的阵营。其中持"不能破"观点的一方主要依据自然资源特征的不可变更，而持"能破"观点的一方则强调了新型城镇化与"一带一路"建设所带来的机遇④⑤⑥⑦。尤其是中国科学院王铮先生认为，自然限制是第一地理本性，而交通和人口——产业集聚是第二地理本性，信息化是第三地理本性，美国人就突破他们的胡焕庸线，中国人要突破自己的胡焕庸线，要发挥第二地理本性的作用，推动第三地理本性的变化⑧。除自然结构外，中国科学院陆大道院士则进一步阐述了市场及交通成本、教育及文化等方面的限制，这也决定了"胡焕庸线"的长期稳定⑨。

其实，"胡焕庸线"的长期稳定与"突破"或"打破"是一个问题的两个方面，学者也是在不同的时间尺度上讨论这一问题。从人口的空间迁移规律来看，人类在不同的发展阶段所做的不同的集聚空间选择，从以食物支撑为主导，到

① 戚伟,刘盛和,赵美风."胡焕庸线"的稳定性及其两侧人口集疏模式差异[J].地理学报,2015,70(4):551-566.

② 刘桂侠.爱辉—腾冲人口分界线的由来[J].地图,2004,6:48-51.

③ 胡璐璐,刘亚岚,任玉环,等.近80年来中国大陆地区人口密度分界线变化[J].遥感学报,2015,19(6):928-934.

④ 陈明星,李扬,龚颖华,等.胡焕庸线两侧的人口分布于城镇化格局趋势——尝试回答李克强总理之问[J].地理学报,2016,71(2):179-193.

⑤ Deng X, Huang J, Rozelle S, et al. Impact of urbanization on cultivated land changes in China [J]. Land Use Policy, 2015, 45: 1-7.

⑥ Chen M, Huang Y, Tang Z, et al. The provincial pattern of the relationship between urbanization and economic development in China [J]. Journal of Geographical Sciences, 2014, 63(1): 33-45.

⑦⑨ Chen M, Liu W, Tao X. Evolution and assessment on China's urbanization 1960—2010: Under-urbanization or over-urbanization? [J]. Habitat International, 2013, 38: 25-33.

⑧ 陆大道,等.关于"胡焕庸线能否突破"的学术争鸣[J].地理研究,2016,35(5):805-824.

就业主导，再到生活品质主导。因此，"胡焕庸线"能否"突破"或"打破"也将遵循这一规律，并且理论上也存在一个空间的路径。

三、基于三个"地形台阶"的"胡焕庸亚线"界定

根据胡焕庸先生在《中国人口地域分布》一文中对"胡焕庸线"的再诠释，我国人口分布与我国地形的台阶式轮廓一致，也存在着阶梯形的变化，并在此基础上划分出了三个台阶：第一台阶全部分布在"胡焕庸线"东南部，包括了华东地区以及东北、华北和中南的大部分省市，共计19个省、市、自治区，是我国经济社会最为发达、人口最为密集的地区；第二台阶约2/3落入"胡焕庸线"西北部，包括西南和西北的大部分省市，共计10个省、自治区，资源赋存丰厚，发展潜力巨大；第三台阶全部落入"胡焕庸线"西北部，包括西藏和青海，受到自然条件的限制，人口稀疏，发展滞后[①]。从第一到第三台阶不仅人口比重在逐渐下降，经济发展和城镇化的推进水平也逐级降低。

事实上，目前我国整体的经济社会发展水平空间特征与胡焕庸线人口分布格局保持一致，基本形成"东南高，西北低"不均衡发展格局，这不仅与东南沿海地区经济发展开放较早和国家两个优先发展的战略有关，而且与所处的地理区位有关，经济发展水平与我国的地形分布形成逆梯度格局。

胡焕庸线第一梯度内的区域大部分为平原地区，土地资源较为肥沃，承载了全国一半以上的人口，但是，由于受区域发展政策的影响，该区域内部形成了以珠三角、长三角等发达城市群为核心的中心—外围不均衡空间格局。从人口与土地的数量关系来看（图1-1），中国大陆沿海地区以13.5％的土地承载了43.3％的人口，本书提出"胡焕庸亚线1"以东，以13.6％的土地承载了39.1％的人口，"胡焕庸亚线2"以东，以19.1％的土地承载了52.8％的人口。胡焕庸亚线的构想将高人口密度的胡焕庸线东部区域细化为三个梯度，分别是亚线1以东的区域、亚线1以西和亚线2以东区域、亚线2以西和胡焕庸线

---

① 胡焕庸.中国人口地域分布[J].科学,2015,67(1):3-4.

以东的区域①。

　　长江经济带成为胡焕庸亚线区域内包含东、中、西三大经济梯度和地形梯度的完整核心地带,探讨优化长江经济带的人口承载力能够为进一步全面引导胡焕庸亚线内的区域均衡发展提供借鉴。

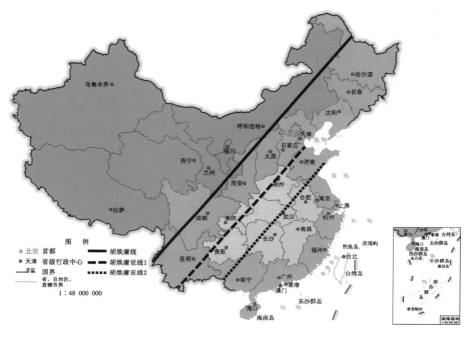

图 1-1　"胡焕庸亚线"构想的划分

注:台湾省资料暂缺。

　　长江经济带的空间范围涵盖上海、浙江、江苏、湖北、安徽、重庆、江西、湖南、四川、贵州和云南九省二市。人口稠密、经济较为发达,总面积 205.7 万 km², 占全国 21.4% 的国土面积,2017 年集聚了全国 42.7% 的人口、41.2% 的 GDP,已经成为我国国土空间开发的重要东西轴线,无论从国际环境还是国内发展环境来看,长江经济带建设作为国家战略,在区域发展总体格局中意义重大。从当前长江经济带的经济发展与人口、资源、生态、环境的相互关系来

---

　　①　黄贤金,金雨泽,徐国良,等.胡焕庸亚线构想与长江经济带人口承载格局[J].长江流域资源与环境,2017,26(12):1937-1944.

看,其资源环境承载状况主要有三个方面的梯度差序特征。

水、土资源的梯度差序。水、土资源是长江经济带建设的重要基础性资源,但存在着显著的空间配置差异特征。其中,苏浙沪区域水资源相对丰沛,河网密布,河湖交错,但土地资源相对稀缺,该区域土地资源占长江经济带土地资源总面积的10%,却承载着24%的人口,支撑着50%的GDP;皖湘赣区域,以25%的土地资源,承载着31%的人口,支撑着35%的GDP;鄂渝贵区域,以25%的土地资源,承载着23%的人口,支撑着10%的GDP;而云川地区,以40%的土地资源,承载着22%的人口,支撑着5%的GDP。因此,总体来看,从上游到下游区域,水资源占比总体逐步趋多,但土地资源占比总体逐步趋少,水、土资源梯度差序配置特征显著。

生态、环境要素的梯度差序。长江上游区域,高山峻岭,自然覆被率高,但生态更为脆弱;长江中游区域,生态景观多样性程度较高,但工业化、城镇化快速发展加剧了生态、环境的承载压力;长江下游区域,水土资源环境负荷高,环境人口、环境经济承载问题较为突出,尤其是长江经济带沿线化工占全国的46%,主要分布在中下游区域,极大地加剧了长江下游区域的水环境压力。因此,从上游到下游区域,自然生态的人工化程度总体逐步趋高,环境负荷总体逐步趋高,生态、环境要素也呈现梯度差序配置。

经济密度、资源丰度的梯度差序。长江经济带上、中、下游三个区域,经济发展分布处于要素驱动、投资驱动以及创新驱动启动的三个发展阶段;而从其资源利用程度来看,也出现有限利用、推进利用和相对高度利用的三个阶段。但由于长江经济带上游地区资本、技术等要素输入相对有限,过度地依靠矿产、土地、水等资源开发,必将加剧这一区域的生态承载压力;长江经济带中游区域资本、技术等要素输入性增强,但粗放发展问题较为突出,对于水土资源、生态环境的影响也日益凸显;长江下游区域虽然业已处于创新启动阶段,但发展方式尚未发生根本性转变,水土资源、生态环境承载问题较为突出。因此,长江上游区域,资源丰度高,但经济密度低,基于生态阈值的资源环境可承载能力也低;而长江下游区域,资源丰度相对较低,但经济密度高,基于环境容量的资源环境可承载发展空间有限。

上述差序特征的存在使得长江经济带内部人口承载力问题进一步复杂化。一方面随着社会经济的发展,资源要素在决定人口承载规模过程中的角色逐渐让步于经济和物质基础,使得人口分布与经济发展水平呈现较高的一致性;另一方面经济发展与资源环境条件的差序分布使得发达地区资源环境承载面临着更大的压力。

对现有从土地粮食生产能力[①]、水资源[②]以及碳排放[③]视角对长江经济带人口承载力的测算相关研究的结果进行汇总,取土地承载力、水资源承载力和碳排放承载力中最低值作为承载力的最低水平,最高值为承载力的最高水平,得到 2020 年、2030 年不同资源约束下人口承载力区间。根据木桶效应,将决定人口规模最低值的资源要素视作为人口承载的限制因素,得到表 1-1。

表 1-1　各地区人口承载力区间与限制因素　　　　　　(万人)

地区	2020 年		2030 年		限制因素
	低值	高值	低值	高值	
上海	87.75	2 331.44	65.71	2 358.51	水
江苏	1 283.81	7 347.37	1 563.17	8 392.04	水
浙江	1 239.53	8 605.59	1 027.93	7 095.24	土地
安徽	1 842.86	7 636.87	1 912.06	9 526.26	水
江西	3 787.18	15 523.52	3 090.02	9 884.76	碳
湖北	2 030.75	6 092.24	2 404.76	7 214.29	水
湖南	3 746.08	16 859.93	2 937.41	10 732.38	碳
重庆	1 207.36	3 622.09	1 633.65	4 900.95	水
贵州	2 127.36	7 758.41	1 987.30	5 961.90	土地(2020),水(2030)
四川	5 923.30	17 769.90	4 599.05	21 328.57	水(2020),碳(2030)
云南	4 089.77	16 301.64	3 218.31	14 097.14	碳

注:资料来源于金雨泽(2015),杨桂山(2015),徐晓晔(2016)。

[①] 金雨泽,黄贤金,朱怡,等. 基于粮食安全的长江经济带土地人口承载力评价[J]. 土地经济研究,2015(2):78-90.

[②] 杨桂山,徐昔保,李平星. 长江经济带绿色生态廊道建设研究[J]. 地理科学进展,2015,34(11):1356-1367.

[③] 徐晓晔,黄贤金. 基于碳排放峰值的长江经济带人口承载力研究[J]. 现代城市研究,2016(5):33-38.

在不同的资源限制因素之下,各地区人口承载水平差异较大,因此人口承载力的区间也较大。从人口承载上限水平来看,长江经济带中上游地区蕴藏着较高的人口承载潜力,四川省、湖南省和云南省人口承载空间最大,而上海和重庆两个直辖市的人口承载空间相对较小。

在限制因素方面,有一半以上的省、市最大限制因素是水资源,包括上海、江苏、安徽、湖北、重庆和四川(2020)和贵州(2030),浙江和贵州(2020)两地主要限制资源是土地,而江西、湖南、云南和四川(远期)由碳排放带来的压力将是制约人口数量的主要因素。

四、从"胡焕庸亚线"看长江经济带人口承载问题

紧邻"胡焕庸线"东南部的省、市虽然落入了人口相对密集的半部,但是从沿海到内陆的人口密度和经济发展水平衰减趋势来看,依旧属于人口稀疏、发展相对落后的地区(图1-2)。这一局面削弱了上述地区的辐射能力,在一定程度上解释了胡焕庸线难以突破的原因。我国从东南沿海向西北内陆阶梯式的发展格局决定了我国发展格局的均衡也需要通过阶梯式的推进。"胡焕庸亚线"将"胡焕庸线"所体现的人口密度和城镇化水平在空间上进一步细化,可以视为这一过程推进的阶段线,两侧地区则是实现融合和衔接的关键地带。

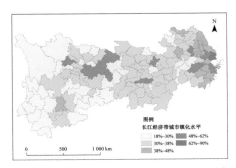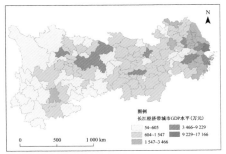

图1-2　长江经济带城市城镇化水平(左)及GDP水平(右)分级

通过ArcGIS 9.3的自然断裂法,从第六次人口普查和国土资源统计数据中可以看出,长江经济带在三条线之下被分成四个部分(图1-3)。

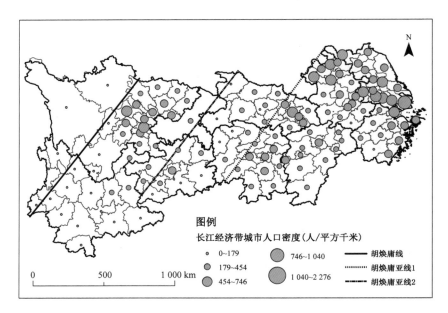

图 1 - 3　长江经济带阶梯式人口分布空间格局

　　第一部分包括上海、江苏、浙江、安徽、江西，及湖北和湖南的东部地区，人口密度超过 500 人/平方公里的城市总数占 51％，城镇化水平超过 48％的城市总数占 56％，GDP 水平超过 1 547 万元的城市总数占 31％。

　　第二部分位于第一、第三部分的中间地带，在城镇化水平、GDP 水平、人口密度上均处于显著的低谷。

　　第三部分主要集中在以成都、重庆、昆明为核心的城市地区，核心城市地区的城镇化水平超过 38％，GDP 水平超过 604 万元，在西部地区呈现出明显的高地，总体上呈现块状集聚特征。

　　第四部分位于第三部分的西部，长期以来具有经济基础薄弱特征。胡焕庸亚线将长江经济带划分的四个部分的空间分布格局与当前长江经济带内的城市群分布格局具有一致性。

　　第一部分区域主要由长江经济带的下游长三角城市群和长江中游的武汉城市群、长株潭城市群以及环鄱阳湖城市群组成，第三部分主要以长江上游的成渝城市群为主，第二部分的区域是长江中游城市群与上游城市群的外围城市的毗邻区，第四部分区域主要是四川省西部城市。通过对胡焕庸线的细分，发现长江经济带的人口分布密度较高的区域(第一部分和第三部分)也是长江经济带上、中、下游城市群分布密集的区域。

因此,长江经济带的城市空间发展格局存在显著的高低差序格局发展地带。以资源环境人口承载力评价结果来引导、规则人口向中上游流动,或配置、再配置空间发展权,尤其是第一部分区域的人口承载力压力大于其他地区,以加强中下游城市群与上游城市群的经济联系,以城市群城市的辐射带动作用为主,有效推进产业转移来带动人口向上游胡焕庸亚线 1 以西地区转移。第三部分的区域,例如襄阳市、宜昌市、怀化市、张家界市等城市是人口转移潜力较高的地区,这些城市受到武汉城市群、成渝城市群的辐射作用较小,未来利用当地资源环境优势和匹配流入的高素质劳动力资源来拉动地区经济发展和城镇化水平提升,可以有效地优化长江经济带开发的战略空间格局,也能推动长江经济带人口承载力梯度转移,实现缓解中下游人口承载力压力的目标。

以长江经济带战略空间格局优化为目的,着眼于人力资源这一要素,首先从"胡焕庸线"的理论内涵出发,立足于我国人口与经济、社会发展水平空间布局差异,划分出"胡焕庸亚线"并提出突破我国区域发展空间差异的阶段式思路。结合"胡焕庸亚线"以及长江经济带资源布局与未来人口承载空间差异,指出依托资源环境承载评价实现长江经济带空间格局优化的必要性,并提出相关建议。主要结论如下:

(1)紧邻"胡焕庸线"东南侧的地区偏弱的辐射能力使得这一空间界线决定的人口分布和城镇化水平分割边界难以突破,我国整体人口密度以及社会经济发展水平空间上"东南高、西北低"的阶梯式格局决定了解决这一问题需要采取渐进式的思路,依据这一格局可以将"胡焕庸线"东南部区域以沿海地区以及胡焕庸先生提出的我国人口布局第一台阶为依据进一步划分出两条"胡焕庸亚线",作为阶梯式突破的推进线。

(2)长江经济带资源环境与社会经济基础条件在空间上呈现出差序格局,"胡焕庸亚线"与长江经济带相交所划分的区域正好对应长江的上游、中游和下游。结合未来长江经济带资源环境的人口承载水平,下游长三角地区人口承载空间有限,而中上游地区存在较大潜力,引导人口从下游向中上游地区的有序流动,是缓解下游地区人口承载压力,优化经济带战略空间格局的关键。

(3)资源环境承载力评价是协调长江经济带内部经济、人口、资源、环境的重要依据。为实现这一目标,未来应当考虑进一步完善资源环境承载能力评价系统,建立资源环境承载动态监测预警体系,探索多类型的资源环境承载动态预警机制并创新长江经济带生态修复机制,形成基于长江流域山水林田湖特征的自然资源用途管制制度①。

---

① 黄贤金,杨达源.山水林田湖生命共同体与自然资源用途管制路径创新[J].上海国土资源,2016,37(3):1-4.

第二章 / 长江经济带经济发展现状及资源环境

　　由土地利用变化引起的一系列社会环境效应受到国际学者的研究关注，例如土地资源浪费[①]，土地污染[②]，土地生物多样性减少[③]，生态系统的功能和结构、服务价值的改变等问题[④]。人类活动引起的土地利用变化深刻改变了地球表层系统的分布格局[⑤]，是土地利用变化的主要驱动因素。随着世界经济的快速发展，以都市群为载体的经济格局加强了局部区域范围内的经济合作过程，例如我国的珠三角、长三角、京津冀等城市群成为带动中国经济发展的引擎，而土地是承载区域经济发展的载体，区域经济快速发展不仅改变了土地利用空间组织结构，而且加速了不同土地利用类型之间的转化速度，重构了城市—区域空间格局，对国土空间开发产生重要的影响。

---

① Huang X, Li Y, Yu R, et al. Reconsidering the controversial land use policy of "linking the decrease in rural construction land with the increase in urban construction land": A local government perspective[J]. China Review-An Interdisciplinary Journal on Greater China, 2014,14(1)：175－198.

② Yang H, Huang X, Thompson J R, et al. China's soil pollution：urban brownfields[J]. Science, 2014, 344(6185)：691－692.

③ Seto K C, Fragkias M, Guneralp B, et al. A meta-analysis of global urban land expansion[J]. Plos One, 2011, 6(8)：1－9.

④ Roces-Diaz J V, Diaz-Varela E R, Alvarez-Alvarez P. Analysis of spatial scales for ecosystem services：Application of the lacunarity concept at landscape level in Galicia (NW Spain)[J]. Ecological Indicators, 2014, 36：49707.

⑤ Hall C A S. Integrating concepts and models from development economic with land use change in the tropics[J]. Environment, Development and Sustainability, 2006, 8(1)：19－53.

第一节 长江经济带经济发展历程

从 20 世纪 90 年代开始,国家提出了一系列促进长江经济带发展的措施,1992 年中共十四大提出"以上海浦东开发开放为龙头,进一步开放长江沿岸城市,带动长江三角洲和整个长江流域地区经济的新飞跃",长江经济带的开发开放得到了重视。随后出台的各项政策和国家区域发展战略都对长江流域地区以及长江经济带内的城市群的发展做了各种定位,在"十一五"和"十二五"规划中也多次提到了长江经济带的建设和发展问题。当今,长江经济带的发展已经上升到重大国家战略层面,开发开放的发展意识日趋强烈,促进长江经济带统筹协调发展也成为长江经济带开发开放发展的重要任务之一。

长江经济带的发展经历了萌芽阶段、起步阶段、复苏和飞跃阶段,本节将详细介绍。

一、萌芽阶段(1978 年—20 世纪 90 年代初)

从 20 世纪中期到改革开放,中国的区域经济发展格局经历了大洗牌。长江经济带的发展受到国家区域发展战略的影响,在改革开放的推力下孕育雏形。均衡发展战略影响下,大规模的内地投资倾斜政策期待全国经济发展得到均衡化,但是,在"三线建设"后,更大规模的投资仍然未有效阻止沿海与内陆的区域发展差距的扩大趋势,反而加剧了我国资源配置的区域不均衡困境[①]。十一届三中全会拉开了改革的帷幕,在沿海先发展、沿海支持内地发展这"两个大局"的战略背景下,沿海地区的发展在全国经济发展的比例持续提高。但是,长江沿江地区的区位和资源优势并没有得到充分发挥。

20 世纪 80 年代初,国务院发展研究中心原主任马洪提出我国"一线一

---

① 高新才.中国经济改革 30 年区域经济卷[M].重庆:重庆大学出版社,2008.

轴"战略构想,"一线"是指沿海一线,"一轴"是指长江①。随后,"长江产业密集带"的提出使得长江经济带有了发展雏形,学者认为长江产业密集带是兼顾自然地理、人文脉络、经济区整体功能和行政区完整性等诸多因素的经济区形式②。20世纪80年代的长江产业密集带重点在于发展沿海城市,1984年中央决定开放宁波、温州、上海、南通、连云港等14个沿海港口城市,之后长三角更多的市、县被开放开辟为沿海经济开放区,在吸引外资和产业集聚发展方面得到了适当的政策支持。1984年,"点—轴开发"理论的提出更是加强了对沿海地区的开发,长江三角洲城市群得到了较快的发展,其余沿江内陆城市的发展都滞后于长三角地区。"七五"时期加快了改革开放的步伐,1990年,国务院决定开发和开放上海浦东新区,实行经济技术开发区和某些经济特区政策。上海浦东新区的开发开放对长三角、长江流域经济紧密联系起到了桥梁作用③,但是由于"六五"计划以来长期的沿海开发政策倾斜,大量的资金投入改善了东部地区能源、交通、通信等条件,而长江流域的中西部地区未能得到重点开发,与长江下游的城市经济差距逐渐拉大,长江作为黄金水道的优势未能得到充分发挥④⑤。

二、起步阶段(1992—2005年)

1992年召开的中共十四大正式将社会主义市场经济体制确立为我国经济体制改革的目标,中国渐进式改革进入了新阶段,同时提到"以上海浦东开发为龙头,进一步开放长江沿岸城市,带动长江三角洲和整个长江流域地区经济的新飞跃",长江三峡水利枢纽工程得到全国人大的批准开始建设⑥。长江流域沿岸城市的建设进入了起步阶段,长江产业带建设成为这一时期长江流

① 曾刚,等.长江经济带协同发展的基础和谋略[M].北京:经济科学出版社,2014.
② 陈修颖,陆林.长江经济带空间结构形成基础及优化研究[J].经济地理,24(3):326-329.
③ 黄贞谕,钟哲,戴有恒.论上海浦东新区经济结构的"桥型"特点[J].城市问题,1991,01:34-39.
④ 谭方宁.建立长江流域经济协作区的设想[J].中国科技论坛,1988,05:34-36.
⑤ 李湛.浦东开发与长江流域航运建设[J].中国航运,1991,29(2):30-36.
⑥ 赵琳.长江经济带经济演进的时空分析[D].上海:华东师范大学,2012.

域城市重点发展战略,后期的长江经济带这一名词是由长江产业带发展演变而来,中国科学院地理科学与资源研究所陆大道院士,1992年提出需要重视长江产业带开发的规划研究,长江产业带具有承东启西,联南结北的优越地理条件,加快产业带开发是实现经济建设重心向中、西部转移的先决步骤①。"八五"国家科技攻关课题"长江产业带建设的综合研究"工作会议于1993年9月在南京召开,国家相关部委领导传达了长江产业带建设的中央指示精神,充分发挥上、中、下游各地区区位优势,联合开发、相互协作、共同繁荣。研究学者对长江产业带建设的总体布局进行了初步思考,认为产业带建设宜采用分层次推进与中心辐射相结合的发展战略②。1995年,十四届五中全会进一步明确,建设以上海为龙头的长江三角洲及沿江地区经济带,长江沿江地区经济得到蓬勃发展,沿江干流产业带初具规模,初步形成了以浦东为龙头的对外开放新格局③。1996年颁布的"九五"计划和2010年远景目标纲要明确了要"依托沿江大中城市,逐步形成一条横贯东西、连接南北的综合经济带"的战略取向④,长江经济带的建设上升为国家战略,对于长江经济带的建设也进入全面启动阶段。从地域覆盖范围来看,长三角及长江沿江地区主要是指沿江七省二市(上海市、浙江省、江苏省、安徽省、湖南省、湖北省、江西省、重庆市、四川省)。

但是,从中央战略安排层面来看,长江经济带的建设已经全面启动,实际上长江经济带由于内部经济发展差距、资源禀赋差异较大,区域内的产业趋同现象严重,沿江各省市之间并未形成较好的合作发展关系。长江下游上海的浦东开发开放吸引了大量外资企业进入,体制创新、产业升级、扩大开放等方面在长江经济带建设中处于遥遥领先地位,但其辐射带动作用范围仅限于江苏、浙江,长三角城市在上海经济辐射带动下,民营乡镇企业发展迅速,形成独

① 陆大道,赵令勋,荣朝和.重视长江产业带开发的规划研究[J].人民长江,23(11):4-8.
② 虞孝感,陈雯.关于长江产业带建设总体布局的初步思考[J].长江流域资源与环境,1993,2(3):193-199.
③ 虞孝感,陈雯.长江产业带发展态势与若干重大问题[J].中国科学院院刊,1995,3:231-236.
④ 沈玉芳.长江经济带投资、发展和合作[M].上海:华东师范大学出版社,2002.

特的"苏南模式"和"温州模式"[①]。长江中游以武汉为中心形成城市集聚带[②]，长江上游主要是以重庆为中心形成长江上游城市群[③]，长江经济带上、中、下游的经济发展差异充分体现了我国东、中、西部的经济差异性，长江经济带东、中、西部在经济综合实力、产业结构、空间结构、居民生活水平等各个方面均表现出了发展的不平衡[④]。2005 年长江经济带七省两市签订了《长江经济带合作协议》，因为各省市行政壁垒因素，长江流域的合作发展一直被割裂，该协议没有起到实质性的推动作用。

三、复苏与飞跃阶段(2006 年至今)

2006 年国务院出台《关于促进中部地区崛起的若干意见》，强调"以省会城市和资源环境承载力较强的中心城市为依托，加快发展沿干线铁路经济带和沿长江经济带"，2007 年国家发改委正式批复了"武汉城市圈和长株潭城市群为全国资源节约型和环境友好型社会建设综合配套改革试验区"，长江经济带东、中、西部的全面发展进入了复苏阶段。在国家政策的推动下，长江经济带内形成了不同发展程度的城市群，长三角城市群成为长江经济带内的"龙头"。2008 年，长三角一体化发展战略正式上升为国家战略，2009 年国务院通过了《促进中部地区崛起规划(2012—2030 年)》，强调了加快建设形成长江、陇海、京广和京九"两横两纵"经济带，继续推动了中部城市群的发展进程。2012 年国务院批复了《长江流域综合规划》，以完善流域防洪减灾、水资源综合利用、水资源与水生态环境保护、流域综合管理体系为目标，充分发挥长江的多种功能和综合利用效益。

2013 年开始，长江经济带的开发开放进入了腾飞阶段，国家对长江经济

---

① Wei Y D, Fan C C. Regional inequality in China：A case study of Jiangsu Province [J]. Professional Geographer，52(3)：455 - 469.

② 刘妙龙，黄坤赤. 武汉—九江城市集聚带发展与长江经济带中段开发[J]. 长江流域资源与环境，1997,6(3):200 - 204.

③ 张鹏，贺荣伟. 长江经济带城市群建设与流域经济发展研究[J]. 重庆大学学报(社会科学版)，1998,4:30 - 34.

④ 沈玉芳，罗玉红. 长江经济带东中西部地区经济发展不平衡的现状、问题及对策研究[J]. 世界地理研究，2000,9(2):23 - 30.

带的发展高度重视,长江经济带发展再次上升为国家战略。2013 年 9 月,国家发展改革委员会同原交通运输部在北京召开关于《依托长江建设中国经济新支撑带指导意见》研究起草工作动员会议,当时包括上海、重庆、湖北、四川、云南、湖南、江西、安徽、江苏等 9 个省市,提出了长江经济带发展的四大战略定位,依托长三角城市群、长江中游城市群、成渝城市群,做大上海、武汉、重庆三大航运中心,推进长江中上游腹地开发,促进两头开放。2014 年 3 月,国务院政府工作报告中提出:"依托黄金水道,建设长江经济带。"2014 年 4 月 25 日,中共中央政治局会议提出"推动京津冀协同发展和长江经济带发展"。2014 年 9 月 25 日,国务院发布《关于依托黄金水道推动长江经济带发展的指导意见》,该意见中确定了长江经济带的覆盖范围为 11 省市,明确指出建设综合立体交通走廊,并随意见印发了《长江经济带综合立体交通走廊规划(2014—2020 年)》,目标到 2020 年建成横贯东西、沟通南北、通江达海、便捷高效的长江经济带综合立体交通走廊。2016 年 3 月 25 日,中共中央政治局会议审议通过《长江经济带发展规划纲要》,强调"要在保护生态的条件下推进发展,增强发展的统筹度和整体性、协调性、可持续性,提高要素配置效率"。并明确提出打造"一轴""两翼""多点"发展新格局。即"一轴",发挥上海、武汉、重庆的核心作用,构建沿江绿色发展轴;"两翼",南翼以沪瑞运输通道为依托,北翼以沪蓉运输通道为依托;"多点",发挥三大城市群以外地级城市的支撑作用。

表 2-1 长江经济带发展历程

时间	政策文件	指导意义
20 世纪 80 年代	"一线一轴"战略	"一线"指沿海发展,"一轴"指沿江开发
1985 年	"七五"计划	"七五"计划要求加快长江中游沿岸地区开发,大力发展同东、西部的横向经济联系
20 世纪 90 年代	长江三角洲及长江沿江地区经济战略构想	长江产业带的提出

（续表）

时间	政策文件	指导意义
2005 年	签订《长江经济带合作协议》	长江沿线七省二市在交通部牵头下签订协议
2006 年	国务院出台《关于促进中部地区崛起的若干意见》	提出加快发展沿长江经济带城市
2008 年	国务院出台《关于进一步推进长江三角洲地区改革开放和经济社会发展的指导意见》	明确提出"一体化发展"、"加快推进区域一体化进程"，这是"长三角一体化"概念首次进入中央文件，上升为国家战略
2009 年	《促进中部地区崛起规划》	中部地区建设沿长江经济带
2010 年	国务院颁布实施《全国主体功能区规划》	沿长江通道是我国国土空间开发一级开发轴，长三角成为重点推进的特大城市群之一，江淮城市群、中游城市群、成渝城市群成为重点开发的大城市群和区域性城市群
2012 年	国务院批复《长江流域综合规划（2012—2030 年）》	提出发挥长江的多种功能和综合利用效益
2013 年	《依托长江建设中国经济新支撑带指导意见》	提出长江经济带建设四大战略，要求上海、武汉、重庆成为三大航运中心，推进腹地开发
2014 年	国务院出台《关于依托黄金水道推动长江经济带发展的指导意见》《长江经济带综合立体交通走廊规划（2014—2020 年）》	长江经济带地域覆盖范围涉及 11 省市，长江经济带启动区域通关一体化改革，将长江经济带提升到了新的战略层面
2016 年	《长江经济带发展规划纲要》	确定《纲要》是推动长江经济带发展的重大国家战略纲领性文件，形成生态优先、流域互动、集约发展的思路
2019 年	中央经济工作会议决定	要加快落实区域发展战略，完善区域政策和空间布局，发挥各地比较优势，构建全国高质量发展的新动力源，推进京津冀协同发展、长三角一体化发展、粤港澳大湾区建设，打造世界级创新平台和增长极。要扎实推进雄安新区建设，落实长江经济带共抓大保护措施，推动黄河流域生态保护和高质量发展。要提高中心城市和城市群综合承载能力

第二节　长江经济带经济社会发展及对资源环境的压力

　　区域经济的可持续发展离不开资源环境的有力支撑,长江经济带内城市经历了中国快速的城镇化和工业化过程,形成了长三角城市群、长江中游城市群、上游城市群和成渝城市群等规模不等的城市群经济。自从 20 世纪 90 年代提出要开发建设长江经济带以来,长江经济带中下游地区的交通发展迅速,加强了长江经济带中、下游城市之间的经济联系,上游城市由于交通网络稀疏,与长江经济带的中下游城市之间的联系较少①。2014 年国务院发布《长江经济带综合立体交通走廊规划(2014—2020 年)》,是为统筹长江经济带交通基础设施建设,加强各个运输方式有机衔接的重要举措,也为长江经济带上游城市发展带来契机。

　　经济增长的同时不可避免地伴随着生态破坏和环境污染,随着全社会环保意识的持续增强,全球各政府组织加强了环境管理力度,对生态保护、节能减排的绿色发展提出更高的要求。长江经济带的经济发展具有历史阶段性特征,每个发展阶段都跟中国的区域发展战略和区域政策关系密切。因此,本节对长江经济带的经济社会发展特征及其对资源环境的影响进行分析。

一、长江经济带经济社会发展总体特征

(一)经济总量特征

　　长江经济带资源能源丰富,有良好的工业、农业、交通、科技、教育基础,形成了上中下游功能互补、不同规模的城市群,在国家经济中占有重要地位,经济总量几乎占据半壁江山。从经济体量看,长江经济带占全国的份额在逐渐

---

　　① 吴常艳,黄贤金,陈博文.长江经济带经济联系空间格局及其经济一体化趋势[J].经济地理,2017,37(7):71-78.

增加,长江经济带的经济总量的增长趋势与长江经济带的开发建设不断受到国家区域发展战略的重视具有高度的一致性。将长江经济带 11 省市和全国的 GDP 统一计算到 1978 年的不变价进行对比,发现 1978—2017 年长江经济带 11 省市的 GDP 呈现逐年增加的趋势,由 1978 年的 1 512.8 亿元增长到 2017 年的 69 361.6 亿元,增加了 45 倍左右。长江经济带 11 省市的 GDP 总量占全国的比重也是逐渐增长,2017 年增长至 60%以上,从长江经济带 GDP 增长的变化可以看出主要有三个明显的阶段:第一阶段 1978—1996 年,长江经济带 11 省市的 GDP 总量在 1 万亿以下,而且占全国的比重在 40%;第二阶段 1997—2007 年,长江经济带的 11 省市 GDP 总量增加至 3 万亿;第三阶段 2007—2017 年,迅速增加至 7 万亿。

从长江经济带的人均 GDP(1978 年不变价)来看,上海的人均 GDP 远远高于长江经济带的其余省份,江苏、浙江、湖北、重庆、四川的人均 GDP 都超过了 2017 年的全国水平(7 729.35 元),剩余省份的人均 GDP 均低于全国水平。区域内经济发展存在较大差异,主要形成了以长三角城市群、武汉城市群和成渝城市群为核心的板块经济格局。

(二) 人口与城镇化水平特征

长江经济带是我国人口与城市最为密集的区域之一。2017 年年末,长江经济带的总人口占全国总人口的 44.74%,其中每个省市的总人口在长江经济带中所占的比重略有变化。从 1978 年到 2017 年,安徽省、贵州省、湖南省、江西省、云南省的总人口占比有所上升,贵州和云南是占比增加最多的两个省份,贵州省总人口占比从 6.13%增长到 7.34%,云南省总人口占比从 7.06%增长至 7.92%。江苏省的人口占比基本保持不变,湖北省、四川省、浙江省、上海市和重庆市的总人口占比都有所下降。

改革开放以来,长江流域各省市积极推进城镇化进程,目前已经形成了长三角、长江中游和成渝三大城市群以及若干区域性中心城市[①]。长江经济带

---

① 肖金成,黄征学.长江经济带城镇化战略思路研究[J].江淮经济,2015,1:5-10.

的城镇化水平从 1978 年的 14％提高到 2017 年的 54％,大体上与全国平均水平持平(54％),按照城镇化发展的规律,长江经济带城镇化水平已经进入了快速成长的阶段[①]。目前,城镇化的评价缺乏统一的标准,大部分采用城镇人口与总人口的比重来反映城镇化水平,也有从土地城镇化的视角对城镇化水平进行衡量[②③]。本书利用非农业人口占比来反映城镇化程度。上海的城镇化水平从 1978 年的 58.74％增长至 2017 年的 87.7％,远高于全国的城镇化水平,也高于长江经济带的城镇化水平。2017 年年末,湖北、湖南、江苏、江西和重庆的城镇化水平也高于全国水平。

2006 年国务院出台《关于促进中部地区崛起的若干意见》中提到要依托长江经济带内的各大城市群中心职能作用,带动周边地区发展,这一意见的出台推动了湖南、安徽、湖北、江西等中游省份的城镇化发展。云南的城镇化水平在 2013 年以后得到了较快的提高,从 2013 年的 16.59％迅速增长到 2018 年的 47.69％,但是贵州省的城镇化水平依然处于 37％左右,主要是由于长江上游城市规模普遍偏小,云南和贵州两省的大城市数量明显不足,城镇体系不合理导致了城镇化推进较慢[④]。

(三) 产业结构演替特征

长江经济带的产业结构进一步优化,但是第二产业依然占主导。从产业结构的现状来看,全国的三次产业结构比在 2017 年年末为 8.8∶39.9∶6.2。从长江经济带的各个省市的三次产业结构比重来看,上海市 2017 年的三次产业结构比为 0.44∶31.81∶67.76,主要以第三产业为主,上海市的产业结构在 2004 年发生了重要的调整,第三产业的占比超过了第二产业。安徽、湖北、

① 方创琳,周成虎,王振波.长江经济带城市群可持续发展战略问题与分级梯度发展重点[J].地理科学进展,2015,34(11):1398-1408.

② 张志然,刘纪平,赵阳阳,等.长江经济带人口城镇化空间格局及驱动力分析[J].测绘科学,2016,41(2):94-100.

③ 张立新,朱道林,杜挺,等.长江经济带土地城镇化时空格局及其驱动力研究[J].长江流域资源与环境,2017,26(9):1295-1303.

④ 肖金成,等.长江上游经济区一体化发展[M].北京:经济科学出版社,2015.

湖南、江西、四川等5个省份的一产和二产占比都高于全国水平,第三产业比重远远低于全国水平。江苏、浙江、重庆3个省市的一产占比低于全国水平,第二产业比重高于全国水平,第三产业略低于全国水平。贵州和云南除第一产业比重高于全国水平外,第二产业和第三产业的比重均低于全国水平。

因此,可以发现长江经济带的各省市的产业结构具有鲜明的互补性特点,上海主要以现代服务业、金融业、航运、文化创意等第三产业为支柱产业。安徽、湖北、湖南、江西、四川等中西部省份第一产业和第二产业同步发展,主要以汽车、装备制造、农副产业加工、建材等产业为支柱产业。江苏、浙江、重庆是以二、三产业发展为主,形成以能源、化工、装备机械、电力、纺织等为支柱产业的经济发展特征。云南和贵州虽然第一产业高于全国水平,但是仍然以二产和三产的发展为主导,重点形成了文化产业、旅游、水电、医药业、生物、烟草等支柱性产业(表2-2)。

表2-2 长江经济带各省市支柱产业状况

省(市)	支柱产业
上海市	现代服务业、金融、航运、国际贸易、文化创意
安徽省	汽车、装备制造、优质金属材料、电子信息、农副产品加工、能源和煤化、旅游、金融
湖北省	汽车、食品、电子信息、生物医药、建筑业
湖南省	机械装备制造、新材料、电子信息、食品、文化创意
江西省	铜、石化、钢铁、纺织、建材
四川省	水电、电子通信、机械冶金、医药化工、饮料食品、金融
江苏省	新能源、新材料、生物技术和新医药、软件和服务外包、节能环保、物联网
浙江省	纺织、电力、电气机械和通用设备
重庆市	电子信息、汽车、装备机械、化工、材料、能源、消费品
云南省	烟草、生物、水电、矿产、旅游和文化产业
贵州省	白酒酿造、电力、医药业、建筑、旅游

资料来源:南昌大学中国中部经济社会发展研究中心编著:《同饮一江水——长江经济带合作与发展(中部发展报告)》,经济科学出版社,2017年。

从三次产业结构演变情况来看,上海在 2004 年之后第三产业的占比超过了第二产业。安徽、湖南、江西和四川省在 1978 年至 1988 年,第一产业与第二产业所占比重持平,随后从 1990 年开始,第一产业所占的比重持续下降,第二产业比重加速上升。湖北省大概从 1982 年开始,第一产业占比持续下降,二产占比增加迅速。这几个省份都是从 2008 年开始第二产业占比增速迅猛,同时第三产业占比有下降的趋势。这可能与国家应对 2008 年金融危机出台的扩大内需政策有关系,基础设施的投资建设拉动了相关的第二产业的发展,同时中部崛起和西部大开发政策也推动了中西部省份的城镇化和工业化过程,也在一定程度上刺激了第二产业的发展。江苏、浙江和重庆自 1978 年以来第一产业占比持续降低,而第二产业占比从 1978 年至 2005 年前后保持增长的趋势,在 2005 年之后,二产占比开始下降,三产占比逐渐上升,至 2014 年前后,二产与三产占比持平,2018 年苏、浙、渝三产占比均超 50%。云南和贵州在 1994 年前后开始出现一产占比与二产占比持平的趋势,但是不同于长江经济带的其他省市,云南和贵州的第三产业发展迅速,一直保持增长的态势,尤其是贵州在 2008 年三产占比超过了二产占比,至 2018 年云南、贵州三产比例超二产近 10%,达到 47% 左右。

从表 2-2 可以发现,长江经济带各个省市的产业结构在经济发展水平相似的地区具有演替的相似性,而且支柱性产业产业同构的现象较为明显,长江经济带的化学工业分布仍然具有分散性,尤其是以规模经济效益为主要特征的石油化工业近年来有沿江向上游扩张的趋势①。对比国外的莱茵河产业结构发展情况,莱茵河下游是以世界第一大港,"欧洲门户"鹿特丹为中心,一系列石油垄断公司形成的化工产业集聚地,在中游形成了沿莱茵河干支流布局的化工产业带和钢铁、冶金、机械等制造业产业带,上游是水源地保护与旅游兼顾的风景区②。长江经济带的产业结构还有待调整和升级,结合长江上、中、下游省份的产业结构特点,因地制宜地推进产业结构优化升级和工业化过程。

---

① 周冯琦,程进,陈宁,等.长江经济带环境绩效评估报告[M].上海:上海社会科学出版社,2016.

② 曾刚,等.长江经济带协同发展的基础与谋略[M].北京:经济科学出版社,2014.

二、长江经济带经济发展对资源环境的压力

(一)区域开发战略加大了长江经济带的土地资源开发强度

"T"字形发展战略的提出,将长江经济带战略提到了具有先导性、引领性的国家战略空间地位。20 世纪 80 年代中期,《全国国土总体规划纲要》提出了以沿江和沿海"T"字形为主轴线的开发模式,这一时期加大了对长江沿江的开发力度,尤其是下游地区的产业投资力度,大力发展乡镇企业,加大了土地开发强度。进入 21 世纪后,区域发展呈现明显的板块化、多元化战略。2007 年国务院批准了武汉都市圈和长株潭城市群"两型社会"实验区,2010 年发改委通过了《促进中部地区崛起规划实施意见的通知》,区域发展进入多元化的发展时代,中部崛起战略推动了城镇化发展,对比"中部崛起"和"两型社会"政策实施前后,发现武汉都市圈在国家政策的驱动下,经济发展和城镇化速度明显加快,对城镇的建设用地的扩张作用明显[①]。不仅是武汉都市圈,其余省份也有类似现象,例如,湖南省在城市化进程背景下,小城镇发展较快,乡镇企业发展迅速,工业企业和小城镇的不当建设导致了土地的严重浪费[②]。

另外,在中部崛起战略背景下,中部地区的固定资产投资过热,导致大量圈地,经济结构失调,使土地资源压力增大[③]。国家在深化推行区域总体发展战略的同时,开始着手制定区域分类指导的战略,2010 年国家批复了《全国主体功能区规划》,按开发方式将国土空间开发分为优化开发区域、重点开发区域、限制开发区域和禁止开发区域。为了深入推进主体功能区规划,主要形成了以"两横三纵"为主体的城市化战略格局、"七区二十三带"为主体的农业战略格局和"两屏三带"为主体的生态安全战略格局。长江经济带内的长江三角

① 黄瑞,李仁东,邱娟,等.武汉城市圈土地利用时空变化及政策驱动因素分析[J].地球信息科学,2017,19(1):80-90.

② 沈彦,刘明亮.城市化进程中的土地资源优化配置研究——以湖南省为例[J].广东土地科学,2006,5(5):16-19.

③ 鲍荣华,闫卫东,张迪.加强中部土地利用宏观调控的建议[J].国土资源情报,2006,12:18-29.

洲地区、长江中游地区、成渝地区、黔中地区和滇中地区五大板块的划分将长江经济带国土空间开发具体化,长江三角洲地区为优化开发区,长江中游地区、成渝地区、黔中地区和滇中地区成为重点开发区。在主体功能区规划的影响下,长江经济带的土地资源压力有待缓解,土地利用强度和土地资源配置有待进一步优化。

(二)长江经济带经济社会发展对其他资源的影响

长江经济带由于人口经济活动密集,对水资源的开发利用程度不断提高,水环境和水生态也面临严峻的威胁,主要面临着环境污染加剧、安全隐患较大、生态退化严重、河口生态环境问题加剧等问题。2014年富营养化的湖泊中长江经济带内的湖泊占据近一半,2013年长江经济带重化工业废水排放量占工业废水排放总量的81.6%,2014年长江流域排放废水达到234.0亿吨,几乎占全国重点流域排放量的一半[①]。

长江经济带所有地区的碳排放量都处于上升的阶段,2013年碳排放量为39.9亿吨,尤其在2005—2017年期间碳排放总量为284.6亿吨,约占全国664亿吨碳排放量的42.9%[②]。在全国的碳排放格局中长江经济带属于碳排放调控的重点区域[③]。长江经济带的碳排放在区域内存在空间差异性,长三角地区的城市整体的CO_2排放增长速度要快于城市人口的增长速度,城市人口增加1%,则城市总的CO_2排放约增加1.35%,随着城市规模的增加,城市CO_2排放效率呈下降趋势[④]。

有研究发现1999—2017年,长江中游和大西南地区的碳排放强度在

① 周冯琦,程进,陈宁,等.长江经济带环境绩效评估报告[M].上海:上海社会科学院出版社,2016.

② 黄国华,刘传江,赵晓梦.长江经济带碳排放现状及未来碳减排[J].长江流域资源与环境,2016,25(4):638-644.

③ 李建豹,黄贤金,吴常艳,等.中国省域碳排放的空间格局预测分析[J].生态经济,2017,33(3):46-52.

④ 蔡博峰,王金南.长江三角洲地区城市二氧化碳排放特征研究[J].中国人口·资源与环境,2015,25(10):472.

0.7~1.0 t/万元之间,而东部的碳排放强度为 0.32~0.52 t/万元[①]。长江经济带社会经济发展和人口的增长会对环境产生更多的负荷,未来长江经济带的资源环境承载能力将成为限制长江经济带发展的重要方面,以碳排放峰值为约束条件能够得到长江经济带能够承受的最大人口规模,对有效合理地开发长江经济带资源具有指导意义[②]。

第三节　长江经济带人—水—地格局及其主要特征[③]

长江经济带规划与发展中涉及的利益非常复杂,社会、经济、生态问题交织,其中"人—水—地"系统(图 2-1)紊乱问题,以及由此引发的水质型缺水问题、土地资源承载力问题、土地城镇化与人口城镇化矛盾问题显著,阻碍了长江经济带的和谐可持续发展。能否解决"人—水—地"系统内部的矛盾,成为长江经济带可否持续发展的关键问题。

一、长江经济带"人—水—地"系统面临多大压力?

一是水资源需求量与日俱增,水质型缺水问题严重。长江水资源总量约为 9 958 亿立方米,约占全国河流径流总量的 35%,约为黄河的 20 倍。但是由于长江经济带人口众多,人均占有水量仅为世界人均占有量的 1/4。长江经济带的发展离不开该地区的水资源,水资源也是建设蓝色生态长江经济带的必需要素。随着经济发展和城市规模的不断扩大,长江经济带对水资源的需求也不断增加。从 2004 年 2 350.03 亿立方米的用水总量迅速增加到 2017 年的 2 698.30 亿立方米,用水总量净增加 348.27 亿立方米。这个增加量相

---

① 赵雲泰,黄贤金,钟太洋,等.1999—2007 年中国能源消费碳排放强度空间演变特征[J].环境科学,2011,32(11):3145-3152.

② 徐晓晔,黄贤金.基于碳排放峰值的长江经济带人口承载力研究[J].现代城市研究,2016,05:33-38.

③ 李焕.关于推进长江经济带"水—地—人"三位一体可持续发展的建议[J].科技工作者建议,2017(3).

当于南水北调工程每年一大半的调水总量。另外,长江经济带水体污染情况严重,2017 年,长江流域废污水排放总量为 346.7 亿吨,比上年度同比增加7.9 亿吨,其中生活污水 151.2 亿吨,占 43.6%。由此而导致的水质性缺水问题是长江经济带现在及未来发展所面临的严峻挑战①。

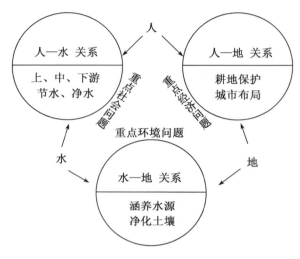

图 2-1 "人—水—地"综合系统

二是土地资源承载压力过高,尤其是长江经济带中、东部地区人口与经济增长透支了地力。长江经济带土地面积约 205 万平方公里,占全国的 21%,人口和经济总量超过全国的 40%。根据 2017 年的统计数据,上海、江苏、浙江地区土地资源占全国土地资源总面积的 2.2%,却承载着全国 11.6% 的人口,支撑着全国 20.1% 的 GDP;安徽、江西、湖南、湖北区域,以 7.3% 的土地资源,承载着全国 17.0% 的人口,支撑着全国 14.2% 的 GDP;重庆、四川区域,以 6.0% 的土地资源,承载着全国 8.2% 的人口,支撑着全国 6.7% 的GDP。长江经济带从上游到下游区域,经济、人口承载比重逐步趋多,但土地资源占比逐步减少,资源禀赋特征显著。

三是人口基数庞大,增长迅速,土地城镇化与人口城镇化矛盾明显。2017

① 李焕,黄贤金,金雨泽,等.长江经济带水资源人口承载力研究[J].经济地理,2017,37(1):181-186.

年长江经济带九省二市年末总人口占中国大陆年末总人口的 42.83%,超过全国人口的 2/5。全国人口 10 大省市中就有 6 个分布在长江经济带,分别是四川、江苏、湖南、安徽、湖北和浙江。另外,经济水平和区域发展政策的差异,产生了人口和土地资源配置效率差异,导致长江经济带上、中、下三个区域的协调发展度差距呈扩大趋势。这种协调度在空间上呈现东北高、西南低的"东北—西南"格局,表现出明显的"城市群集聚"特征,协调发展程度高的城市集中在长三角城市群、长江中游城市群和成渝城市群。长江经济带人口城镇化和土地城镇化发展的不协调将影响其新型城镇化建设的进程①。

　　基于以上现实情况,为实现长江经济带和谐可持续发展,从"人—水—地"综合治理的视角探讨其发展模式,我们提出,改善"人—水关系",依托长江蓝色水带,建设蓝色水域;协调"人—地关系",依托长江绿色生态,建设绿色廊道;挖掘"水—地关系",依托长江黄金水道,建设黄金水岸。

二、如何改善人—水关系?

　　一是构建点、线、面结合的"人—水关系"安全网络主骨架。首先,强化源头和上游区水源涵养和水源地保护。有效管控水电等工程开发规模和秩序,强化水库群统一调度,限制长江岸线开发和产业滨江布局,实施清水入江和清洁流域工程。其次,统筹中游干支流江河湖水系统的水量调配,划定河湖保护红线,确保河湖面积不减少、调蓄能力不下降,限制蓄滞洪区开发强度,强化干支流水库群统一管理和优化调度,合理调控江湖关系,切实保障区域水安全。最后,切实保护和改善下游水环境,强化国土开发生态指引,优化开发布局,推进转型升级发展,优化河湖水系格局,有效改善流域水环境和湖泊富营养化。

　　二是构建节水型的经济社会发展模式,科学普及节约用水的观念,针对性治理水污染。开展水体监测,对重点污染水体进行调查,根据监测调查结果建立水体保护数据库。通过立法建立长江流域水体安全的硬约束,依法对各类

---

　　①　李焕,吴宇哲.如何解决人—水—地系统矛盾?——长江经济带发展战略探讨[J].中国生态文明,2017(04):53-55.

污染源建立控制指标,对污染企业部门严厉问责。从制度和政策上调整用水结构,提高居民节水意识,从水量上遏制需水的过快增长,不断提高长江经济带的水资源承载能力。加大科技投入,开发研究节水技术从而提高水资源的利用效率。在"人—水关系"体系中充分尊重激发居民水体保护的权利与意识,与相关部门相互配合打造长江经济带蓝色水域共治格局。

三、如何协调人—地关系?

一是集中规范布局重化工业产业园,改变长江沿江重化工业分散布局、污染和风险难以管控的局面。设置区域和产业禁止发展负面清单,执行严格的土地污染物区域限排政策。以园区生态化和企业生产清洁化为重点,实现工业发展从"耗能、分散、低端型"向"生态、集聚、高端型"转变[①]。另外,需要通过土地整理、荒漠半荒漠化土地改良、山区土地综合开发、小流域综合治理等手段改善区域生态环境。树立"江河湖海湿"流域一体化和"山水林田湖草"生命共同体理念,制定全流域分区、分类、分级的生态保护和绿色发展策略。注重不同区域自然地理背景和人文社会环境相适应。降低经济建设等人类活动对自然的扰动,逐步恢复长江经济带植被和生态环境,提高生物多样性。让人地关系向着良性方向发展,进而实现经济的绿色可持续性发展[②]。

二是长江经济带范围内的优质耕地应该划入永久基本农田。长江沿岸分布着大量优质耕地,在建设黄金水岸的同时需要保证这些优质耕地的数量和质量。要实施严格的永久基本农田的划定和管护,采取必要的行政、法律、经济、技术等综合手段,加强管理,以实现永久基本农田的质量、数量、生态等全方面管护。要配合生态保护,大力推进长江经济带的农业结构调整,增强耕地保护内在动力。开发要统一规划,有计划有步骤地进行,要与生态建设、劳动力资源配置、产业发展方向相结合,严禁因利益驱动出售补充耕地指标的土地开发。

① 周正柱.长江经济带高质量发展存在的主要问题与对策[J].科学发展,2018(12):68-73.
② 金雨泽,黄贤金,朱怡.基于粮食安全的长江经济带土地人口承载力评价[J].土地经济研究,2015(02):78-90.

四、如何优化水—地关系?

一是需要进一步挖掘江河潜在价值,以更高水平、更大范围的角度进行综合发展整治,让长江成为一条有活力、魅力、吸引力的黄金水道。加快上海国际航运中心、武汉长江中游航运中心、重庆长江上游航运中心和南京区域性航运物流中心建设。提升上海港、宁波—舟山港、江苏沿江港口功能,加快芜湖、马鞍山、安庆、九江、黄石、荆州、宜昌、岳阳、泸州、宜宾等港口建设,完善集装箱、大宗散货、汽车滚装及江海中转运输系统。还需要建设综合立体交通走廊,统筹铁路、公路、航空、管道建设,加强各种运输方式的衔接和综合交通枢纽建设,加快多式联运发展[①]。

二是强化基于资源环境可持续承载的建设用地总规模控制。要严格控制竞相压低工业用地价格、无序扩大产业用地投放规模的行为。防止各省之间恶性竞争,避免出现大量港口重复建设、产业结构相同或相似的状况。进而优化资源配置,提高长江经济带整体的公共福利水平。在产业发展方面,要聚集创新创意,以江河兴城。通过江河生态化改造,调结构、转方向,实现长江经济带不同区域的产业综合发展,全面推动长江沿岸更新与改造[②]。根据上、中、下游的社会经济发展特征,打造适合区域自身发展要求的,集文化、休闲、商业、生态等功能价值于一体的黄金水岸[③]。

长江经济带产业结构的转型升级、新型城镇化的建设、区域互动协调发展,需要水资源供应和土地政策的引导。长江流域环境保护、生态红线划定、绿色可持续发展也都需要土地资源作为基底与水系作为网络的支撑。需要通过主动创新水、土管理和利用方式,走"人—水—地"三位一体的可持续发展道路,既要黄金水岸,也要蓝色水带和绿色生态。在发展过程中需要以人为中心,以水为基础,以地为载体,最终实现"人—水—地"的综合治理。

① 邹琳,曾刚,曹贤忠,等.长江经济带的经济联系网络空间特征分析[J].经济地理,2015(06):1-7.
② 周正柱.长江经济带高质量发展存在的主要问题与对策[J].科学发展,2018(12):68-73.
③ 吕慎,李晓东.建设绿色生态的长江经济带[N].光明日报,2015.

第四节　美丽中国与长江经济带绿色发展

　　"美丽中国"是中国共产党第十八次全国代表大会首次提出的概念,十八大报告指出建设生态文明,是关系人民福祉、关乎民族未来的长远大计。面对资源约束趋紧、环境污染严重、生态系统退化等严峻形势,必须树立尊重自然、顺应自然、保护自然的生态文明理念,把生态文明建设放在突出地位,融入经济建设、政治建设、文化建设、社会建设各方面和全过程,努力建设美丽中国,实现中华民族永续发展①。

一、"美丽中国"提出的背景

　　随着全球化的深入发展,资源枯竭、环境污染的加剧,气候变暖、大气污染、植被破坏、生物多样性锐减等逐渐成为全球共同面临的环境问题,生态危机正演变成复杂的国际问题。推进绿色发展和可持续发展,加强环境保护逐渐成为人类最高级别的全球共识和国际行动②。我国是世界上人口大国,资源人均占有率相对不足,过去粗放式的经济增长模式给自然资源和生态环境造成了难以承载的重负。美丽中国正是基于对中国长期不尽合理的、粗放式的、以物为本的经济发展方式思考的结果,也是对严重污染的自然环境较强烈反应的结果③。

　　2015 年 10 月召开的十八届五中全会上,"美丽中国"被纳入"十三五"规划,首次被纳入五年计划。2017 年 10 月 18 日,中共中央十九大报告要求,加快生态文明体制改革,建设美丽中国,再次强调了人与自然是生命共同体,人

---

　　① 　曾建平.中国梦与美丽中国[J].井冈山大学学报(社会科学版),2014,35(3):58-63.

　　② 　秦书生,胡楠.习近平美丽中国建设思想及其重要意义[J].东北大学学报(社会科学版),2016,18(6):633-638.

　　③ 　邱微,王立友,杜大仲,等."美丽中国"与自然环境关系研究[J].环境科学与管理,2013,38(11):181-185.

类必须尊重自然、顺应自然、保护自然。必须坚持节约优先、保护优先、自然恢复为主的方针，形成节约资源和保护环境的空间格局、产业结构、生产方式、生活方式，还自然以宁静、和谐、美丽。

美丽中国不仅单纯指一种天蓝、地绿、山青、水清的自然生态环境，更是包含了可持续发展、绿色发展、人民生活幸福因素在内。学者们从生态、经济、社会、政治、文化的维度构建环境绩效指数、人类发展指数和政治文化指数，评价了中国省级行政尺度的美丽中国建设水平，认为省级行政层面美丽中国建设水平整体在提升，但是空间差异显著[①]。事实上，建设"美丽中国"核心要义就是通过走绿色发展之路，在生态、经济、政治、文化及社会建设中注入绿色发展理念的"源头活水"，实现社会全面而健康的发展[②]。绿色发展理念在转变生产方式的同时强调资源的节约和循环利用，强调生态环境的保护和治理，强调重点关注一切生态问题，在此基础上促进经济的绿色发展，把社会经济的发展建立在生态环境的容量和资源的承载力条件之上，重点是把环境资源真正融入社会发展中去，把经济、社会和环境的可持续发展作为社会发展的目标，并且真正将"绿色化"、"生态化"作为经济活动和过程的主要内容和衡量标准[③]。

绿色发展理念的提出，引起了社会各界的广泛关注，学者们针对绿色发展也展开了大量的研究。绿色发展的功能被界定为经济系统、社会系统和自然系统的共生性和发展目标的多元化，强调三大系统的整体性和协调性，并认为绿色发展的理论前提是经济系统、自然系统和社会系统的共生性[④]。绿色发展成为可持续发展理论的升华，为我国未来新型城镇化过程提供了战略性指导方向，城市群的培育和建设成为新形势下绿色发展的前沿阵地和空间载体，已有研究表明不同层级城市群中心城市与城市绿色发展等级匹配存在异质

---

① 谢炳庚，向云波.美丽中国建设水平评价指标体系构建与应用[J].经济地理，2017，37(4)：15－20.

② 张彩玲，王鸿."美丽中国"建设视域下绿色发展理念研究[J].东北财经大学学报，2017，114(6)：72－78.

③ 王连芳，吴文春.绿色发展——建设美丽中国的重要途径[J].河北科技师范学院学报(社会科学版)，2016，15(3)：1－6.

④ 胡鞍钢，周绍杰.绿色发展：功能界定、机制分析与发展战略[J].中国人口·资源与环境，2014，24(1)：14－20.

性,需要区别对待①。因此,有学者遵循"发展中促转变,转变中谋发展"的良性循环发展原则,提出了中国西部地区绿色发展的概念框架②。尽管绿色发展的理念得到了强烈的认同和反响,但是目前我国的绿色发展仍然面临困境,例如,社会成员绿色发展意识淡薄,消费方式异化加大绿色发展难度,法律制度体系与实施机制脱节,等等③。在未来的绿色发展推进过程中,有待借鉴国外绿色发展典范国家的经验,包括瑞典、丹麦、芬兰、挪威等都是当今世界实现绿色发展的先进典范④,其绿色生产方式、绿色产业机构、绿色企业发展、绿色消费等方面都值得借鉴。

二、长江经济带绿色发展

长江是世界第三长河,干流流经青、藏、川、滇、渝、鄂、湘、赣、皖、苏、沪九省区二市,自西向东横贯我国中部,流域面积 180 万平方公里,中国 40% 的可利用淡水资源在长江流域,流域内渔业资源丰富,淡水渔业产量约占全国的60%;湿地面积 1 154 万公顷,超过全国湿地面积的 1/5;长江流域还是我国生物多样性重点地区,生态系统独特,生态地位重要,是我国重要的生态资源宝库和生态安全屏障,对维护国家生态安全、实现我国可持续发展有着重大战略意义。

(一) 长江经济带工业绿色发展

经过几十年的努力,长江经济带已建成门类齐全、独立完善的工业体系,在整个国家社会财富中占有重要地位。但不可否认,其工业发展依旧没有摆脱高投入、高消耗、高排放的发展模式,低端经济活动问题依然突出。长江经

---

① 黄跃,李琳.中国城市群绿色发展水平综合测度与时空演化[J].地理研究,2017,36(7):1309－1322.

② 刘纪远,邓祥征,刘卫东,等.中国西部绿色发展概念框架[J].中国人口·资源与环境,2013,23(10):1－7.

③ 黑晓卉,宋振航,张萌物.我国绿色发展面临的困境及推进路径[J].经济纵横,2016,10:15－18.

④ 黄娟,王幸楠.北欧国家绿色发展的实践与启示[J].经济纵横,2015,7:122－125.

济带已建成五大钢铁基地、七大炼油厂和一批石化基地,共计 40 余万家化工企业,基本集中了全国 40% 的造纸产能、43% 的合成氨、81% 的磷铵、72% 的印染布和 40% 的烧碱产能①。全面实现工业绿色发展的转型,落实生态优先、绿色发展战略,从中央到地方政府对此都高度重视。2017 年 6 月,以工业和信息化部牵头,发展改革委、科技部、财政部、环境保护部等五个部委共同出台了《关于加强长江经济带工业绿色发展的指导意见》。《意见》指出在落实党中央、国务院关于长江经济带发展的战略部署的基础上,按照"共抓大保护,不搞大开发"的总体基调,坚持供给侧结构性改革,坚持生态优先、绿色发展,扎实推进《工业绿色发展规划(2016—2020 年)》。到 2020 年,长江经济带绿色制造水平明显提升,产业结构和布局更加合理,传统制造业能耗、水耗、污染物排放强度显著下降,清洁生产水平进一步提高,绿色制造体系初步建立。与 2015 年相比,规模以上企业单位工业增加值能耗下降 18%,重点行业主要污染物排放强度下降 20%,单位工业增加值用水量下降 25%,重点行业水循环利用率明显提升。同时,分别从优化工业布局、调整产业结构、推进传统制造业绿色化改造、加强工业节水和污染防治等方面做出了详细的规划方案。尤其是针对长江岸线的造纸工业明确地提出要实行"一迁两禁一停"的管控措施,各个省份也严格推行国家"1 公里"限制政策,规范工业集约集聚发展,全面强行推行清洁生产审核制度②。

(二) 长江经济带产业绿色转型

产业是经济发展的载体,建设长江经济带生态文明示范带,核心是实现产业绿色协同发展,即在产业层面开展绿色合作,强化产业合作研发,加大生态系统完整性和连通性建设与保护力度,建立健全生态文明保障制度,建设长江经济带绿色生态走廊③。长江经济带产业发展长期以来形成了"偏重偏化"的

---

① 杜焱强,包存宽.长江经济带工业绿色发展须做好加减法[J].产业观察,2017,209:22-25.
② 江西省人民政府网.http://www.jiangxi.gov.cn/.
③ 何剑,王欣爱.区域协同视角下长江经济带产业绿色发展研究[J].科技进步与对策,2017,34(11):41-46.

产业结构特征,在产业的空间布局上呈现出产业集聚与资源配置错位的不合理现状。因此,长江经济带的产业绿色发展转型需要从聚焦科技创新、优化产业结构、重视园区建设和强化环保约束等方面做出突破。2017 年 12 月,湖北省发展改革委出台了《湖北长江经济带产业绿色发展专项规划》,提出到 2020年,高端化工新材料等战略性新兴产业占比明显提高,能源利用效率、资源利用水平、清洁生产水平大幅提升,绿色产业发展,到 2030 年绿色发展产业体系全面建成①。该规划首次提出资源环境承载力这个重要的硬约束,并且根据资源环境承载力评价结果,结合湖北省的环境容量、生态脆弱性地区以及生态重要性地区的边界限制,综合划定了湖北省特定地区的产业禁止、限制开发领域。目前,长江经济带产业绿色转型发展还面临着产业转移的现实问题,从长江经济带的各区来看,下游地区是污染产业的转出地,且转出现象越发明显,中上游地区依然是污染产业的转入地,相比于中游地区,上游地区的污染产业转入有明显减少的趋势,污染产业趋向于转移到环境管制宽松的地方②。因此,长江经济带产业绿色发展需要从上、中、下游全局审视产业转型发展,科学引导产业转移。

(三) 长江经济带生态保护与绿色发展

目前,长江流域传统的粗放型发展方式依然存在,资源环境超载状况依然突出,传统产业产能过剩矛盾依然严峻,危险化学品运输、航运交通等环境风险还在增加,生态保护与绿色发展面临严峻挑战。必须坚持生态优先、绿色发展,把生态环境保护摆上优先地位,涉及长江的一切经济活动都要以不破坏生态环境为前提,共抓大保护,不搞大开发,思路要明确,建立硬约束,长江生态环境只能优化、不能恶化。

原环境保护部、发展改革委、水利部联合印发了《长江经济带生态环境保护规划》(环规财〔2017〕88 号)(以下简称《规划》),《规划》是落实国家重大战

---

① 中国日报. http://cnews. chinadaily. com. cn.
② 丁婷婷,葛察忠,段显明. 长江经济带污染产业转移现象研究[J]. 中国人口·资源与环境,2016,26(11):388-391.

略举措的迫切要求,是贯彻五大发展理念的生动实践,是《长江经济带发展规划纲要》在生态环境保护领域的具体安排①。到 2020 年,生态环境明显改善,生态系统稳定性全面提升,河湖、湿地生态功能基本恢复,生态环境保护体制机制进一步完善。《规划》贯彻"山水林田湖是一个生命共同体"理念,突出四个统筹,即统筹水陆、城乡、江湖、河海,统筹上中下游,统筹水资源、水生态、水环境,统筹产业布局、资源开发与生态环境保护,对水利水电工程实施科学调度,构建区域一体化的生态环境保护格局,系统推进大保护。通过划定并严守水资源利用上线、生态保护红线、环境质量底线,促进形成绿色发展方式和生活方式,改善生态环境质量,实现发展与保护的协调统一。资源环境承载力,是构建资源环境可承载的长江经济带战略空间的基础性支撑,也是科学划定三条红线和实现"多规合一"这一国土空间规划一张图的前提保障。

---

① 中华人民共和国生态环境部. http://www.mee.gov.cn.

第三章／长江经济带绿色 GDP 核算及时空格局研究

　　绿色 GDP 是评价经济发展以及生态文明建设绩效的政策工具。国内外有关探索与实践，为更为深刻地认知以绿色 GDP 为表征的长江经济带绿色发展绩效提供理论和方法借鉴。为此，本章探索性地开展了长江经济带绿色 GDP 核算，并分析长江经济带绿色 GDP 的时空特征，从而为更为科学地制订长江生态大保护政策提供一定参考。

第一节　绿色 GDP 内涵

　　20 世纪 70 年代以来，在环境问题全球化的背景下，传统国民经济核算弊端日益凸显，引起社会学界反思。1993 年联合国统计局和世界银行合作制定了系统的综合环境与经济核算账户（简称 SEEA），首次提出绿色 GDP 的概念，即把资源、环境成本放入国民经济的生产核算之中，作为经济生产的成本处理，以实现对原 GDP 的调整[①]。此外，国际上已建立的绿色 GDP 核算体系还有菲律宾《环境与自然资源核算体系》（简称 ENRAP）[②]、欧盟统计局《欧洲

---

　　① 贾湖,于秀丽.基于 MCDM 的非货币化绿色 GDP 核算体系和六省市算例[J].干旱区资源与环境,2013,27(8):6 - 13.

　　② Peskin H M. Alternative Resource and Environmental Accounting Approaches and their Contribution to Policy [M]. Amsterdam: Dordrecht, 1998: 375 - 394.

环境的经济信息收集体系》(简称 SERLEE)①以及荷兰统计局《包括环境账户的国民经济核算矩阵体系》(简称 NAMEA)②。同时,Costanza 等人系统地测算了全球自然环境为人类提供服务的价值,即"生态服务指标体系"(简称 ESI)③,Daily 等人提出对自然生态系统价值进行评价并有效管理,为绿色 GDP 核算提供了有效的基础与借鉴④。

　　20 世纪 90 年代以来,国内学者也陆续展开对绿色 GDP 的探索与研究,积累了丰富的经验。绿色 GDP 研究所采用的核算方法多样,主要分为直接测算思路和间接测算思路两类。直接测算思路可用生产法和支出法计算⑤⑥,间接测算思路是在传统 GDP 核算基础上,综合纳入资源、环境、经济因素,通过对传统 GDP 数据进行调整得到。具体计算方法包括外部经济和外部不经济测算法⑦、社会福利测算法⑧、基于 SEEA 的平衡推算法⑨、投入产出法⑩、能值分析法⑪⑫⑬等。也有学者提出了非货币化的核算思想,即对经济、社会、资源

　　① European Commission. SERIEE European System for the Collection of Economic Information on the Environment 1994 Version [M]. Brussel:Euroatat,2002:136－142.

　　② Keuning S J,Haan M D. S J. Netherlands:What's in a NAMEA? Recent results [M]. Amsterdam:Dordrecht,1998:88－95.

　　③ Costanza R,D'Arge R,Groot R D,et al. The value of the world's ecosystem services and natural capital [J]. Nature,1997,387(6630):253－260.

　　④ Daily G C,Söderqvist T,Aniyar S,et al. Ecology. The value of nature and the nature of value [J]. Science,2000,289(5478):523－528.

　　⑤ 陈梦根. 绿色 GDP 理论基础与核算思路探讨[J]. 中国人口·资源与环境,2005,15(1):3－7.

　　⑥ 王铮,刘扬,周清波. 上海的 GDP 一般增长核算与绿色 GDP 核算[J]. 地理研究,2006,25(2):185－192.

　　⑦ 朱龙杰. 现行 GDP 与绿色 GDP 的比较研究[J]. 江苏统计,2001(9):11－12.

　　⑧ 杨缅昆. 国民福利核算的理论构造——绿色 GDP 核算理论的再探讨[J]. 统计研究,2003(1):35－38.

　　⑨ 杨友孝,蔡运龙. 中国农村资源、环境与发展的可持续性评估——SEEA 方法及其应用[J]. 地理学报,2000,55(5):596－606.

　　⑩ 雷明. 绿色国内生产总值(GDP)核算[J]. 自然资源学报,1998,13(4):320－326.

　　⑪ 郭丽英,雷敏,刘晓琼. 基于能值分析法的绿色 GDP 核算研究——以陕西省商洛市为例[J]. 自然资源学报,2015,30(9):1523－1533.

　　⑫ 张虹,黄民生,胡晓辉. 基于能值分析的福建省绿色 GDP 核算[J]. 地理学报,2010,65(11):1421－1428.

　　⑬ 刘志杰,陈克龙,赵志强,等. 基于能值分析的西宁市城市生态经济可持续发展研究[J]. 干旱区资源与环境,2011,25(1):18.

及环境划分多个层次建立核算体系，以非货币化数值来测算绿色GDP水平情况。主要应用的方法有层次分析法[①]、多重判据决策模型法[②]等。

表3-1 绿色GDP研究进展

研究地区		研究期/年	研究方法	绿色GDP指数
全国	中国	1992	投入产出法	99.78[③]
	中国	2004	SEEA	93.50[④]
	中国农村	1990—1996	SEEA	95.95[⑤]
省级	福建省	2001—2006	能值分析法	45.00~55.00[⑥]
	江苏省	1999—2010	SEEA	85.60~87.55[⑦]
	上海市	1953—1998	支出法	25.00~50.00[⑧]
	新疆维吾尔自治区	1996—2004	SEEA	61.22~84.05[⑨]
市级	陕西省榆林市	2001—2006	SEEA	42.50~95.07[⑩]
	陕西省商洛市	2003—2012	能值分析法	49.85~87.50[⑪]
	山西省大同市	2002	SEEA	60.24[⑫]

[①] 冯碧梅.湖北省低碳经济评价指标体系构建研究[J].中国人口·资源与环境,2011,21(3):54-58.

[②] 贾湖,于秀丽.基于MCDM的非货币化绿色GDP核算体系和六省市算例[J].干旱区资源与环境,2013,27(8):6-13.

[③] 雷明.绿色国内生产总值(GDP)核算[J].自然资源学报,1998,13(4):320-326.

[④] 王金南,於方,曹东.中国绿色国民经济核算研究报告2004[J].中国人口·资源与环境,2006,16(6):11-17.

[⑤] 杨友孝,蔡运龙.中国农村资源、环境与发展的可持续性评估——SEEA方法及其应用[J].地理学报,2000,55(5):596-606.

[⑥] 张虹,黄民生,胡晓辉.基于能值分析的福建省绿色GDP核算[J].地理学报,2010,65(11):1421-1428.

[⑦] 杨晓庆,李升峰,朱继业.基于绿色GDP的江苏省资源环境损失价值核算[J].生态与农村环境学报,2014,30(4):533-540.

[⑧] 王铮,刘扬,周清波.上海的GDP一般增长核算与绿色GDP核算[J].地理研究,2006,25(2):185-192.

[⑨] 于谦龙,王让会,张慧芝,等.新疆绿色GDP的核算与分析[J].干旱区地理,2006,29(3):445-451.

[⑩] 雷敏,张兴榆,曹明明.资源型城市绿色GDP核算研究[J].自然资源学报,2009,24(12):2046-2055.

[⑪] 郭丽英,雷敏,刘晓琼.基于能值分析法的绿色GDP核算研究[J].自然资源学报,2015,30(9):1523-1533.

[⑫] 王丽霞,任志远.初探绿色GDP核算方法及实证分析[J].地理科学进展,2005,24(2):100-105.

（续表）

研究地区		研究期/年	研究方法	绿色 GDP 指数
县级	湖南省怀化市	2006	能值分析法	30.01①
	岳阳市平江县	2012	SEEA	95.80②
	雅安市雨城区	2002—2004	SEEA	97.1～97.5③

在研究对象上,绿色 GDP 的研究多集中于省级层面、市级层面、县级层面尺度,且以资源型地区居多,而在大中尺度上的核算研究还较少,且核算内容并不全面,使得全国层面绿色 GDP 指数结果远高于省、市、县尺度的结果。同时,可以发现,目前研究对象大多为单一地区,较少有地区间差异比较的研究,而单一地区研究中所采用的核算标准及统计指标都是根据该地区实际发展特点选取,导致地区间可比性较差。在时间尺度上,目前研究较多集中于单一年份,有时间序列的研究时间跨度也以 5～10 年居多,而较少有较长时间范围的分析研究,由此导致绿色 GDP 的趋势判断并不显著。

现有评价方法与实证测算为进一步深化区域绿色发展水平研究奠定了坚实基础。目前长江经济带绿色发展评价研究业已得到重视,对长江经济带沿江地区绿色 GDP 的定量核算研究尚处于探索阶段。本章基于资源环境视角,通过构建绿色 GDP 核算指标体系,对长江经济带 1997—2017 年绿色 GDP 在省级层面进行核算。拟解决以下问题:1) 长江经济带绿色 GDP 的发展趋势如何? 资源环境损失价值如何? 及其内部结构比重如何? 2) 长江经济带绿色 GDP 指数的区域差异与经济发展水平的关系如何? 即是否存在经济发展较好地区对资源环境依赖性较高现象? 3) 长江各流域地区在绿色经济发展过程中处于何阶段? 存在何种问题? 由此,以期为推动我国打造绿色经济支撑带提供参考。

---

① 康文星,王东,邹金伶,等.基于能值分析法核算的怀化市绿色 GDP[J].生态学报,2010,30(8):2151-2158.

② 黄丽丽,葛大兵,周双,等.基于绿色 GDP 核算的平江县可持续发展研究[J].环境与可持续发展,2015(1):147-150.

③ 杨弈.县城绿色 GDP 核算体系研究[D].四川农业大学,2006.

第二节 绿色 GDP 核算方法

以往绿色 GDP 核算方法都达到了修正传统 GDP 指标的目的,但是地区社会发展不同以及自然环境的不确定性和地域性,造成对具体调整项的认同存在一定分歧,目前尚无一套完善且没有争议的绿色 GDP 核算体系标准。因此,为了给经济可持续发展提供数据指标支持,现阶段的绿色 GDP 计算方法应采取较为简单可行的模型。由此构建了本研究中绿色 GDP 核算模型:

$$绿色 GDP = 传统 GDP - \frac{自然资源}{损失价值} - \frac{环境污染}{损失价值} + \frac{资源环境}{正效益} \qquad (3-1)$$

绿色 GDP 指数计算公式为

$$绿色 GDP 指数 = 绿色 GDP / 传统 GDP \times 100 \qquad (3-2)$$

一、自然资源损失价值核算

基于中国自然资源特征,尤其是近年来经济社会发展中的资源消耗,本章选取水资源、能源资源和土地资源三种资源的消耗损失进行核算。

1. 水资源耗减价值

水资源耗减价值通过"水资源价格×水资源耗减量"得到。在水资源价格估算中,经验法为较易操作的国际通用方法,估算方式为

$$P_i = F_i / Q_i \times \alpha_i \qquad (3-3)$$

式中,P 为水资源价格;F 为用水行业生产者创造的总产值,考虑到数据可得性,以该地区生产总值近似替代;Q 为用水总量;α 为消费者支付意愿系数;下标 i 为第 i 个地区。对于 α,亚行及世行建议采用 1%～3%,结合中国水资源紧缺指标评价标准[①],由此得出 α 的推算公式:

---

① 黄家宝. 水资源价值及资源水价测算的探讨[J]. 广东水利水电,2004,33(5):13-14.

$$\alpha_i = \begin{cases} 3\%, & R_i \in [0,500] \\ 3\% - 1/1\,250(R_i - 500)\%, & R_i \in (500,3\,000) \\ 1\%, & R_i \in [3\,000, +\infty) \end{cases} \quad (3-4)$$

式中，R 为不区分用水行业的人均水资源量。

2. 能源资源耗减价值

能源资源耗减价值通过"能源资源价格×能源资源耗减量"得到。能源资源价格采用已有研究成果中 2004 年的标准煤平均价格 1 133 元/t[①]，并通过历年能源价格指数进行修正得到。

3. 耕地资源耗减价值

耕地资源耗减价值通过"耕地资源价格×耕地变化面积"得到。耕地资源价格采用收益倍数法估算，即首先计算耕地前三年平均产值，乘以原土地管理法第四十七条规定的土地补偿费和安置补助费标准的综合最高倍数 16 倍，得到耕地总价格，再除以耕地面积，得到单位面积耕地价格。

二、环境污染损失价值核算

将环境污染损失价值分为污染治理成本和环境退化价值两部分。污染治理成本是指为避免环境污染所支付的成本，包括已经投入治理的实际治理成本和尚未投入治理的虚拟治理成本；环境退化价值是指环境污染所带来的损害，如对环境功能、人体健康、作物产量等的影响，需借助一定的技术手段和污染损失调查。由于缺乏相应剂量反应关系研究和数据支持，这里仅计算环境污染导致的固定资产折旧费、污染事故引起的生产效益损失以及大气污染对人体健康造成的损害。

1. 污染治理成本

实际治理成本即各个地区在进行环境污染治理时所投入的资金总额，包括城市环境设施建设、工业污染治理及"三同时"项目环保投资；虚拟治理成本采用维护成本定价法进行估算，其计算公式为

---

① 刘德智，左桂鄂，秦华. 河北省绿色 GDP 核算实证研究[J]. 石家庄经济学院学报，2006，29(5)：620－623.

$$V = \sum_{i=1}^{n} M_i \times X_i \qquad (3-5)$$

式中,V 为虚拟治理成本;M 为污染物排放量;X 为污染物单位治理成本;i 为第 i 项污染物;n 为总共有 n 项污染物。

由于数据资料有限,核算的对象包括,废气中的二氧化硫、氮氧化物、烟尘、工业粉尘,废水中的化学需氧量、氨氮,固体废物中的一般工业固体废弃物、生活垃圾,其中工业固废计算量按照"产生量－综合利用量"得到,生活垃圾计算量按照"清运量－无害化处理量"得到。对于各污染物的单位治理成本,采用已有研究中的当年参数为基准价,并根据历年消费者价格指数(CPI)进行调整。废气、废水采用 2006 年参数[1],即以现行排污费征收标准的 2 倍作为基准价,固体废物采用 2004 年国家统一标准参数[2],即工业固废以一般工业固废的处置成本 20 元/t 作为基准价,生活垃圾以简易处理的治理成本 12 元/t 作为基准价,各污染物的单位治理成本基准价见表 3-2。由于污染物统计不全面,同时单位虚拟治理成本虽已按照现行排污费进行调整修正,但仍然是极其保守的,因此这里所得结果是偏低的。

表 3-2　污染物单位治理成本取值

污染物类别	污染物	单位治理成本基准年	单位治理成本基准价
大气污染	二氧化硫	2006	1 264 元/t[3]
	氮氧化物	2006	1 264 元/t[4]
	烟尘	2006	550 元/t[5]
	工业粉尘	2006	300 元/t[6]
水污染	化学需氧量	2006	1 400 元/t[7]
	氨氮	2006	1 750 元/t[8]
固体废物	一般工业固体废弃物[a]	2004	20 元/t[9]
	生活垃圾[b]	2004	12 元/t[10]

注:a. 根据"产生量－综合利用量"得到;b. 根据"清运量－无害化处理量"得到。

---

[1][3][4][5][6][7][8]　徐猛. 我国环境污染损失研究[J]. 现代商贸工业,2010,22(8):34-35.
[2][9][10]　郭高丽. 经环境污染损失调整的绿色 GDP 核算研究及实例分析[D]. 武汉理工大学,2006.

2. 环境退化价值

环境退化价值的核算主要从环境降级导致的资产加速折旧损失、生产效益损失和人体健康损失三方面展开。其中,由于环保加速折旧率难以取得,因此资产加速折旧损失,即环境降级而使得固定资产加速折旧所发生的环保维持费用,采用维持费用法计算[①]。该方法论述了环保维修开支占总维修开支比例为 5.2%,而总维修开支占工业总产值比例为 5.5%,因此可按照"工业总产值×总维修开支占工业总产值比 0.055×环保维修开支占总维修开支比 0.052"得到。生产效益损失,即环境降级对生产效益造成的损失以环境污染事故直接经济损失计算。人体健康损失主要核算由大气污染造成的人体健康经济损失,采用修正人力资本法,计算公式为

$$S = \Big[P\sum T_i(L_i - L_{0i}) + \sum Y_i(L_i - L_{0i}) + P\sum H_i(L_i - L_{0i}) \Big]M$$

$$(3-6)$$

式中,i 为第 i 种疾病,选取的是大气污染导致的疾病中最普遍的三项,即 i_1=慢性支气管炎、i_2=肺心病、i_3=肺癌;S 为环境污染对人体健康造成损失的经济评估值(亿元);P 为人力资本,这里取当年职工平均工资[元/(年·人)];M 为污染研究区人口数,这里取年末常住人口数(亿人);T_i 为第 i 种疾病患者人均丧失劳动时间(年);H_i 为第 i 种疾病患者陪护人员的平均误工时间(年);Y_i 为第 i 种疾病患者平均医疗费用(元)。根据《昆明市肺癌病人医疗费用支出状况调查》[②]结果数据,上述取值分别为 $T_1=1$、$T_2=2$、$T_3=12$;$H_1=0.04$、$H_2=0.05$、$H_3=0.2$;$Y_1=5\,075$、$Y_2=15\,400$、$Y_3=73\,365$,其中,Y_i 根据历年《中国统计年鉴》[③]中的中西药品及医疗保健类商品零售价格指数进行调整。L_i、L_{0i} 分别为污染区和对照区第 i 种疾病的标化死亡率,由于污染区和对照区三种疾病标化死亡率数据无法获得,以相应疾病全国城市居民死亡

---

① 徐衡,李红继. 绿色 GDP 统计中几个问题的再探讨[J]. 现代财经,2002,22(10):3-7.

② 沈晓文,王一涵,张雯熹. 昆明城区大气污染对人体健康损害的经济评估[J]. 中国市场,2014(46):124-126.

③ 中华人民共和国国家统计局. 中国统计年鉴 1998—2018[M]. 北京:中国统计出版社,1998—2018.

率和全国新农村居民死亡率之差近似代替污染区和对照区三种疾病的标化死亡率之差,其中慢性支气管炎为 67.97/10 万,肺心病为 54.76/10 万,肺癌为 30.38/10 万[①]。

三、资源环境正效益核算

资源环境正效益是多方面的,主要有废弃物综合利用产值、森林资源生态效益、园林生态效益[②]等,由于数据资料有限,此处仅考虑利用《中国统计年鉴》[③]即可查到的"三废"综合利用产品产值,对结果可能造成偏低的影响。

通过上述分析,选取可量化指标,构建了绿色 GDP 的核算指标体系(表3-3)。

表 3-3 绿色 GDP 核算指标体系

账户	一级指标	二级指标	计算方法
自然资源损失价值	水资源耗减价值		水资源消费者支付意愿价格×用水总量
	能源资源耗减价值		能源资源价格×能源消费总量
	土地资源耗减价值		耕地资源价格×耕地变化面积
环境污染损失价值	污染治理成本	实际治理成本	环境污染治理投资
		虚拟治理成本	$\sum$ 各污染物排放量×各污染物单位治理成本
	环境退化价值	资产加速折旧损失	工业总产值×总维修开支占工业总产值比×环保维修开支占总维修开支比
		生产效益损失	环境污染事故造成的直接经济损失
		人体健康损失	修正人力资本法
资源环境正效益	废弃物综合利用效益		"三废"综合利用产品产值

① 沈晓文,王一涵,张雯熹.昆明城区大气污染对人体健康损害的经济评估[J].中国市场,2014(46):124-126.

② 金雨泽,黄贤金.基于资源环境价值视角的江苏省绿色 GDP 核算实证研究[J].地域研究与开发,2014,33(4):131-135.

③ 中华人民共和国国家统计局.中国统计年鉴 1998—2014[M].北京:中国统计出版社,1998-2014.

四、数据来源

数据主要来自 1998—2018 年的《中国统计年鉴》[①]、《中国环境统计年鉴》[②]和《中国国土资源统计年鉴》[③]，以及各省（市、自治区）的相关统计年鉴。研究区域为长江经济带覆盖的 11 个省市。这里测算分析了 1997—2017 年这 21 年间长江经济带省市各种资源耗减价值、环境损失价值以及绿色 GDP 的数值及其时空变化差异。

第三节 长江经济带绿色 GDP 时空格局

绿色 GDP 是综合环境经济核算体系中的核心指标，在现在的 GDP 基础上融入资源和环境的因素。具体而言，绿色 GDP 是从 GDP 中扣除由环境污染、自然资源退化、教育低下、人口数量失控、管理不善等因素引起的经济损失成本。这个指标实质上代表了国民经济增长的净正效应。本节以长江经济带为研究区域开展了区域绿色 GDP 定量核算研究。

一、长江经济带 1997—2017 年绿色 GDP 趋势分析

从总体趋势上看，长江经济带地区绿色发展水平稳步提升。绿色 GDP 与传统 GDP 在 1997—2017 年保持同步上升趋势，其增长速度变化趋势基本一致且大小逐渐趋同。同时，绿色 GDP 指数也呈波动上升趋势，年均涨幅 1.19％。由此可见，绿色 GDP 数值与绿色 GDP 指数总体上均呈上升趋势，长江经济带经济发展水平上升的同时，越来越重视节约资源与保护环境，经济增

---

① 中华人民共和国国家统计局.中国统计年鉴 1998—2014[M].北京:中国统计出版社,1998 - 2014.

② 国家统计局环境保护部.中国环境统计年鉴 1998—2014[M].北京:中国统计出版社,1998 - 2014.

③ 中华人民共和国国土资源部.中国国土资源统计年鉴 2014[M].北京:地质出版社,2014.

长对资源环境的负外部性减弱,反映出经济发展模式得到一定优化,结构效益体现。但值得注意的是,绿色 GDP 与传统 GDP 之间的差值在逐年拉大,由 1997 年的 0.92 万亿元上升为 2017 年的 3.29 万亿元[图 3 - 1(a)],体现在人均 GDP 上同样如此[图 3 - 1(b)],由 1997 年的人均差值 0.17 万元上升为 2017 年的 0.55 万元,"绿色鸿沟"正不断凸显[①]。

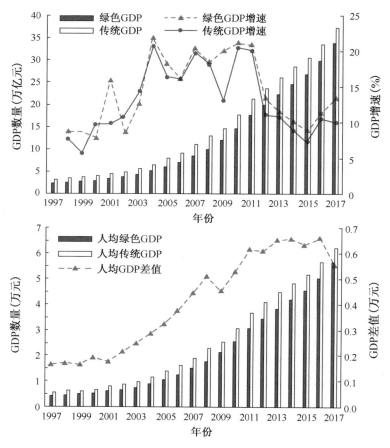

图 3 - 1　长江经济带 1997—2017 年绿色与传统 GDP 数值与增速(a)、
绿色与传统人均 GDP 数值与差值(b)

①　黄贤金,金雨泽,李升峰.江苏绿色发展评价研究[J].唯实,2015(9):578.

从各账户与传统 GDP 的比值看(表 3-4)[①],长江经济带地区经济发展带来的资源环境损失成本仍是巨大的。1997—2017 年,其资源环境损失占传统 GDP 比重达 9.13%～28.60%。自然资源损失价值在三类账户中占比最大,达到 6.49%～22.97%,在研究期占比呈下降趋势,环境污染损失价值占比 2.50%～6.39%,资源环境正效益占比最低,为 0.13%～0.67%,两者均呈先上升后下降的"倒 U 形"趋势。由此可见,在研究的 21 年间,长江经济带区域资源节约效果突出,其收敛较为显著,经济发展对资源的依赖程度逐渐减弱,但资源综合利用以提高资源附加值也仍需进一步推进。

表 3-4 绿色 GDP 各账户与传统 GDP 比值 （%）

年份	自然资源损失价值占比	环境污染损失价值占比	资源环境正效益占比	绿色 GDP 指数
1997	22.97	5.37	0.26	71.92
1998	22.18	5.53	0.36	72.66
1999	19.79	5.87	0.28	74.63
2000	21.08	5.82	0.30	73.40
2001	16.37	6.35	0.36	77.64
2002	18.17	6.05	0.38	76.16
2003	19.39	5.86	0.39	75.13
2004	18.33	6.10	0.41	75.99
2005	17.10	6.36	0.48	77.01
2006	17.43	6.26	0.61	76.92
2007	17.02	6.34	0.67	77.31
2008	16.63	6.39	0.66	77.64
2009	15.17	3.03	0.59	82.39

① 沈晓艳,王广洪,黄贤金.1997—2013 年中国绿色 GDP 核算及时空格局研究[J].自然资源学报,2017,32(10):1639-1650.

（续表）

年份	自然资源损失价值占比	环境污染损失价值占比	资源环境正效益占比	绿色GDP指数
2010	14.08	3.68	0.55	82.78
2011	13.45	3.41	0.23	83.37
2012	11.92	3.19	0.21	85.09
2013	11.10	3.64	0.19	85.45
2014	10.65	3.01	0.17	86.51
2015	9.53	2.83	0.16	87.80
2016	8.70	3.06	0.14	88.38
2017	6.49	2.50	0.13	91.14

从各账户内部结构分析,在资源耗减损失价值内部结构中,能源资源耗减占比最大,达到约72%,可见长江经济带在经济发展过程中对能源资源的依赖较大,能源是生产要素投入的主要组成部分,未来应将实现能源资源依赖度的降低作为优化可持续发展模式的突破口。在环境污染损失价值内部结构中,环境退化价值为最大贡献因素,可见环境污染不仅造成了治理投资成本的增加,也严重危害到生态环境及人体健康,且危害程度在进一步加剧。

二、长江经济带与全国绿色 GDP 对比分析

长江经济带在中国经济巨轮中具有"压舱石"的作用,绿色发展水平增长态势优于全国,绿色发展成效显著。从对全国绿色经济增长的贡献率看,长江经济带绿色 GDP 整体水平占全国绿色 GDP 比重总体保持稳定增长,2017 年比重达 44.70%,较 1997 年提高 7.6 个百分点。从绿色 GDP 指数来看,长江经济带绿色 GDP 指数保持平稳向上的发展趋势,而全国绿色 GDP 指数在 2002 年达到顶峰后,出现大幅波动,并且在 2003—2008 年持续下降。2008 年之后,长江经济带绿色 GDP 指数与全国水平基本保持一致(图 3-2)。

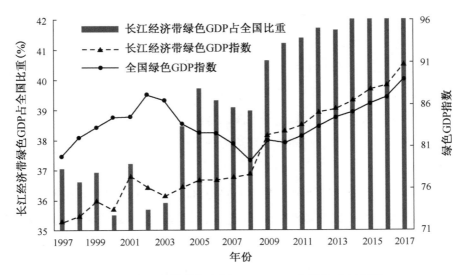

图 3 - 2　长江经济带与全国 1997—2017 年绿色 GDP 对比

通过比较账户内部结构,1997 年至 2017 年,全国范围内经历了传统 GDP 快速增长阶段,但是相比于长江经济带,全国平均的经济增长质量初始水平较低,在快速实现经济增长过程中存在着粗放经营、资源损耗大幅增加问题,尤其是能源资源损耗显著增加。而长江经济带地区在资源利用、环境治理、创新驱动、质量提高等方面的改进提升速度均高于全国平均水平,因此长江经济带绿色发展后发优势明显,发展动能充裕,受国家重大战略布局激励,绿色发展潜能快速显化,绿色发展绩效逐步超越全国平均水平。由此说明,相对于全国其他地区,长江经济带 GDP 快速增长带来的环境损害相对较小,在经济发展和环境保护方面取得了较好的协同效益。

三、绿色鸿沟与长江经济带绿色 GDP 空间结构

从空间结构上看,长江经济带地区绿色发展水平呈梯次分布。上海、江苏、浙江三省(市)8 年间(2010—2017 年)稳居前三位,高于长江经济带绿色发展整体水平。云南、贵州则始终位于最末,显著低于整体水平。根据三大流域段进行划分,即下游地区(上海、江苏、浙江)、中游地区(安徽、江西、湖南、湖北)和上游地区(重庆、四川、贵州、云南),可以看出绿色 GDP 指数呈现下游地

区＞中部地区＞上游地区的空间格局(图3-3)。可见,关于"经济发展水平较好地区是否存在对资源环境依赖性更高的现象"这一问题的答案是否定的,相反,经济发展较好地区对资源环境的依赖性相对较小。需要指出的是,在绝对数值上,传统GDP与绿色GDP差值较大的仍为下游省市,即这些地区的自然资源和环境污染损失在数值,也就是"绿色鸿沟"上,相比于上中游仍然较大,因此无论是在资源节约还是在环境治理上由于其基数较高,下游地区仍然是重点区域。

同时可以看到,8年间中上游与下游地区的绿色发展水平差距正在不断缩小,尤其是中游地区。随着"中部崛起"、"承接产业转移"等政策的实施,武汉城市圈、长株潭城市群、环鄱阳湖城市群和江淮城市群所形成的"中三角"成为未来我国规划的重点,中游地区可以说是发展潜力最大的区域。

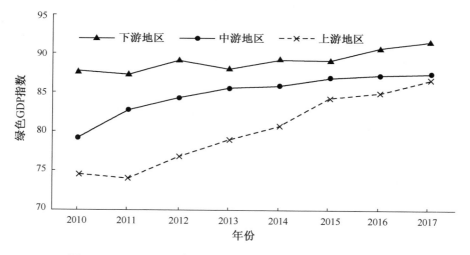

图3-3 2010—2017年长江经济带三大流域区段绿色GDP指数

根据上述分析,本书进一步将长江经济带11省市划分为三类,具体做法为以11省市2017年的传统GDP与绿色GDP指数的平均数为原点,做四象限图,一、二、三、四象限分别对应了"GDP高,指数高"、"GDP低,指数高"、"GDP低,指数低"、"GDP高,指数低"的四种类别。从图3-4中可以看出,长江下游的上海、江苏、浙江位于第一象限,主要特征可以描述为其经济发展水平较高且对资源环境的依赖程度较小,属于绿色发展健康区。位于第二象限的省市为中游地区的安徽及上游地区的重庆、四川,主要特征为经济发展较平缓,但是对资源环境的损失成本较小,经济可持续性较高,属于绿色发展潜力区。中游地区的江西、湖北、湖南及上游地区的云南、贵州位于第三象限,这些省份的主要特征为经济发展水平较低且对资源环境依赖程度较高,属于绿色发展高危区。这些地区是尤其需要引起重视的,对资源的利用与环境的污染较为严重,且并未形成经济增长的动力,这些地区亟须宏观政策上的调控,以优化地区不合理的产业结构,从而降低资源环境成本,拉动经济增长。

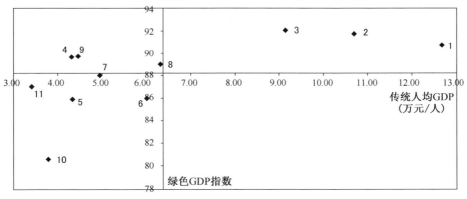

图例

1. 上海　2. 江苏　3. 浙江　4. 安徽　5. 江西　6. 湖北　7. 湖南　8. 重庆

9. 四川　10. 贵州　11. 云南

图 3－4　长江经济带 2017 年传统人均 GDP 与绿色 GDP 指数分布关系图

对于长江经济带绿色发展水平空间结构形成的原因,可以从以下几个方面进行解释。首先,流域板块产业结构差异明显。从上中下游流域板块来看,长江经济带 11 个省市三次产业结构差异明显,长三角下游地区省市第三产业占比均超过第二产业,经济增长模式已经由工业主导转向服务业主导;中游地区省份,第二产业占比则较高,仍处于工业化加速发展阶段,工业污染对绿色发展产生较大负面影响,尤其是在承接产业转移时产生二次污染;而长江上游地区的贵州、云南两省,虽然第三产业比重超过第二产业,但第一产业比重偏高。从流域各省市产业发展水平看,上、中、下游地区在经济发展阶段和技术水平上差距十分明显。长江经济带优势工业布局自东向西呈现由轻工业、重工业向原材料、采掘业过渡的空间态势。值得关注的是,近年来重庆市通过改革、开放和重组,实现了经济超常规高速发展,正成为长江上游产业能级提升的创新中心。其次,下游地区有临海、近海的先天区位优势,通过对外开放赢得了先发的机遇,而位于西南内陆云贵高原的云南、贵州,则受到位置偏远,交通不发达等问题影响,导致吸引外资投资能力较差,区域经济相对闭塞。同时,云贵地区虽然资源禀赋条件较好,但是生态环境脆弱,资源开发容易引起大面积生态破坏,从而引发一系列生态环境效应,影响其经济可持续发展。

第四章 / 长江经济带土地利用及城市用地扩张

土地利用与土地覆被变化是关系区域可持续发展的核心问题之一,长江经济带的土地资源开发正面临着人口增长、生态与环境恶化、土地资源紧缺的压力。有研究对长江沿线样带的土地利用格局进行研究,发现长江沿线样带的土地利用格局受自然和社会经济因素的综合影响,建设用地的分布与经济密度呈正相关,林地、耕地、草地的分布与气温、坡度、海拔等自然因素关系密切①。长江经济带的上游地区海拔较高,位于我国一级阶梯向二级阶梯的过渡地带,地貌类型复杂多样,山地和丘陵面积比例很大,生态环境异常脆弱,土地利用变化、程度与不同省份的经济发展程度有关系。因此,本章利用长江经济带遥感影像数据,分析长江经济带的土地资源利用现状特征及其时空演变规律。

第一节　长江经济带土地利用及其时空变化

本节在获得 1990—2015 年土地遥感数据的基础上,通过图形切割和面积平差计算,实现省级分类面积汇总,分别计算出各省和各地级市耕地、林地、草

---

① 龙花楼,李秀彬.长江沿线样带土地利用格局及其影响因子分析[J].地理学报,2001,56(4):417-425.

地、水域、建设用地、未利用地等六大类的土地面积,进而开展长江经济带土地利用及其时空变化研究。

一、长江经济带土地资源总体概况

(一) 土地利用数据来源

遥感影像数据来自中国科学院建立的中国自 20 世纪 80 年代末以来的土地利用/土地变化数据库,该数据库包含了 20 世纪 80 年代末、1995 年、2000 年和 2005 年 4 期的全国土地利用数据。2010 年和 2015 年土地数据基于 Landsat TM 数字影像,通过人机交互解译方法获得。由于 Landsat TM 数据存在部分区域覆盖程度差或数据质量较差等问题,该数据采用了环境 1 号卫星的 CCD 多光谱数据作为补充。另外,为了保证数据的解译质量和一致性,每期数据集研发前都会展开野外考察,按照 10% 的县数比例随机抽取开展对野外调查资料、外业实地记录和解译数据之间的精度验证。土地利用一级分类综合评价精度达到 94.3%,二级分类综合精度达到 91.2% 以上,满足 1∶10 万比例尺用户制图精度。本章利用的 30 米栅格数据是在此 1∶10 万比例尺数据的基础上采用栅格转化得到。土地利用数据类型包括耕地、林地、草地、水域、建设用地和未利用地 6 个一级分类。在获得 1990—2015 年土地遥感数据的基础上,通过图形切割和面积平差计算,实现省级分类面积汇总,分别计算出各省和各地级市耕地、林地、草地、水域、建设用地、未利用地等六大类的土地面积[①]。

(二) 土地利用分类标准

土地利用数据类型包括耕地、林地、草地、水域、建设用地和未利用地 6 个一级分类 25 个二级分类,具体的分类体系如下表:

---

① 王思远,刘纪远,张增祥,等. 近 10 年中国土地利用格局及其演变[J]. 地理学报,2002,57(5): 523 – 530.

表 4 - 1　土地利用类型分类体系

地类一级分类	二级分类	含义
耕地	水田	包括实行水稻和旱地作物轮种的耕地,具体有山地水田、丘陵水田、平原水田、>25 度坡地水田
	旱地	山地旱地、丘陵旱地、平原旱地、>25 度坡地旱地
林地	有林地	郁闭度>30%的天然林和人工林,包括用材林,经济林,防护林等成片林地
	灌木林	郁闭度>40%、高度在 2 米以下的矮林地和灌丛林地
	疏林地	林木郁闭度为 10%～30%的林地
	其他林地	未成林造林地、迹地、苗圃及各类园地
草地	高覆盖度草地	覆盖度>50%的天然草地、改良草地和割草地,此类草地一般水分条件较好,草被生长茂密
	中覆盖度草地	覆盖度 20%～50%的天然草地和改良草地,此类草地一般水分不足,草被较稀疏
	低覆盖度草地	覆盖度 5%～20%的天然草地,此类草地水分缺乏,草被稀疏,牧业条件差
水域	河渠	天然形成或人工开挖的河流及主干常年水位以下的土地,人工渠包括堤岸
	湖泊	天然形成的积水区常年水位以下的土地
	水库坑塘	人工修建的蓄水区常年水位以下的土地
	永久性冰川雪地	常年被冰川和积雪所覆盖的土地
	滩涂	沿海大潮高潮位与低潮位之间的潮浸地带
	滩地	指河、潮水域平水期水位与洪水期水位之间的土地
建设用地	城镇用地	指大、中、小城市及县镇以上建成区用地
	农村居民点	指独立于城镇以外的农村居民点
	其他建设用地	指厂矿、大型工业区、油田、盐场、采石场等用地以及交通道路、机场及特殊用地
未利用地	沙地	地表为沙覆盖,植被覆盖度在 5%以下的土地,包括沙漠,不包括水系中的沙漠
	戈壁	地表以碎砾石为主,植被覆盖度在 5%以下的土地

（续表）

地类一级分类	二级分类	含义
未利用地	盐碱地	地表盐碱聚集，植被稀少，只能生长裸耐盐植物的土地
	沼泽地	地势平坦低洼、排水不畅、长期潮湿，季节性积水或常年积水，表层生长湿生植物的土地
	裸土地	地表土质覆被、植被覆盖度在5%以下的土地
	裸岩石质地	地表为岩石或石砾，其覆盖度＞5%的土地
	其他	其他未利用土地

（三）土地资源总体概况

利用1990—2015年6期的土地利用遥感影像数据获取不同土地类型的面积，结合图4-1和表4-2看出，1990年耕地面积64.50万km^2，林地面积94.06万km^2，草地面积33.69万km^2，水域面积5.83万km^2，建设用地面积4.24万km^2，未利用地面积2.16万km^2；与1990年相比，2015年耕地、草地、未利用地分别减少了5.19%，3.15%，0.93%，面积分别为61.15万km^2，32.63万km^2，2.14万km^2。林地、水域、建设用地分别增加了0.34%，12.18%，86.08%，面积分别为94.38万km^2，6.54万km^2，7.89万km^2。总体来看，长江经济带土地利用变化呈现出耕地加速减少，建设用地持续增长的态势，而草地成为除了耕地以外减少最为明显的地类，这说明耕地、草地的减少与建设用地的增加有关系。另外，水域在近25年中增加显著，这与自1998年推行实施退田还湖的政策有一定关系。

表4-2　长江经济带1990—2015年土地利用面积　（单位：$10^4 km^2$）

地类	1990年	1995年	2000年	2005年	2010年	2015年
耕地	64.50	63.29	63.81	63.13	61.99	61.15
林地	94.06	95.00	93.82	93.97	94.72	94.38
草地	33.69	33.64	33.93	33.76	32.65	32.63
水域	5.83	5.75	5.90	6.05	6.45	6.54

（续表）

地类	1990 年	1995 年	2000 年	2005 年	2010 年	2015 年
建设用地	4.24	4.60	4.85	5.42	6.66	7.89
未利用地	2.16	2.21	2.17	2.15	2.18	2.14
总计	204.48	204.48	204.48	204.48	204.65	204.74

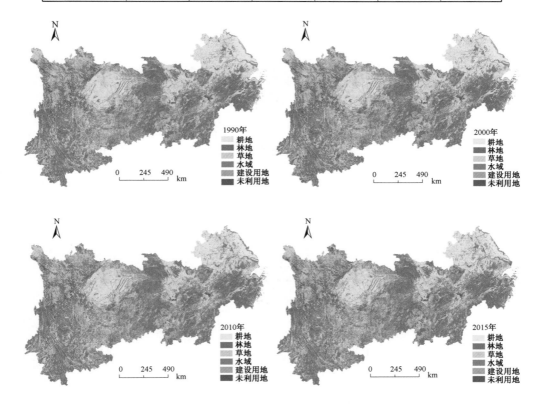

图 4-1　长江经济带 1990—2015 年土地利用变化

二、长江经济带土地资源利用空间格局

　　分别提取 2015 年的耕地、林地、草地、水域、建设用地、未利用地等不同土地类型生产专题地图，并分别统计每个地级市的不同土地类型占其总面积的比例（图 4-2）。耕地在长江经济带的空间分布整体上呈现长江经济带北部耕地多于南部地区，而且主要分布在四川盆地和长江中下游平原地区。尤其在上游四

川盆地的资阳市、内江市、自贡市、南充市等城市的耕地占比达到80%以上。长江中游的武汉城市群各城市耕地占比普遍高于其余中游城市,天门市的耕地占比达到76%,潜江市、仙桃市、武汉市等城市的耕地面积占比也达到60%以上,除此之外安徽的大部分城市耕地面积占比总体在60%以上;另外长江下游耕地占比较高的地区分布在江苏省,具体主要分布在苏北及其沿海地区。长江经济带南部的大部分区域耕地面积占比在36%左右,个别地级市的耕地占比在10%左右,例如黄山市、恩施市、丽水市、阿坝藏族羌族自治州等。

林地占比较高的地区主要分布在长江经济带南部,云南、贵州、湖南、江西和浙江省的大部分地级市占比都在54%以上。丽水市、黄山市、恩施市、怀化市、十堰市等地级市的林地占比达70%以上。重庆、四川周边地级市的林地占比在30%左右,但是自贡、内江、南充等地级市的林地在10%以下。长江中下游平原地区的城市林地占比较少,鄂州市、镇江市、马鞍山市、滁州市在8%左右,嘉兴、淮北、仙桃、上海等地的林地仅占到1%。湖南、江西等省份的林地资源占了其土地总面积的一半以上,经济发展过程中对林地的保护和合理开发利用是其面临的重要问题。

草地在四川、云南、贵州等省份的分布较为广泛,而且占比较高。特别是阿坝藏族羌族自治州、甘孜藏族自治州的草地占比达到58%,曲靖市、雅安市、六盘水等地级市的草地占比在30%左右,另外四川、云南、贵州的大部分地级市的草地占比也在20%以上。长江经济带中下游的地区草地分布较少,在偏南部地区江西、湖南等省份的部分地级市在8%左右,江苏、浙江、湖北、安徽等地的草地分布极少。

水域所占比例较高的地区主要分布在长江经济带的中下游地区,苏州市的水域面积占比为35%,在长江经济带地级市中属于水域面积占比最高的城市。无锡市和扬州市的水域面积也在20%以上,另外武汉市、仙桃市、鄂州市、荆州市等城市的水域面积也达到17%以上。长江经济带上游地区的大部分地级市水域面积占比在1%左右。

建设用地面积比例较高的地区主要在上海、嘉兴、无锡、苏州、连云港等城市,但大部分的江苏省的地级市,建设用地占比在20%以上;安徽、浙江、湖北

的大部分地级市的建设用地面积占比在 10% 左右,长江经济带的西部地区的
建设用地面积占比普遍在 3% 左右,这一方面跟西部地区经济发展较为落后,
土地开发程度比起东部地区较低有关,另一方面西部地区的地形地势较高,开
发利用困难较大,尤其在长江流域的上游云南省的部分地级市,建设用地面积
占比非常低。

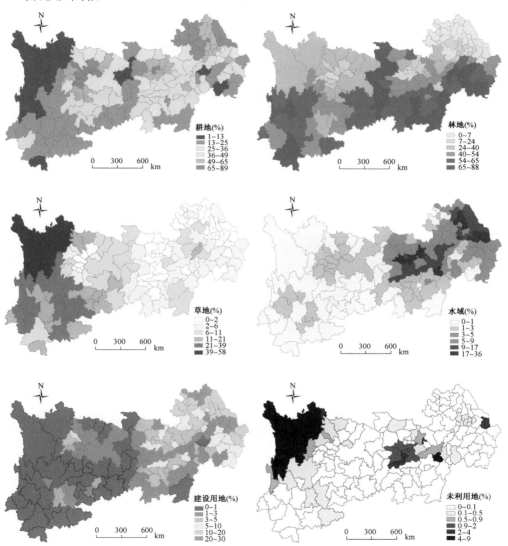

图 4 - 2　2015 年长江经济带地级市不同地类占比

未利用地在长江经济带的中西部分布较为集中,主要在甘孜藏族自治州、南昌市、阿坝藏族羌族自治州、迪庆州等地,未利用面积占比在 4% ~ 9%。益阳市、鄂州市、上海市等城市未利用面积占比在 2% 左右,其余大部分地级市的未利用面积占比较少。

总体来看,长江经济带的不同用地类型的空间分布特征具有明显的地域差异性,区域内部的空间异质性表现较为突出。耕地主要分布在长江经济带中西部的偏北的地区,林地主要分布在长江经济带南部地区,草地主要分布在长江经济带西部省份,建设用地主要分布在长江经济带的中东部地区,未利用地分布较为分散,大部分地级市的未利用地面积较少,在长江经济带的西部少数民族地区占比较高。

三、长江经济带土地利用时空变化

土地利用空间格局并不能反映时间尺度上土地利用的演化过程,因此依据 1990,2000,2005,2010,2015 年五年的遥感数据,运用 GIS 技术计算 1990—2000,2000—2005,2005—2010 和 2010—2015 年四个时段的土地利用转移矩阵(表 4-3,表 4-4,表 4-5,表 4-6)。

表 4-3　1990—2000 年长江经济带土地类型转移矩阵 (单位：10^4 km^2)

1990—2000 年	耕地	林地	草地	水域	建设用地	未利用地	合计
耕地	63.377	0.269	0.108	0.148	0.597	0.001	64.499
林地	0.247	93.049	0.717	0.016	0.032	0.001	94.062
草地	0.098	0.494	33.025	0.020	0.013	0.036	33.687
水域	0.047	0.004	0.056	5.708	0.008	0.011	5.834
建设用地	0.043	0.001	0.000	0.002	4.197	0.000	4.244
未利用地	0.001	0.005	0.021	0.004	0.000	2.126	2.156
合计	63.813	93.822	33.927	5.898	4.847	2.175	204.481

1990—2000 年共有 3×10^4 km^2 土地发生转化,占总面积的 1.47%(表 4-3)。耕地、林地、草地是发生转化最多的地类,其转化面积占总转化面积的

90％以上(图 4-3,图 4-4)。其中耕地是发生转化最多的地类,占总转化面积的 37％,发生转化的土地面积为 $1.12×10^4$ km^2,该转化面积占 1990 年耕地总面积的 1.74％。其次是林地,转化面积占总转化面积的 33.77％,发生转化的林地面积为 $1.01×10^4$ km^2,林地转化面积占 1990 年林地总面积的 1.08％。

草地转化面积占总转化面积的 22.05％,发生转化的草地面积为 $0.66×10^4$ km^2,占 1990 年草地总面积的 1.96％。水域、建设用地、未利用地发生转化的面积占转移总面积的 6％左右,但是水域转化面积占 1990 年总水域面积的 2.17％,在所有地类发生转化面积占其地类总面积比例中最高。

耕地、林地、草地发生转化的面积在所有地类转化面积中占比最高,但是这三大地类发生转化的主要地类存在差异性。1990—2000 年耕地向建设用地转化占主导,转化面积为 $0.597×10^4$ km^2,被建设用地占用的耕地面积占耕地总转化面积的 53.18％;林地向草地转化占主导,转化的面积为 $0.717×10^4$ km^2,被草地占用的面积占林地总转化面积的 70.76％;草地向林地转化占主导,转移的面积为 $0.494×10^4$ km^2,被林地占用的草地面积占草地总转化面积的 74.66％;水域向草地转化占主导,转化的面积为 $0.056×10^4$ km^2,被草地占用的水域面积占水域转化总面积的 44.58％;建设用地向耕地转化占主导,转移的面积为 $0.043×10^4$ km^2,被耕地占用的建设用地面积占建设用地总转化面积的 91.22％;未利用地主要向草地转化,转移面积为 $0.021×10^4$ km^2,被草地占用的未利用地面积占未利用地总转化面积的 68.61％。

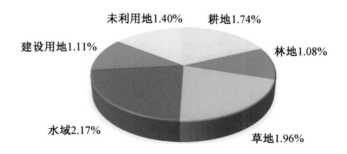

图 4-3 1990—2000 年不同地类转移面积占其地类总面积比例

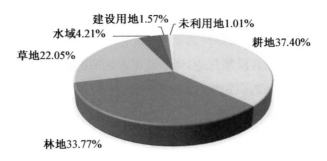

建设用地1.57% 未利用地1.01%
水域4.21% 耕地37.40%
草地22.05%
林地33.77%

图 4-4　1990—2000 年各地类转移面积占总转移土地面积比例

2000—2005 年共有 1.49×10^4 km^2 土地发生转化，占总土地面积的 0.73%，耕地、林地、草地依然是发生土地转化的主要贡献者（表 4-4）。耕地的贡献最大，转化面积 0.86×10^4 km^2，占总转化面积的 57.7%，该转移面积占 2000 年耕地总面积的 1.34%。林地是土地转化的第二贡献者，转化面积占总的转化面积的 13.56%，转化面积为 0.2×10^4 km^2，该转化面积占 2000 年林地总面积的 0.21%。草地转化面积为 0.29×10^4 km^2，占总转化面积的 19.97%，该转化面积占 2000 年草地总面积的 0.87%。水域和未利用地转化量较少，分别为 0.07×10^4 km^2 和 0.05×10^4 km^2，占转化总面积的 5.07% 和 3.14%，建设用地转化面积最少，占转化总面积的 0.57%，转化面积为 0.008×10^4 km^2。

表 4-4　2000—2005 年长江经济带土地类型转移矩阵（单位：10^4 km^2）

2000—2005 年	耕地	林地	草地	水域	建设用地	未利用地	合计
耕地	62.955	0.150	0.046	0.158	0.502	0.002	63.813
林地	0.050	93.620	0.078	0.017	0.056	0.002	93.822
草地	0.071	0.196	33.631	0.007	0.009	0.013	33.927
水域	0.047	0.003	0.005	5.822	0.017	0.004	5.898
建设用地	0.004	0.001	0.000	0.003	4.838	0.000	4.847
未利用地	0.001	0.001	0.005	0.038	0.001	2.128	2.175
合计	63.128	93.971	33.764	6.047	5.422	2.149	204.481

耕地主要向建设用地转化,被建设用地占用的耕地面积为 $0.50 \times 10^4 \ km^2$,占耕地总转化面积的 58.51%;林地主要向草地转化,转化的面积为 $0.08 \times 10^4 \ km^2$,被草地占用的林地面积占林地转化总面积的 38.61%;草地主要向林地转化,转化的面积为 $0.20 \times 10^4 \ km^2$,林地占用草地的面积占草地总转化面积的 66.22%;水域主要转化为耕地,转化面积为 $0.05 \times 10^4 \ km^2$,耕地占用水域面积占水域总转化面积的 61.84%;建设用地主要转化为耕地和水域,转化的面积分别占建设用地总转化面积的 44.44% 和 33.33%,但是建设用地转化的耕地和水域的面积仅仅只有 $0.004 \times 10^4 \ km^2$ 和 $0.003 \times 10^4 \ km^2$;未利用地主要转化为水域,转化的面积为 $0.038 \times 10^4 \ km^2$,水域占用未利用地面积占未利用地转化总面积的 80.85%。

2005—2010 年土地转化的面积明显增加,共有 $6.31 \times 10^4 \ km^2$ 发生转化,占总面积的 3.08%。耕地、林地、草地是发生转化的主要地类,转化的面积分别占总转化面积的 34.76%、21.23% 和 34.47%,耕地、林地、草地转化的面积分别为 $2.19 \times 10^4 \ km^2$,$1.34 \times 10^4 \ km^2$ 和 $2.17 \times 10^4 \ km^2$,转移面积分别占 2005 年耕地、林地、草地总面积的 3.47%,1.43% 和 6.44%。

表 4-5　2005—2010 年长江经济带土地类型转移矩阵（单位：$10^4 \ km^2$）

2005—2010 年	耕地	林地	草地	水域	建设用地	未利用地	合计
耕地	60.936	0.536	0.266	0.264	1.112	0.014	63.128
林地	0.493	92.631	0.591	0.062	0.169	0.024	93.971
草地	0.362	1.502	31.590	0.072	0.053	0.186	33.764
水域	0.119	0.020	0.013	5.820	0.048	0.026	6.047
建设用地	0.075	0.019	0.009	0.039	5.276	0.005	5.422
未利用地	0.005	0.014	0.179	0.028	0.002	1.921	2.149
合计	61.989	94.723	32.648	6.285	6.660	2.175	204.480

在这一时期的土地转化中,耕地仍然主要转化为建设用地,转化面积为 $1.11 \times 10^4 \ km^2$,建设用地占用耕地面积占耕地总转化面积的比例是 50.73%;林地主要转化为草地和耕地,转化面积分别为 $0.59 \times 10^4 \ km^2$ 和 $0.49 \times 10^4 \ km^2$,分别占林地总转化面积的 44.10% 和 36.79%;草地转化主要

以林地为主导,转化的面积为 1.502×10⁴ km²,被林地占用的草地面积占草地转化总面积的 69.09%;水域和建设用地主要向耕地转化,分别占其转化总面积的 52.42% 和 51.37%,转化的面积分别为 0.119×10⁴ km² 和 0.075×10⁴ km²;未利用地主要转化为草地,转化面积为 0.179×10⁴ km²。被草地占用的未利用地面积占未利用地转出总面积的 78.51%。

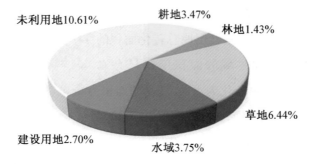

图 4‑5　2005—2010 年不同地类转移面积占其地类总面积比例

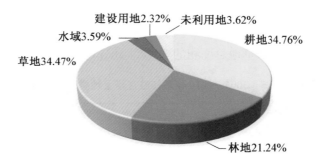

图 4‑6　2005—2010 年各地类转移面积占总转移土地面积比例

2010—2015 年土地发生转化的面积迅速增加至 16.70×10⁴ km²,转化面积占土地总面积的 8.17%,耕地和林地是主要发生转化的地类,发生转化的面积分别占总转化面积的 38.76% 和 33.20%,转化的面积分别为 6.47×10⁴ km² 和 5.55×10⁴ km²,转化面积分别占 2010 年耕地和林地总面积的 10.44% 和 5.86%。草地发生转化的面积为 2.62×10⁴ km²,占转化总面积的 15.69%,占 2010 年草地总面积的 8.03%。水域、建设用地和未利用地的转化面积共有 2.06×10⁴ km²,其中水域发生转化的面积为 0.76×10⁴ km²,占总转化面积的 4.56%,但是发生转化的水域占 2010 年水域面积的 11.89%。建设用地转化面积为 $1.05×10^4$ km^2,占转化总面积的 6.29%,占 2010 年建设用地总面积的 15.78%。

2010—2015 年土地发生转化的地类中,耕地主要向林地和建设用地转化,转化的面积分别为 $3.53×10^4$ km^2 和 $1.72×10^4$ km^2,被林地和建设用地占用的耕地面积分别占耕地总转化面积的 54.53% 和 26.51%。林地主要向耕地转化,转化的面积为 $3.51×10^4$ km^2,占林地转化面积的 63.25%。草地向林地和耕地转化,转化的面积分别为 $1.43×10^4$ km^2 和 $0.87×10^4$ km^2,被林地和耕地占用的草地面积分别占草地转化总面积的 54.51% 和 33.31%。水域和建设用地主要向耕地转化,转化的面积为 $0.38×10^4$ km^2 和 $0.87×10^4$ km^2,被耕地占用的水域和建设用地面积分别占水域和建设用地转化总面积的 49.42% 和 82.56%。未利用地主要向草地转化,转化的面积为 $0.19×10^4$ km^2,占未利用地总转化面积的 74.03%。

表 4 - 6　2010—2015 年长江经济带土地类型转移矩阵 （单位:10^4 km^2）

2010—2015 年	耕地	林地	草地	水域	建设用地	未利用地	合计
耕地	55.509	3.530	0.798	0.420	1.716	0.008	61.982
林地	3.507	89.147	1.509	0.169	0.339	0.020	94.692
草地	0.873	1.429	30.015	0.103	0.098	0.119	32.636
水域	0.376	0.125	0.090	5.637	0.113	0.057	6.398
建设用地	0.868	0.100	0.023	0.059	5.609	0.001	6.660
未利用地	0.012	0.019	0.185	0.030	0.003	1.924	2.174
合计	61.145	94.351	32.621	6.417	7.878	2.130	204.542

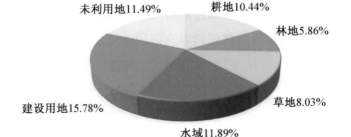

图 4 - 7　2010—2015 年不同地类转移面积占其地类总面积比例

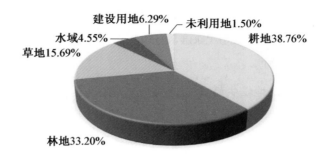

图 4 - 8　2010—2015 年各地类转移面积占总转移土地面积比例

长江经济带近 35 年的土地利用转化总体表现为逐渐加强的趋势,尤其是 2005 年以后,土地利用类型转化较为频繁,转移的面积增加迅速,特别是 2010—2015 年的土地转移面积比往年都高,土地类型主要是耕地转化为林地和建设用地,而林地、水域、建设用地均向耕地的方向转变。

第二节　长江经济带城镇用地空间扩张

城镇化是重大战略空间发展的助推器。长江经济带建设与发展的过程,也是城镇空间扩张的过程。长江经济带,与"一带一路"、"京津冀协同发展"并称为中国"三大战略",是我国国土开发和经济布局"T"字形战略的一级重点经济带,发展潜力巨大[1]。本节以国家发展"三大战略"区域之一——长江经济带为研究区域,基于长时间序列 DMSP/OLS 夜间稳定灯光数据,采用阈值法精确提取 1993—2013 年长江经济带 5 个时间截面(分别为 1993 年、1998年、2003 年、2008 年、2013 年),综合运用数理模型和空间分析方法,分析和探讨长江经济带城镇建设用地扩张的时空格局演化及驱动机制[2],以期为长江经济带城镇布局的调整和优化、区域可持续发展提供科学依据和决策参考。

---

① 陆大道. 建设经济带是经济发展布局的最佳选择[J]. 地理科学,2014,34(7):769 - 772.
② 王丹阳,纪学朋,黄贤金. 20 世纪 90 年代以来长江经济带城镇建设用地时空格局演变分析[J]. 现代城市研究,2018(4):30 - 36.

一、长江经济带城镇用地数据来源

（一）基于灯光数据的长江经济带城镇用地提取

本节用到的夜间灯光数据为第四版 DMSP/OLS 夜间稳定灯光数据，该数据包括了来自城市、乡镇及其他的持久性光源，并去除了火灾等短暂性光源，空间分辨率 30 弧秒，DN 值范围 0～63[1][2]。为了提高长时间序列 DMSP/OLS 数据的连续性和可比性，参考 Liu[3] 提出的处理方法，对中国区域的夜间稳定灯光影像进行相对辐射校正、年内合成订正和年际序列订正等处理，并通过掩膜得到处理后的长江经济带夜间灯光影像。

这里以统计数据中城镇建设用地为"真实"数据，通过对长江经济带灯光影像阈值的不断设定，获得与"真实"建设用地面积最为接近的阈值，分别提取 1993—2013 年 5 个时间截面的长江经济带城镇建设用地数据，城镇建设用地提取结果如图 4 - 9 所示。

（二）社会经济类数据来源

社会经济数据主要来源于中国国家统计局公布的《中国统计年鉴》、《中国城市统计年鉴》等统计数据；基础地理数据来自国家基础地理信息中心发布的 1∶400 万中国国家矢量数据集。

① 杨眉,王世新,周艺,等. DMSP/OLS 夜间灯光数据应用研究综述[J]. 遥感技术与应用,2011,26(1):471.

② 王鹤饶,郑新奇,袁涛. DMSP/OLS 数据应用研究综述[J]. 地理科学进展,2012,31(1):11 - 19.

③ Liu Z, He C, Zhang Q, et al. Extracting the dynamics of urban expansion in China using DMSP - OLS nighttime light data from 1992 to 2008 [J]. Landscape and Urban Planning, 2012, 106 (1): 62 - 72.

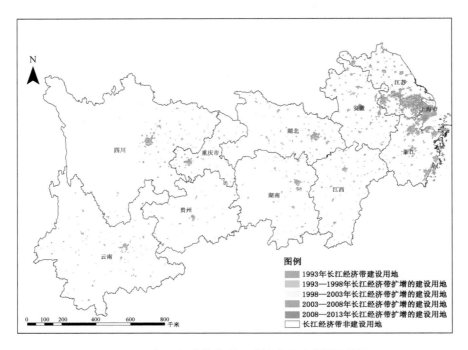

图例

▨ 1993年长江经济带建设用地
▨ 1993—1998年长江经济带扩增的建设用地
▨ 1998—2003年长江经济带扩增的建设用地
▨ 2003—2008年长江经济带扩增的建设用地
▨ 2008—2013年长江经济带扩增的建设用地
□ 长江经济带非建设用地

图 4-9 长江经济带范围及城镇建设用地提取结果

二、长江经济带城镇用地扩张及其机制模型构建

(一)扩张速度

城镇用地扩展速度 M_{ue} 指的是城镇扩展的各时间段内城镇扩展面积的年均增长速率,用来表征各时间段的城镇用地扩展数量的规模和趋势[①],公式如下:

$$M_{ue}=\frac{\Delta U_i}{\Delta t \times ULA_i} \tag{4-1}$$

式中:ΔU_i 为某一时间段城镇用地扩展数量;Δt 为某一时间段的跨度;ULA_i 为某一时间段前期研究单元城镇用地总面积。

---

① 车前进,段学军,郭垚,等.长江三角洲地区城镇空间扩展特征及机制[J].地理学报,2011,66(4):446-456.

（二）重心转移指数

本节采用重心转移指数来表征城镇建设用地扩展的方向和强度,识别长江经济带区域内部城镇扩展的趋向,主要通过计算各个时期城镇建设用地的重心坐标以及转移距离和方向[①]。

重心转移坐标:

$$X_t = \sum_{i=1}^{n} x_i f_i / \sum_{i=1}^{n} f_i \tag{4-2}$$

$$Y_t = \sum_{i=1}^{n} y_i f_i / \sum_{i=1}^{n} f_i \tag{4-3}$$

式中:X_t 和 Y_t 表示第 t 时间城镇用地的几何重心坐标;x_i 和 y_i 表示第 i 块城镇用地斑块的几何中心;f_i 表示第 i 块城镇用地的面积。

重心转移距离:

$$XY = \sqrt{(X_{t1} - X_{t2})^2 + (Y_{t1} - Y_{t2})^2} \tag{4-4}$$

式中:(X_{t1}, Y_{t1}) 和 (X_{t2}, Y_{t2}) 分别代表前一时期与后一时期的城镇用地重心坐标。

（三）标准差椭圆

标准差椭圆是分析点数据集空间分布模式的一种常用方法,可以概括地理要素的空间特征,如中心趋势、离散和方向趋势[②]。本节采用标准差椭圆表征长江经济带城镇建设用地历年来的空间格局及演变过程。

（四）建设用地扩张机制模型

在对城镇建设用地扩张的驱动机制研究中,驱动力主要包括四类:一是地

---

① 姚玉龙,刘普幸,陈丽丽,等. 近 30 年来合肥市城市扩展遥感分析[J]. 经济地理,2013,33(09):65-72.

② 张珣,钟耳顺,张小虎,等. 2004—2008 年北京城区商业网点空间分布与集聚特征[J]. 地理科学进展,2013,32(8):1207-1215.

理因素,包括海拔、气温、坡度等;二是经济因素,包括经济发展水平、产业结构、固定资产投资等;三是社会要素,包括人口数量、城市化率、工业化发展水平等;四是政府因素,包括城市发展方针、土地利用政策、城市规划等。

本研究以省级行政区为研究单位,分别提取长江经济带 11 个省市的城市建设用地面积,并以各省市城市建设用地面积(Construction)为因变量 Y,选取各省市的年末常住人口(POP)、人均国民生产总值(GDP)、产业结构(Industry)、固定资产投资(Investment)、公路里程(Road)为自变量 X_1、X_2、X_3、X_4、X_5,构建长江经济带城市建设用地空间扩张的驱动机制分析模型:

$$UC = a_0 + a_1 X_1 + a_2 X_2 + a_3 X_3 + a_4 X_4 + a_5 X_5 \qquad (4-5)$$

为了能够衡量各驱动因子对城市建设用地扩张的作用力大小,研究采取标准回归系数以便进行横向比较,最终构建了 5 个时段的驱动因子回归分析模型。将研究时段划分为:总阶段(1993—2013 年)及阶段 Ⅰ(1993—1998 年)、阶段 Ⅱ(1998—2003 年)、阶段 Ⅲ(2003—2008 年)、阶段 Ⅳ(2008—2013 年)。回归模型中的 R^2 分别为 0.967、0.881、0.880、0.932 和 0.847,说明方程拟合优度较好,F 统计量分别为 29.757、7.418、7.333、13.727 和 5.545,均通过 5% 显著性水平检验。

三、城镇建设用地时空格局演变

(一)城镇扩张数量

1993—2013 年,长江经济带城镇建设用地面积总体呈现不断扩张的态势,由 1993 年的 5 368.50 km² 增加到 2013 年的 19 874.91 km²,增加了 14 506.41 km²,年均增加 725.32 km²。从不同时间阶段上看,如表 4-7 所示,1993—2013 年 4 个时间阶段城镇建设用地增量分别为 2 643.8 km²、3 791.06 km²、3 986.42 km²、4 085.13 km²,增量呈增加趋势,并逐渐趋于稳定。长江经济带不同省市、不同时间阶段城镇建设用地增量差异较大。1993—1998 年,上海城镇建设用地面积增量最大,高达 707.91 km²,中部地区的湖北、安徽紧随其后,贵州增量最小,仅为 47.2 km²。1998—2003 年,以江苏、浙江及上海为代表的长三角城市群迅速崛起,城镇建设用地面积保持较高增量,其中江苏增量高达 991. 44 km²,浙江、上海分列二、三位,均超过700 km²。2003—2008 年,江苏、上海及浙江城镇建设用地持续保持较高增量,同时,长江中游城市群的湖北、江西、湖南城镇建设用地扩张开始加速,云南也在这一时期出现城镇建设用地的跃增。2008—2013 年,江苏城镇建设用地增量仍然位居长江经济带之首,上海、浙江增量下降明显,而以成都、重庆为核心的成渝城市群,以及以湖北为代表的长江中游城市群则表现出快速的城镇建设用地扩张过程。

(二)城镇扩张速度

在计算城镇扩张速度的基础上,取单个空间单元的扩张速度与区域城市用地扩张速度的比值作为扩张差异指数,用以分析城市用地空间扩张的区域差异与热点区域。按照城镇扩张差异指数,本节将长江经济带省市划分为高速扩张(＞2. 0)、快速扩张(1. 2～2. 0)、中速扩张(0. 8～1. 2)、低速扩张(0. 4～0. 8)、缓慢扩张(＜0. 4)五大类型[①],其中高速、快速扩张是指扩张速度高于区域总体扩张水平,中速扩张是指与区域总体扩张水平基本持平,低速、缓慢扩张是指低于区域总体扩张水平。1993—1998 年,上海和重庆属于高速扩张,云南、安徽和江西快速扩张,湖北中速扩张,四川、贵州、湖南和江苏低速扩张,而浙江缓慢扩张。1998—2003 年,高速扩张的有上海和浙江,快速扩张的有贵州和江苏,安徽、四川和重庆为中速扩张,低速扩张的包括云南、湖南和江西,湖北则为缓慢扩张。2003—2008 年,云南城镇建设用地高速扩增,重庆和江苏则以长江经济带整体 1. 2～2. 0 倍的速度快速扩增,湖南、江西、浙江三省扩张速度则与总体保持一致。2008—2013 年,长江经济带 13 省市城镇建设用地扩张进入平稳期,较上个阶段,云南增速急剧降低,为缓慢扩张,湖南和浙江为低速扩张,贵州、江西、湖北、安徽、江苏 5 省则与整体持平,四川和重庆则

---

① 吕可文,苗长虹,安乾. 河南省建设用地扩张及其驱动力分析[J]. 地理与地理信息科学,2012,28(4):73 - 78.

以略高于整体的速度继续扩张。

表 4-7　1993—2013 年长江经济带城镇建设用地增量与增速

区域	1993—1998 年		1998—2003 年		2003—2008 年		2008—2013 年	
	增量（km²）	增速	增量（km²）	增速	增量（km²）	增速	增量（km²）	增速
长江经济带	2 643.80	—	3 791.06	—	3 986.42	—	4 085.13	—
上海	707.91	3.52	708.15	1.34	604.52	0.98	486.48	0.77
江苏	230.50	0.53	991.44	1.88	888.17	1.25	882.78	1.14
浙江	76.53	0.24	751.58	2.20	550.69	1.11	388.05	0.74
安徽	304.16	1.30	335.52	0.91	261.88	0.70	387.09	1.09
江西	205.53	1.50	138.11	0.60	227.13	1.08	237.95	1.08
湖北	411.62	0.87	-35.70	-0.06	284.20	0.63	443.76	1.06
湖南	138.28	0.49	189.57	0.56	321.92	1.06	220.08	0.69
重庆	156.65	2.30	138.48	0.99	260.42	1.78	226.50	1.26
四川	248.47	0.80	341.05	0.82	160.97	0.39	621.48	1.74
贵州	47.20	0.48	141.35	1.22	87.23	0.67	126.33	1.03
云南	116.95	1.33	91.51	0.66	339.29	2.60	64.63	0.34

（三）重心转移分析

　　如图 4-10 所示,1993—1998 年,建设用地重心向西南方向偏移,从 1993 年重心所在的安徽省安庆市大观区偏移至湖北省黄冈市武穴市,偏移距离达 96.83 km,在一定程度上反映了这个阶段长江经济带西南部城市建设用地扩增速度更快。1998—2003 年,建设用地重心又反向偏移,但偏移距离较小,为 46 km 左右,重心位置大约在湖北省黄冈市黄梅县,在此阶段东部城市建设用地的扩增速度又开始快于西部城市。2003—2008 年,建设用地的重心主要是在纬度上发生偏移,偏移距离有 17.17 km,重心位置大约在安徽省安庆市宿松县。2008—2013 年,此阶段的偏移方向又和第一阶段一致,向西南方向偏移,直到湖北省咸宁市赤壁市,偏移距离达到 235.53 km。1993—2013 年这一段时期内,长江经济带建设用地的重心整体上是向西南方向偏移,尽管在纬度和经度方向上往复波动,但是西南方向上的偏移量更大,这反映出长江经济带城市建设用地扩增在空间上以西部城市为主,呈现出向西移动的空间演进特征。

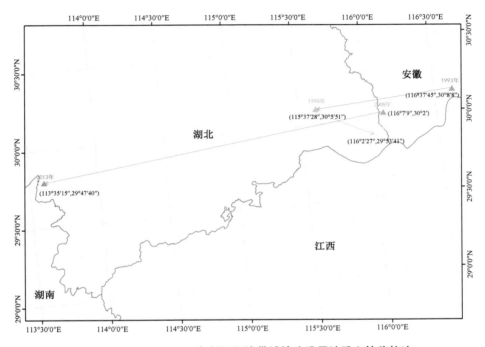

图 4 - 10　1993—2013 年长江经济带城镇建设用地重心转移轨迹

(四)标准差椭圆分析

如图 4 - 11 所示,1993 年,长江经济带城镇建设用地标准差椭圆长轴972 974.8 m,短轴 323 476.6 m,椭圆面积 988 583 km²。

1998 年,长江经济带城镇建设用地标准差椭圆长轴减少到 946 153.2 m,短轴增加到 339 956 m,椭圆面积 1 010 330 km²;1993—1998 年,椭圆方位角逆时针旋转了 82.02°,表明在此阶段,成渝城市群城镇建设用地扩展在东北—西南方向收敛,在西北—东南方向发散。2003 年,长江经济带城镇建设用地标准差椭圆长轴增加到 971 810.4 m,短轴缩短到 2 799.1 m,椭圆面积1 029 143 km²;1998—2003 年,椭圆方位角顺时针旋转了 66.44°,说明在此阶段内,成渝城市群城市增长在长轴方向即东北—西南方向上有所发散,而在短轴方向即西北—东南方向上有所收敛。

2008年,长江经济带城镇建设用地标准差椭圆长轴减少到968 917.7 m,短轴增加到340 191.5 m,椭圆面积1 029 143 km²;2003年到2008年,椭圆方位角顺时针旋转了16.86°,说明在此阶段内,成渝城市群城市增长在长轴方向即东北—西南方向上又开始收敛,而在短轴方向即西北—东南方向上有所发散。

2013年,长江经济带建设用地空间所确定的标准差椭圆的长轴增加到983 847.1 m,短轴增加到345 493.6 m,椭圆面积1 067 687 km²;2008年到2013年,椭圆方位角顺时针旋转了77.92°,说明在此阶段内,成渝城市群城市增长在长轴方向即东北—西南方向上有所发散,而在短轴方向即西北—东南方向上有所收缩。1993—2013年整个期间,长江经济带城市建设用地扩张在长轴方向即东北—西南方向上发散,而在短轴方向即西北—东南方向上有所收缩,城市体系沿短轴方向的扩张更为明显,整个城市体系的空间分布方向(长轴方向)发生逆时针旋转。

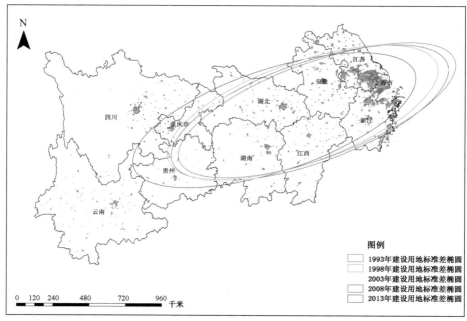

图4-11　1993—2013年长江经济带城镇建设用地标准差椭圆

椭圆面积从 1993 年的 988 583 km² 增加到 2013 年的 1 067 687 km²，反映出近 20 年长江经济带城市建设用地空间展布的范围有所增加，城市建设用地分布密集程度呈现下降趋势。带来这种发散的原因主要是长江经济带内的西北方向的城市发展相对更稳健，在此阶段其椭圆面积的增长较快。

四、城市建设用地扩张的驱动机制

(一) 回归结果分析

从表 4 - 8 计算结果来看，1993—2013 年，年末常住人口、人均国民生产总值、产业结构、固定资产投资、公路里程 5 种驱动因素对长江经济带城市建设用地扩张均具有明显的推动作用。从回归系数来看，固定资产投资是促进城市建设用地扩张最主要的原因，回归系数为 0.696；其次则是公路里程，表明基础设施投资建设在长江经济带城市建设用地扩张过程中发挥了重要作用，影响系数为 0.378；产业结构对建设用地扩张同样起到重要推动作用，产业结构每提升 1％，城市建成区面积则相应扩张 0.348％；城市人口规模和经济发展水平等外部宏观因素对城市建设用地扩张影响程度最小，相关系数分别为 0.305 和 0.220。总体来看，固定资产投资、公路里程和产业结构对长江经济带城市建设用地扩张影响较大，城市人口规模和经济发展水平对城市建设用地扩张影响相对较小。

表 4 - 8　长江经济带城市建设用地扩张驱动因子的回归分析

阶段	回归模型	R^2	F	p 值
总阶段	$Y=0.305X_1+0.220X_2+0.348X_3+0.696X_4+0.378X_5$	0.967	29.757	0.001
阶段 I	$Y_1=0.385X_1+0.165X_2+0.627X_3+0.568X_4+0.367X_5$	0.881	7.418	0.023
阶段 II	$Y_2=0.051X_1+0.564X_2+0.036X_3+0.583X_4+0.119X_5$	0.880	7.333	0.024
阶段 III	$Y_3=0.034X_1+0.377X_2+0.219X_3+0.632X_4-0.291X_5$	0.932	13.727	0.006
阶段 IV	$Y_4=0.386X_1+0.621X_2+0.534X_3+0.386X_4+0.386X_5$	0.847	5.545	0.042

从阶段 I、阶段 II、阶段 III 和阶段 IV 演变进程来看，阶段 I（1993—1998 年），处于改革开放中期阶段，产业结构（0.627）、固定投资（0.568）、城市人口

(0.385)、公路里程(0.367)和经济发展(0.165)对城市建设用地扩张的影响程度依次递减。其中,产业结构回归系数最大,说明改革开放初中期长江经济带城市建设用地扩张仍然处于产业结构影响主导阶段。阶段Ⅱ(1998—2003年),处于计划经济向市场经济转型加速期,固定资产(0.583)取代产业结构成为影响城市建设用地扩展的最重要动力因子,经济发展(0.564)对城市建设用地扩张的影响相比阶段Ⅰ大幅提升,而城市人口规模(0.051)、产业结构(0.036)和公路里程(0.119)的影响相比阶段Ⅰ则明显衰退。阶段Ⅲ(2003—2008年),处于我国快速腾飞发展阶段,社会固定资产投资(0.632)仍然为主导驱动因素,经济发展(0.377)、产业结构(0.219)和城市人口(0.034)对长江经济带城市建设用地扩张的影响有不同程度的减弱。阶段Ⅳ(2008—2013年),经历金融危机后,政府采取一系列措施刺激经济发展,相应地经济发展水平(0.621)在此阶段成为突出的驱动要素,加快了城市建设用地的扩张。城市人口、产业结构和公路里程对城市建设用地扩张的影响较前一阶段有了明显的增强趋势。

(二) 驱动机制分析

城市人口数量的增加刺激了城市建设用地的需求量。人口对城市用地的需求,主要用于满足人们生存、发展和休闲等需求[1]。城市人口除自然增长外,还有大量的迁徙人口,增加了对居住、商业和基础设施等用地的需求,引起了城市的向外扩张。

由城市经济基础理论可知,人均GDP的提高,也意味着消费能力的提升,利于改善其居住条件、出行条件,增加其娱乐活动,进而刺激对居住、交通以及娱乐设施等建设用地的需求。

城市发展的方向及产业结构的变迁与土地的利用有密切的联系[2]。第二

---

① 吕可文,苗长虹,安乾.河南省建设用地扩张及其驱动力分析[J].地理与地理信息科学,2012,28(4):73-78.

② 王德起,侯圣银.基于引力模型的京津冀城市群土地利用强度研究[J].土地经济研究,2016(2).

产业和第三产业是城市产业的主要形式,其产值的变化从整体上能反映城市发展的阶段[①];随着城市经济水平的提高,第一产业产值和就业人口在总产值以及总就业人口中占比会大幅度下降,第二产业、第三产业产值及就业人口则会呈上升趋势。当经济水平达到发达阶段,第三产业产值及就业人口数量将大于第二产业和第一产业的相关指标,基于城市建设用地扩张的视角,产业结构调整,是投入要素如劳动、土地等从第二产业向第三产业流动的过程。

城市固定资产的投入,必然会增加大量基础设施和公共设施,如高速公路和轨道交通等大型交通基础设施项目的投资,改善了城市各类设施的可达性,使得建设用地规模大幅度增加[②]。投资通过驱动经济增长,带动区域就业,促进基础设施建设等推动区域经济发展。投资引发的区域经济格局差异在一定程度上影响了城镇空间的集聚与扩散。部分地区自身发展缺乏动力,城镇建设用地发展尤其需要外力的推动,投资对我国部分地区城镇集聚水平有着重要作用。

以公路里程为指标因子来衡量其所代表的交通运输对城市建设用地的驱动影响。由于交通是城市社会经济生产力系统的脉络和神经,交通线网所到之地,这些土地就成为社会生产力系统的有机组成部分,土地中所蕴藏的各种自然力也会随之转化为社会经济力,土地的使用价值因交通而迸发出来,因此交通运输结构、经由、走向等也会影响城市建设用地的布局、开发以及蔓延格局。

第三节　长江经济带特大城市建设用地扩张及比较

改革开放以来,随着工业化和城镇化进程的加快,经济社会迅速发展的同时,也推动了城市建设用地的快速扩张。本节对上海、武汉、重庆和南京四个

---

① 赵可,张安录.城市建设用地扩张驱动力实证研究——基于辽宁省 14 市市辖区数据[J].资源科学,2013,35(5):928-934.

② 曹银贵,周伟,乔陆印,等.青海省 2000—2008 年间城镇建设用地变化及驱动力分析[J].干旱区资源与环境,2013,27(1):40-46.

城市的建设用地扩张状况进行分析。

一、上海市城市建设用地扩展特征

1. 建设用地扩展时空过程与格局

利用 1980 年、1990 年、1995 年、2000 年、2005 年、2010 年、2015 年土地利用数据,分析上海市城市建设用地扩张时空演变格局及特征。1980—2015 年,上海市城市用地规模扩展迅速,建设用地面积由 1980 年的 342.52 km² 增加到 2015 年的 1 440.34 km²,增长了 3.21 倍。从空间扩展来看,城市建设用地在各个方向上均有扩展,但其扩展具有一定的集中集聚特征,新增用地沿着原有建成区集中向东部、西部和西南方向扩展。总体上,建设用地主要呈现在中部地区的黄浦江两岸集中分布,而在南部和北部地区分散分布的空间格局。

表 4 - 9   上海市 1980—2015 年城市建设用地扩展规模与速度

时段 (年)	扩展面积 (km²)	年均扩展规模 (km²)	年均扩展速度 指数(%)	扩展特征
1980—1990	270.74	27.07	7.90	高速扩展
1990—1995	216.58	43.32	7.06	高速扩展
1995—2000	59.07	11.81	1.42	缓慢扩展
2000—2005	228.73	45.75	5.15	高速扩展
2005—2010	252.96	50.59	4.53	快速扩展
2010—2015	69.75	13.95	1.02	缓慢扩展

从表 4 - 9 和图 4 - 12 可知,上海市城市建设用地扩展总体上呈现高速扩展向快速扩展和缓慢扩展转变的阶段性特征。20 世纪 80 年代初期到 90 年代中期,城市建设用地高速扩展,进入 90 年代中后期,扩展速度出现回落;到 2000 年后,建设用地扩张进入新的高速扩张周期,到 2010 年以后,建设用地扩张不断放缓并逐步趋于稳定。不同时期城市建设用地扩张特征如下:

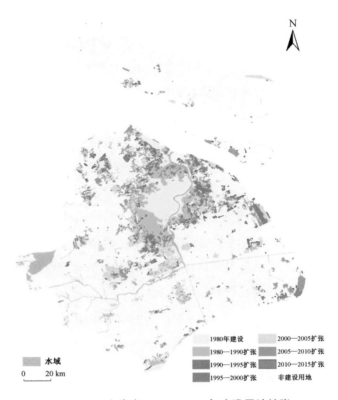

图 4-12 上海市 1980—2015 年建设用地扩张

（1）1980—1990 年，上海市城市建设用地处于高速扩展阶段。十年间，城市建设用地面积扩展了 270.74 km²，年均扩展规模为 27.07 km²，年均扩展速度达 7.90%。新增城市用地主要沿着原有城市建成区逐渐向西南、北部和东部扩展，集中分布在黄浦江以西的长宁、徐汇、普陀、闵行、杨浦等区的外围地区，黄浦江以东分布较少。1978 年，中国实行改革开放，80 年代进一步扩大对外开放范围，上海作为沿海对外开放城市，先后成立了闵行、虹桥和漕河泾经济技术开发区。开发区的建设推动了中心城区的人口和产业向城市外围地区转移，同时加剧了城市边缘区的大量非农用地向建设用地转变，推动了建设用地的快速扩张。

（2）1990—1995 年，上海市城市建设用地仍处于高速扩展阶段。五年间建设用地面积扩展了 216.58 km²，年均扩展 43.32 km²，是上一阶段的

1.60 倍,用地扩展速度为 7.06%。城市建设用地主要向东部的浦东新区、南部的闵行区和北部的宝山区扩展。这一时期建设用地高速扩展的原因,一方面,世界产业转移,中国积极参与全球经济分工并承接产业转移,中国城镇化发展获得了重要动力,促进了城镇化的快速发展。另一方面,1990 年,国家实施上海浦东开发开放战略,国务院于 1992 年批准设立浦东新区,浦东新区的开发促进了大规模的基础设施建设,并形成了陆家嘴、外高桥、金桥、张江等重点开发区,吸引了大量外商投资和承接产业转移。此外,上海市 1987 年建立了土地有偿使用制度,到 20 世纪 90 年代,逐渐形成了政府规范土地一级市场、放开土地二级市场的"资金空转,批租实转,成片开发"的开发模式,使大量资金投入城市,促进了城市的大规模建设。这一时期,在浦东新区开发开放战略支持下,上海市经济社会进入快速发展阶段,1992—1995 年经济增速保持在 14%~15%,经济社会发展对用地需求加大,同时,新区开发吸引了大规模的人口和产业向城市中心外围迁移,加剧了城市边缘地区土地利用转化,促进了建设用地快速扩张。

(3) 1995—2000 年,上海市城市建设用地增长速度放缓,进入缓慢扩展阶段。这一时期,城市建设用地扩张较为缓慢,用地面积仅扩展了59.07 km²,仅为上一阶段的 27.27%,城市建设用地扩展速度迅速降低,仅为 1.42%,远低于上一阶段。该时期,新增用地主要向东部的浦东新区和西南的松江区扩展,以跳跃式扩展为主。由于受 1997 年亚洲金融危机影响,上海市外资投资规模明显减少,1998 年上海实际利用外资金额比上年减少了 24.34%;同时,经济发展速度有所放缓,1998 年和 1999 年,经济增长率分别为 10.3% 和10.4%,与 1993 年处于经济高速增长时期的 15.1% 相比,降低了近 5%。经济发展速度放缓,对城市建设用地的需求有所减少,城市扩张相对较为缓慢。

(4) 2000—2010 年,上海市城市建设用地增长进入新的扩张周期,处于高速扩展阶段。2000—2005 年,城市建设用地面积增加了 228.73 km²,年均增加面积高达 45.75 km²,是上一阶段的 3.87 倍,城市建设用地扩展速度为5.15%,远快于上一阶段。2005—2010 年,城市建设用地年均增长面积达50.59 km²,建设用地数量上仍保持大规模扩展态势,但与前一阶段相比,用地扩展速度有所放缓。其原因是受 2008 年金融危机影响,上海市经济发展速度回落至 10% 以内,2008 年和 2009 年,经济增速仅为 9.7% 和 8.2%。2000 年以来,为了进一步缓解中心城区人口高度集聚以及产业发展的不协调,从而带来了住房紧缺、交通拥堵、环境质量下降等问题,上海市建立城市副中心,继续将人口向郊区疏散。《上海市城市总体规划(1999—2020 年)》要求按照城乡一体、协调发展的方针,以中心城为主体,形成"多轴、多层、多核"的市域空间布局结构,并确定了徐家汇、五角场、真如和花木等四个副中心。在城市规划引导下,上海市建设用地大规模向城市外围区扩展,并逐渐形成了多核发展模式[1]。建设用地主要围绕沪宁发展轴、沪杭发展轴、滨江沿海发展轴扩张,增加用地除在中心城区边缘的浦东、闵行、松江、嘉定等区大规模扩展外,进一步向距离中心城区较远的青浦、奉贤、金山、崇明等区域扩展。这一时期,中心城区周边新增用地以紧凑式扩展为主,而外围区新增建设用地以跳跃式扩展为主。

(5)2010—2015 年,上海市城市建设用地增长进入缓慢扩展期。城市建设用地经过 10 年的高速扩展后,建设用地增长规模和增长速度均呈现回落态势。2010—2015 年,城市建设用地扩展规模为 69.75 km²,年均增加面积为13.95 km²,较 2005—2010 年下降近 73%,城市建设用地扩展速度仅为1.02%,较前一阶段明显降低。新增用地主要分布在浦东、青浦、嘉定和宝山区等区内,主要沿着已有城市建设用地逐渐向边缘区扩展。这一时期的建设用地缓慢增加,一方面与经济发展进入新常态密切相关,2010—2015 年,经济增速由 2010 年的 10.3% 逐渐降至 2012 年的 7.5%,至 2015 年,经济增速进一步降至 6.9%,经济增长回落对建设用地的需求有所降低。另一方面,1980—2010 年经过 30 年的快速扩张,2010 年上海土地开发强度高达34.68%,受土地资源紧约束影响,可进一步开发建设空间受限,土地利用更加倾向于节约集约利用。2014 年,上海市对未来土地利用提出了"五量调控"管

---

① Zhang H, Zhou L, Chen M, et al. Land use dynamics of the fast-growing Shanghai Metropolis, China(1979 - 2008)and its implications for land use and urban planning policy [J]. Sensors, 2011, 11(2): 1794 - 1809.

理思路,即"总量锁定、增量递减、存量优化、流量增效、质量提高",将 2020 年规划建设用地规模 3 226 km² 作为未来建设用地的"终结规模",未来建设用地更加注重提高节约集约用地水平。未来时期内,上海市城市建设用地将进入低速扩展时期,城市发展由外延扩张向内涵发展转变。

2. 建设用地扩展模式与类型

利用公式计算出上海市城市建设用地景观扩张指数值,参照刘小平等[①]研究,根据景观扩张指数的分布规律,划分城市扩张类型:当 $0 \leqslant LEI < 5$ 时,城市用地斑块属于飞地式扩张;当 $5 \leqslant LEI \leqslant 50$ 时,城市用地斑块属于边缘式扩张;当 $50 < LEI \leqslant 100$ 时,城市用地斑块属于填充式扩张。根据上海市城市建设用地扩张指数值,将 1980—2015 年不同时段的城市建设用地新增景观图斑按扩张类型划分,作出不同时段的建设用地扩张类型空间分布图(图 4 - 13)。从图中可知,1980—2015 年城市用地增长迅速,但不同时段内,城市用地空间扩张模式存在差异。

1980—1990 年,城市用地以边缘式扩张模式占主导地位,边缘式扩张面积所占新增用地总面积的比重高达 73.12%,填充式和飞地式扩张模式所占比重相对较少,其占新增用地的比重仅分别为 19.30% 和 7.59%。以边缘式扩张的用地主要沿中心城区内的建成区边缘向东部、西部和南部方向扩展,东部集中分布在浦东新区的陆家嘴—花木、周家渡—六里片区,西部和南部主要沿交通线进行扩展,集中分布在沪宁、沪杭沿线地区。在中心城区以北和宝山区建成区相邻地带以填充式的模式进行扩展。飞地式的模式扩展主要分布在距离中心城区较远的远郊地区,且以零星分布为主。该时期内,城市用地以外延式扩张为主。

---

① 刘小平,黎夏,陈逸敏,等.景观扩张指数及其在城市扩展分析中的应用[J].地理学报,2009,64(12):1430 - 1438.

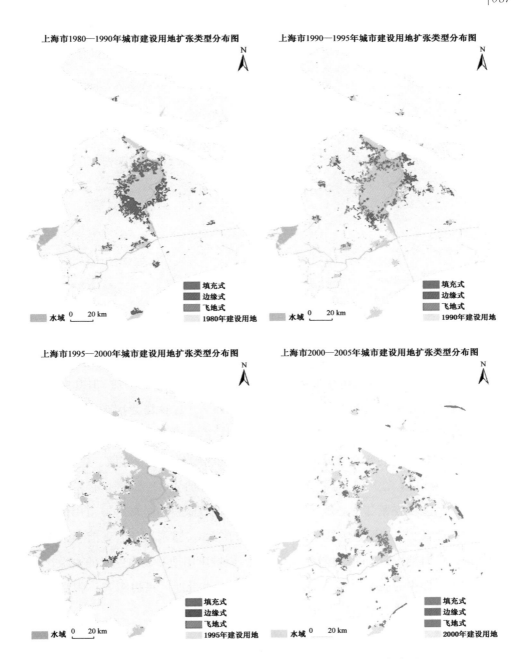

图 4‑13　上海市 1980—2015 年不同时段建设用地扩张类型

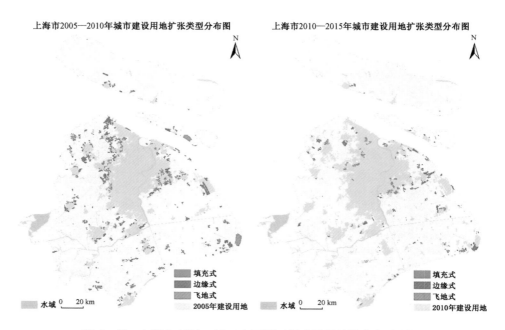

图 4‑13　上海市 1980—2015 年不同时段建设用地扩张类型(续)

1990—1995 年,城市建设用地继续以边缘式为主进行扩张,但其所占城市扩张总面积的比重较上一时期减少了 13.79%。以该模式扩张的城市用地主要集中分布在浦东新区的外高桥—高桥、庆宁寺—金桥片区,闵行经济技术开发区和嘉定区的原有建成区边缘,而其余地区则分布较为零散。这一时期,城市用地以填充式扩张的规模较上一时期增加了 18.52%,其占比达到 37.82%,主要在紧邻中心城区地区以填充式的模式进行扩展。城市用地以飞地式扩张甚少,占比仅为 2.86%,零星分布在宝山、浦东、嘉定、青浦和崇明等地区。该时期内,城市用地持续快速增加,但城市用地扩展由原来的边缘式扩展占主导向中心城区以填充式扩张为主,城市边缘地区以边缘式扩张为主相结合的模式转变,主城区与边缘地区连片发展。

1995—2000 年,城市用地景观增加规模较上一时段大幅度减小。城市用地扩张模式仍以边缘式扩张为主,以该模式扩展的用地集中分布在东部的浦东新区机场、庆宁寺—金桥和西南部松江区内的沪杭线周边,在中心城区西部分布也相对较多,但多以零散分布为主。以填充式扩展的用地主要发生在中心城区的边缘地带,主要分布在宝山、松江、闵行和浦东新区的陆家嘴—花木片区的边缘地区。以飞地式扩展的用地占比较前期迅速增加,为 17.53%,主要分布在奉贤、浦东新区中部、崇明等地区,分布较为零散。

2000—2010 年,城市用地大规模增加,城市用地扩展模式和空间格局发生了较大变化。与之前城市新增用地主要紧邻原有城市建成区边缘扩展,远郊地区扩展较少,且零星分布为主的扩展特征相比,这一时期,城市建设用地在沿着中心城区边缘扩展的同时,也大规模向城市远郊地区扩展,且分布相对集中。2000—2005 年,边缘式和飞地式的城市扩张模式不断减少,而填充式的城市扩张模式大幅增加。边缘式、填充式和飞地式扩张模式的占比分别为 53.90%、34.74% 和 11.36%。边缘式扩张主要分布在浦东新区中部、浦东机场附近、外高桥片区和南部的闵行经济技术开发区、奉贤区西北部、松江区境内的沪杭线以东地区及中心城区边缘的西部地区。以填充式扩张的城市用地主要集中分布在闵行、松江经济技术开发区和宝山区,通过填充式发展,中心城区与松江经济技术开发区、沪杭沿线地区形成集中连片发展的趋势,城市用地向南和向西发展趋势明显。2005—2010 年,边缘式的城市用地扩张较前一阶段继续减少,其占比为 45.75%,填充式和飞地式扩张模式继续增加,占比分别为 40.96% 和 13.28%。填充式扩张集中分布在浦东新区西北片区和中心城区以西地区,而边缘式扩张则集中在宝山、嘉定和金山等地区。飞地式的城市扩张模式分布相对较少。这一阶段,城市用地扩展基本与前阶段保持一致,继续向南和向西两个方向发展。

2010—2015 年,城市用地增长趋势减缓,城市用地扩张以边缘式和填充式扩张为主,中心城区、城市边缘和近郊区集中连片发展。填充式扩张用地较上一时期继续增加,占比增加至 43.52%,而飞地式的扩张模式明显减少,占比降至 5.98%。以边缘式扩张的城市用地主要分布在浦东新区中部、松江区北部、青浦区东北和奉贤等地区。以填充式扩展的用地主要分布在浦东新区北部,及嘉定、宝山和青浦等区,通过填充式扩展,中心城区和城市边缘地区、近郊地区形成集中连片发展。而飞地式扩展的用地主要分布在远郊地区。这一时期,以填充式扩展的用地占比较之前明显增加,城市用地以边缘式和填充式扩张为主。

综上可知,1980 年以来,城市用地扩张模式由 1980—2000 年的边缘式扩张占主导发展为 2000—2015 年的以边缘式和填充式扩张为主。这反映了城市用地扩展由前期的外延式扩张占主导逐渐向外延式扩张和内部填充为主的发展模式转变。

二、武汉市城市建设用地扩展特征

1. 建设用地扩展时空过程与格局

研究期内,武汉市城市用地规模扩展迅速,建设用地面积由 1980 年的 244.20 km² 增加到 2015 年的 1 016.67 km²,增长了 3.16 倍。城市建设用地主要集中分布在长江两岸,新增用地主要向中心城区的西南、东南和西北方向拓展,城市建设用地受水体分割,破碎化程度较高。

表 4-10　武汉市 1980—2015 年城市建设用地扩展规模与速度

时段 (年)	扩展面积 (km²)	年均扩展规模 (km²)	年均扩展速度 指数(%)	扩展特征
1980—1990	63.92	6.39	2.62	中速扩展
1990—1995	65.45	13.09	4.25	快速扩展
1995—2000	31.08	6.22	1.66	缓慢扩展
2000—2005	124.99	25.00	6.18	高速扩展
2005—2010	266.75	53.35	10.07	高速扩展
2010—2015	220.29	44.06	5.53	高速扩展

从表 4-10 和图 4-14 可知,武汉市建设用地扩展总体上呈现中速、快速扩张向高速扩张发展的阶段性特征。20 世纪 80 年代初期到 90 年代中期,城市建设用地扩张处于中速扩张和快速扩张阶段。2000 年以后,建设用地持续加快扩张,进入高速扩张阶段。不同时段的城市建设用地扩张特征如下:

(1) 1980—1990 年,武汉市城市建设用地扩展较为缓慢。十年间,建设用地扩展了 63.92 km²,年均扩展面积为 6.39 km²,年均扩展速度为2.63%。城市建设用地主要在江汉、汉阳、武昌等中心城区边缘扩展,新增用地主要沿江汉区北侧的京汉铁路和建设大道等交通线向北纵深腹地、汉阳区汉阳大道以西及武昌区沙湖以西和西北方向扩展,与原有建设用地连片发展,而在外围区则主要在政府驻地周边扩展。改革开放初期,武汉作为对外开放口岸和综合经济体制改革试点城市,成为长江中游地区的重要经济中心,经济发展取得了一定成就,经济规模在 10 年间翻了 3.31 倍,经济社会发展在一定程度上推动城市建设用地扩张。但该时期内,由于武汉对外开放重点放在发展对外贸易、提高出口创汇能力上,对外开放处于起步阶段,开放程度低,经济社会发展较为缓慢,对建设用地的需求相对较少,城市建设用地增长相对较为缓慢。

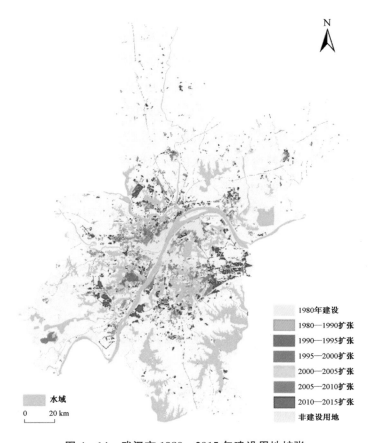

图 4‑14　武汉市 1980—2015 年建设用地扩张

（2）1990—2000 年，城市建设用地由快速扩展转向缓慢扩张。其中，1990—1995 年城市建设用地扩展提速，年均扩展规模为 13.09 km²，约为前一阶段的 2 倍。进入 20 世纪 90 年代后期，城市建设用地年均扩展规模和年均扩展速度下降明显，分别降至 6.22 km² 和 1.66％，城市建设用地扩展进入缓慢增长期。城市建设用地主要向长江以西片区扩展，主城区内新增用地主要集中在发展大道、建设大道与京广铁路沿线地区，以及西南部的武汉经济技术开发区，在开发区内的沌阳、沌口等地形成规模较大的"飞地"组团。长江以东地区城市建设用地扩展规模较少，东湖开发区成为新的增长点开始扩张。90 年代以来，我国对外开放迅速由沿海地带向长江沿江地区推进，武汉等沿江城市对外开放。武汉实施"开放先导"战略，积极引进投资和进行大规模开发区建设，先后成立了吴家山台商投资区、武汉经济技术开发区、东湖高新技术产业开发区等，开发区的建设促进了城市建设用地快速扩张。受 1997 年亚洲金融危机影响，90 年代后期城市建设用地扩张速度较初期扩张较为缓慢。

（3）2000—2015 年，武汉市城市建设用地持续加快扩张，进入高速扩张阶段。2000—2005 年，城市建设用地扩张规模和扩张速度明显高于前一阶段，扩张规模达 124.99 km²，年均增长速度为 25.00 km²，为前一阶段的 4.02 倍，扩展速度达 6.18％。该时期新增用地主要向中心城区的西北、西南和东南方向扩展，主要分布在东西湖、蔡甸、洪山和江夏、新洲等区，城市建设用地主要在吴家山海峡两岸科技产业开发园、东湖高新技术产业开发区、武汉经济技术开发区等各开发区大规模跳跃式扩张，城市用地以工业用地扩张为主。2005—2015 年，城市建设用地持续加速扩张，尤其是在 2005—2010 年，建设用地扩张规模和速度均高于其他时段，城市建设用地年均扩张规模和扩展速度分别高达 53.35 km² 和 10.07％。2010—2015 年，城市建设用地扩展规模和扩张速度虽然较 2005—2010 年有所下降，但仍处于较高水平，年均扩张规模和扩展速度分别为 44.06 km² 和 5.53％。这一时期，城市建设用地不断填充中心城区和外围开发区的空隙，同时在开发区已有建成区边缘进一步大规模向外扩张，城市建设用地在中心城区和外围地区逐渐形成集中连片发展的态势。2000 年以来，武汉深入实施"开放先导"战略，进一步加大招商引资力度,加快开发区建设,经济社会进入快速发展阶段,对建设用地需求较大。尤其是 2005 年以来,国家实施"中部崛起"战略,加大对中部地区的基础设施建设、投资和政策支持力度,武汉作为中部地区的中心城市,吸引了大量的投资和人口集聚,成为中部地区重要的经济增长极,推动了建设用地快速扩张。2010 年以来,经济进入新常态,经济发展速度逐渐放缓,经济增长率由 2010 年的 14.70% 下降至 2015 年的 8.90%,建设用地扩展速度也有所回落,但仍处于高速扩展阶段。

2. 建设用地扩展模式与类型

1980—1990 年,武汉市城市用地主要以边缘式进行扩张,沿中心城区已有建成区边缘扩张,集中分布在江汉区北部、武昌区东北、青山区南部和汉阳区中部等地区,外围各区内则主要沿着区政府驻地已有建成区边缘扩张;以飞地式扩张的用地较少,在蔡甸区中部和东北、东西湖区东部、江夏区北部等地区形成规模较小的飞地组团;填充式扩张的城市用地甚少,仅在城市中心区有少部分新增用地以填充方式进行扩展。该时期内,边缘式扩展模式占城市用地扩张面积的比重达 70.24%,飞地式扩张模式占比为 21.77%,而填充式扩张模式占比仅为 7.98%,边缘式扩张模式在城市用地扩展中占绝对的主导地位,城市用地以外延式扩张为主。

1990—1995 年,武汉市建设用地仍以边缘式为主进行扩张,但与上一阶段相比,边缘式扩张规模有所减小。边缘式扩张模式主要集中在长江以北的江汉、江岸及东西湖区接壤片区,东西湖区内吴家山台商投资区,蔡甸区东北靠近长江片区及汉南区内的经济技术开发区,其余地区分布较为零散。飞地式扩张类型较上一时期规模明显减小,主要分布在黄陂区中部和西南地区,及新洲区东北;填充式扩张规模显著增大,主要分布在中心城区内,对前期城市用地扩展留下的空隙区进行填充。该时期内,边缘式和飞地式扩张模式占城市扩展的比重出现下降,其比重分别为 63.72% 和 7.34%,分别较上一阶段下降了 6.52% 和 14.43%,而填充式扩张模式占比较上一阶段增加了 20.96%。城市建设用地扩张虽然仍以边缘式扩张为主,但填充式扩张比重大幅提升,城市扩张逐渐向外延式扩张和内部填充相结合的模式发展。

1995—2000年,飞地式扩张成为武汉市城市建设用地扩展的主要类型,飞地式扩张规模较上一时期大幅增大。飞地式扩张模式主要分布在中心城区外围地区,在蔡甸区西南角形成大规模的飞地组团,在江夏区内分布较多,但相对较为分散,随着东湖经济技术开发区开发建设,江夏区成为城市向南发展的重要拓展区域,建设用地以飞地式较快扩张。此外,飞地式扩张在洪山区、黄陂区亦有分布。边缘式扩张规模大幅度减小,主要分布在中心城区边缘地带和蔡甸区的东北片区。填充式扩张主要发生在中心城区,少部分新增用地以内部填充方式进行扩展,但规模相对较小。该时期,边缘式、飞地式和填充式三种扩展模式占城市扩展面积的比重分别为34.47%、50.31%和15.22%,城市扩展模式较前期发生了较大变化,城市用地以飞地式大规模向外围地区扩展,中心城区边缘地区扩展相对较为缓慢。

2000—2005年,城市用地发展发生了变化,由上一时期的飞地式扩张为主转向边缘式扩张为主。边缘式扩张类型主要分布在蔡甸、洪山、江汉及新洲等区。在蔡甸区经济技术开发区西南片区,洪山区东湖高新技术开发区,江夏区内开发区、大桥新区、藏龙岛科技园,新洲区西南片区等地区大规模扩展。飞地式扩张模式主要分布在东西湖区东部、江夏区北部及新洲区西南片区,在江夏区北部形成大规模的飞地组团,其余地区飞地组团规模相对较小。填充式扩张主要发生在主城区边缘地区,在长江以西地区分布较为零散,而在长江以东的洪山区南部分布较为集中。该时期,边缘式、飞地式和填充式三种扩展模式占城市扩展面积的比重分别为53.52%、32.92%和13.56%,飞地式扩张规模大幅度减小,而边缘式扩张规模大幅增大。这一时期,通过边缘式和填充式扩张,在长江以西形成中心城区—汉阳—蔡甸开发区集中连片发展区,在长江东南形成中心城区—洪山区—江夏区北部集中连片发展区,城市用地由前期的组团发展向集中连片发展转变。

2005—2015年,城市用地景观大规模增加,城市用地扩张仍以边缘式扩张为主,飞地式扩张较前期有所减少,填充式扩张则出现增加。2005—2010年,边缘式扩张主要分布在中心城区外围区,在各个方向均有扩展;2010—2015年,继续沿着前期新增用地边缘进一步向外扩张,尤其在蔡甸区中部、江

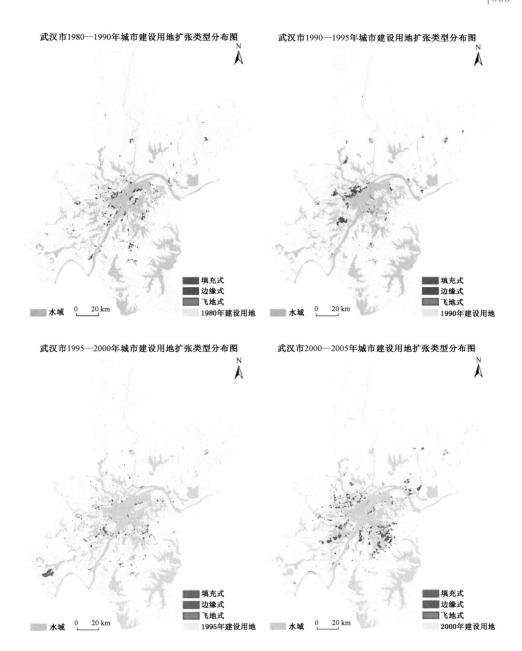

图 4 - 15　武汉市 1980—2015 年不同时段建设用地扩张类型

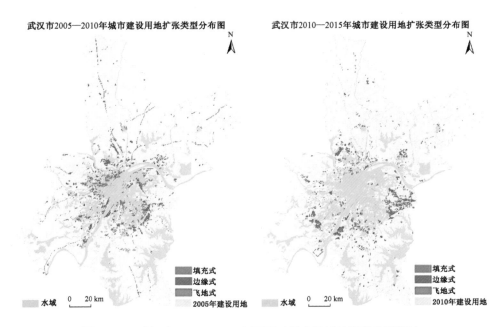

图 4 - 15　武汉市 1980—2015 年不同时段建设用地扩张类型(续)

夏区东北和黄陂区西南扩张较为显著。飞地式扩张主要集中分布在蔡甸区中部和东南角、江夏区西北靠长江沿岸区,形成规模较大的飞地组团,其余地区分布较为零散。填充式扩张主要发生在中心城区和外围区交接地带,对前期外延式和飞地式扩张留下的空隙进行填充,中心城区和边缘区、外围区形成连片发展,城市用地层层向外发展,城市空间形态呈现"摊大饼"式蔓延扩张。该时期内,2005—2010 年边缘式、飞地式和填充式扩张占城市用地扩展面积的比重分别为 51.73%、25.66%和 22.61%,至 2010—2015 年,这一比例分别为 58.34%、29.62%和 12.03%。

三、重庆市城市建设用地扩展特征

1. 建设用地扩展时空过程与格局

研究期内,重庆市城市用地规模扩展迅速,城市建设用地面积由 1980 年的 126.79 km² 增加到 2015 年的 773.44 km²,增长了 5.10 倍。城市建设用地主要集中分布在嘉陵江、长江沿岸和两江交汇地带,新增用地主要向渝中半岛东北、西南及以西方向拓展,城市建设用地受山体和水体分割,呈现组团式发展。

从图 4-16 可知,重庆市城市建设用地扩展总体上呈现由中低速扩展向快速和高速扩张发展的阶段性特征。1980—1995 年,城市建设用地扩展处于缓慢扩展阶段,1997 年重庆市直辖以来,受政策驱动影响,城市建设用地扩展迅速,进入高速扩展阶段,且呈现持续加快扩张的态势。不同时期的城市建设用地扩张特征如下:

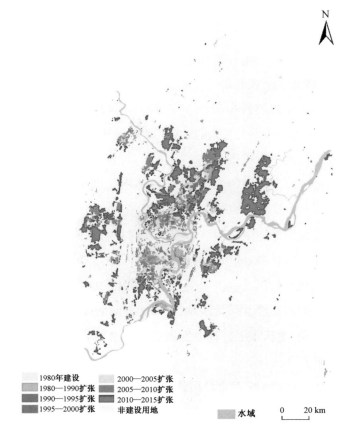

图 4-16 重庆市 1980—2015 年建设用地扩张时空过程

(1) 1980—1990 年,重庆市城市建设用地扩展较为缓慢。十年间,城市建设用地扩展了 30.71 km²,年均扩展规模为 3.07 km²,扩展速度为 2.42%。

城市建设用地主要集中分布在嘉陵江和长江交汇地带,新增建设用地以"西拓"为主,主要向渝中半岛西以西和南方向的沙坪坝、大渡口、大杨石等组团扩展,在渝中半岛南部的南坪组团也有一定规模的拓展,而半岛以北的观音桥组团拓展规模相对较小;在渝北、北碚等中心城区外围区则主要沿着政府驻地向周边扩展。改革开放初期,重庆成为计划单列市,拥有省级经济管理权限并辟为外贸口岸,积极进行经济综合改革试点,一定程度上促进了重庆市经济社会的发展,经济社会的发展增加了对城市用地的需求。但该时期内,由于重庆深处西部内陆,对外开放程度低,经济社会发展速度较慢,对城市用地需求较少,城市建设用地增长相对较为缓慢。新增建设用地继续向渝中半岛以西及西南方向的沙坪坝、大渡口、大杨石等组团拓展的同时,在渝中半岛北部也出现较大规模扩张,半岛北部的观音桥—人和组团继续向北扩展,而在渝北、北碚区政府驻地附近则扩张规模较小。20 世纪 90 年代初,改革开放进程的逐渐深入,以及城市经济体制改革的推进,促进了重庆经济社会的不断发展,进一步推动了城市建设用地继续扩张。

(2) 1995—2000 年,重庆市城市建设用地增长进入快速扩展阶段。城市建设用地扩展了 41.67 km^2,年均扩展速度为 4.91%,是上一阶段的 2.03 倍。城市建设用地继续向渝中半岛西部和西南方向扩展的同时,也大规模向渝中半岛正北及东北方向扩展,城市发展出现"北移"的态势,观音桥组团、人和组团及两路组团用地扩展迅速。由于受西部中梁山和东部铜锣山等山体阻隔,建设用地进一步向西扩展空间受限,城市发展方向向北转移。这一时期,受重庆直辖及政策驱动,重庆市经济社会发展进入快速发展时期,极大地推动了城市建设用地快速扩张。

(3) 2000—2010 年,城市建设用地持续扩张,进入高速扩展阶段。这一时期,城市建设用地扩展提速,其中,2000—2005 年,扩展规模和年均扩展速度分别为 55.33 km^2 和 5.23%;2005—2010 年,建设用地继续高速扩张,扩张规模和扩张速度分别高达 140.72 km^2 和 10.55%。2000 年以来,城市建设用地以"北拓"为主的同时,在其他方向上均出现不同规模的扩展。城市建设用地主要沿机场高速、210 国道等主要交通干线大规模向东北方向的观音桥、人和、唐家沱和空港组团扩展,东南方向的李家沱—鱼洞组团和南坪组团也出现一定规模的扩展。与此同时,在中梁山以西西部新城的北碚城区和蔡家组团、沙坪坝区西永组团、九龙坡区西彭组团等亦出现大规模拓展。随着国家西部大开发政策的实施和推进,重庆市发挥西部地区经济发展中心的优势,吸引了大量的投资和产业集聚,成为西部地区重要的经济增长极,极大地推动了建设用地的高速扩张。

(4)2010—2015 年,城市建设用地持续高速扩张,其扩展规模和速度远高于其他阶段。城市建设用地扩展规模和年均扩展速度分别高达365.82 km² 和 17.95%,为研究期内的城市建设用地扩展最快的一个阶段。城市建设用地主要以"北拓"和向西部新城方向扩展为主,"北拓"和"西移"态势显著。城市新增用地主要向两江新区内的水土、悦来、礼嘉、蔡家、空港、鱼嘴、龙兴等组团大规模扩展,在西部新城方向的西永、西彭等组团继续向建成区外围扩展,在东南方向主要向南岸区内的经济技术开发区及茶园新城、巴南区内的李家沱—鱼洞组团等扩展。2010 年 5 月,国务院批准设立重庆两江新区,新区开发带动大量基础设施建设,并吸引了大量的投资和产业集聚,推动城市建设用地高速扩张。

2. 建设用地扩展模式与类型

1980—1990 年,重庆市城市用地主要以边缘式扩张为主,填充式扩张占有一定比重,而飞地式扩张较少,分别占城市用地扩张面积的 60.90%、26.57%和12.17%。新增用地斑块中,边缘式扩张类型主要分布在渝中半岛西南侧的沙坪坝、大渡口、大杨石等组团,城市主要向渝中半岛的西南方向迅速发展。填充式扩张类型主要在中心城区建成区内部进行填充,长江沿岸东侧分布面积较大。飞地式扩张类型主要在城市的南北向分布,在沙坪坝和九龙坡组团外围有少量分布,在北碚区和渝北区政府驻地周边分布规模相对较大。这一时期,城市主要依托渝中半岛建成区向西部自然条件较好、空间较为广阔的区域发展,而受水体阻隔影响,南北方向扩展规模较小,城市发展以"西拓"为主。

1990—1995 年,重庆市建设用地扩张类型中,边缘式扩张类型所占比重大幅下降,而填充式扩张类型所占比重大幅提高,城市用地扩张由前一阶段的边缘式扩张为主转变为填充式扩张为主。填充式扩张类型主要分布在城市西部的大渡口、沙坪坝、大杨石等组团内部及长江北岸的观音桥—人和组团,对前期城市用地扩展留下的空隙区进行填充。边缘式扩张类型较上一时期大幅减少,占城市用地扩张面积的比重降为32.51%,主要分布在观音桥—人和组团外围,向正北方向拓展,其余在城市南部地区有少量分布。飞地式扩张类型分布占比也较上一时期有所降低,仅占城市用地扩张面积的4.24%。这一时期,城市扩展由前期的外延式扩张为主转向内部填充发展为主,城市发展相对较为紧凑,用地扩展速度也相对较为缓慢。

1995—2000年,重庆市城市用地扩张类型发生了较大变化,城市新增斑块在对前期城市发展中留下的空隙区进行填充的同时,也出现了大规模的向外扩张。

该时期内,边缘式和飞地式扩张类型大幅度增加,而填充式扩张类型大幅减少,边缘式和飞地式扩张类型占城市用地扩张面积的比重分别为49.51%和24.48%,分别较上一时期提高17.00%和20.24%,而填充式类型占比则下降了37.24%。填充式扩张类型主要分布在中心城区,部分新增用地对城市内部进行填充。边缘式用地扩张类型主要分布在城市的南北两翼,城市用地在南部的李家沱—鱼洞、南坪组团和北部的空港、观音桥—人和、北碚组团等区域大规模向外扩张。飞地式扩张类型主要分布在机场高速沿线,扩展规模较大,而在城市西南部和西北部分布较少。这一时期,城市用地快速向城市边缘扩张,以外延式扩张为主。

2000—2005年,边缘式和飞地式扩张成为城市用地扩展的主要类型,分别占城市用地扩张面积的45.32%和37.94%。边缘式扩张类型主要分布在城市北部的人和组团、唐家沱组团和空港组团,城市大规模向长江和嘉陵江以北地区拓展。飞地式扩张类型主要分布在城市北部的人和组团、鱼嘴组团和东部的茶园—鹿角组团,以及西部新城内的西永组团,扩展规模较大。该时期内,城市用地在大规模向北扩展的同时,也向西部新城扩展,城市发展出现明显的"北移"和"西拓"特征。可以看出,该时段内城市用地扩展规模和速度明显高于前期阶段。

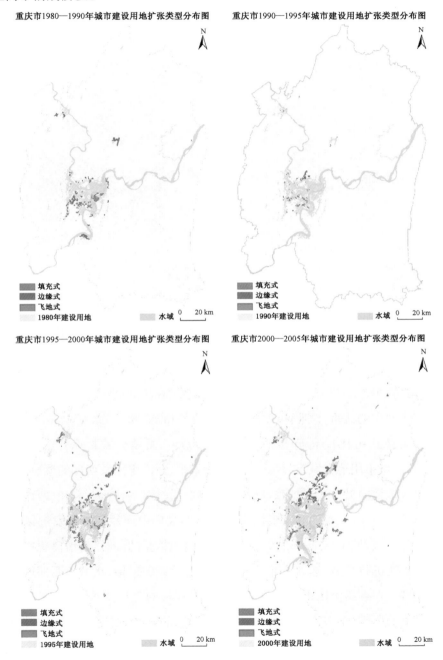

图 4 - 17　重庆市 1980—2015 年不同时段建设用地扩张类型分布图

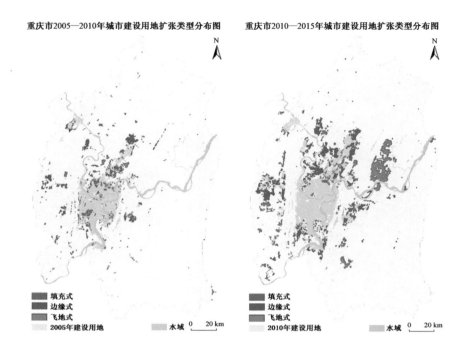

重庆市2005—2010年城市建设用地扩张类型分布图　　重庆市2010—2015年城市建设用地扩张类型分布图

图4‐17　重庆市1980—2015年不同时段建设用地扩张类型分布图(续)

　　2005—2015年,城市用地扩张仍以边缘式和飞地式扩张为主,而填充式城市扩张较少。2005—2010年,边缘式、飞地式和填充式扩张类型所占城市用地扩张面积的比重分别为47.89%、29.25%和22.86%,2010—2015年,边缘式和飞地式占比提高至53.71%和36.09%,而填充式扩张占比则降为10.20%。城市用地在城市北部的人和、唐家沱、空港组团及西部的蔡家、西永等组团大规模向城市边缘扩张,同时新增斑块通过对观音桥—人和、两路组团等内部进行填充,在长江和嘉陵江以北地区形成集中连片的城市发展区。在城市西部新城,城市新增斑块大规模在西永组团扩张的同时,新增斑块亦沿主要交通干线进行扩展,逐渐将北碚、西永、西彭等组团连接,在城市西部形成较大的新城。在铜梁山以东区域城市发展以大规模的飞地式扩展为主,形成了规模较大的鱼嘴、龙兴组团;而在城市西部地区的飞地式扩张规模相对较小,主要分布在西永、西彭组团外围。这一时期,城市用地大规模向两江新区和西部新城扩展,城市用地扩展非常迅速。

四、南京市城市建设用地扩展特征

（一）南京市城乡土地利用基本现状

2016 年，南京市土地总面积 6 587.02 km²，其中建设用地面积 1 678.86 km²，占土地总面积的 25.49%。城乡建设用地规模为 1 506.58 km²，占土地总面积 22.87%。其中，城镇建设用地面积 1 030.66 km²，乡村建设用地面积 475.92 km²。根据常住人口测算的人均城乡用地规模为 182.17 m²。其中，人均城市用地面积、人均农村建设用地面积分别为 151.98 m²、356.68 m²。

根据 2015 年土地利用变更调查数据进行横向比较，全市土地开发强度达 28.36%。在全国 15 个副省级城市中，排名第 3 位，仅次于深圳（48.87%）和厦门（32.90%），高出位于第 4 位的广州 3.55%。在江苏省 13 个地级市中位列第 3 位，仅次于无锡市（32.30%）与苏州市（29.10%）。城市建设用地规模扩张面临日益显著的土地资源紧约束。与此同时，建设用地地均 GDP 为 939.33 万元/hm²，单位产出建设用地占用面积为 10.65 hm²/亿元，在全国 15 个副省级城市中，排名第 5 位。

南京城镇建设用地的增长状况侧面反映出其作为省会城市在首位度方面的不足（图 4-18）。依据 2016 年数据进行测算，南京人口首位度为 0.78，经济首位度为 0.68。根据江苏省土地利用变更调查数据进行测算，2010 年至 2016 年，全省累计新增城镇建设用地规模 187.5 万亩。其中，南京市累计新增城镇建设用地规模 27.3 万亩，占比 14.56%，位居全省第 2 位。苏州市累计新增城镇建设用地规模 36.70 万亩，占比 19.57%。两市新增城镇建设用地规模比值为 0.74，与人口、经济首位度相当。

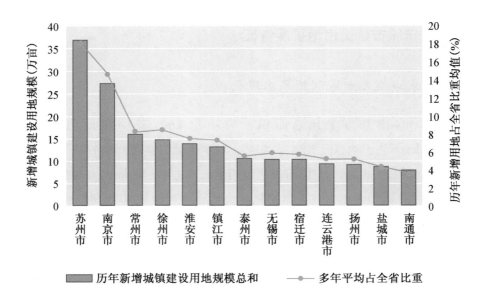

图 4 - 18　2010—2016 年江苏省各地级市累计新增城镇建设用地规模及其占比

数据来源:历年土地利用变更调查数据。

(二)规划实施期内新增建设用地特征

1. 建设用地总量扩张

根据历年土地利用变更调查数据,2007—2015 年南京市建设用地面积从 162 229.35 hm² 增至 186 786.30 hm²,净增 24 556.95 hm²,年均增长率为 1.78%。其中,2011—2015 年建设用地面积净增 6 959.74 hm²,年均增长率仅为 0.95%。若从更长的时间段来看,自 1990 年以来南京市全市建设用地分阶段扩张,其驱动因素、扩张特征、空间载体等不尽相同(表 4 - 11)。

其中,1998—2015 年全市建设用地面积从 126 381.27 hm² 增至 186 786.30 hm²,净增 60 405.03 hm²,年均增长率达 2.32%。从不同时间段年均增长率逐步递减的趋势中,可以看出全市建设用地的增长正逐步放缓。

南京市全市建设用地规模变化并不平稳,与城市规划发展战略和土地管理政策密切相关。建设用地在 1998—2015 年存在两轮大规模扩张,分别发生

表 4－11　南京市建设用地扩张演化过程

因素	1990—1995 年	1995—2000 年	2000—2005 年	2005—2010 年	2010—2015 年
扩张特征	主城外扩	重点聚焦	多管齐下	遍地开花	补充调整
驱动因子	城区经济发展	开发区设立；大型工程	大学城成立；新城建设起步；撤县设区	开发区数量增加、规模扩大；新城建设加速	结构调整、产业升级
发展指标	① 人口增加 19.9 万人；② GDP 增加 413.27 亿元；③ 三产比重由 10.34：58.84：30.81 转变为 7.61：52.13：40.25；④ 全社会固定资产投资总额 689.27 亿元；⑤ 引进外资共计 12.71 亿美元	① 人口增加 23.17 万人；② GDP 增加 444.84 亿元；③ 三产比重转变为 5.39：48.38：46.24；④ 全社会固定资产投资总额 1831.77 亿元；⑤ 引进外资共计 32.98 亿美元	① 人口增加 50.91 万人；② GDP 增加 2308.98 亿元；③ 三产比重转变为 3.32：49.78：46.90；④ 全社会固定资产投资总额 4626.51 亿元；⑤ 引进外资共计 85.98 亿美元	① 人口增加 36.62 万人；② GDP 增加 2601.53 亿元；③ 三产比重变为 2.84：46.44：50.72；④ 全社会固定资产投资总额 11609.76 亿元；⑤ 引进外资共计 113.43 亿美元	① 人口增加 20.98 万人；② GDP 增加 4708.13 亿元；③ 三产比重变为 2.40：40.29：57.32；④ 全社会固定资产投资总额 24903.53 亿元；⑤ 引进外资共计 183.53 亿美元
空间载体	主城区周边，具体包括紫金山南麓和北麓、鼓楼建邺郊结合部	南京经济技术开发区、江宁经济技术开发区	1. 仙林大学城、江宁大学城 2. 南京经济技术开发区、南京白下高新技术产业园 3. 东山副城、河西新城	1. 仙林大学城、江宁大学城 2. 六合、浦口、滨江、雨花、溧水高新经济开发区、江宁经济技术开发区、南京高新技术产业开发区、南京化学工业园（马群工业园、宁南、铁心桥工业区） 3. 板桥新城、禄口新城、东山副城、龙潭港 4. 禄口机场	无大面积、集中连片的建设用地扩张

于 2000—2005 年和 2008—2012 年,与以往几轮南京市城市总体规划的编制
周期同步,表现为规划实施期初建设用地规模的快速扩张。

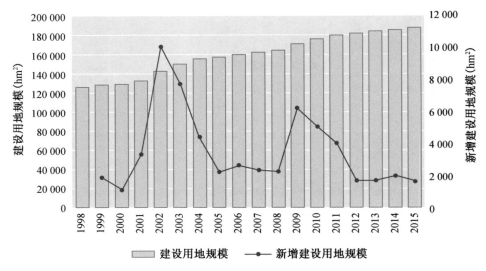

图 4‑19   南京市 1998—2015 年建设用地规模及其变动情况

数据来源:历年土地利用变更调查数据。

(1)2000—2005 年空间战略引领下的跨越式增长

2000—2002 年南京先后实施了两次区划调整。2000 年江宁撤县设区,
2002 年浦口、江浦、大厂、六合"四区县并二"。2001 年,南京市开始推进"一城
三区"(河西新城区、东山新市区、仙林新市区和江北新市区)、"一疏散三集中"
的空间发展战略,建成区面积迅速扩大。这一轮建设用地增势持续至 2005
年,极大地拓展了城市发展空间。

(2)2008—2012 年设施建设引领下的功能性增长

与 2000—2005 年第一轮的建设用地扩张相比,2008—2012 年的第二轮
建设用地扩张在结构上存在较大差异(图 4‑20)。第一轮建设用地扩张以城
乡发展空间极大拓展为导向,而第二轮建设用地扩张主要以功能性提升为主
导,包括城市副中心和交通基础设施的营建。2008—2012 年,城市发展面临
外部经济形势的整体压力,交通基础设施投资建设力度加大。2008—2009 年
新增交通用地 4 416.32 hm²,为 1998 年以来的增幅峰值。其中,尤以公路交

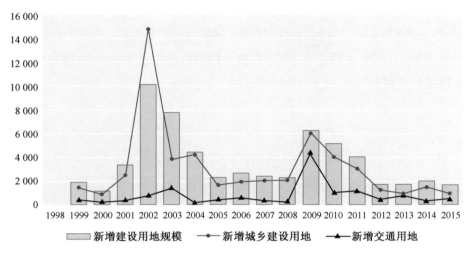

图 4‑20 南京市 1998—2015 年新增城乡建设用地与新增交通用地情况（单位：hm²）

数据来源：历年土地利用变更调查数据。

通、铁路交通用地增长迅速，满足包括南京南站、过江通道等一系列交通基础设施和配套设施建设的用地需求。与此同时，城乡发展空间在 2009—2012 年同样经历了新一轮增长。一方面，交通设施建设对产业与城市经济发展存在波及效应，进而形成新的发展用地需求；另一方面，新一轮总体规划对"副城区"中心进行了调整，新城新区的开发建设在新一轮总体规划的指导下步入新阶段。

（3）快速扩张条件下日益严峻的土地资源紧约束

建设用地规模的快速扩张，对城市土地资源利用形成了巨大挑战。日益增长的发展用地需求与城市相对有限的资源环境容量表现出日益严峻的矛盾。城市用地屡屡突破各类规划既定的发展目标。《南京市土地利用总体规划（2006—2020 年）》确定的规划目标是 2010 年、2020 年全市建设用地总规模分别控制在 165 621.5 hm²、179 012.5 hm² 以内。然而，2009 年建设用地总规模提前突破 2010 年规划控制目标，达到 170 722.74 hm²。2011 年则进一步突破了 2020 年规划控制目标，达到 179 826.56 hm²。

伴随两轮城市建设用地集中增长，南京市土地开发强度已逐步逼近

30%。2000—2005 年的第一轮快速增长,土地开发强度从 19.7% 增至 23.9%,增幅达 4.2%;2008—2012 年的第二轮快速增长,土地开发强度从 25% 增至 27.6%,增幅达 2.6%。在建设用地总量管控的约束下,两轮建设用地增长均表现出显著的"S"形曲线特征。

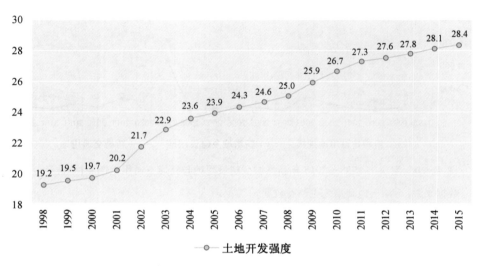

图 4‑21　南京市 1998—2015 年土地开发强度变化(单位:%)

数据来源:历年土地利用变更调查数据。

如若未来建设用地开发强度限定于 30%～32%,那么可用于新增的建设用地面积仅有 10 802.72～23 976.76 hm²。若按照 2012—2015 年以来的建设用地年均增速(0.96%),预计于 2022 年开发强度就将突破 30%,2028 年将突破 32%。以 2012 年为基期进一步按照逻辑斯蒂曲线的形式进行预测,结果表明(图 4‑22),无论以 30% 还是 32% 为限,南京市建设用地增长已不存在再次快速扩张的空间,增量递减是必然趋势。其中,若以 30% 为限,南京市 2018 年新增建设用地规模已需要控制在 1 000 hm² 以内,而到 2030 年,新增建设用地规模应控制在 250 hm² 以内。即便以 32% 为限,到 2030 年南京市新增建设用地规模也需降至 500 hm² 以内。

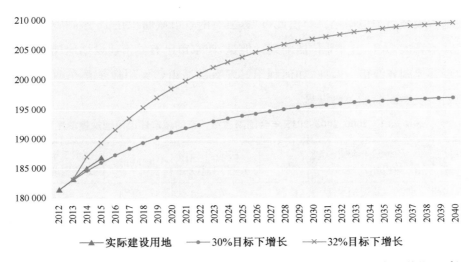

图 4 - 22　基于逻辑斯蒂方程的总量约束下建设用地增长(2012—2040 年)(单位:hm²)
数据来源:历年土地利用变更调查数据。

2. 城市建设用地扩张

相比于全市建设用地总量,南京市城市建设用地表现出更为迅猛的扩张态势。2000—2015 年,南京市城市建设用地面积从 161.21 km² 迅速扩张至 735.28 km²,增幅 574.07 km²,年均增速达 9.95%,远高于同时期建设用地总量的年均增速(2.48%)。城市建设用地占市域面积的比例亦从 2.34% 骤增至 11.16%。

(1) 城市建设用地极大拓展,为城市发展奠定空间基础

2001 年以来,南京市"一城三区"的空间战略极大地拓展了城市发展空间,集中反映在城市建设用地的爆发式增长。2002 年,城市建设用地规模达到 450.16 km²,较之 2001 年用地规模翻了一番。这一扩张持续至 2005 年,城市建设用地从 1999 年的 149.79 km² 拓展至 598.06 km²。虽然 2005 年之后,城市建设用地的增长开始放缓,但总量增幅依旧较大。2015 年,南京市城市建设用地规模进一步增至 735.28 km²。

经历了这一系列增长之后,南京市城市建设用地面积大幅增加。在全国15 个副省级城市中,南京市 2000 年城市建设用地规模排名第 8 位,处于中游(表 4 - 12)。2005 年,南京市已跻身前三名,城市建设用地规模虽然与广州、深圳等特大城市存在显著差距,但已与其他副省级城市拉开距离。2015 年,

在副省级城市中位居第二。由此可见,虽然南京市域面积在15座副省级城市中并不算大,人口也并非位居前列。但是,南京市已有城市建设用地规模显著大于其他副省级市。对此,如何利用好现有的城市建设用地是摆在南京城市规划与发展面前的关键课题。

表4-12　2000、2005、2015年全国副省级城市的城市建设用地规模排序

城市	2000年城市建设用地(km²)	城市	2005年城市建设用地(km²)	城市	2015年城市建设用地(km²)
广州	385.51	广州	734.98	深圳	895.32
武汉	241.48	深圳	713.00	南京	735.28
大连	214.39	南京	598.06	广州	643.52
成都	207.80	杭州	383.67	成都	604.07
沈阳	207.42	成都	327.85	西安	496.13
西安	175.27	沈阳	310.00	长春	470.05
哈尔滨	167.64	武汉	255.42	青岛	469.44
南京	161.21	济南	238.34	沈阳	465.00
长春	158.73	西安	230.71	武汉	462.77
杭州	137.50	大连	229.53	杭州	459.48
深圳	136.45	长春	224.47	哈尔滨	393.8
济南	119.57	哈尔滨	188.15	济南	392.93
青岛	119.09	青岛	178.76	大连	382.86
宁波	88.79	厦门	126.50	厦门	317.10
厦门	81.89	宁波	120.60	宁波	297.44

注:依据历年《中国城市建设统计年鉴》数据整理。

（2）城市发展动能转换下,工业用地先增后减,商服用地增长迅速

南京城市发展面临着新旧动能转换。作为曾经的重工业城市,重化工业在南京产业体系中占据重要地位,也在南京城市中留下了大规模的工业用地。新旧动能转换时期,南京市一方面依托既有制造业基础,开始大力发展信息技术、智能电网、智能制造等新兴产业;另一方面,城市发展开始寻求以商贸、旅游、软件、物流、金融为代表的第三产业为新的动力来源。这就形成了南京市自2000年以来,工业用地"退二优二"、"退二进三"的基本格局。

　　具体表现在,南京市工业用地自 2001 年表现出跨越式增长之后,增速放缓,工业用地规模处于稳步增长的状态,增长率处于低位波动(图 4 - 23)。与此同时,工业用地在城市中的占比不断下降,从 2005 年的峰值 27.8% 回落至 2015 年的 21.7%(图 4 - 24)。与此同时,城市商业服务业设施用地从 2012 年的 32.95 km² 增长至 51.1 km²,年均增长率达 15.75%。

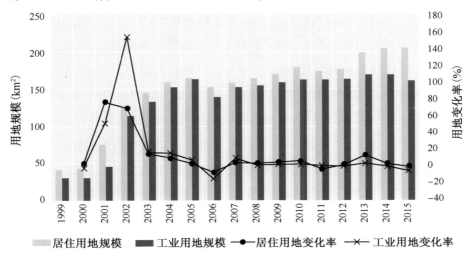

图 4 - 23　1999—2015 年南京市居住与工业用地变化

数据来源:依据历年《中国城市建设统计年鉴》数据整理、测算。

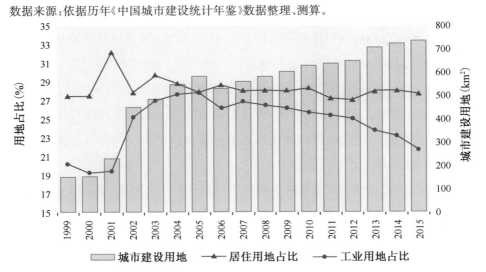

图 4 - 24　1999—2015 年南京市居住用地与工业用地占比变化

数据来源:依据历年《中国城市建设统计年鉴》数据整理、测算。

值得注意的是,新旧动能的转换并不意味着一味减少工业用地,增加第三产业用地。支撑新旧动能转化的核心应当在于用地效益的提升。新兴产业具备较少的劳动力投入和较高的技术附加值。对此,研发在生产环节中占据核心地位,并且产品生产过程表现出智能化特征。这一过程使得企业能够在同等面积的土地上创造出更大的产值,并减少对仓储用地的需求。为此,在南京着力培育一系列战略新兴行业且卓有成效的现状下,维持合理比例的工业用地仍是必要的,关键问题在于切实提升工业用地的产出效益。

(3)居住用地快速增长,用地扩张与人口增长欠协调

居住用地在南京市城市建设用地中是占比最大的用地类型,在 2001 年城市快速扩张的过程中,同样表现出极高的增长率。此后,增长率有所回落并整体保持平稳。自 2003 年起,居住用地在城市建设用地中占比大幅回落,源于公共服务设施、道路交通设施、绿地等配套设施用地的增长。这也体现出 2001—2003 年城市空间的拓展是以居住和工业向外疏散为先导,进而推动配套设施的功能完善。

与工业用地不同的是,2012 年以来,南京市居住用地出现新一轮的快速增长。2013 年居住用地增幅达到 13.15%。这与过去 10 年来全国房地产行业快速发展的大背景密切相关。从占比情况看,居住用地占比整体维持在 27%~28%,人均居住用地面积维持在 35 m²。对比《城市用地分类与规划建设用地标准》(GB50137—2011)所规定的人均居住用地面积 23~36 m²,南京市现状靠近上限;对比标准所规定的居住用地面积占比 25%~40%,南京市居住用地又接近下限。两相对比,可见南京市城镇人口与城市建设用地发展之间并不协调。一方面,城市建设用地总规模偏高;另一方面,近年来居住用地扩张与人口增长存在失衡。

事实上,城市建设用地整体扩张与人口增长同样欠协调,现有城市建设用地规模相对于城镇人口数量而言处于较高水平。2000 年,南京市人均城市建设用地仅为 60.55 m²。在第一轮城市快速扩张过程中,人均城市建设用地于 2005 年达到峰值 142.13 m²。2011—2015 年,人均城市建设用地则维持在 126 m² 左右。对照《城市用地分类与规划建设用地标准》(GB50137—2011),

南京市现有的人均城市建设用地水平已经处于规划需调减的现状区间范围。

(三) 规划实施期内存量建设用地特征

1. 建设用地结构

城乡建设用地之间存在一定程度的结构性失衡。2015 年,南京市城乡居民点用地面积 82 765.90 hm²,占建设用地总面积的 73.56%。其中,城市和建制镇面积 82 765.90 hm²,占建设用地总面积 44.31%。农村居民点面积 54 640.31 hm²,占建设用地总面积 29.25%。城乡人口比例为 4.38∶1,而城乡建设用地比例为 1.51∶1,农村居民点面积占比偏高(图 4 - 25)。

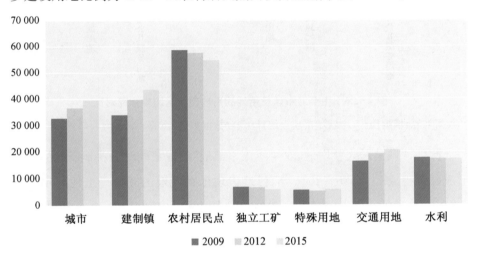

图 4 - 25　2009、2012、2015 年南京市建设用地结构特征(单位∶hm²)

数据来源∶历年土地利用变更调查数据。

人均用地指标则进一步揭示出城乡建设用地之间的结构性矛盾,表现为农村比城市更为粗放的建设用地利用现状。2015 年南京市人均城镇建设用地(不包括独立工矿用地和特殊用地)为 123.46 m²,是 2000 年的 2.21 倍。人均农村居民点用地从 2000 年的 209.62 m² 增加到 356.68 m²。农村居民点人均用地规模增长的背后折射出农村建设用地缺少规划控制,占地规模、用地效益、空间布局、设施配套等方面存在较大改善空间。城乡用地齐增的局面进一步提升了"减量化"的难度。

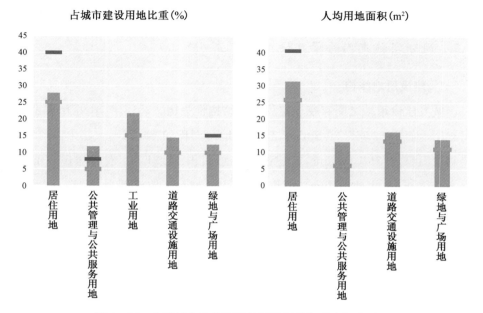

图 4-26 主要城市建设用地的用地现状与国家标准对比

数据来源:依据历年《中国城市建设统计年鉴》数据整理、测算。

此外,"城镇增人就增地、农村减人不减地"的现象同时对耕地资源的保护形成巨大挑战[①]。1996—2015 年,耕地表现出大规模的减少。土地利用动态度[②]显著为负值,达到一1.17%,耕地总量在过去 20 年间减少了 23.40%。与之相对,居民点及工矿用地动态度为 2.66%,交通运输用地动态度为6.67%,侧面反映出建设用地规模扩张对于耕地保护所形成的压力。

城市建设用地仍存在结构优化空间。南京城市建设用地经历两轮拓展之后,总体保障了城市发展的各类空间需求。南京市 2015 年主要类型城市建设用地无论从规模占比还是人均标准来看,基本能满足国家标准的基本要求(图

① 李裕瑞,刘彦随,龙花楼. 中国农村人口与农村居民点用地的时空变化[J]. 自然资源学报,2010,25(10):1629-1638.

② 土地利用动态度用于衡量土地利用结构的动态变化,表达式为

$$K = \frac{U_b - U_a}{U_a} \times \frac{1}{T} \times 100\%$$

其中,U_a,U_b 分别代表研究期初和期末特定土地利用类型的面积;T 为研究时长。

4-26）。值得注意的是,国家标准五类用地上限值加和为118%,下限值加和为65%。由此可见,不可能仅凭国家标准达标与否决定各类用地的结构。**尤其对于功能多样化的特大城市而言,依据核心功能协调各类用地规模、优化用地结构成为应对土地总量约束的关键策略之一。**

表4-13　全国副省级城市主要类型城市建设用地占比　　（单位:%）

居住用地		公共管理与 公共服务用地		工业用地		道路交通 设施用地		绿地与 广场用地	
成都	35.94	济南	15.23	宁波	36.57	济南	17.81	西安	20.04
武汉	34.67	杭州	14.65	深圳	35.31	西安	17.08	沈阳	15.03
沈阳	33.63	武汉	14.32	青岛	33.61	成都	16.56	南京	12.42
广州	31.70	哈尔滨	12.85	广州	28.03	杭州	15.95	大连	12.21
哈尔滨	31.28	西安	12.83	大连	26.13	宁波	15.64	成都	12.20
长春	30.69	广州	11.84	厦门	25.87	长春	14.99	杭州	11.10
大连	28.47	南京	11.72	长春	22.57	厦门	14.95	厦门	11.06
青岛	28.35	成都	10.18	哈尔滨	21.91	深圳	14.70	哈尔滨	10.03
南京	27.79	长春	9.68	武汉	21.81	南京	14.43	青岛	9.22
杭州	27.39	沈阳	9.41	南京	21.73	大连	14.16	济南	9.22
深圳	27.05	厦门	8.95	沈阳	21.63	武汉	13.51	长春	7.57
厦门	27.00	大连	7.89	济南	19.22	哈尔滨	12.95	深圳	6.29
济南	26.90	宁波	7.22	杭州	16.50	广州	12.07	武汉	5.20
西安	24.00	深圳	6.68	成都	13.44	青岛	11.56	宁波	5.18
宁波	22.56	青岛	6.27	西安	12.14	沈阳	11.10	广州	4.15

数据来源:2015年《中国城市建设统计年鉴》。

将全国15个副省级城市进行横向对比,南京市绿地与广场用地、道路交通设施用地处于较为协调的位置(表4-13,表4-14)。居住用地、公共管理与服务用地则均存在进一步优化提升的空间。居住用地方面,南京与杭州的占比相当。但是从人均指标来看,南京人均居住用地面积为33.07 m²,而杭州则为24.03 m²。与南京发展空间相似的武汉,人均居住用地面积则为

25.04 m²。**南京市的居住空间存在一定的优化潜力。**

公共管理与公共服务面积用地占比明显突破国家标准上限(图 4 - 26)。2015 年,南京市公共管理与公共服务面积用地占比达到 11.72%,人均用地面积为 13.95 m²。考虑到南京作为省会城市,该类用地处于相对高值具有一定合理性。通过横向对比可见,北京市作为全国首都,该类用地占比为 11.92%。在副省级城市中,承担省会功能的城市该类用地比重亦显著高于非省会城市(表 4 - 13)。例如,广州市占比 11.84%,显著高于深圳市占比 6.68%;杭州市占比 14.65%,显著高于宁波市 7.22%;济南市 15.23%,显著高于青岛市 6.27%。

不过从人均指标上看,**南京市公共管理与公共服务用地仍旧存在优化空间。**在 15 个副省级城市中,南京市该类用地人均指标排名第三,仅次于济南(19.75 m²)和西安(15.02 m²)。广州市占比与南京相当,但其人均指标仅为 6.11 m²,不到南京市的一半。杭州市的面积占比虽然显著高于南京市,但其人均指标比南京市低 1.10 m²。

表 4 - 14 全国副省级城市主要类型城市建设用地人均用地面积 (单位:m²)

居住用地		公共管理与公共服务用地		工业用地		道路交通设施用地		绿地与广场用地	
成都	41.18	济南	19.75	宁波	57.19	宁波	24.46	西安	23.45
青岛	39.34	西安	15.02	青岛	46.64	济南	23.10	南京	14.78
长春	35.86	南京	13.95	大连	30.32	西安	19.99	大连	14.17
宁波	35.29	杭州	12.85	深圳	27.78	成都	18.98	成都	13.98
济南	34.88	成都	11.66	厦门	26.71	长春	17.52	沈阳	13.57
南京	33.07	长春	11.31	长春	26.37	南京	17.18	青岛	12.80
大连	33.04	宁波	11.30	南京	25.86	大连	16.44	济南	11.96
沈阳	30.36	哈尔滨	11.05	济南	24.93	青岛	16.04	厦门	11.42
西安	28.09	武汉	10.34	沈阳	19.53	厦门	15.44	杭州	9.74
厦门	27.88	厦门	9.24	哈尔滨	18.84	杭州	13.99	长春	8.84
哈尔滨	26.90	大连	9.16	武汉	15.75	深圳	11.57	哈尔滨	8.63

（续表）

居住用地		公共管理与 公共服务用地		工业用地		道路交通 设施用地		绿地与 广场用地	
武汉	25.04	青岛	8.70	成都	15.40	哈尔滨	11.14	宁波	8.10
杭州	24.03	沈阳	8.49	杭州	14.47	沈阳	10.02	深圳	4.95
深圳	21.29	广州	6.11	广州	14.47	武汉	9.76	武汉	3.76
广州	16.36	深圳	5.25	西安	14.21	广州	6.23	广州	2.14

数据来源：2015 年《中国城市建设统计年鉴》。

2. 建设用地产出效益

地均产出持续增长，但新增用地对产出增长贡献并未有效提升。1998—2015 年，南京市地均产出水平总体呈上升趋势，从 1998 年的 62.68 万元/hm^2 增加至 2015 年的 520.42 万元/hm^2，年均增长率达 12.04%（图 4-27）。增长曲线整体呈现指数增长特征。从弹性系数角度看，产出增加对建设用地增长的依赖程度存在波动，与两轮建设用地空间扩张密切相关。在 2000—2005 年建设用地快速增长的过程中，增长峰值集中于 2002 年。产出—用地弹性的谷值同样出现于 2002 年，之后表现出较快的回升，直观地体现出该时期城市发展空间扩张对于经济发展的促进作用。2008—2012 年的建设用地增长表现出类似的趋势。该轮增长新增用地峰值见于 2009 年，谷值见于 2012 年，产出—用地弹性恰好表现出相反的特征。

若不考虑两轮用地调整所带来的波动，南京市尽管自 1998 年以来地均产出不断提升，但新增建设用地对于产出的贡献并无实质性的增长，产出—用地弹性稳定在 12 左右波动。这一方面意味着依靠土地招商的发展模式难以对经济结构提效形成有力的激励；另一方面也预示着在未来用地规模面临紧约束的条件下，南京显然存在通过存量盘活、流量提效方式保障工业发展的空间。

地均产出水平仍存较大提升空间。南京市地区生产总值于 2016 年正式步入万亿量级。与同量级城市进行横向对比（图 4-28），南京市地均产出处于中游水平，仍有提升空间。依据第二产业和第三产业的产值之和与建设用地面积之比测算地均产出，结果显示南京的地均产出在万亿量级城市中高于

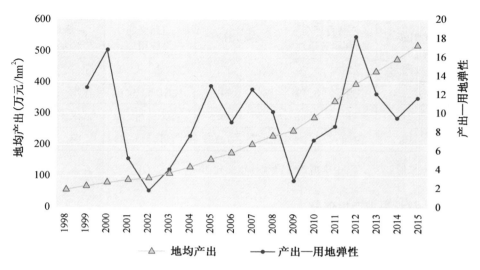

图 4－27　1998—2015 年南京市建设用地的地均产出、产出—用地弹性变化

数据来源：依据历年土地利用变更调查数据测算。

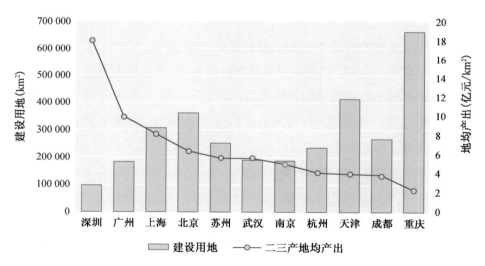

图 4－28　2015 年"万亿 GDP"城市与南京的建设用地面积与二三产地均产出对比

数据来源：依据历年土地利用变更调查数据测算。

杭州、天津、成都与重庆，略低于苏州、武汉，与深圳、广州、上海和北京相比还存在较大差距。由于不同产业在资金、土地的投入产出方面存在天然差异，城市产业结构对地均产出存在较为显著的影响。从三次产业结构层面看，2015

年南京市三次产业结构为 2.39∶40.29∶57.32。在地区生产总值达万亿量级的城市中,这一结构与深圳最为相似。深圳市 2015 年三次产业结构为 0.03∶41.17∶58.80。两座城市二三产相对比值均为 0.7。南京市二三产地均产出仅为深圳市的 28.34%,而深圳市建设用地总规模仅为南京市的 52.26%。由此可见,南京市在土地资源紧约束的发展条件下,通过产业结构优化升级引领用地效益提升,仍将释放出巨大的空间潜力。二三产相对比值的相似,**意味着产业结构优化升级不一定意味着"退二进三"的"服务业化",特别是在新旧动能转换阶段,"退二优二"对于提升用地效益潜力仍大。**

进一步将南京市的工业用地规模及其产出效益与苏州、杭州、武汉、广州和深圳等发展条件类似的"万亿 GDP"城市相对比,可以发现:2015 年南京市建设用地面积为 1 812.24 km²,其中城市工业用地面积约 159.77 km²,规模指标位居参比城市中游水平;建设用地产出效益方面,南京市三产地均产出达到约 3.07 亿元/km²,高于武汉、苏州和杭州三市,但与广州、深圳相比仍存较大差距,而工业用地产出效益仅为 21.25 亿元/km²,位列六市最末,仅为杭州市的一半水平,可见当前南京市工业用地产出效益偏低,需要对各市近年来产业结构变化尤其是工业行业结构的分布与变化情况进一步展开剖析,以找准制约南京市工业用地效益提升的症结所在。

表 4-15　2015 年南京市建设用地规模及产出效益与其他城市对比

城市	建设用地规模(km²)		建设用地产出效益(亿元/km²)	
	建设用地面积	工业用地面积	工业用地产出效益	第三产业地均产出
苏州市	2 502.58	196.96	32.95	2.89
杭州市	2 290.48	79.70	43.89	2.56
武汉市	1 890.28	100.92	40.45	2.94
南京市	1 812.24	159.77	21.25	3.07
广州市	1 768.22	180.41	28.74	6.87
深圳市	962.48	316.11	21.33	10.69

注:建设用地面积与工业用地面积分别来源于土地利用变更调查数据和城市建设统计年鉴,工业产值与第三产业产值数据来源于各市统计年鉴。

　　选取 2010 年和 2015 年两个研究年份,将南京市与上述五市工业产值比重排名前五的行业门类及各市的工业用地地均产出进行横向对比(图 4 - 29 和 4 - 30)。2010 年,南京市工业用地地均产出约 12.39 亿元/km²,工业产值位列前五的门类依次为化工制品、电子设备、汽车制造、石油加工和金属冶炼,其中前三者的产值占比均超过 10%,产值最高的化工制品行业达到 18.11%;广州、深圳和武汉三市工业用地效益稍高于南京,分别为 15.94、14.28、13.43 亿元/km²,三市主导产业产值占比均超过 20%,化工制品、石油开采及金属冶炼等传统低附加值行业仍占据较大比重;苏州工业用地效益为 22.91 亿元/km²,其主导产业为附加值较高的电子设备制造业且优势明显,占比高达 33.85%;杭州市工业用地效益水平为六市最高,达到 39.35 亿元/km²,为南京市的三倍之多,且其产业结构与其余五市差异显著,并无优势明显的主导产业,其产业效益位居前五的行业多为纺织业、电气机械、通用设备等较高附加值产业。与其余五市相比,南京市 2010 年产业结构明显滞后,化工、石油加工和金属冶炼等传统低附加值行业在工业结构中占比过高,阻碍了南京工业结构的高级化进程。

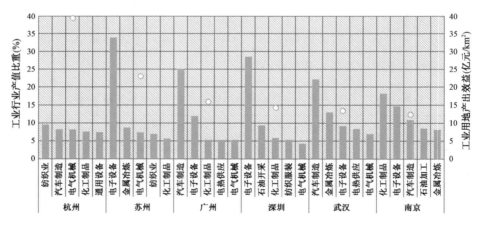

图 4 - 29　2010 年南京市与相关城市工业产值比重前五行业与工业用地产出效益对比

数据来源:依据 2015 年各市统计年鉴测算。

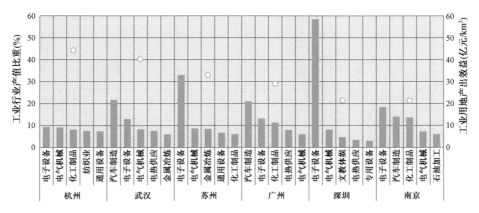

图 4 - 30 2015 年南京市与相关城市工业产值比重前五行业与工业用地产出效益对比

数据来源:依据 2015 年各市统计年鉴测算。

而到 2015 年,随着部分传统工业门类在工业结构中趋于衰落,电子设备、汽车制造和电气机械等行业逐渐崛起,助推南京市产业结构进行了一定程度的优化升级,其工业用地产出效益提升至 21.25 亿元/km²,五年增幅约 71.5%,而同期杭州、苏州、深圳、广州和武汉的用地效益分别提升 11.5%、43.8%、49.4%、80.3%、201.2%,可见虽然南京市工业用地产出水平仍位列六市最末,但用地效益提升速度在六市中处于中上水平,低于武汉市和广州市提升速度。工业用地减量提效亦是提升工业用地产出效益的重要途径,2010—2015 年武汉市工业用地规模从 154.85 km² 锐减至 100.92 km²,减量幅度达1/3,因而极大助推其用地效益的提升,但同期南京市工业用地规模仅缩减 1.3%。

主城区用地效益高、载荷大,外围城区用地效益待提升。南京市各区建设用地效益存在显著差异(表 4 - 16)。2014 年,主城区由于城市建设用地规模有限,产业结构以附加值高、占地面积小、容积率高的第三产业为主,普遍表现出较高的地均产出水平。其中,鼓楼区凭借其发达的第三产业优势,地均产出水平达到 26.11 亿元/km²;秦淮区次之,亦达到 19.98 亿元/km²。建邺区和玄武区地均产出水平相当,不过二者的产业与用地结构存在较大差异。玄武区作为各级政府驻地,公共设施和公共服务用地占据城市建设用地比重较大;

建邺区二产与三产的比重相当,地均产出难以完全与以三产为主的其他主城区相比较。

表 4-16　2014 年南京市各区经济产出与城市建设用地规模

区	地区生产总值 (亿元)	二产产值 (亿元)	三产产值 (亿元)	城市建设用 地面积(km²)	地均产出 (亿元/km²)
玄武	626.29	39.76	586.53	47.63	13.15
秦淮	718.20	65.78	652.42	35.94	19.98
建邺	480.60	234.18	246.31	38.27	12.56
鼓楼	1103.55	94.47	1009.08	42.27	26.11
浦口	705.64	362.30	308.48	94.25	7.12
栖霞	1165.77	792.59	365.37	111.32	10.40
雨花台	468.73	137.80	329.87	74.31	6.29
江宁	1 491.49	788.69	651.37	245.91	5.86
六合	892.69	537.86	303.02	112.51	7.47
溧水	543.65	278.84	231.78	67.61	7.55
高淳	497.22	246.26	217.41	49.51	9.37

注:地区产值数据来源于 2015 年南京市统计年鉴;城市建设用地面积数据来源于张雪茹,姚亦锋,孔少君,等.南京市 2000—2014 年城市建设用地变化及驱动因子研究[J].长江流域资源与环境,2017,26(4):552-562;用地面积为城市建设用地面积,地均产出依据第二、三产业产值之和与城市建设用地面积之比测算。

在外围城区中,栖霞区地均产出达到 10.40 亿元/km²,仅次于主城区的地均产出水平。相比之下,江宁区具有全市最高的产出水平和城市建设用地面积,但江宁区地均产出水平仅为 5.86 亿元/km²。一方面,与产业类型密切相关;另一方面,居住和产业的快速发展同时也催生了对交通的巨大需求,江宁作为南京交通枢纽的区位特征使其交通设施用地占比亦较高。然而,江宁大量的产业发展载体同样存在不同程度的碎片化特征,用地效益的提升仍存空间。

各区之间显著的用地效益差异,决定了用地效益提升需要结合人口、产业实际提出有针对性的策略。相比于内城用地载荷较大的现状，外围城区在以工业为主导的发展模式下存在较大的用地效益提升空间。这一方面要求工业发展载体的合理规划布局，另一方面亦要求地上开发活动保障基本的投入与产出强度。

（四）南京市城乡建设用地总体特征及问题

本节以建设用地规模、城市建设用地规模为切入，以规模扩张、结构动态两个维度为主线，分别探讨了南京市市域建设空间、城市建设空间的总体特征与问题。

1. 市域建设空间

（1）建设用地历经两轮扩张，土地规模约束持续加剧

南京市自 2001 年以来建设用地经历了两轮快速扩张，极大地扩展了城市发展空间，奠定了如今城市基本空间格局。建设用地快速扩张导致环境容量对发展的刚性约束日益增强，可利用的发展空间已十分有限，直观表现在建设用地规模屡屡大幅提前于规模目标期、突破规模目标的限定。若依现有速度增长，土地开发强度预计将于 2022 年和 2028 年分别突破 30％和 32％。基于逻辑斯蒂方程对未来用地扩张进行情景模拟，发现**南京市建设用地已无新一轮快速增长的空间，增量递减势在必行**。现有的增速略高于开发强度 30％为限的增长轨迹。循此轨迹，2020 年新增建设用地规模应降至 800 hm² 以内，而 2030 年新增建设用地规模应降至 250 hm² 以内。

（2）城乡用地存在结构失衡，发展需求、耕保压力齐增

南京市城乡建设用地之间存在较为明显的结构性失衡。与此同时，人均城镇建设用地与人均农村居民点用地同时表现出增加的趋势。在此快速增长的背后，南京市耕地总量在过去 20 年间减少了 23.40％。城乡用地变化不协调的发展现状对耕地保护形成了巨大的压力。同时，也造成有限的建设用地在城乡之间配置的不合理。一旦城市建设用地在资本驱动下出现非理性增长，未能保障人口"市民化"，乡村建设用地却又延续以往相对粗放、低效的利用方式，两相作用势必进一步放大建设用地总量约束的压力，而这种压力势必

将进一步向耕地保护传递。

（3）新增用地效益提升有限，地均产出提升空间尚存

南京市历经两轮城市建设用地扩张的同时，地均产出表现出上升趋势。然而，若排除建设用地大幅扩张所带来的调整性波动，南京市新增建设用地对产出增长的贡献并没有实质性的提升。换言之，在城市空间拓展过程中所遵循的土地招商发展路径未能实现显著的"流量提效"。同时，随着南京市的地区生产总值步入万亿量级，南京市与其他城市相比地均产出位于中游，仍具有进一步提升的空间。无论是二、三产业相对结构与南京相似的深圳，还是城市空间结构特征与南京相似的武汉，地均产出水平均高于南京。这也预示着，在未来总量约束下，南京市实质上在存量盘活、流量提效等方面依旧具备较大潜力。

2. 城市建设空间

（1）城市空间极大拓展，人地增长欠协调

在城市建设用地经历两轮大规模拓展的同时，南京市城市建设用地也表现出了极大的扩张，为城市的居住、商业、工业、公共服务、基础设施等一系列建设奠定了空间基础。在经历一系列空间拓展之后，南京市现有的城市发展空间与全国其他 14 个副省级城市相比，具备较为明显的优势。然而，伴随着城市空间的拓展也出现了一定程度的人地增长欠协调。人均城市建设用地维持在 126 m^2 左右，已经处于国家标准规定需进行规划调减的区间范围。由此可见，在未来建设用地总量约束的情景下，城市建设空间探索"地随人走"的开发与供地模式，逐步扭转土地城镇化快于人口城镇化的现状已势在必行。

（2）需求结构矛盾凸显，结构优化有空间

随着南京市城市化进程的不断推进，城市功能趋于多元化。对此，各类用地需求之间势必面临更为复杂的权衡与协调。从现状上看，南京市城市建设用地的需求结构矛盾集中在居住用地的快速扩张、工业用地的占比下降，以及公共服务与公共设施用地的占比偏高。

首先，在全国房地产业飞速发展的背景下，居住用地的扩张普遍存在较大压力。南京市居住用地表现出较为明显的人地欠协调情况，在未来发展过程

中亟须通过"有保有压"的方式优化住房供给结构,缓解居住用地扩张压力。

其次,虽然南京作为省会城市对公共服务与公共设施用地存在较大需求,但是与其他特大省会城市对比,南京市在人均指标方面仍具有进一步优化的空间。

再次,南京市发展处于新旧动能转换时期,工业用地在城市建设用地中的占比呈现较为显著的下降趋势,工业用地逐步向外围迁移。从短期来看,产业转型升级并不意味着工业用地规模的减少,关键在于工业用地效益的提升。对于凭借既有制造业基础向战略性新兴行业转型升级的南京市而言,"有保有压"提升用地强度,维持合理的工业用地比例是必要的,这也与产城融合的发展趋势相契合。

3. 用地效益内外有别,外围城区待提升

南京市主城区与外围城区的用地效益存在显著差异。主城区产业结构以第三产业为主导,城市功能较为完备,集聚了大量的人口和优质资源,这使得主城区建设用地的效益较高。与此同时,也导致了主城区用地载荷普遍较大。外围城区承接了大量主城区向外疏解的工业载体,在产城融合方面仍处于起步阶段。为此,主城区与外围城区的用地效益差异不应简单视为高下的差异。应进一步推动主城区功能的向外疏解,提升外围城区用地的强度、效益,加强新建地区的土地混合利用。这些有助于同步提升新老城区的用地压力,通过功能的空间优化应对日益凸显的资源紧约束。

五、城市建设用地扩张区域差异分析

综上分析可知,上海、武汉和重庆三市城市用地扩张存在明显的区域差异特征。从城市建设用地扩展规模看,1980—2015 年,上海市城市建设用地扩展规模达 1 097.82 km²,年均扩展规模为 31.37 km²,武汉和重庆城市建设用地面积年均增长 22.07 km² 和 18.48 km²。总体上,上海市城市建设用地年均扩展规模远高于武汉和重庆两市,其扩展规模分别是武汉和重庆的 1.42 倍和 1.70 倍。

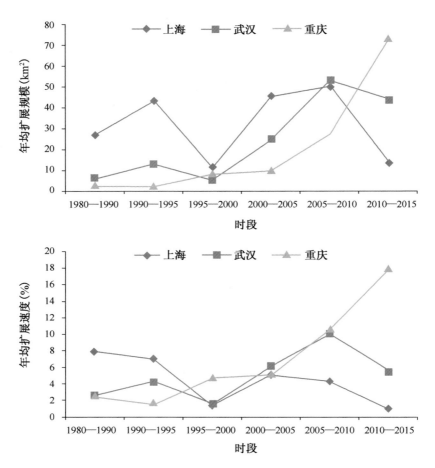

图 4-31 研究区城市建设用地年均扩张规模和年均扩张速率

从城市建设用地扩展速度看,上海市 1980—1990 年、1990—1995 年两个时段的城市建设用地扩展速度明显高于同一时期的武汉和重庆两市的用地扩展速度;但 2000 年以来,上海市城市建设用地扩张速度逐渐放缓,2010—2015年,其用地年均扩张速度仅为 1.02%,远低于武汉和重庆两市同期扩张速度。进入 21 世纪以来,受西部大开发、中部崛起等政策驱动,武汉和重庆市城市建设用地扩张不断提速,在 2000—2005 年和 2005—2010 年两个时段,武汉和重庆两市的城市建设用地年均扩张速度分别达 6.18%、10.07% 和 5.23%、10.55%。2010 年以来,武汉市的城市建设用地扩张速度出现回落,但仍处于高速增长态势,而重庆市城市建设用地则持续高速扩张。总体上,上海市城市建设用地扩张经历了快速扩张—高速扩张—扩张速度逐渐放缓的扩张过程;武汉市呈现出缓慢扩张—快速扩张—高速扩张的阶段性特征;而重庆市则呈现出缓慢扩展向高速扩展转变的特征。研究期内,研究区城市建设用地高速扩展区逐渐由上海向武汉和重庆市转移,呈现由东向西的梯度转移的态势。

从扩展模式看,不同阶段扩展模式处于不断变化过程中且存在显著的区域差异,上海市城市扩展由最初的边缘式占主导逐渐向边缘式扩张和填充式扩张并存转变,城市发展由外延式扩张向内涵式发展转变;而武汉市和重庆市仍以边缘式和飞地式扩张为主导,城市用地仍以外延式扩张为主。

第四节 长江经济带土地利用面临的新挑战

过去几十年,中国经济快速发展,创造了举世瞩目的"中国奇迹",人民群众普遍富裕起来。但是粗放的发展方式,也使我们在资源环境方面付出沉重代价。"我们既要绿水青山,也要金山银山。""绿水青山就是金山银山。"保护与发展并不矛盾,青山和金山可以"双赢"。中共十八大以来,党中央从中国特色社会主义事业"五位一体"总布局的战略高度,从实现中华民族伟大复兴中国梦的历史维度,强力推进生态文明建设,引领中华民族永续发展。优化国土空间开发格局,全面促进资源节约,加大自然生态系统和环境保护力度,是加强生态文明制度建设的有效途径之一。

一、流域经济协调发展对长江经济带土地资源开发提出新要求

流域经济是区域经济可持续发展的重要空间载体,具有经济、社会、自然的复合型和空间的跨地域性双重特征[①]。长江经济带内东中西部的自然环境特征、资源禀赋条件、经济发展水平和社会文化都存在巨大的差异性,表现出

---

① 曾刚,等.长江经济带协同发展的基础与谋略[M].北京:经济科学出版社,2014.

明显的双重特征。流域开发具有资源的开放性和非竞争性使用特征，正负效应通过水资源发生时空转移，容易出现污染扩散、无序开发和互相冲突的不良局面①。长江经济带协调发展对土地资源国土空间开发提出新的要求。

城市群内城市的协调与城市群之间的协调发展对国土空间开发效率提出新要求。长江经济带未来的发展规划确立了"一轴、两翼、三极、多点"的发展新格局，强调了长江三角洲、长江中游、成渝三个城市群作为发展中心，对外围其他城市的辐射带动作用。促使长三角、长江中游城市群和成渝城市群三大板块的产业和基础设施连接起来，要素和市场统一，由市场要素流动来配置土地资源，发挥市场的功能，避免产业转移过程的同构性产业的恶性竞争和资源浪费出现。

长江沿江岸线城市与腹地城市协调对国土开发强度提出新的要求。长江岸线资源是长江流域经济社会发展的重要支撑，具有不可替代性和稀缺性。随着长江经济带工业化和城镇化的推进，大批港口、产业园区、交通基础设施的建设将会导致岸线土地利用的过度开发。《长江经济带发展规划纲要》提出，有序利用长江岸线资源，重点要合理划分岸线功能，有序利用岸线资源。2016 年由长江委技术牵头编制的《长江岸线保护和开发利用总体规划》划分了岸线保护区、保留区、控制利用区及开发利用区等四大类功能区，并对每一类功能区的相应管理提出了要求。对岸线城市的土地开发利用提出新的更高的要求，要高度协调岸线保护与开发之间的矛盾，对岸线资源进行整合，提高岸线城市土地利用集约水平。

二、新型城镇化过程使长江经济带土地资源开发利用面临新挑战

新型城镇化以人为核心，合理引导人口流动，有序推进农业转移人口实名化，稳步推进城镇基本公共服务，不断提高人口素质，促进人的全面发展和社会公平正义。《新型城镇化规划（2015—2020 年）》提出了三个"1 亿人"，促进

---

① 田玲玲,曾菊新,董莹,等. 汉江流域经济区与主体功能区布局的协同发展研究[J]. 华中师范大学学报(自然科学版),2016,50(3):435－442.

约1亿农业转移人口落户城镇,改造约1亿人居住的城镇棚户区和城中村,引导1亿人在中西部地区就近城镇化,而在《长江经济带发展规划纲要》中也指出推进新型城镇化是长江经济带发展的重要任务之一。

新型城镇化促进人口流动,提高农用地和非农用地的利用效率是长江经济带土地资源开发面临的挑战之一。在未来长江经济带推进新型城镇化过程,面临着两类人口向城市转移,一类是农业人口迁往城市,另一类是随着产业转移的劳动力人口,这将导致农村土地资源的流转、土地撂荒、建设用地扩张等问题随着出现,提高土地资源的利用效益和可承载的人口数量,是长江经济带新型城镇化过程国土资源开发面临的重要问题。

供给侧结构性改革促进土地制度的改革,是长江经济带土地资源开发面临的另一挑战。土地改革的核心是提高土地使用效率,推动未来农村土地确权,活化农村土地使用权,突破土地供给瓶颈,可以有效地加快地域之间的地产流动,削减当地的库存压力。从供给侧结构性改革视角入手,通过降低产业转型的门槛,拓展产业发展空间,加大土地政策的支持力度,对过剩产业、传统产业进行升级改造,盘活企业存量土地资源,加强新产品、新产业、新业态的用地管理,未来对长江经济带的土地利用结构优化存在一定挑战。

三、生态文明改革体制要求长江经济带绿色发展新理念

实现可持续发展是我国社会经济发展的国策。社会经济要持续发展,必须要考虑人口增长、自然环境的支撑能力和生态系统的承受能力[①]。面对环境污染严重、生态系统退化、资源约束趋紧的严峻形势,党中央遵循发展规律,顺应人民期待,彰显执政担当,将建设生态文明提到国家战略高度。十八大报告中对长江经济带的建设提出了"共抓大保护,不搞大开发"的开发建设思路,定调长江经济带资源开发绿色新理念。

以资源环境承载力为依据的国土空间开发理念。资源环境承载力评价作为《生态文明体制改革总体方案》中提出的"空间规划编制的基本依据"扮演着

---

① 　金凤君,等.五大区域重点产业发展战略环境评价研究[M].北京:中国环境出版社,2013.

重要角色,依据资源禀赋和环境容纳能力来明确地区发展的深度、广度和速度是建设生态文明,维系"山水田林湖草"生命共同体的内在要求①。长江经济带的国土空间开发需要从环境承载力的角度出发,提出新的绿色开发理念。长江经济带的土地资源、水资源、环境负荷的承载力面临着东西部地区承载能力的差异性②,深刻认识各个省市的资源环境承载容量,发现长江经济带的经济社会发展与资源可承载之间的矛盾,以资源环境承载力评价及预警机制倒逼长江经济带生态大保护格局的形成。

国土空间用途规划为手段的国土空间集聚优化开发理念。按照山水林田湖生命共同体的理念,不仅需要对耕地实行严格的用途管制,对林地、河流、湖泊、湿地等生态空间也需要实行用途管制。"十三五"期间,我国对水域、森林、荒地、滩涂等进行统一确权登记,建立权责明确的自然资源产权体系,将用途管制扩大到所有的自然生态空间。原国土资源部颁布的《全国国土规划纲要(2016—2030年)》坚持国土开发与承载力相匹配,集聚开发与均衡发展相协调,点上开发与面上保护相促进的国土规划理念,要求创新国土空间开发,这对"三线"为管控保障体系的国土空间开发保护体系提出了新的要求,对当前的国土规划理念提出新的调整,需要将生态文明建设的理念融入国土空间规划,明确自然生态空间总量,通过空间布局落实生态空间保护目标。

---

① 黄贤金.基于资源环境承载力的长江经济带战略空间建构[J].环境保护,2017,45(15):25 - 26.

② 李焕,黄贤金,金雨泽,等.长江经济带水资源人口承载力研究[J].经济地理,2017,37(1):181 - 186.

第五章 / 长江经济带土地开发度与可持续发展

基于长江经济带差序格局特征,本章根据各省(市)经济社会发展、自然资源以及生态环境的差异性,从土地开发均衡度和土地开发限度两方面计算该地区最大用地规模及土地开发协调程度,分析长江经济带土地开发强度的时空分布差异,以为改善长江经济带各省(市)用地结构、实现区域协同发展提供决策参考。

第一节 长江经济带差序格局与差别发展

随着城镇化进程的加快,我国土地开发逐渐呈现出"以东部为中心,向西部蔓延"的提速扩张趋势,其中,高强度开发区主要集中在黄淮海平原、长江三角洲、珠江三角洲和四川盆地等地形平坦、经济发达、人口稠密的地区[①]。土地开发是各省市获得直接财政收入的重要途径,大幅度促进城镇化发展,但过度开发也会导致区域资源环境与社会经济发展的矛盾,具体表现在:首先,土

---

① 刘纪远,匡文慧,张增祥,等. 20世纪80年代末以来中国土地利用变化的基本特征与空间格局[J]. 地理学报,2014,69(01):3-14.

地开发强度越高,区域生态系统服务价值越低[①②],且西部地区土地开发强度的变化对生态环境的负影响要显著大于东、中部地区[③]。其次,土地开发占用耕地导致许多高开发强度地区耕地资源严重不足。2014年,长江经济带沿线除安徽省外,粮食需求普遍超载,粮食安全保障面临严峻挑战[④]。再者,随着城镇化建设逐渐步入成熟期,土地出让不再比土地税收对经济增长有更显著的效果[⑤],因此,虽然许多城市仍在通过扩张建设用地维持经济增长,但部分中心城市已由增量扩张向原建设用地上的产业结构调整转型[⑥],京津冀地区中心城市、上海等地的土地开发强度已实现负增长。此外,建设用地的过度扩张还导致地方产业结构与土地利用结构长期处于初级协调发展状态,协调性不足[⑦]。

虽然过高土地开发强度会带来大量负效益已在学界达成共识,但针对土地开发强度的理论阐述和评价标准却不一致。有许多学者将容积率、建筑密度等建筑指标作为中心城区或指定地块土地开发强度的重要评价内容[⑧⑨];一些研究侧重从经济投入和产出测算开发强度;另一部分研究侧重对地块区位、交通可达性的定量分析[⑩]。2010年国务院印发的《全国主体功能区规划》将土

① 胡和兵,刘红玉,郝敬锋,等.城市化流域生态系统服务价值时空分异特征及其对土地利用程度的响应[J].生态学报,2013,33(8):2565-2576.

② 黄静,崔胜辉,邱全毅,等.厦门市土地利用变化下的生态敏感性[J].生态学报,2011,31(24):7441-7449.

③ 赵亚莉,刘友兆,龙开胜.城市土地开发强度变化的生态环境效应[J].中国人口·资源与环境,2014,24(07):23-29.

④ 金雨泽,黄贤金,朱怡,等.基于粮食安全的长江经济带土地人口承载力评价[J].土地经济研究,2015(2):78-90.

⑤ 李洋宇,严金明,夏方舟.产业结构视角下土地财政与经济增长关系及其调控机制研究——基于系统GMM方法的动态面板数据分析[J].土地经济研究,2014(02):1-26.

⑥ 王德起,侯圣银.基于引力模型的京津冀城市群土地利用强度研究[J].土地经济研究,2016(2):107-125.

⑦ 徐玉婷,程久苗,范业婷,等.皖江城市带产业结构与土地利用结构的国土空间耦合[J].土地经济研究,2015(02):135-147.

⑧ 王忠诚,李金莲.中心城区土地开发强度研究[J].江苏城市规划,2008(12):17-21.

⑨ 韩政.控制性详细规划中土地开发强度控制探讨——以《南宁市茅桥、东沟岭片区控制性详细规划》为例[J].规划师,2009,25(11):48-52.

⑩ 刘仲宇,罗婧.城市土地开发强度的定量研究方法初探[C]//中国城市规划学会、沈阳市人民政府.规划60年:成就与挑战——2016中国城市规划年会论文集(04城市规划新技术应用),2016:365-384.

地开发强度定义为区域建设空间占该区域总面积的比例①,在县市及以上行政区划的宏观区域土地开发度评价中,大部分学者都援引此意。

长江经济带涵盖我国东、中、西部 11 个发展程度不一的省市,土地开发强度在不同时期、不同区位差异极大。21 世纪初,长三角地区土地开发强度低,开发态势是强弱并存,弱度突出,土地开发仍需大幅度增强②;近年来,长三角地区的土地开发强度极速增长,上海、无锡③等地已远高于巴黎、伦敦、东京三大都市圈的平均开发强度④,而云南、贵州等长江经济带上游地区土地却仍处于亟待开发的状态。土地开发强度的差异造成了长江经济带区域发展不平衡,虽然许多学者分别从长江流域城市群或省市级层面探讨了土地开发强度大小及与人口、经济等的关系和成因⑤⑥⑦,但缺乏对长江经济带全域土地开发强度的评价研究,因此,测算长江经济带土地开发强度并分析其时空差异特征对促进该地区经济社会的协调发展有重要意义。

第二节 可持续视角的土地开发度评价模型构建

本节对土地开发强度评价模式进行深化,借鉴陈逸等提出的深度、广度和限度土地开发度三维理论模型⑧,分别从土地开发的均衡程度和最大限度两

---

① 中华人民共和国国务院. 全国主体功能区规划[EB/OL]. [2010-12-21]. http://www.gov.cn/zwgk/2011-06/08/content_1879180.htm.

② 周炳中,包浩生,彭补拙. 长江三角洲地区土地资源开发强度评价研究[J]. 地理科学,2000 (03):218-223.

③ 练维维. 土地开发强度接近国际警戒线[N]. 江南晚报,2011-01-13.

④ 中国发展研究基金会. 中国发展报告 2010:促进人的发展的中国新型城市化战略[R]. 北京:中国发展报告,2010.

⑤ 赵亚莉. 长三角地区城市土地开发强度变化及其适度性研究[D]. 南京:南京农业大学,2015.

⑥ 吕立刚,周生路,周兵兵,等. 1985 年以来江苏省土地利用变化对人类活动程度的响应[J]. 长江流域资源与环境,2015,24(07):1086-1093.

⑦ 崔王平,李阳兵,郭辉,等. 重庆市不同空间尺度建设用地演进特征与景观格局分析[J]. 长江流域资源与环境,2017,26(01):35-46.

⑧ 陈逸,黄贤金,吴绍华. 快速城镇化背景下的土地开发度研究综述[J]. 现代城市研究,2013,28 (07):9-15.

方面综合评价长江经济带土地开发强度。单一指标向多维度评价体系的完善,使土地开发强度不只是相对数量上的比较,而是从用地均衡和效益最大化层面来衡量区域建设用地扩张的合理性。

一、土地开发均衡度评价

土地开发均衡度以土地供给能力和建设用地开发强度为指标,通过衡量二者强弱关系判断长江经济带 11 省市的土地开发均衡和失衡状态。从用地效率和规模角度考虑,建设用地开发强度(LD)采用土地开发广度(LB)、人口容量指数(PE)、经济密度指数(EC)和环境压力指数(EV)表征,从承载角度考虑,土地供给能力(LS)采用人均耕地(PA)、资源保障指数(RS)和生态安全指数(ES)表征。表 5 - 1 为具体量化指标:

表 5 - 1　土地开发均衡度指标

一级指标名称	二级指标名称	指标内涵	备注
建设用地开发强度(LD)	土地开发广度(LB)	建设用地占比	建设用地面积/土地总面积
	人口容量指数(PE)	单位建设用地承载人口	常住人口/建设用地面积
	经济密度指数(EC)	单位建设用地第二、三产业比重	第二、三产业产值/建设用地面积
	环境压力指数(EV)	单位建设用地 SO_2 和 COD 排放量综合指数	$\frac{1}{2}\left(\dfrac{COD+SO_2}{2}+\sqrt{COD\times SO_2}\right)$
土地供给能力(LS)	人均耕地(PA)	人均耕地面积	耕地面积/常住人口
	资源保障指数(RS)	单位土地面积可利用水资源数量	可利用水资源量/土地总面积
	生态安全指数(ES)	地均生态服务价值	生态服务价值*/土地总面积 (＊根据谢高地 2015 年生态服务价值表计算)

数据来源:《2018 年中国统计年鉴》,2017 年土地利用变更调查数据。

采用极差法对原始数据进行标准化处理,加权计算得到建设用地开发强度(LD)和土地供给能力(LS),具体公式如下[①]。

建设用地开发强度:

$$LD=\frac{1}{2}\left(\frac{LB+PE+EC+EV}{4}+\sqrt[4]{LB\times PE\times EC\times EV}\right) \quad (5-1)$$

土地供给能力:

$$LS=\frac{1}{2}\left(\frac{PA+RS+ES}{3}+\sqrt[3]{PA\times RS\times ES}\right) \quad (5-2)$$

根据标准化数据构建均衡度模型和失衡度模型。以土地开发均衡度衡量建设用地开发强度和土地供给能力的协调性,土地开发失衡度衡量区域建设用地开发强度和土地供给能力的强弱程度,具体计算方式如下:

$$DS=\left[\frac{LD\times LS}{(\alpha\times LD+\beta\times LS)^2}\right]^k \quad (5-3)$$

其中,DS 为土地开发均衡指数,α 和 β 为权数,本节取中间值 $\alpha=\beta=0.5$;为了使计算结果更具有层次性,采用 k 作为调节系数,一般取 2~5,这里取 $k=3$。

DS 取值范围为 0~1,$DS=1$ 表示最佳均衡,$DS=0$ 表示完全不均衡,中间为过渡状态。

$$CD=\frac{LD}{LS} \quad (5-4)$$

CD 为土地开发失衡指数,$CD>1$ 表示过度开发,$CD=1$ 表示均衡开发,$CD<1$ 表示开发不足。

二、土地开发限度评价

我国新增建设用地占用土地类型绝大部分为耕地,建设用地和耕地价值在用地配置过程中必然互有损益。基于成本—效益理论,推论得出建设用地

---

① 陈逸. 区域土地开发度评价理论、方法与实证研究[D]. 南京:南京大学,2012.

开发最佳规模的限制条件是建设用地边际效益与农用地边际效益相等[1],此条件下计算所得建设用地规模,即土地开发限度值。

建设用地和农用地的效益函数分别为 $Y_1 = f_1(LM)$, $Y_2 = f_2(LA)$, Y_1 为建设用地效益; LM 为建设用地开发强度; Y_2 为农用地效益; LA 为农用地开发强度。根据上述理论构建如下方程:

$$\frac{\mathrm{d}Y_1}{\mathrm{d}LM} = \frac{\mathrm{d}Y_2}{\mathrm{d}LA} \tag{5-5}$$

对边际效益方程求解,得出的 LM' 为土地开发限度。其中,建设用地效益主要体现在经济价值, Y_1 以第二、三产业产值表征;农用地除经济价值以外,还有很高的生态价值,因此, Y_2 为农用地经济效益和生态效益之和,经济效益以第一产业产值表征,生态效益则依据谢高地 2015 年新一轮核算的生态服务价值表[2]计算。建设用地开发强度 LM 用建设用地占土地总面积比例表示,农用地开发强度 LA 则以农用地占土地总面积比例表示。

第三节　可持续视角的土地开发均衡度

本节选取长江经济带 11 省市作为研究对象,从土地开发均衡度和土地开发限度两方面计算该地区最大用地规模及土地开发协调程度,分析土地开发强度的时空分布差异,为改善长江经济带各省市用地结构、实现区域协同发展提供参考。

一、建设用地开发强度及土地供给能力分区

为比较长江经济带各省市的相对建设用地开发强度和土地供给能力,将

---

① 陈逸,黄贤金,陈志刚. 基于成本—效益分析的区域土地开发度评价研究[C]//中国自然资源学会土地资源研究专业委员会、中国地理学会农业地理与乡村发展专业委员会. 中国土地资源开发整治与新型城镇化建设研究,2015:7.

② 谢高地,张彩霞,张昌顺,等. 中国生态系统服务的价值[J]. 资源科学,2015,37(09):1740-1746.

11 个省市进行 K - 均值聚类分析,根据各省市 2017 年相关数值聚类结果,将其分成三大开发强度区和供给能力区,具体分区如下:

表 5 - 2　2017 年建设用地开发强度分区

分区	数值\单位	LB（％）	PE（人/公顷）	EC（万元/公顷）	EV（吨/公顷）	LD	包含省市
高开发强度区	指数	1	1	1	0.08	0.65	上海
	实际值	36.90	78.30	988.33	0.21		
中开发强度区	指数	0.33	0.21	0.24	0.23	0.24	浙江、江苏、重庆
	实际值	14.16	40.86	332.41	0.28		
低开发强度区	指数	0.13	0.19	0.04	0.28	0.12	安徽、江西、湖北、湖南、四川、贵州、云南
	实际值	7.17	39.85	155.92	0.30		

长江经济带建设用地开发强度整体呈纺锤形分布:上海属于高开发强度区,建设用地开发强度值为 0.65;中开发强度的省市占 3 个,开发强度为 0.24,不及上海开发强度的二分之一;低开发强度省份占 7 个,开发强度仅 0.12。从经济社会发展水平来看,省市发展程度越高,土地开发强度越大;从流域位置来看,长江经济带下游省市比中、上游省市建设用地开发强度更大;从地理分区来看,华东、华中、西南地区省市的土地开发强度呈现依次减弱态势;另外,平原地区比山地、高原地区的建设用地开发强度更高。

局部来看,上海的建设用地开发强度为 0.65,土地开发广度、人口容量、经济密度 3 项开发强度指数得分都高居长江经济带省市首位,其中,土地开发广度达到 36.90％,但高强度开发的同时,环境压力已严重超过平均水平,达到 0.21 吨/公顷。中开发强度的浙江、江苏、重庆建设用地开发强度分别为 0.23、0.23、0.25,土地条件优越、经济发展需求以及国家政策保障等因素分别从不同层面对 3 个省市的建设用地开发起到重要推动作用。剩余 7 省由于土地资源、人力资本、经济动力缺乏等不同因素限制,开发强度较低。

表 5-3　土地供给能力分区

分区	数值 单位	PA （hm²／人）	RS （10⁴ m³ ／hm²）	ES （万元 ／hm²）	LS	包含省市
高供给区	指数	0.62	0.59	0.87	0.67	浙江、江西、湖北、湖南、重庆、四川、贵州、云南
高供给区	实际值	0.08	0.74	4.15	0.67	浙江、江西、湖北、湖南、重庆、四川、贵州、云南
中供给区	指数	0.71	0.31	0.43	0.47	安徽
中供给区	实际值	0.09	0.56	2.42	0.47	安徽
低供给区	指数	0.20	0.03	0.01	0.04	上海、江苏
低供给区	实际值	0.09	0.56	0.80	0.04	上海、江苏

　　土地供给能力高的地区地形条件较好，用地均衡，有良好的水土资源，生态环境价值较高。浙江、江西、湖北、湖南、重庆、四川、贵州和云南属于长江经济带沿线的土地高供给区，水土资源丰厚，且开发强度普遍较低，土地生态价值非常高，综合供给能力最强。

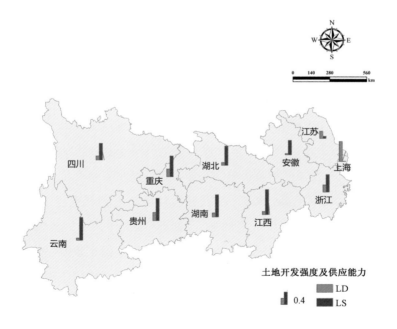

图 5-1　长江经济带省市土地开发强度及供给能力差异

中供给区包括安徽,这一供给区的土地特点是水、土、生态供给能力相对协调,与高供给和低供给省份相比,处于相对较平衡状态。

低供给区包括上海、江苏,其供给能力相对较低,远不及其开发强度,若按当前土地利用水平继续扩张发展,土地供给与开发的失衡状态会越来越严重。

二、土地开发均衡及失衡程度分区

根据 2017 年土地变更调查数据,计算得到长江经济带各省市土地开发均衡指数(表 5－4),将 11 省市划分为 6 类均衡状态,其中,均衡状态和失衡状态的省市数量差距悬殊。均衡度大于 0.5 的均衡省份只有 1 个:浙江属于基本均衡;均衡度小于 0.5 的失衡省份中,重庆、贵州和江苏属于轻度失衡,湖南和四川为中度失衡,湖北、江西、云南、安徽和上海属于重度失衡(表 5－5)。

表 5－4　2017 年长江经济带各省市土地开发均衡状态

状态		均衡度 DS	包含省市
均衡	优质均衡	0.8～1	/
	中度均衡	0.6～0.8	/
	基本均衡	0.5～0.6	浙江
失衡	轻度失衡	0.3～0.5	重庆、贵州、江苏
	中度失衡	0.1～0.3	湖南、四川
	重度失衡	0～0.1	湖北、江西、云南、安徽、上海

表 5－5　2017 年长江经济带各省市土地开发失衡状态

状态	失衡指数 CD	包含省市
过度开发	1 及以上	上海、江苏
均衡开发	0.6～1	
开发不足	0.3～0.6	浙江、重庆、贵州
开发严重不足	0～0.3	四川、湖南、湖北、江西、云南、安徽

从失衡指数来看,由于绝对均衡开发($CD＝1$)是理想状态,因此界定在 $0.6＜CD＜1$ 范围内即均衡开发。长江经济带沿线省市中,上海和江苏失衡

指数均超过 1,土地开发与供给严重不均衡,两地都属于土地开发强度过大,但供应能力又不足地区;此外,其余省份均属于开发不足状态,供应能力超过其开发程度,说明土地有继续开发的潜力。

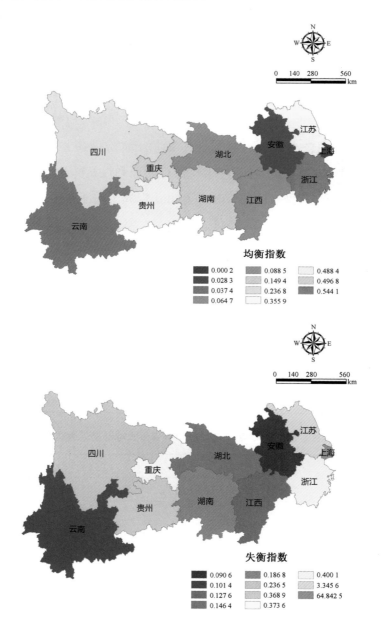

图 5 - 2　2017 年长江经济带省市土地开发均衡及失衡化格局

第四节 长江经济带土地开发限度评价与优化

基于边际效益理论,本节以 2009—2017 年的土地变更调查数据为基础,分别对长江经济带整体及其范围内 11 省市的土地开发限度进行建模计算,得到如下结果:

表 5 - 6 长江经济带各省市土地开发限度评价计算模型

地区	$Y_1 = f_1(LM)$	R_1^2	$Y_2 = f_2(LA)$	R_2^2
长江经济带	$Y = 2 \times 10^8 x^2 - 7 \times 10^6 x - 70215$	0.994	$Y = 8 \times 10^7 x^2 - 10^8 x + 7 \times 10^7$	0.977
上 海	$Y = 3 \times 10^6 x^2 - 2 \times 10^6 x + 301957$	0.974	$Y = 175.51x - 31.697$	0.869
江 苏	$Y = 5 \times 10^7 x^2 - 2 \times 10^7 x + 2 \times 10^6$	0.997	$Y = -78827.595x + 55976.594$	0.964
浙 江	$Y = 6 \times 10^6 x^2 - 10^6 x + 54437$	0.998	$Y = 321073x^2 - 568549x + 256031$	0.733
安 徽	$Y = 10^7 x^2 - 2 \times 10^6 x + 134838$	0.997	$Y = -2 \times 10^7 x^3 + 5 \times 10^7 x^2 - 4 \times 10^7 x + 10^7$	0.976
江 西	$Y = 6 \times 10^6 x^2 - 676474x + 18526$	0.999	$Y = 3 \times 10^6 x^2 - 5 \times 10^6 x + 2 \times 10^6$	0.917
湖 北	$Y = 2 \times 10^9 x^3 - 6 \times 10^8 x^2 + 5 \times 10^7 x - 2 \times 10^6$	0.998	$Y = -2 \times 10^8 x^3 + 6 \times 10^8 x^2 - 6 \times 10^8 x + 2 \times 10^8$	0.933
湖 南	$Y = 3 \times 10^6 x^2 - 365259x + 11920$	0.999	$Y = -22922x + 30314$	0.545
重 庆	$Y = 10^7 x^2 - 920643x + 6771.1$	0.997	$Y = 3 \times 10^6 x^2 - 5 \times 10^6 x + 2 \times 10^6$	0.988
四 川	$Y = -2 \times 10^8 x^2 + 2 \times 10^7 x - 331290$	0.989	$Y = 2 \times 10^7 x^2 - 3 \times 10^7 x + 2 \times 10^7$	0.977
贵 州	$Y = 3 \times 10^9 x^3 - 3 \times 10^8 x^2 + 10^7 x - 146978$	0.998	$Y = 10^9 x^3 - 3 \times 10^9 x^2 + 3 \times 10^9 x - 10^9$	0.974
云 南	$Y = -2 \times 10^8 x^2 + 10^7 x - 145862$	0.965	$Y = -500921x + 506424$	0.924

对以上方程组分别求导,将得到的长江经济带各省市土地开发限度值与该地区 2015 年土地开发强度、2020 年土地规划开发广度进行对比,求得各地区剩余建设用地开发空间。具体计算结果如下:

(1) 长江经济带整体土地开发限度为 11.96%,高于全国平均水平 4.70%,土地利用条件较好,但从用地平衡和效益最大化角度来看,大部分省市土地已处于超量开发状态,且经济越发达的省份,建设用地规模超过开发限度的程度越大,上海和浙江超限最为突出。

(2) 从剩余开发空间及规划用地规模限制来看,目前还未超过土地开发限度的地区仅有安徽省、江西省和湖北省,其余省市均无剩余开发空间;另外,对比 2020 年各省市土地利用规划中的建设用地规模上限,截至 2017 年,长江经济带各省市建设用地规模均未超过规划限制。

(3) 上海、江苏、浙江的土地开发限度均超过 10%,3 省市位于长江中下游,地形条件好,用地扩张迅速,2017 年的建设用地规模已远超最适宜土地开发限度,分别超过 2.98 万公顷、18.96 万公顷和 42.18 万公顷,各占土地总面积的 3.56%、1.78%和 4%。

(4) 有 7 个省市的土地开发限度小于 10%,分别为:江西(9.31%)>浙江(8.49%)>重庆(7.39%)>湖南(5.71%)>四川(2.78%)>云南(2.63%)>贵州(2.11%),2017 年的土地开发强度除浙江省达 12.49%外,另外 6 省市均小于 10%,江西还有剩余开发空间,为 24.80 万公顷,其余省市建设用地均超过土地开发限度——浙江省超量最多,达 4%,湖南、重庆、四川、贵州和云南分别超过 2.09%、0.92%、1.06%、2.03%、0.25%。

表 5-7　长江经济带各省市土地开发限度评价结果

地　区	土地开发强度(2017)		土地开发限度		剩余开发空间		规划开发广度	
	%	万公顷	%	万公顷	%	万公顷	%	万公顷
全　国	4.17	3 957.22	4.70	4 454.93	0.53	497.71	4.30	4 071.93
长江经济带	7.32	1 503.58	11.96	2 455.61	4.64	952.03	/	/
上海市	36.90	30.88	33.34	27.90	−3.56	−2.98	38.23	32

（续表）

地　区	土地开发强度（2017）		土地开发限度		剩余开发空间		规划开发广度	
	％	万公顷	％	万公顷	％	万公顷	％	万公顷
江苏省	21.68	231.10	19.90	212.14	−1.78	−18.96	22.15	236.13
浙江省	12.49	131.82	8.49	89.64	−4.00	−42.18	12.74	134.53
安徽省	14.38	201.49	18.26	255.90	3.88	54.40	14.67	205.60
江西省	7.82	130.62	9.31	155.42	1.49	24.80	8.00	133.60
湖北省	9.34	173.72	11.71	217.73	2.37	44.01	9.56	177.73
湖南省	7.80	165.33	5.71	120.96	−2.09	−44.37	8.07	171.00
重庆市	8.31	68.46	7.39	60.87	−0.92	−7.58	8.74	72.00
四川省	3.84	186.82	2.78	135.14	−1.06	−51.68	3.92	190.47
贵州省	4.14	72.82	2.11	37.16	−2.03	−35.66	4.22	74.40
云南省	2.88	110.52	2.63	100.78	−0.25	−9.74	3.01	115.40

第二篇　资源环境与承载测算

资源环境可持续承载是协调长江经济带人与自然关系、实现绿色发展的基础。基于此,这里探讨了资源环境承载力核算的理论与方法,针对长江经济带人地关系、人水关系以及应对全球变化的需要,分别开展了基于粮食安全的耕地资源人口承载力、基于水安全的水资源人口承载力以及应对全球升温的碳峰值人口承载力研究,并揭示了长江经济带人口综合承载力的空间特征,从而为优化长江经济带国土空间格局、协调长江经济带人与自然关系提供认知基础、决策借鉴。

第六章 / 长江经济带资源环境承载力理论及方法

厘清长江经济带资源环境与生产生活要素的相互作用机制,探索长江经济带自然资源环境承载力的内生机制与评价模型,对支撑国土空间规划编制乃至战略实施具有重要理论和实践意义。基于"压力—状态—响应"模型思路,本章提出区域资源环境与生产生活要素的"共轭角力"理论机制,将自然资源环境承载力解构为"支撑力—敏感点"、"恢复力—脆弱点"、"损害力—临界点"、"发展力—平衡点"四对相互作用力,并据此提出集开发建设、环境灾害、资源生态及社会福祉四个维度的 DENS 评价模型,以为更为科学地揭示自然资源环境承载力的理论特征提供借鉴。

第一节　资源环境承载力理论发展近况

承载力是特定空间承载体和承载对象相互作用关系的统一,即区域人地关系系统中人地互构的统一,因此,资源环境的可持续承载,不仅意味着资源环境系统自身的可持续性,还意味着对于人类发展系统(包括人口、经济、基础设施等)的支撑能力。例如,灾害空间不仅对于人类社会,其对于资源环境系统也具有弱承载力性。从空间分布上看,我国滑坡灾害高生态风险区面积为13.5 万 km²[①],不仅造成这一区域生态服务价值的损失,也加大了人类活动的

---

① 王慧芳,林子雁,肖燚,等.基于生态系统服务潜在损失的滑坡灾害生态风险评价[J].应用生态学报,2019(9):1-12.

危险性。因此,作为资源环境系统对开发建设"支撑力"、环境灾害要素"损害力"、资源生态要素"恢复力"以及社会福祉"发展力"的综合体现,仍不失为对区域资源环境系统、经济社会发展系统尤其是人与自然关系定量化并具有较高精准性的诊断。资源环境承载力理论在支撑区域发展乃至于"未来地球"(Future Earth)的综合发展决策中亦发挥重要作用①。

生态文明以及美丽中国战略的提出,为发挥承载力人地关系系统认知工具、政策工具的作用提供了新的契机。随着城镇化与工业化进程快速推进以及经济社会持续发展,我国国土空间开发利用格局发生明显重构②,过度依赖高资源消耗与高污染排放的粗放型发展模式亦使区域空间开发失衡、"三生空间"冲突加剧、生态环境破坏严重等问题日趋严峻③,使得国内学界更加重视资源环境承载力的相关研究。在发展国外资源环境承载力评价的理论与方法基础上,近年来我国学者逐渐开展了以土地④⑤⑥、水⑦⑧、环境⑨⑩、生态⑪⑫等为

① Running S W. A measurable planetary boundary for the biosphere[J]. Science, 2012, 337 (6101):1458 - 1459.

② 喻忠磊,张文新,梁进社,等. 国土空间开发建设适宜性评价研究进展[J]. 地理科学进展, 2015,34(9):1107 - 1122.

③ 谭术魁,刘琦,李雅楠. 中国土地利用空间均衡度时空特征分析[J]. 中国土地科学,2017,31 (11):40 - 46.

④ 徐勇,孙晓一,汤青. 陆地表层人类活动强度:概念,方法及应用[J]. 地理学报,2015,70(7): 1068 - 1079.

⑤ 封志明,杨艳昭,游珍. 中国人口分布的土地资源限制性和限制度研究[J]. 地理研究,2014,33 (8):1395 - 1405.

⑥ 金雨泽,黄贤金,朱怡,等. 基于粮食安全的长江经济带土地人口承载力评价[J]. 土地经济研究,2015(02):78 - 90.

⑦ 段春青,刘昌明,陈晓楠,等. 区域水资源承载力概念及研究方法的探讨[J]. 地理学报,2010 (01):82 - 90.

⑧ 封志明,杨艳昭,游珍. 中国人口分布的水资源限制性与限制度研究[J]. 自然资源学报,2014, 29(10):1637 - 1648.

⑨ 叶龙浩,周丰,郭怀成,等. 基于水环境承载力的沁河流域系统优化调控[J]. 地理研究,2013, 32(6):1007 - 1016.

⑩ 胡溪,刘年磊,蒋洪强. 基于环境质量标准的长江经济带水环境承载力评价[J]. 环境保护, 2018,46(21):38 - 42.

⑪ 裴鹰,杨俊,李冰心,等. 城市边缘区生态承载力时空分异研究——以甘井子区为例[J]. 生态学报,2019,39(5).

⑫ 刘东,封志明,杨艳昭. 基于生态足迹的中国生态承载力供需平衡分析[J]. 自然资源学报, 2012,27(04):614 - 624.

研究对象的单要素承载力,区域综合承载力[①]以及国土开发度与国土空间开发建设适宜性[②③]等相关研究,研究尺度集中于城市[④]、城市群[⑤]、省域[⑥]和国家、区域层面[⑦],研究方法由早期的农业生态区划、供需平衡等静态方法向系统动力学、多目标规划方法等动态转变[⑧],逐渐开始关注资源环境要素跨区域的隐形流动。但有关资源环境承载力的系统性、综合性研究以及评价模型支撑仍有待进一步提升,尤其在气候变化、新全球化背景下资源环境系统的不确定性以及复杂性(流动)不断加剧;随着经济社会发展进步,人地关系地域系统面临技术革新、人口转型、绿色转型、社会转型的新时代背景,亟须建立综合性的、体现交互作用的、满足多维转型发展需求的资源环境承载力评价模型。

综上所述,资源环境承载力评价内涵也从单一资源走向各类主要自然资源、环境要素等评价,评价方法不断丰富;评价对象更多地侧重于典型区域、流域。但绝大多数研究多从单一视角开展相关研究,或是测算单一资源的承载力,或是对承载状况进行综合评判,缺乏体现地域特色、多结果输出的综合模型,难以指导地区精细化发展。从发展趋势来看,需要加强资源环境承载力评价的理论创新,揭示区域内外各类限制性的自然资源及环境要素等之间的多元复合"角力"关系,支撑资源环境承载力评价及预警体系构建,并形成具有指导性的资源环境承载力评价技术标准。

① 吕弼顺,程火生,朱卫红.图们江地区区域承载力动态变化研究[J].地理科学,2010,30(05):717-722.
② 纪学朋,黄贤金,陈逸,等.基于陆海统筹视角的国土空间开发建设适宜性评价——以辽宁省为例[J].自然资源学报,2019,34(03):451-463.
③ 张竟珂,陈逸,黄贤金.长江经济带土地开发均衡度及限度评价研究[J].长江流域资源与环境,2017,26(12):1945-1953.
④ 黄志启,郭慧慧.基于熵权TOPSIS模型的郑州市资源环境承载力综合评价[J].生态经济,2019,35(2):122-126.
⑤ 肖义,黄寰,邓欣昊.生态文明建设视角下的生态承载力评价——以成渝城市群为例[J].生态经济,2018,34(10).
⑥ 许明军,冯淑怡,苏敏,等.基于要素供容视角的江苏省资源环境承载力评价[J].资源科学,2018,40(10):93-103.
⑦ 卫思夷,居祥,荀文会.区域国土开发强度与资源环境承载力时空耦合关系研究——以沈阳经济区为例[J].中国土地科学,2018,32(07):58-65.
⑧ 黄贤金,周艳.资源环境承载力研究方法综述[J].中国环境管理,2018,10(06):36-42,54.

鉴于此,本章从"压力—状态—响应"机理出发尝试提出"共轭角力"机制,以系统描述人地关系地域系统资源环境与生产生活的相互作用机制,进而从开发建设支撑力、环境灾害损害力、资源生态恢复力和社会福祉发展力四个维度构建资源环境承载力评价模型,以为国家国土空间规划体系的科学实施提供理论基础与方法支撑。

第二节　基于共轭角力理论的资源环境与生产生活相互作用机理

"轭"是马车行驶时套在马颈上用于拉车的人字形马具,要求左右两轮平衡,车马前后默契。"共轭"是指按照特定规律相互影响、相互制约形成协调发展的局面,从而使整个系统结构相对稳定、要素联系紧密、整体功能协调、对环境适应性强[①],是一种以动态平衡为主要目的的控制方法。有研究将其应用到城市土地管理中,协调城市建设用地增长和非建设用地保护、城市土地生态服务正向服务和逆向服务、城市与乡村之间的共轭关系[②]。还有研究以共轭理论指导北京市生态规划,以实现社会服务和生态服务、经济生产和自然生产平衡[③]。

人地地域关系系统中资源环境和生产生活相互制约、相互影响,其终极目标是追求人—地协调发展,共轭思想可为解决这一目标提供良好的借鉴。"共轭角力"理论,以人地关系地域系统中开发建设需求产生的"支撑力"、环境灾害发生产生的"损害力"、资源生态维持产生的"恢复力"以及社会福祉提升产生的"发展力"为基础,以"四个力"分别量化开发建设、环境灾害、资源生态和

---

① 曾鹏,向丽. 中国十大城市群高等教育投入和产业集聚水平对区域经济增长的共轭驱动研究[J]. 云南师范大学学报(哲学社会科学版),2015,47(04):138－145.

② 尹科,王如松,姚亮,等. 基于复合生态功能的城市土地共轭生态管理[J]. 生态学报,2014,34(01):210－215.

③ 王如松. 绿韵红脉的交响曲:城市共轭生态规划方法探讨[J]. 城市规划学刊,2008,1(1):8－17.

社会福祉的变化特征,依据"开发—压力—状态—响应"过程,构建"四力"的共轭角力过程。"临界点"衡量开发建设需求产生的"支撑力"的标准或拐点(土地开发强度、人口集聚度等);"敏感点"衡量环境灾害发生产生的"损害力"的标准或拐点(灾害发生密度、灾害强度等);"脆弱点"衡量资源生态维持产生的"恢复力"的标准或拐点(景观破碎度、生态脆弱性指数、环境容量等);"平衡点"衡量社会福祉提升产生的"发展力"的标准或拐点(人居环境指数、社会网络连通度等);集成"点—力"作用关系,评估不同尺度下人地关系地域系统资源环境与生产生活的负载冲突特征,揭示其相互作用关系。针对"共轭角力"理论所提出的"四个点",依次基于"四个承载"的核心内涵,结合不同人地地域建设和生产条件、经济社会功能等主要特征,分析区域资源环境与生产生活的作用机制。分析步骤如下:

(1)识别"共轭角力"机制中的"力"。遵循"开发—压力—状态—响应"的资源环境效应分析框架,识别由资源开发利用需求产生的支撑力、从环境压力(环境污染、自然灾害等)冲击中恢复的需求所形成的恢复力、对本底系统状态维持需求形成挑战的损害力,以及提升响应能力需求产生的发展力,剖析四种力量的概念内涵和表征因子。具体而言,支撑力由开发建设对土地、水、矿产等各类自然资源的需求而产生;恢复力由生态环境压力冲击中生态系统恢复的需求所形成,包括土地、水、大气等环境污染以及生态系统的破坏等方面的生态环境破坏;损害力来源于自然灾害以及人为损害等引起的干旱、洪涝等气候灾害以及滑坡、地震、泥石流、地面沉降等地质灾害等方面;发展力体现为资源环境要素对于经济社会发展以及居民福祉等方面的提升能力。

(2)归纳"共轭角力"模式。在"开发—压力—状态—响应"框架的基础上进一步结合"敏感点—脆弱点—临界点—平衡点"的系统关联,建立支撑力、恢复力、损害力和发展力的共轭关系,进而依据共轭关系的组合特征确定人地关系地域系统的"人—人"、"人—地"、"地—地"共轭角力模式。

(3)建立承载力需求、负载冲突与"共轭角力"模式的整体联系。承载力需求通过不同共轭角力模式的作用,表现为差异化的负载冲突。资源环境系统的支撑力与经济社会系统的发展力,还具有相辅相成、互为促进的作用,但在一定的技术水平下,资源环境系统的支撑力是有限的,从而也影响了特定区域的经济社会发展能力的提升;而资源环境系统的过度利用,尤其是超越了生态环境系统要素的恢复能力,则也将导致生态环境系统的退化,因此,资源环境系统支撑力也受制于相应的恢复力;而对于资源环境系统的损害,不仅影响其支撑力、恢复力,还将对经济社会发展力产生制约。因此,在区域人地关系系统中,"支撑力"、"恢复力"、"损害力"、"发展力"共同形成了相应的共轭关系[1](见图6-1)。

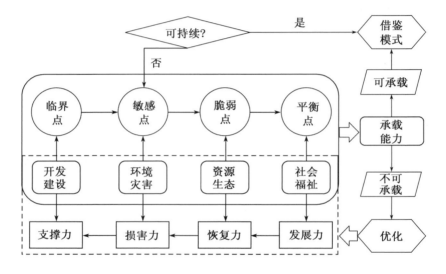

图6-1 资源环境与生产生活"共轭角力"理论机制

人地关系系统中资源环境要素与生产生活相互作用的"共轭角力"过程,揭示了环境灾害要素的"敏感点",暴露了资源生态系统的"脆弱点",显露了资源环境系统承载的"临界点",为寻求人与自然"平衡点"的人类应对提供了可能。基于"共轭角力"机制,可进一步梳理资源环境承载力的需求机理,通过要素层面的"支撑力—敏感点"关联、压力层面的"恢复力—脆弱点"关联、状态层面的"损害力—临界点"关联以及响应层面的"发展力—平衡点"关联,以评估

---

① 黄贤金,宋娅娅.基于共轭角力机制的区域资源环境综合承载力评价模型[J].自然资源学报,2019,34(10):2103-2112.

资源环境承载力需求在不同共轭角力模式下的敏感点和脆弱点,从而识别不同共轭角力模式下的资源环境负载冲突特征,这一对人地关系系统要素相互作用的认知,也为理解和评估资源环境承载力提供了理论基础。

第三节　基于共轭角力机制的资源环境承载力评价 DENS 模型

基于共轭角力机制,资源环境承载力评价应该包括支撑力、恢复力、损害力以及发展力四个方面,即分别为受制于资源、环境、生态等要素的区域人口规模及其开发建设存在一定阈值的开发建设(Development)支撑力,受制于环境污染或自然、人为灾害损失的环境灾害(Environment and Disaster)损害力,受制于资源可持续利用和生态系统脆弱性影响的资源生态(Natural Resources and Ecology)修复力,以及侧重人类福祉提升的社会福祉(Social Welfare)发展力,形成开发建设、环境灾害、资源生态、社会福祉四个维度的综合评价体系[1](见图 6 - 2)。开发建设、环境灾害、资源生态以及社会福祉四个子系统间存在密切的交互作用与耦合机理:资源生态修复力反映区域自然资源本底条件与生态基础;通过自然资源要素的有效供给,以及实现生态系统稳定,有利于改善环境灾害损害力和开发建设支撑力;环境容量以及灾害后系统恢复能力,也影响了资源生态修复力以及开发建设支撑力;而适度、有节制的开发建设,不仅有利于资源生态系统的可持续承载,也有利于应对环境以及灾害的影响,但若过度开发,则将加剧资源环境系统的影响乃至对人类产生损害;社会福祉提升是人地地域系统发展的终极目标。

---

①　黄贤金,宋娅娅. 基于共轭角力机制的区域资源环境综合承载力评价模型[J]. 自然资源学报,2019,34(10):2103 - 2112.

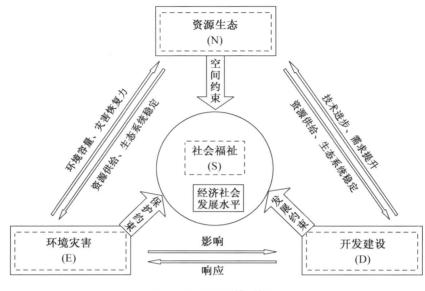

图 6 - 2　DENS 模型框架

立足人地地域系统协调发展目标,以判别关键资源环境要素响应的敏感点、诊断生态系统的脆弱点、甄别资源环境开发保护的临界点、探寻人和自然双赢发展的平衡点为导向,统筹考虑人地关系地域系统社会、经济、环境、污染、发展等子系统,构建多结果输出的资源环境承载力综合评价模型。模型构建思路如下:

(1)不同人地地域系统资源环境承载力多途径内涵及定量表征

不同类型地域的结构和矛盾存在较大差异,因此必须按地域类型来协调不同的人地关系。考虑到我国各地的自然、社会、经济条件的地域差异性大,可以通过多途径表征方法,揭示不同人地地域系统承载力的多样性、关联性及嵌套性特征。基于压力—状态—响应理论,资源环境承载力主要包含四维内涵,分别为受制于资源、环境、生态等要素特定区域人口规模及其开发建设存在一定阈值的开发建设支撑力、强调环境合理有效保护和灾害事件对特定区域人地地域系统稳定性影响的环境灾害损害力、关注资源可持续利用和生态系统脆弱性的资源生态承载修复力、侧重人类福利水平的社会福祉发展力。

（2）建立资源环境承载力评价指标体系

鉴别不同产业结构、区位条件人地系统主要资源环境、生态及社会经济问题；采取资料收集、实地调查等方法辨别依附于地域空间的土地资源、水资源、矿产资源、气候资源等对人类及其社会经济活动承载强度和范围限制的空间约束性指标；利用 GIS 空间分析识别区域基本农田、生态红线保护区、生态脆弱区等功能区保护和环境胁迫因子对生态环境保护造成严重威胁以及对自然和人为灾害抵抗能力的保护约束性指标；基于推拉模型甄别周边或发达城市发展的极化效应造成资源、人口等多要素显性或隐性流失限制区域经济进一步提升的发展约束性指标，集成空间—保护—发展三维约束性指标初步构建承载力评价的关键约束性指标。在此基础上针对四维承载力内涵构建资源环境承载力评价指标体系，结合空间—保护—发展三维关键约束性指标构建资源环境承载力评价备选指标库，以为承载力评价提供支撑。

（3）构建资源环境承载力评价模型（DENS）

构建四维承载力指标体系相互作用的系统动力学模型，以分析要素之间的因果反馈机制，并以区域资源可持续利用、人地协调发展为目标评价特定区域的资源环境承载力。基于系统动力学模型分析区域系统组成结构、系统内外要素间的因果反馈分析，形成资源环境承载力评价模型，即 DENS 模型，见式（6-1）。

$$DENS = f(D \cup E \cup N \cup S) = \begin{cases} D = f(D_1, D_2, D_3, \cdots, D_n) \\ E = f(E_1, E_2, E_3, \cdots, E_n) \\ N = f(N_1, N_2, N_3, \cdots, N_n) \\ S = f(S_1, S_2, S_3, \cdots, S_n) \end{cases} \quad (6-1)$$

式中，D 为开发建设支撑力，涵盖工程地质条件、地块集中度、交通网络密度、服务设施水平等承载要素；E 为环境灾害损害力，涵盖水环境、大气环境、地质灾害、气象灾害等承载要素；N 为资源生态修复力，涵盖水资源、土地资源、生态系统服务等承载要素；S 为社会福祉发展力，主要从经济发展规模、粮食生产能力等方面测度。

依据上述模型，综合考虑区域资源环境本底、区域资源环境短板限制及经济社会发展水平等,提炼和模拟区域特定时期(历史、现状以及未来)可承载的人口规模、经济规模以及开发空间规模。

　　人地关系是资源环境及生产生活方式等各类要素"纠缠"或共轭作用的结果,分析了受制于自然资源要素的"支撑力"、生态系统的"恢复力"、环境灾害的"损害力"、经济社会的"发展力"及其共轭过程,据此,阐述了以社会福祉发展力为核心,开发建设支撑力、环境灾害损害力与资源生态修复力相互影响的资源环境综合承载力系统框架及其综合模型,从而为更为科学地认知资源环境承载力这一影响人地关系的核心科学问题提供了理论思路和方法借鉴。

第七章 / 长江经济带耕地保护与可持续承载

为了合理开发利用自然资源,协调人口经济规模,2013 年《中共中央关于全面深化改革若干重大问题的决定》中明确指出"建立资源环境承载能力监测预警机制,对水土资源、环境容量和海洋资源超载区域实行限制性措施"。通过承载力来提升规划的科学性和可持续性,已经成为我国规划过程中不可缺少的环节。研究长江经济带人口承载力对于建立长江经济带和谐稳定的人地关系,保证经济、社会可持续发展有着重要意义。这里基于粮食安全视角,通过对 2020 和 2030 年长江经济带各省市人口承载状况的预测分析,以期对引导人口空间分布、协调区域发展提供参考。

第一节　长江经济带可承载人口预测

作为大部分自然资源的载体,土地一直以来都被视作人类生产、生活的物质基础和能量来源,土地承载力评价也因此具有基础性意义。自 20 世纪 80 年代起,我国的土地承载力研究得到不断发展和丰富。关于土地承载力,前期研究大多与生态学相关[1],并侧重于以粮食为基础进行土地承载力计算[2]。后

---

[1]　Park R F, Burgess E W. An Introduction to the Science of Sociology [M]. Chicago: University of Chicago Press, 1921.

[2]　William V. Road to Survival [M]. London: Victor Gollancz Ltd, 1949.

期研究更关注人地协调,从资源整体性出发,且研究方法也日渐丰富,主要有:多目标决策分析、农业生态区域法和系统动力学方法等[1][2][3][4]。土地人口承载力作为土地承载力研究的一个重要方面,许多学者都曾做过相关研究。有学者通过产能核算的方法对土地人口承载力进行了预测研究[5]。也有学者从生态敏感性出发,采用主成分分析法对杭州各分区土地人口承载力做出评价[6]。哈斯巴根等引进货币型人口承载力的概念,通过系统动力学方法,建立了呼和浩特市的土地资源人口承载力模型[7]。余万军等运用生态足迹法和农业区域生态法计算了贵阳市的土地人口承载力[8]。彭文英、刘念北采用单项指标法,基于建设用地对北京都市圈的人口承载力进行评价并提出建议[9]。从已有研究中可以发现,土地人口承载力评价视角和评价方法正朝着多元化方向发展,但不难看出,以粮食为基础的土地人口承载力评价仍是主流。

为了研究各地区土地人口承载的状态,首先需要同时对未来人口的预计规模和土地资源人口承载的能力两方面内容进行预测。通过各地区人口预计规模与人口承载能力相对水平,可以预测未来人口承载的状态。研究数据来源于 1991—2017 年长江经济带各省市统计年鉴。

① Millington R,Gifford R. Energy and How We Live [R]. Australian,1973.

② FAO. Potential Population Supporting Capacities of Lands in Developing World[R]. Rome,1982.

③ UNESCO,FAO. Carrying Capacity Assessment with a Pilot Study of Kenya:A Resource Accounting Methodology for Exploring National Options for Sustainable Development [R]. Paris and Rome,1985.

④ 封志明. 土地承载力研究的过去、现在与未来[J]. 中国土地科学,1994,03:1-9.

⑤ 陈雪萍,周介铭,何伟,等. 基于产能核算的耕地人口承载力动态预测研究——以四川省郫县为例[J]. 中国农学通报,2012,21:114-118.

⑥ 岳文泽,姚赫男,郑娟尔. 基于生态敏感性的土地人口承载力研究——以杭州市为例[J]. 中国国土资源经济,2013,08:52-56.

⑦ 哈斯巴根,李百岁,宝音,等. 区域土地资源人口承载力理论模型及实证研究[J]. 地理科学,2008,02:189-194.

⑧ 余万军,吴次芳. 基于生态足迹和农业生态区域法的土地人口承载力比较研究——以贵阳市为例[J]. 浙江大学学报(农业与生命科学版),2007,04:466-472.

⑨ 彭文英,刘念北. 首都圈人口空间分布优化策略——基于土地资源承载力估测[J]. 地理科学,2015,05:558-564.

一、人口预测

已有研究对人口规模进行预测,既有采用以资源环境承载力为基础的环境容量法[①]、生态足迹法[②],也有关注社会经济条件的劳动平衡法、剩余劳动力转化法[③]等,不同方法适用条件以及预测结果的适用性各不相同。由于影响因素的多元性和影响机制的复杂性,单一的预测很难包含全部因素,多方案结果的综合可以一定程度减小误差[④]。本研究主要是对各因素综合影响下的人口变化情况进行预测,考虑采用以数理逻辑为依据的预测方式。通过描绘各省市历年人口数据散点图,可以发现大部分省市人口变化趋势呈现出较为规律的特征,有条件构建函数来拟合人口历史变化趋势。为了减小误差,研究进一步对各省市近 5 年、近 10 年和近 15 年的年末总人口年均增长率进行测算,以此作为远期人口变化的年均增长率分别进行预测。综合上述预测结果,可得到长江经济带各省市 2020 年和 2030 年人口预测规模区间。

二、土地人口承载力评价

土地人口承载力预测以满足当前人口和未来人口高峰时期粮食安全为目标,通过人均粮食消费水平的确定和粮食产量的变化趋势,可以确定未来粮食产量能承载的最大人口规模。粮食的需求主要来源于口粮需求、工业用粮、饲料用粮和种子用粮[⑤]。随着人口饮食消费从温饱型向小康型、富裕型转变,主食消费逐年下降,肉蛋奶酒等副食消费逐年上升。观察 1990 年以来全国农村和城市人均粮食消费水平的变化趋势,粮食消费总量呈现出递减的趋势。

①　王宪恩,温鑫,蔡飞飞,等.水环境人口承载力与人口产业结构研究——以辽河源头区为例[J].人口学刊,2015,37(3):71-77.

②　包正君,赵和生.基于生态足迹模型的城市适度人口规模研究[J].华中科技大学学报(城市科学版),2009,26(2):84-89.

③　王炜,纪江海,冯洪海,等.城镇规划中人口规模分析与预测[J].河北农业大学学报,2001,24(3):83-85.

④　张祥宇,朱青,矫雪梅,等.城市规划中人口规模预测方法思索[J].规划师,2012(S2):271-275.

⑤　刘小川.江苏省粮食供需平衡分析研究[D].南京:南京农业大学,2012.

2017 年,全国居民粮食消费量为 148.7 kg/(人·年),随着全国逐渐步入小康社会,居民食品消费的结构也将趋于稳定。考虑到可能出现的波动,后续预测中考虑以 150 kg/(人·年)作为口粮的人均需求标准。

由于副食是由主食转化而来,因此虽然口粮的消费需求在下降,然而粮食总需求增长的趋势依旧明显。根据相关调查的结果,我国粮食总产量和总消费量均是世界第一,目前口粮消费约占 30%,饲料用粮约占 40%,工业用粮约占 20%,种子和新增储备用粮约占 5%,损耗浪费等约占 5%[①]。依据这一比例折算人均消费总需求量,约为 500 kg/(人·年)。

在粮食产量预测方面,常用方法包括了生产力模型预测法、系统动力学模型、灰色预测模型等多种类型[②]。这里采取灰色系统 GM(1,1)模型对 2020 年和 2030 年的粮食产量进行预测。灰色预测的实质是一种外推预测,即用已知信息揭示未知信息,使系统白化。灰色预测时不使用原序列,而常用滤波的方式消除数据噪声,即用累加生成新序列。GM(1,1)模型是一种单序列一阶动态模型,且随时间变化过程是单调的,该模型在灰色系统理论中应用最广泛[③]。

三、人口承载状态判断

借鉴土地资源承载指数(LCCI)模型,本研究通过构建人口承载压力指数 P 来对人口承载状态进行判断。分别以人口预测区间的最高值和最低值,与预测人口承载水平进行比较,得到人口承载压力指数 P_1 和 P_2。

P_1＝预测人口规模低值/预测人口承载力;

P_2＝预测人口规模高值/预测人口承载力。

如果该比值小于 1,说明人口承载有盈余,而比值高于 1 则说明存在超载

---

① 熊志强. 人均粮食消费逼近 500 公斤大关意味着什么[EB/OL]. (2012－02－11)[2015－12－15].

② 龚波,肖国安,张四梅. 基于灰色系统理论的湖南粮食产量预测研究[J]. 湖南科技大学学报(社会科学版),2012,15(5):62－79.

③ 徐建华. 现代地理学中的数学方法[M]. 北京:高等教育出版社,2002.

问题,且计算所得指数越高,则承载的压力越大。综合 P_1, P_2 数值,可以进一步对不同地区进行分区。

1) 如果 $P_1 \leqslant 1$ 且 $P_2 \leqslant 1$,则未来人口预测规模整体小于承载水平,存在盈余空间,因此视之为平衡有余区;

2) 如果 $P_1 \leqslant 1$ 且 $P_2 \geqslant 1$,说明该地区在人口低增长水平下,承载水平可以满足人口规模要求,然而在高增长水平之下,依旧存在人口超载可能,因此视之为临界超载区;

3) 如果 $P_1 \geqslant 1$ 且 $P_2 \geqslant 1$,说明即使在人口低增长水平之下,该地区依旧存在超载现象,因此视之为超载区。

第二节　长江经济带人口现状及趋势预测

长江沿岸历来凭借良好的生产、生活环境,聚集了全国大部分的人口。2017 年长江经济带九省二市年末总人口占中国大陆年末总人口(包括 31 个省、自治区、直辖市和中国人民解放军现役军人,不包括香港、澳门特别行政区和台湾省以及海外华侨人数)的 42.71%,超过全国人口的 40%。

一、长江经济带人口历史变迁及现状

全国人口 10 大省市中就有 6 个分布在长江经济带沿岸,分别是四川省、江苏省、湖南省、安徽省、湖北省和浙江省。从 2000—2017 年长江经济带人口分布的格局来看没有呈现出明显的变化,以 2017 年各省市土地面积为基础对历年长江经济带各省市人口密度进行测算,可以发现各地区的人口密度呈现出明显的梯级变化。位于长江上游的贵州、四川和云南三省人口密度较低,而位于下游的上海、江苏和浙江三个省市人口密度较大,密度最高的上海市是最低的云南省的约 33 倍(2017 年数据)。同时也可以发现两个直辖市,上海和重庆在人口吸引力上要远大于周边地区。

二、长江经济带人口预测

首先,分别对长江经济带九省二市近 5 年,近 10 年和近 15 年的年末总人口年均增长率进行测算,以此作为远期人口变化的年均增长率分别进行预测。预测结果显示,除了安徽、湖北、贵州和四川 4 省之外,长江经济带其他地区近五年来人口增长都呈现出减缓的趋势,尤其是重庆市近 15 年来的年均人口增长速度基本稳定在 0.05%,可以推测其已经接近人口的峰值。根据不同地区近 15 年来人口变化趋势,将其划分为三类:加速增长型(5 年年均增速＞10 年年均增速),减速增长型(0.3%＜5 年年均增速＜10 年年均增速),趋近峰值型(5 年年均增速＜10 年年均增速＜15 年年均增速且 5 年年均增速＜0.3%)。

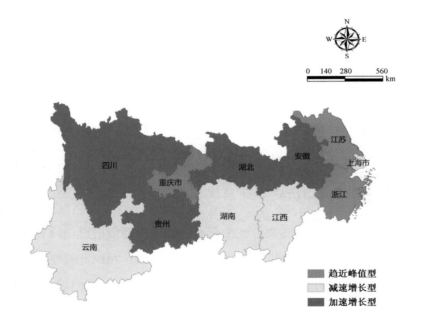

图 7-1　长江经济带省市人口增长分类

随后,以 1990—2017 年长江经济带各省市年末总人口数据为基础,构建人口规模趋势模型,保留判定系数 R^2 大于 0.94 的结果,用于进行人口规模的初步判断。取不同类型趋势外推预测结果的均值作为趋势外推下人口规模预测的最终结果,综合近 5 年、10 年和 15 年年均增速预测的结果,可以得到长江经济带各省市 2020 年和 2030 年人口预测的范围[①](表 7 - 1)。将人口预测值与已有的人口规划值进行对比可以发现规划值与预测值之间存在一定的差异。上海和浙江的人口规划规模落在人口预测区间之内,但大部分省市,包括江苏、安徽、江西、湖北、重庆,规划人口都要高于预测结果。在全国人口趋近高峰的背景下,实际上大部分地区人口增长都在减速甚至出现负增长,因此上述地区对未来人口规模的预计可能偏高。

表 7 - 1　长江经济带各省市规划及预测人口　　　　　　（万人）

地区	年份	涉及规划或报告	规划人口	预测人口	
				低值	高值
上海	2020	上海市主体功能区规划	2 650	2 622.64	2 913.79
	2030	上海市人口发展趋势报告	2 856	2 987.09	3 777.01
江苏	2020	江苏省城镇体系规划（2015—	8 500	8 098.10	8 346.38
	2030	2030）	9 000	8 333.52	8 860.63
浙江	2020	浙江省城镇体系规划（2011—	5 800	5 601.54	6 040.45
	2030	2020）	6 000[②]	5 760.98	6 857.86
安徽	2020	安徽省城镇体系规划（2010—	6 700	6 058.46	6 277.01
	2030	2030）	7 300	6 017.77	6 614.22
江西	2020	江西省城镇体系规划（2012—	4 833	4 664.82	4 713.42
	2030	2030）	5 147	4 876.58	4 946.41
湖北	2020	湖北省城镇体系规划（2001—	6 600	5 755.36	5 904.87
	2030	2020）	—	5 655.68	6 056.00
湖南	2020	—		6 813.40	7 123.64
	2030			6 942.66	7 894.73

---

①　金雨泽,黄贤金,朱怡,等. 基于粮食安全的长江经济带土地人口承载力评价[J]. 土地经济研究,2015(2):78 - 89.

②　看看数字背后浙江人未来十年的生活变迁[N/OL]. 杭州日报,2011 - 3 - 3[2019 - 4 - 2]. http://hzdaily. hangzhou. com. cn/dskb/html/2011 - 03/03/content_1026149. htm.

（续表）

地区	年份	涉及规划或报告	规划人口	预测人口	
				低值	高值
重庆	2020	重庆市市域城镇体系规划（2003—2020）	3 320	3 000.33	3 283.09
	2030		—	3 015.28	4 031.60
贵州	2020	—	—	3 367.45	3 552.06
	2030		—	3 145.55	3 626.64
四川	2020	—	—	8 092.68	8 277.40
	2030		—	8 014.10	8 511.22
云南	2020	—	—	4 887.51	4 983.32
	2030		—	5 191.18	5 314.48

第三节 基于粮食安全的土地人口承载力评价及预测

　　长江流域是我国重要的粮食产地和全国粮食生产条件最好的地区之一，从 2017 年全国各省（区、市）粮食总产量水平来看，江苏省、安徽省、四川省和湖南省位于全国粮食产量前十的行列，为保障全国粮食安全做出了巨大贡献。

一、2017 年长江经济带各省市人口承载现状

　　从整个长江经济带内部而言，呈现出两极分化的局面。位于长江上游的重庆、贵州和位于下游的上海、浙江 4 个省市粮食产出水平较低，与长江中游和中下游主要粮食产地之间存在着较大的差距。以 2017 年长江经济带各地区粮食产量为基础，分别以口粮需求和粮食总需求人均消费标准进行人口承载现状的核算[1]，可以得到表 7-2。

---

　　① 金雨泽，黄贤金，朱怡，等. 基于粮食安全的长江经济带土地人口承载力评价[J]. 土地经济研究，2015(2)：78-89.

表 7 - 2　2017 年各省市粮食产量和人口承载水平

年份	人口承载力(万人)		人口赤字水平(万人)	
	口粮需求	粮食总需求	口粮需求	粮食总需求
上海	714.97	214.49	−1 589.43	−2 089.91
江苏	22 107.26	6 632.18	14 545.20	−929.88
浙江	4 796.86	1 439.06	−435.74	−3 793.54
安徽	21 633.59	6 490.08	15 854.74	711.23
江西	13 575.50	4 072.65	9 260.41	−242.44
湖北	16 366.34	4 909.90	10 841.14	−615.30
湖南	19 008.24	5 702.47	12 608.09	−697.68
重庆	7 248.50	2 174.55	4 406.67	−667.28
贵州	7 210.50	2 163.15	3 877.86	−1 169.49
四川	21 374.36	6 412.31	13 641.17	−1 320.88
云南	11 784.44	3 535.33	7 306.23	−942.88

上表显示,以 2017 年粮食生产水平来看,虽然各省市可以满足当地居民基本粮食需求,但是从粮食总需求情况来看长江经济带各省市已经普遍出现超载,仅安徽省 1 省在满足发展粮食总需求情况下依旧存在盈余。超载最为严重的地区为上海市和浙江省,仅在保障人均口粮需求的水平下超载人口就分别达到了 1 589.43 万人和 435.74 万人,以粮食总需求来衡量粮食自给率仅分别为 9.21% 和 26.5%,可以判断两个地区粮食需求的满足基本都需要依靠外省的补给。

二、长江经济带人口承载力预测

通过构建灰色系统模型 GM(1,1),可以推算出 2020 年和 2030 年各地区人口承载水平,结合人口预测规模计算人口承载压力指数 P_1 和 P_2,得到图 7-2 的分区结果。

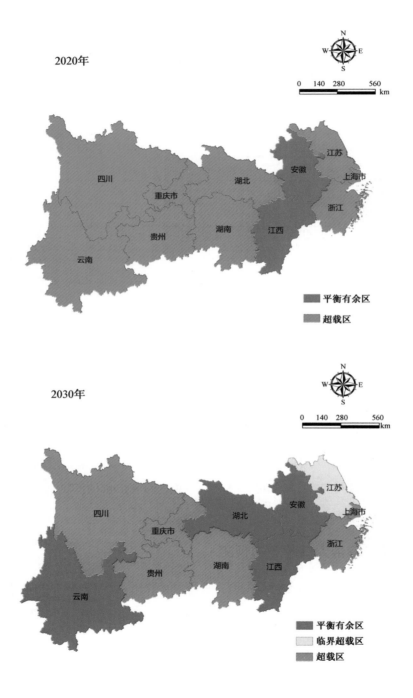

图 7-2 基于粮食安全的超载类型区划

可以发现,2020年,位于长江上游和下游的地区均出现了人口超载的情况,只有江西和安徽存在盈余。2030年随着各地区人口增长趋势减缓甚至是趋近峰值,加之粮食生产水平的提升,各地区人口承载压力有所减缓,安徽、江西、湖北和云南均出现了盈余。整体而言,从粮食安全角度看,长江上游和下游省市面临着较为严峻的承载压力,而中游地区承载空间相对宽松。

三、人口承载压力与粮食生产关系分析

考虑到2020年和2030年长江经济带人口承载水平的差异,依据各地区粮食生产水平实现人口分布的空间协调,同时引导各地区粮食生产水平的提升,保障区域发展的协调和可持续有着重要意义。沿着长江经济带,由于光温条件和技术水平上的差异,各地粮食单产水平存在差异。各地粮食单产水平基本从东部沿海向西北地区呈现出递减的态势。长三角地区的上海、江苏和浙江省单产水平最高,而位于云贵高原的云南和贵州相比之下粮食生产效率偏低。将各地区按照现状粮食单产水平和粮食自给水平(粮食自给率＝粮食产量/粮食总需求×100％)进行排序(表7-3),可以进一步分析各地粮食生产条件和生产规模的匹配状况。

表7-3　各地区粮食单产水平和自给水平排序表

地区	粮食单产水平	粮食自给水平
上海	1	11
江苏	2	5
浙江	3	10
湖南	4	3
湖北	5	4
江西	6	2
四川	7	6
重庆	8	8
安徽	9	1
云南	10	7
贵州	11	9

可以看出,上海和浙江两个地区粮食单产水平高,但是粮食自给水平则处于末位。上述地区是我国经济最为发达的区域,经济发展对建设用地的需求挤占了大部分的优质耕地资源。目前,浙江和上海的人口承载形式已经十分严峻,然而这两个地区粮食单产水平的提升空间相对有限,未来可能面临着更加严峻的粮食安全形势。如何通过粮食的进口和区域间粮食供求协调来保障地方发展粮食需求,是继续探讨的课题。

江苏省粮食单产水平和自给率相对都处于前列,但是根据预测结果,2030年江苏省将处于临界超载的状态,因此进一步强调耕地保护,并注重其质量提升,是保障粮食安全的重要措施。

安徽省虽然粮食单产水平较为落后,但是粮食产量大,自给水平高。在技术进步的前景之下,粮食单产水平还有一定提升空间,未来安徽省作为主要的粮食供应区的角色将更为突出。

湖南、湖北、江西、四川四省粮食单产水平和自给率都处于中等和中上水平,同时在预测年都处于平衡有余或是低压状态。上述省份在保证自身粮食安全的基础上,通过进一步提升粮食单产水平可以实现粮食的盈余。

重庆、云南和贵州粮食单产水平和自给率目前都偏低。但云南省粮食产量近年呈现出增长趋势,因此在2030年可以实现粮食的平衡盈余。而对于重庆和贵州而言,保障粮食基本需求依旧是重要的课题。

第八章 / 长江经济带水资源利用与可持续承载

水资源供给是长江经济带经济社会发展的前提与保障[①]。但长江经济带沿江流域的水资源保障、水环境问题依然十分突出,水质型缺水、饮用水源安全隐患、水环境质量和水生态破坏等问题都尚未从根本上解决[②]。因此,长江经济带水资源利用和可持续承载评价,是长江经济带发展的重要技术支撑[③]。研究长江经济带水资源的人口承载力,有利于了解该区域水资源的供给与利用状况。通过对长江经济带水资源人口承载力的动态模拟与预测,能够为政策制定者提供科学的决策依据,为长江经济带的可持续快速发展提供理论支持。

第一节 长江干流沿线城市水资源和水环境承载力评价方法

本节将水资源承载力定义为在一定时期、一定的社会经济发展水平下,以水资源高效合理开发利用、水环境有效保护为准则,特定区域的社会经济—水资源复合系统对人口和社会经济发展的支撑能力。

---

① 陈晶莹. 长江经济带建设:水资源立法须先行[N]. 文汇报,2015.
② 张昆,马静洲,吴泽斌,等. 长江经济带 11 省市水资源利用效率评价[J]. 人民长江,2015(18): 48-51.
③ 陈进. 长江经济带发展中的水利支撑作用[J]. 中国水利,2015(23):1-3.

一、水资源和水环境承载能力影响因素分析

面对水资源短缺、水污染严重、水生态环境恶化等日益严峻的问题,国务院于 2012 年提出实施最严格的水资源管理制度,提出水资源开发利用控制红线、用水效率控制红线、水功能区限制纳污红线的管理制度。水资源与地区资源—环境—经济社会等各方面要素相互作用形成了一个相互作用、互为反馈的系统,因此水资源承载力是一个相对综合的概念,必须从水资源开发、利用,废水排放及处理等综合视角全面考虑才能精准判断地区的承载能力。具体如下:

水资源支撑能力制约区域发展的人口和产业集聚规模。在一定时期和特定区域内,水资源是相对有限的,是地区人口和社会经济发展的硬约束,水资源供给地区生产、生活和生态所需用水的年最大可用量是地区人口容量和产业发展的重要约束因素。同时,由于不同阶段所追求的生活和环境质量标准不同,在这些标准的约束下,水资源数量支撑这区域一定的人口和经济规模。

水环境承受能力约束地区的人口和社会经济的可持续发展。随着经济社会快速发展,长江流域开发与保护的矛盾也日益凸显,水生态环境形势不容乐观。主要表现在废污水排放量仍然较高,一些河段水质不达标,部分湖库富营养化程度较重,制约着地区的可持续发展。

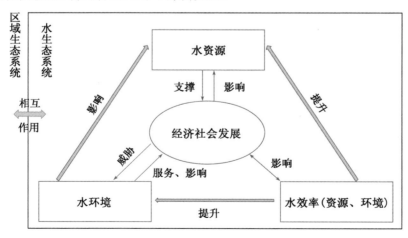

图 8-1 水资源—水环境—水效率—水生态四个维度相互作用关系

　　水资源和水环境效率是决定区域产业和人口规模的重要因素,具有一定弹性。水资源效率主要侧重水资源利用效益,水环境效率主要指废弃物的排放密度。相同的水资源条件,特定的社会经济条件、地区科技投入、创新能力导致水资源利用方式、效率,污染物排放强度、管理水平存在明显的差异,进而决定地区所能容纳的人口和产业规模。

　　水资源、水环境、水效率是水资源—社会经济系统的三个重要层面,三者相互作用、互为反馈: 水资源与地区资源—环境—经济社会等各方面要素相互作用形成了一个相互作用、互为反馈的系统,**水资源**是最基础的层面,是所有生产活动的基础;社会经济生产活动发展会改善资源开发和利用方式,提高**水资源利用效率**,同时社会经济生产活动也向区域生态系统(含水生态系统)排放各种废弃物,给地区**水环境**保护目标带来一定压力,虽然生态系统具有一定的自净能力,但其自净能力存在一定的阈值,一旦超过其阈值会对生态系统造成毁灭性打击;随着可持续发展战略的贯彻落实,社会经济发展也会逐渐减少生产、生活活动的污染物排放量,提高水环境效率,降低对区域生态系统的压力;水资源利用效率和水环境排放效率的改善可在一定程度上提高可利用水资源总量、降低水环境保护的压力;水环境质量下降也会引发水质性缺水等问题。此外,水资源系统与区域其他资源、环境要素也存在密切联系,如湿地生态系统具有水质调节功能等,健康的自然生态系统对水的正常循环至关重要。基于此结合相关研究成果从水资源、水环境、水效率、生态四个维度选取代表性指标构建长江干流水资源承载力评价指标体系(表8-1)。

表 8-1　长江干流水资源承载力评价指标体系

维度	指标	性质	内涵
水资源	人均水资源量	＋	人均水资源量
	人均供水量	＋	区域系统供给的人均用水
	年降水总量(mm)	＋	区域水资源主要来源
	产水模数(水资源总量/国土面积)	＋	水资源生产能力
	供水模数(用水总量/国土面积)	＋	区域系统供水能力

（续表）

维度		指标	性质	内涵
水环境		水资源利用率	—	水资源自给自足能力
		农业用水比重	—	用水结构
	方案一	工业废水排放量/用水总量	—	单位用水量废水及主要污染物排放量
		工业COD排放总量/用水总量	—	
		工业氨氮排放总量/用水总量	—	
		评价河长优于Ⅲ类水比例	+	水环境现状
	方案二	工业废水排放量/水资源总量	—	废水及主要污染物排放对区域水环境的压力
		工业废水中COD排放总量/水资源总量	—	
		工业废水中氨氮排放总量/水资源总量	—	
		评价河长优于Ⅲ类水比例	+	水环境现状
	方案三	工业废水排放量/国土面积	—	废水及主要污染物排放对生态环境的压力
		工业废水中COD排放总量/国土面积	—	
		工业废水中氨氮排放总量/国土面积	—	
		评价河长优于Ⅲ类水比例	+	水环境现状
水效率	资源	万元GDP用水量	—	水资源利用综合效益
		单位农业产值用水量	—	农业水资源利用效益
		单位工业产值用水量	—	工业水资源利用效益
	环境	单位工业产值废水排放量	—	工业废水排放效率
		单位工业产值COD排放量	—	主要污染物排放效率
		单位工业产值氨氮排放量	—	主要污染物排放效率
生态		生态环境状况指数①	+	区域生态环境质量

① 生态环境指数（Ecological Environment Index，EI）是指反映被评价区域生态环境质量状况的一系列指数的综合，其计算公式为：$EI=0.25\times$生物丰度指数$+0.2\times$植被覆盖指数$+0.2\times$水网密度指数$+0.2\times$土地退化指数$+0.15\times$环境质量指数。

二、水资源和水环境承载能力评价方法

（1）相关社会经济数据和空间数据收集

确定指标体系，结合长江经济带水资源承载力的影响因素，并综合前人相关研究成果①②③④，基于承载体（水资源、水环境条件）、承载对象（经济发展、人口增长）分析水资源承载力影响因子，从水资源—水环境—水效率—生态 4 个维度构建水资源承载力评价指标体系（表 8 - 1），分别测算各地级市水资源支撑指数、水环境压力指数、水效率指数。

收集长江经济带 110 个地级市的相关社会经济数据和空间数据。⑤ 经济社会统计数据，主要来源于《中国工业统计年鉴》《中国化学工业年鉴》、长江经济带各省统计年鉴、部分地级市统计年鉴、长江经济带各省（市）水资源公报等；水环境和废水排放数据主要来源于《长江流域及西南诸河水资源公报》《中国环境统计年鉴》以及相关省市统计年鉴；生态环境状况指数来源于各省市环境公报。

（2）基于层次分析法确定各级指标权重

层次分析法（Analytic Hierarchy Process）由美国运筹学家 Saaty 教授 20 世纪 70 年代提出，是一种层次权重决策分析方法，简称 AHP⑥。主要通过分层比较多种关联因素之间的相对重要性将定性、半定量问题转化为定量计算，从而使人们的思维过程层次化，为分析、决策、预测或控制事物的发展提供定量的依据⑦。

根据上述构建的包含了目标层、准则层和方案层的指标体系，生成指标间

---

① Wang T，Xu S. Dynamic successive assessment method of water environment carrying capacity and its application[J]. Ecological Indicators，2015，52：134 - 146.

② 李燕，张兴奇. 基于主成分分析的长江经济带水资源承载力评价[J]. 水土保持通报，2017，37（04）：172 - 178.

③ 惠泱河. 水资源承载力评价指标体系研究[J]. 水土保持通报，2001.

④ 刘佳骏，董锁成，李泽红. 中国水资源承载力综合评价研究[J]. 自然资源学报，2011（02）：258 - 269.

⑤ 长江经济带共 127 个地级市。但仅收集到 110 个地级市相关数据，仅对数据完整的地级市开展研究。

⑥ Saaty T L. What is the Analytic Hierarchy Process? [M]. Springer，1988：109 - 121.

⑦ 刘勇，韩泰凡，曲新谱，等. 基于层次分析法的绵山旅游资源评价与可持续发展对策[J]. 经济地理，2006（02）：346 - 348.

两两比较的"判断矩阵",利用 MATLAB 软件在满足一致性(通过检验)原则前提下,确定目标层下各因素的权重(表8-2)。

表 8-2 各评价指标权重

维度		指标	权重
水资源(0.2)		人均水资源量	0.03
		人均供水量	0.03
		年降水总量(mm)	0.03
		产水模数(水资源总量/国土面积)	0.03
		供水模数(用水总量/国土面积)	0.03
		水资源利用率	0.03
		农业用水比重	0.03
水效率	资源效率(0.1)	万元 GDP 用水量	0.03
		单位农业产值用水量	0.03
		单位工业产值用水量	0.03
	环境效率(0.1)	单位工业产值废水排放量	0.03
		单位工业产值 COD 排放量	0.03
		单位工业产值氨氮排放量	0.03
水环境一(0.5)		工业废水排放量/用水总量	0.08
		工业 COD 排放总量/用水总量	0.08
		工业氨氮排放总量/用水总量	0.08
		评价河长优于Ⅲ类水比例	0.25
水环境二(0.5)		工业废水排放量/水资源总量	0.08
		工业废水中 COD 排放总量/水资源总量	0.08
		工业废水中氨氮排放总量/水资源总量	0.08
		评价河长优于Ⅲ类水比例	0.25
水环境三(0.5)		工业废水排放量/国土面积	0.08
		工业废水中 COD 排放总量/国土面积	0.08
		工业废水中氨氮排放总量/国土面积	0.08
		评价河长优于Ⅲ类水比例	0.25
生态(0.1)		生态环境状况指数	0.10

（3）模糊评价法对评判指标分级和评分

借鉴水资源评价标准，参考相关研究成果将评价指标分为四个等级，各评价指标及其分级值标准见表 8-3。其中 V1 到 V4 表示评价指标状况较好，有助于促进水资源高效合理开放利用和水环境有效保护。其中生态环境状况指数参照《生态环境状况评价技术规范》（HJ 192—2015）分等定级。

表 8-3　各评价指标分级标准

评价指标	单位	V1	V2	V3	V4
人均水资源量	m³/人	<1 000	1 000～2 000	2 000～3 000	>3 000
人均供水量	m³/人	<200	200～500	500～800	>800
年降水总量	mm	<200	200～600	600～800	>800
产水模数（水资源总量/国土面积）	万 m³/km²	<20	20～60	60～90	>90
供水模数（用水总量/国土面积）	万 m³/km²	<5	5～15	15～30	>30
水资源利用率	%	>75%	75%～50%	50%～25%	<25%
农业用水比例	%	>70%	70%～60%	60%～40%	<40%
万元 GDP 用水量	m³	>130	130～90	90～60	<60
单位农业产值用水量	m³/万元	>2 000	2 000～1 000	1 000～700	<700
单位工业产值用水量	m³/万元	>70	70～30	30～15	<15
单位工业产值废水排放量	吨/万元	>8	8～5	5～2.5	<2.5
单位工业产值 COD 排放量	kg/万元	>12	12～8	8～4	<4
单位工业产值氨氮排放量	kg/万元	>1.2	1.2～0.8	0.8～0.4	<0.4
工业废水排放量/用水总量	万吨/亿 m³	>1 000	1 000～600	600～300	<300
工业 COD 排放总量/用水总量	吨/亿 m³	>2 000	2 000～1 000	1 000～480	<480

(续表)

评价指标	单位	V1	V2	V3	V4
工业氨氮排放总量/用水总量	吨/亿 m³	>120	120~80	80~30	<30
评价河长优于Ⅲ类水比例		<40%	40%~60%	60%~80%	>80%
工业废水排放量/水资源总量	万吨/亿 m³	>400	400~200	200~70	<70
工业 COD 排放总量/水资源总量	吨/亿 m³	>600	600~400	400~100	<100
工业氨氮排放总量/水资源总量	吨/亿 m³	>25	25~15	15~7	<7
评价河长优于Ⅲ类水比例		<40%	40%~60%	60%~80%	>80%
工业废水排放量/国土面积	万吨/km²	>1.8	1.8~0.9	0.9~0.5	<0.5
工业 COD 排放总量/国土面积	吨/km²	>2.4	2.4~1.2	1.2~0.6	<0.6
工业氨氮排放总量/国土面积	吨/km²	>0.17	0.17~0.08	0.08~0.04	<0.04
评价河长优于Ⅲ类水比例		<40%	40%~60%	60%~80%	>80%
生态环境状况指数		<35	35~55	55~75	>75

为更好地反映各等级水资源承载能力状况,对评判等级进行数量化,V1=1,V2=3,V3=5,V4=7,数量化后可定量反映各等级因素对承载能力的影响程度,数值越高对人口和社会经济的支撑能力越高。综合评定时,根据对应指标评判等级数量化结果及权重,按照下式计算水资源承载力的综合评分值。

$$W_i = \sum_{j=1}^{22} \omega_j \times x'_{ij}$$

式中,W_i 为地级市 i 水资源承载力的综合评价结果,ω_j 为指标 j 的权重。

第二节　长江经济带水资源现状

长江水资源确实丰富,但年际和年内变差大。其年均径流总量 9 513 亿 m³,最大年径流总量 1.4 万亿 m³,最小年径流总量只有 0.7 万亿 m³, 相差约一倍①。2004—2017 年,长江经济带水资源总量总体上变化并不明显, 但是不同年份之间波动较为明显。在这十多年间,水资源总量最大值为 2016 年的 15 387.7 亿 m³,最小值为 2011 年的 9 643 亿 m³。长江经济带的水资源 总量基本表现出有规律的高—低变化,变化周期在 1~2 年。主要情况如下:

(1) 长江经济带水资源总量占全国水资源总量情况。2004 年到 2017 年, 该比重总体上呈下降趋势。其中比重最高点为 2007 年的 46.37%,最低点为 2013 年的 39%。在这期间,长江经济带水资源所占全国比重经历了几次明显 的下降。一次是 2004 年到 2006 年,这个阶段下降的速度较快。另外一次是 2007 年到 2011 年,这个阶段下降得较为平缓,中间 2010 年有过小幅的上升。 值得注意的是,2012 年到 2015 年,水资源总量比重下降速度较快,是否与南 水北调工程的开建和通水有关,有待进一步的研究。

(2) 长江经济带各省市的水资源分布。2017 年四川和云南水资源总量 相比其他地区较丰富,上海、江苏和重庆的水资源量相对较少。总体上来看, 显示出东边少西边多的空间分布特征。

(3) 人均水资源占有量。2017 年四川、云南和江西人均水资源量较高, 上海、江苏人均水资源量明显小于其他地区。最高的是云南省,其人均水资源 量为 3 652.24 m³。上海市人均水资源量最少,只有 116.90 m³。另外,江苏省 的人均水资源量也远远小于其他省份,只有 357.56 m³。从空间分布上来看, 2017 年长江经济带不同省市人均水资源量显示东部低、西部高。另外,在长 江经济带的范围内,南部省市人均水资源量高于北部省市。

---

①　陈国阶.长江水资源开发急需全局统筹[J].决策咨询,2015(2):29-31,81.

第三节 长江经济带水资源利用与
水环境时空演变特征分析

长江干流水资源丰富,水环境变化多样。但由于沿岸的经济发展需求,近年来长江经济带的水环境的时空演变特征显得尤为复杂。本节将从时空演变格局、演变规律及主要存在的问题这三方面开展研究。

一、长江经济带水资源及利用时空演变格局

(一) 水资源概况

2002 年以来长江经济带水资源总量年际波动较大。据《长江流域及西南诸河水资源公报》,2017 年长江流域水资源总量为 10 616.0 亿 m^3,较常年值偏多 6.6%。2002 年到 2017 年,长江经济带水资源总量总体上变化并不明显,但是不同年份之间波动较为明显,其中 2016 年水资源总量最多,达到了 15 387.7 亿 m^3,最小值为 2011 年的 9 642.98 亿 m^3。长江经济带的水资源总量基本表现出有规律的高—低变化,波动变化周期在 1～2 年不等(见图 8－2)。从长江经济带水资源总量占全国水资源总量比重来看,2002 年为近 15 年来的最高值,达到 50%,最低点为 2013 年的 39%。2002 年以来,长江经济带水资源所占全国比重经历了两次明显的下降:分别是 2011 年和 2013 年。其中,2012 年到 2013 年长江经济带水资源比例急剧下降,这是否与南水北调工程的开建和通水有关,有待进一步的研究。

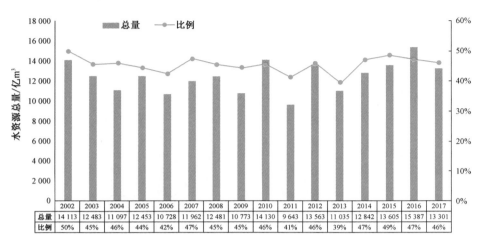

图 8-2 2002—2017 年长江经济带水资源总量及在全国水资源总量的比重变化

水资源量空间梯度分布特征明显。2017 年长江上游四川省和云南省水资源总量相比长江经济带其他省份丰富,下游上海市、江苏省和重庆市的水资源量相对较少,空间上整体呈现上—中—下游水资源总量逐渐减少的趋势。从人均水资源拥有量视角分析,2002 年以来长江经济带人均水资源呈现波动变化的趋势,在 2 000 m³ 上下浮动,除 2006、2011、2013 年外,人均水资源拥有量均高于全国平均水平,水资源相对富裕(见图 8-3)。但少水年份(2011,2013 年)却低于全国水平,说明少水年份长江干流水资源问题尤其是下游水资源问题更为突出。江西、云南、湖南和贵州人均水资源丰富,分别为 4 850.6、4 391.7、3 229.1 和 3 009.5 m³,上海市和江苏省人均水资源量明显小于其他地区,均低于 1 000 m³,分别为 252.3 m³ 和 928.6 m³。从空间分布上来看,2017 年长江经济带不同省市人均水资源量呈东部低、西部高,南部高于北部省市的特征(见图 8-4)。总的来说,长江经济带上游地区水资源总量大、人均水资源丰富,中游地区次之,下游地区水资源相对较少,同时由于人口数量明显高于上中游地区,所以人均水资源匮乏。

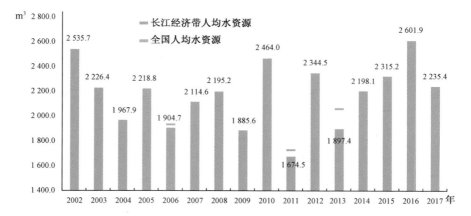

图 8-3 2002—2017 年长江经济带人均水资源柱状图

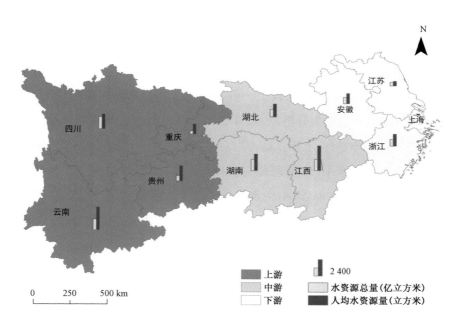

图 8-4 2017 年长江经济带各省水资源总量和人均水资源空间分布

（二）水资源利用现状

2017 年长江流域供（用）水总量为 2 059.7 亿 m³[①]，其中地表水源、地下水源供水量与其他水源供水量分别占供水总量的 96.0％、3.3％、0.7％；生活用水、工业用水、农业用水及人工生态环境补水分别占用水总量的 15.5％、35.1％、48.2％、1.2％；万元国内生产总值（当年价）用水量 70 m³，万元工业增加值（当年价）用水量 69.4 m³[②]。

长江经济带用水总量总体呈明显上升趋势。长江经济带人口和生产总值均超过全国的 40％，是我国一条黄金般的经济带，其发展离不开该地区丰富水资源的支撑。随着经济发展和城市规模的不断扩大，长江经济带用水总量总体呈明显上升趋势，从 2002 年的 2 248.0 亿 m³ 迅速增加到 2017 年的 2 346.7 亿 m³，用水总量净增加 98.7 亿 m³，年均增长量为 6.6 亿 m³（见图 8-5）。从长江经济带用水总量占全国用水总量比重来看，自 2002 年到 2017 年处于稳步提升状态，从 40.9％增长为 43.6％，提升了 3.1％。其中 2002 年所占比重最低，为 40.9％；最高 2017 年，为 43.6％。

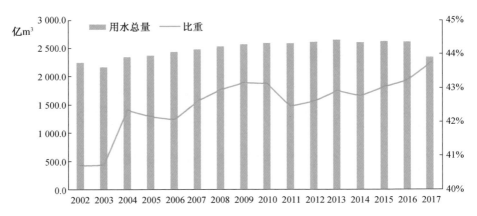

图 8-5 长江经济带用水总量变化图

---

① 长江流域面积约 180 万 km²，涉及青海、西藏、云南、四川、重庆、贵州、甘肃、湖北、湖南、江西、陕西、河南、广西、广东、安徽、江苏、上海、浙江、福建 19 省（自治区、直辖市）。
② 水利部长江水利委员会.2017 年度长江流域及西南诸河水资源公报［Z］.2018.

用水总量和人均用水量呈现从上游至下游逐步增加的趋势。从 2017 年各省市用水总量空间分布情况来看,总体上东部地区要大于西部地区。其中江苏省用水总量最多,为 591.3 亿 m³;最少的为重庆市,77.4 亿 m³。四川、重庆、云南和贵州这四个西部省市总体用水量都较少。江苏省水资源少,而用水总量巨大,这是其出现水资源缺口的重要原因。从 2017 年长江经济带各省市人均用水量的空间分布来看,总体上也是东部地区大于西部地区。其中江苏省人均用水量最多,为 737.84 m³;重庆市人均用水量最少,为 252.8 m³。

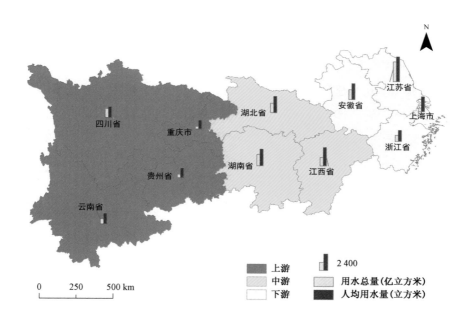

图 8 - 6　2017 年长江经济带各省份用水总量

在对长江经济带水资源总量和水资源利用分析的基础上,本研究提出了水资源盈余的概念。所谓水资源盈余就是长江经济带当年的水资源总量减去当年所消耗的水资源总量。长江经济带水资源盈余量总体上围绕 9 000 亿 m³ 上下波动(图 8 - 7),年际波动较大。水资源盈余量最小为 2011 年的 7 050 亿 m³,2016 年盈余量最大,为 12 781 亿 m³。

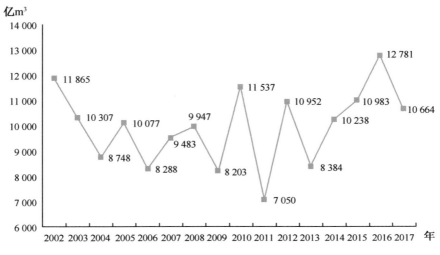

图 8‑7　长江经济带水资源盈余总量变化图

上海市和江苏省水资源欠缺,其他省市水资源有盈余。从长江经济带各省市水资源盈余情况来看,上海和江苏水资源盈余情况自 2002 年以来绝大多数年份为负值,其他地区水资源盈余情况都为正值,时间序列上均呈现波动变化的趋势。2016 年仅上海市处于水资源亏损的状态,其他城市水资源均呈现丰盈的状态,其中四川省水资源盈余量最大,为 2 073.6 亿 m³,其次是江西省和云南省,分别为 1 975.7 亿 m³ 和 1 938.7 亿 m³。江苏省和重庆市虽然水资源盈余量为正,但是数量较小,分别为 164.3 亿 m³ 和 527.4 亿 m³。

分析长江经济带水资源利用结构发现,水资源主要用于农业生产和工业生产活动,分别在 53％和 33％左右波动,比重呈现不断下降的趋势,生活用水占比呈现不断增加的趋势。2017 年工业生产和农业生产用水比重分别为 30.9％和 52.6％,占用水总量的 83.5％,16.5％的水资源用于生活和生态领域,分别为 15.3％和 1.2％(图 8‑8)。

不同省份水资源利用结构空间差异明显。2017 年长江经济带各省用水结构情况见图 8‑9,分析发现云南省农业用水比例在 11 省市中最高,上海市工业用水最高,重庆市生活用水最高,而浙江省生态用水比例最高;上海市和重庆市工业用水在本地区水资源利用结构中比例最大,前者甚至超过用水总

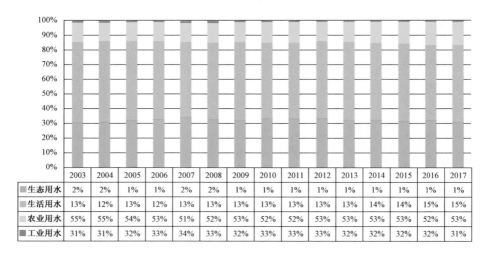

	2003	2004	2005	2006	2007	2008	2009	2010	2011	2012	2013	2014	2015	2016	2017
■生态用水	2%	2%	1%	1%	2%	2%	1%	1%	1%	1%	1%	1%	1%	1%	1%
■生活用水	13%	12%	13%	12%	13%	13%	13%	13%	13%	13%	13%	14%	14%	15%	15%
■农业用水	55%	55%	54%	53%	51%	52%	53%	52%	52%	53%	53%	53%	53%	52%	53%
■工业用水	31%	31%	32%	33%	34%	33%	32%	33%	33%	33%	32%	32%	32%	32%	31%

图 8-8   2002—2017 年长江经济带用水结构分析

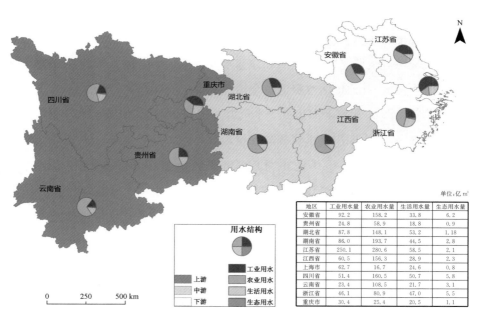

单位:亿 m³

地区	工业用水量	农业用水量	生活用水量	生态用水量
安徽省	92.2	158.2	33.8	6.2
贵州省	24.8	58.9	18.8	0.9
湖北省	87.8	148.1	53.2	1.18
湖南省	86.0	193.7	44.5	2.8
江苏省	250.1	280.6	58.5	2.1
江西省	60.5	156.3	28.9	2.3
上海市	62.7	16.7	24.6	0.8
四川省	51.4	160.5	50.7	5.8
云南省	23.4	108.5	21.7	3.1
浙江省	46.1	80.9	47.0	5.5
重庆市	30.4	25.4	20.5	1.1

图 8-9   2017 年长江经济带各省用水结构

量的 50％，农业用水比例最低，仅为 15.94％，其余省份仍保持农业用水比例最高的状态；除重庆市以外，上游地区农业用水比例仍占水资源总量的一半以上，云南省甚至达到了 69.24％，在长江经济带所有省市中农业生产耗水相对较大，云南工业用水仅为用水总量的 14.93％；除安徽省以外，下游地区省市水资源利用结构中农业生产耗水比例均低于 50％，浙江省工业用水比例在下游省份中最低，仅为 25.68％，江苏省生活用水比例仅为 9.89％，其比例远低于长江经济带其余省份。

二、长江经济带水环境现状及时空演变规律

（一）长江流域水环境现状

2017 年《长江流域及西南诸河水资源公报》数据显示，长江流域河流水质状况较好，共评价河长 70 908.7 km，Ⅰ～Ⅲ类水质河长占 83.9％；评价湖泊 61 个，Ⅰ～Ⅲ类水质个数占 14.8％；评价水库 362 座，Ⅰ～Ⅲ类水质座数占 81.8％；评价全国重要江河湖泊水功能区 1 261 个，达标率 78.0％；评价省界断面 164 个，Ⅰ～Ⅲ类水质断面占 89.6％。

2017 年长江流域 70 908.7 km 河长中，依据《地表水环境质量标准》（GB 3838—2002），Ⅰ、Ⅱ类水河长为 44 598.0 km，占 62.9％；Ⅲ类水河长为 14 895.6 km，占 21.0％；Ⅳ类水河长为 6 226.3 km，占 8.8％；Ⅴ类为 2 192.0 km，占 3.1％；劣于Ⅴ类水的河长 2 996.9 km，占 4.2％（图 8-10）。总体来看，全年期水质劣于Ⅲ类水的河长占总评价河长的 16.1％，主要超标项目为氨氮、总磷、化学需氧量、五日生化需氧量和高锰酸盐指数

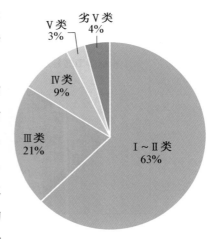

图 8-10　2017 年长江流域河流水质结构

等。各水资源二级区符合或优于Ⅲ类水河长比例由高至低依次为金沙江石鼓以

上 100％、宜宾至宜昌 100％、嘉陵江 99.1％、洞庭湖水系 97.9％、鄱阳湖水系 97.6％、宜昌至湖口 92.6％、汉江 86.9％、金沙江石鼓以下 83.6％、岷沱江 80.6％、乌江 78.5％、湖口以下干流 55.1％、太湖水系 33.1％。较 2016 年 66 531 km 河长中，全年期水质劣于Ⅲ类水的河长比例下降了 1.4％，水质有所好转。

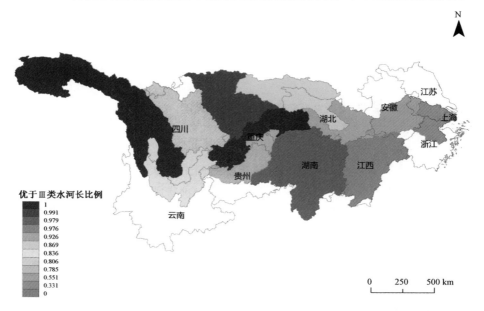

图 8-11 2017 年长江流域水资源二级区Ⅰ～Ⅲ类水河长占评价河长比例

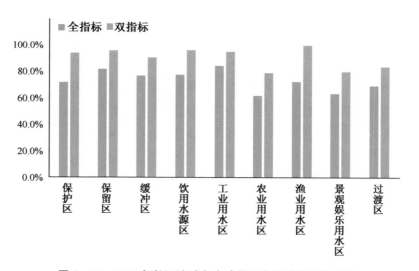

图 8-12 2017 年长江流域各水功能区个数达标率统计图

2017 年评价的 1 261 个水功能区中:全指标评价,达标的水功能区 983
个,占 78%;其中保护区 162 个,达标率 72.2%;保留区 397 个,达标率为
81.9%;缓冲区 95 个,达标率为 76.8%(省界 92 个,达标率 84.8%);饮用水
源区 214 个,达标率为 78%;工业用水区 211 个,达标率为 84.8%;农业用水
区 24 个,达标率为 62.5%;渔业用水区 11 个,达标率为 72.7%;景观娱乐用
水区 55 个,达标率 63.6%;过渡区 92 个,达标率 69.6%。

长江流域 I～Ⅲ类水和劣Ⅴ类水河长占评价河长比例的时间变化情况见
图 8-13、图 8-14,可以看出:优于Ⅲ类水河长占评价河长比例从 2006—2017
年波动上升,且波动较大,分别在 2009 年、2012 年和 2016 年达到顶峰,河流
状况改善。而劣Ⅴ类水河长占评价河长比例整体上为较为明显的下降趋势,
2009 年略有上升。其中从 2009—2017 年下降显著,降幅达 71.8%,也说明近
几年注重对水污染的整治,水质状况改善明显。

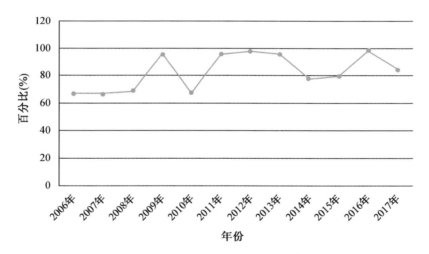

图 8-13 2006—2017 年长江流域 I～Ⅲ类水河长占评价河长比例时间变化图

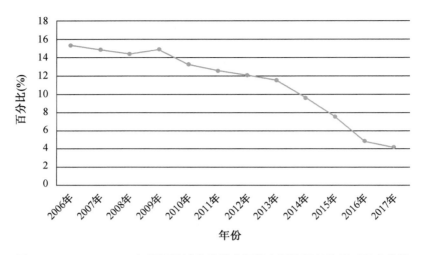

图 8 - 14   2006—2017 年长江流域劣 V 类水河长占评价河长比例时间变化图

（二）长江干流沿线地级市水环境时空演变规律

分析 2015 年和 2017 年长江干流沿线评价单元内 I ～ III 类水河长占评价河长比例的空间分布格局（图 8 - 15、图 8 - 16），发现：I ～ III 类水河长占比的空间规律为普遍较高，但中游和下游的个别地市的占比则较低。如 2015 年荆州市、武汉市和苏州市均为 50% 左右，而无锡市则仅有 15%。对比图可以看出，2015 年和 2017 年均有 12 个地市的 I ～ III 类水河长占比达到 100%，即河流水质均达到 I ～ III 类水标准且保持较好；荆州市、武汉市和南京市等该比值也有较大提升，整体水质有所改善；而岳阳市等个别地市从 2015—2017 年水质却略有下降，I ～ III 类水河长占比下降了约 10 个百分比。

图 8 - 17、图 8 - 18 分别展示了 2015 年和 2017 年长江干流沿线评价单元内劣 V 类水河长占评价河长比例的空间分布图，可以看出劣 V 类水河长占比的空间规律为大部分地市没有劣 V 类水，上中下游均有个别地市存在劣 V 类水，且从 2015—2017 年下游地区存在劣 V 类水的地级市个数减少。2015 年泸州市、荆州市、南京市、苏州市和台州市劣 V 类水占比较高，与周围地市相比较为突出，其中台州市较为严重，劣 V 类水占比达到 30%。对比图 8 - 17、图 8 - 18 可以看出，从 2015—2017 年长江下游大部分地市水质明显改善，如

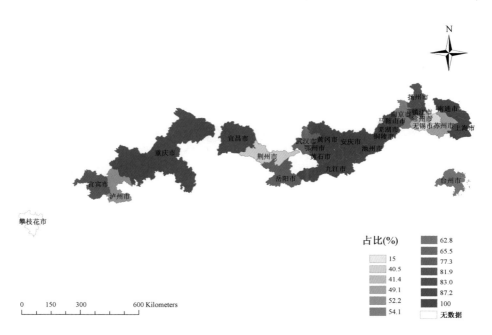

图 8 - 15　2015 年长江干流Ⅰ～Ⅲ类水河长占评价河长比例

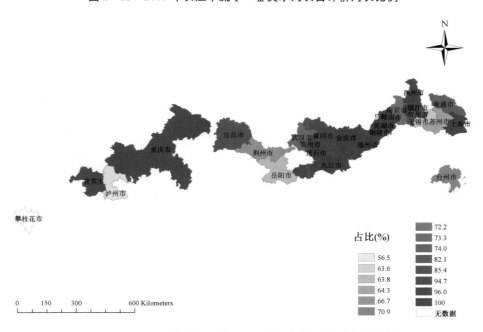

图 8 - 16　2017 年长江干流Ⅰ～Ⅲ类水河长占评价河长比例

南京市和台州市,比值下降非常明显;也有个别地市如宜昌市,劣Ⅴ类水占比上升了2.1个百分比。

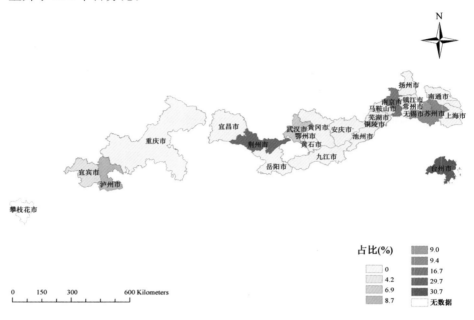

图 8‑17　2015 年长江干流劣Ⅴ类水河长占评价河长比例

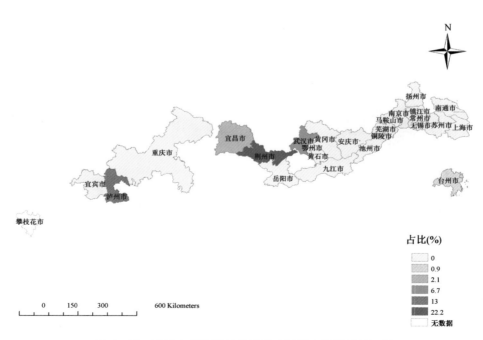

图 8‑18　2017 年长江干流劣Ⅴ类水河长占评价河长比例

三、长江干流水资源利用与水环境主要存在问题

（1）**水资源时空分布不均，生态用水不足**。2002 年以来长江经济带水资源总量年际波动变化，水资源总量占全国水资源总量的 39％～50％，绝大多数年份人均水资源拥有量均高于全国平均水平。用水总量和人均用水量在 2002—2017 年均呈现从上游至下游逐步增加的趋势，除 2002 年以外江苏省用水总量、人均用水量均最高，2017 年重庆市用水总量最少（77.44 亿 m³），重庆市人均用水量最少（252.8 m³）。水资源主要用于农业和工业生产，分别为 53％、33％，呈现不断下降的趋势，生活用水比重不断增加；不同省份水资源利用结构空间差异明显，11 省市横向比较，云南省农业用水比例最高，上海市为工业用水，重庆市为生活用水，而浙江省为生态用水；上海和重庆两个直辖市工业用水在本地区水资源利用结构中比例最大，前者甚至超过用水总量的 50％，农业用水比例最低，为 15.94％，其余省份仍保持农业用水比例最高的状态；除重庆市以外，上游地区农业用水比例仍占水资源总量的一半以上，云南省农业生产耗水比重最高，工业用水比重仅为 14.93％；除安徽省以外，下游地区省市水资源利用结构中农业生产耗水比例均低于 50％，浙江省工业用水比例在下游省份中最低，仅为 25.68％，江苏省生活用水比例仅为 9.89％，其比例远低于长江经济带其余省份。由于长江经济带人口增长迅速，城市化进程加快，以及在经济建设中不够重视生态环境保护，对水资源等自然资源过度开发利用和消耗，造成了一系列生态环境问题。长江经济带部分地区水生态环境逐步恶化，湖泊萎缩、河口淤积、海水入侵问题突出。

（2）**水质性缺水严重，中上游地区环境治理投入较低**。按原环保部统计，2017 年长江全流域废水排放量达到 217 亿 m³，比 2004 年增加了 32％。长江干流中游及以下已形成连绵一体的近岸水体污染带，并正在加快恶化。中下游地区总磷的排放量较高、上游排放少，湖南省、江苏省、湖北省、四川省、浙江省和安徽省主要污染物排放量相对较高，中下游城市工业氨氮排放量相对较高。同时，中上游地区环境治理投入偏少，单位产品排放量明显高于长三角地区，污染治理率、达标率较低。农业方面，四川、湖北等省农业化学需氧量排放

占到全省总量的40%以上,随着种植业、养殖业发展,化肥、农药施用强度加大,农业排放水质趋于恶化。

第四节　长江经济带城市水资源承载力空间分异

基于以上评价方法对研究区各评价单元承载力进行评价,得到各地级市水资源支撑能力指数、水环境压力指数、水资源利用效率指数,从单维度解析和综合结果两个视角分析水资源承载力的空间差异并甄别超载成因。

（1）综合评价结果

集水资源—水环境—水效率—生态4个维度为一体的长江经济带地级市承载力评价结果如图8-19,利用ArcGIS自然断点法并基于不同维度的特征将各地级市承载力结果划分为可承载区、基本承载区、临界承载区、超载区四个等级。其中可承载区是指水资源丰富、经济比较发达、水资源利用效率和效

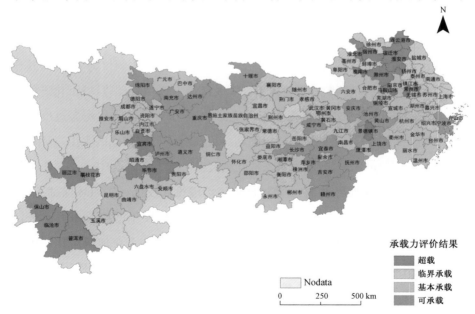

图8-19　长江经济带各地级市水资源承载力综合评价结果

益较高形成了相对稳定的资源—环境—社会经济系统,虽然发展对水环境压力较高但其应对能力相对较高的地区;基本承载区是指水资源相对丰富、有一定经济基础、发展潜力较大,经济社会发展对水环境压力较高的地区;临界承载区是指有一定的水资源和发展基础,但由于系统稳定性相对较差,对外来干扰抵抗力弱的地区;超载区是指水资源利用效率较低、水环境压力较高且应对能力较弱、地区经济发展强度较弱或生态脆弱的地区,各地级市评价结果如表8-4所示。

表 8-4 2015 年长江经济带各地级市水资源承载力状态

综合承载力状态	地级市名单
超载 (共 15 个)	保山市、临沧市、普洱市、丽江市、宜宾市、毕节市、景德镇市、常州市、马鞍山市、滁州市、淮安市、宿迁市、淮南市、淮北市、连云港市
临界承载 (共 40 个)	玉溪市、昭通市、内江市、眉山市、成都市、德阳市、襄阳市、宜昌市、荆州市、张家界市、常德市、岳阳市、湘潭市、衡阳市、新余市、九江市、黄石市、鄂州市、武汉市、孝感市、阜阳市、亳州市、蚌埠市、徐州市、芜湖市、铜陵市、杭州市、绍兴市、台州市、舟山市、湖州市、嘉兴市、上海市、苏州市、无锡市、南通市、泰州市、扬州市、盐城市、镇江市
基本承载 (共 34 个)	昆明市、曲靖市、六盘水市、安顺市、贵阳市、乐山市、雅安市、自贡市、资阳市、遂宁市、广元市、巴中市、铜仁市、恩施土家族苗族自治州、怀化市、邵阳市、娄底市、益阳市、永州市、郴州市、荆门市、随州市、株洲市、黄冈市、六安市、南昌市、鹰潭市、合肥市、南京市、宣城市、衢州市、金华市、丽水市、温州市
可承载 (共 21 个)	宁波市、上饶市、黄山市、池州市、安庆市、抚州市、宜春市、吉安市、赣州市、萍乡市、长沙市、咸宁市、十堰市、重庆市、遵义市、泸州市、广安市、达州市、南充市、绵阳市、攀枝花市

从空间上看,长江经济带地级市承载力空间分异特征明显,基本形成了以省会城市为中心向周围承载力逐渐降低的"中心—外围"结构,长江干流沿线城市承载力状态相对较好,可承载区和超载区零星分布于上游和下游,分别具有不同的资源禀赋或经济优势/劣势。上游云南省、中游湖北省和下游长三角地区部分地级市承载能力较低。

(2)单维度空间格局及超载原因甄别

水资源禀赋是区域发展的基础支撑条件,2015 年长江经济带各地级市水资源状况相对较好,徐州、连云港、宿迁、襄阳、内江、丽江、舟山、普洱等地区处于水资源支撑能力较弱的状态,主要由于区域水资源总量较少、农业用水效率较低;2015年各地级市水资源状况相对较好,空间上总体呈现长江干流南部承载力较高、北部较低、上游较低、下游较高的空间特征,主要由区域的水资源自然特征所决定。

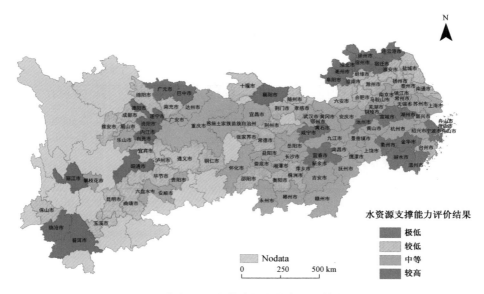

图 8‑20　2015 年长江经济带地级市水资源支撑能力评价结果

　　水环境压力指数主要表征地区废水排放对水生态系统的压力。为更深入分析水环境压力,项目采取单位用水量废水及主要污染物排放量、单位水资源废水及主要污染物排放量、单位国土面积废水及主要污染物排放量以及这三个维度的均值分别来测算长江干流沿线地级市水环境压力指数特征,结果见图 8‑21,发现:① 四种方案水环境压力空间上均呈现从上游至下游递增的趋势,但区域内部存在差异;② 下游长三角城市群地级市水环境压力指数较高,主要由区域经济发展规模大所决定的废水排放量及其污染物也相对较高;③ 单位用水量废水及主要污染物排放量主要表征地区废水排放对水生态系统的压力,空间上上游和中游绝大多数地区水环境压力较低,下游地区水环境压力较高;宜昌市、武汉市和九江市废水排放对水生态系统压力较高;④ 单位

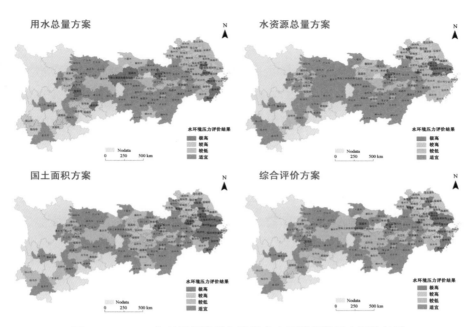

图 8‑21　2015 年长江经济带各地级市水环境保护压力评价结果

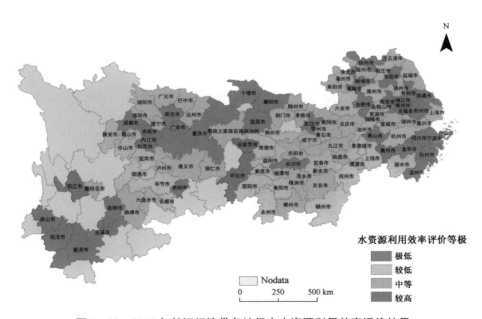

图 8‑22　2015 年长江经济带各地级市水资源利用效率评价结果

水资源废水及主要污染物排放主要表征地区废水排放对水资源生态系统的压力,下游上海、苏州、无锡、湖州、常州等地级市水环境压力指数明显高于上游地区,对区域水环境保护压力较大;⑤ 单位国土面积废水及主要污染物主要表征地区废水排放对区域生态系统的压力,下游地区国土空间较少,水环境压力更高。综合权衡,结合专家意见最终选择方案二作为水环境维度评价结果。

水效率维度表征由地区经济社会发展水平所决定的水资源利用效益、主要污染物排放效率,呈现明显的以省会城市为中心向外围逐渐衰减的格局,主要由省会城市创新能力较强、环境污染整治力度相对较高所决定。下游长三角地区城市具有明显优势,江西省、湖南省和云南省地级市处于相对劣势。

第九章 / 长江经济带碳峰值及其可持续承载

长江经济带作为具有全球影响力的内河经济带,拥有长三角城市群、长江中游城市群以及成渝城市群三大城市群,由经济发展以及城市建设等引致的碳排放问题也十分突出。作为全国生态文明建设的先行示范带,构建低碳导向的绿色发展格局,也需要按照碳峰值约束要求优化国土空间格局。为此,基于碳排放峰值的人口承载力研究对大力发展长江经济带,推进"两带一路"战略具有重要意义。

第一节　长江经济带碳排放量核算及承载力评价模型

随着中国经济飞速发展,能源消耗及由此带来的碳排放也显著增加。渠慎宁等人利用 STIRPAT 模型对未来中国碳排放峰值进行了相关预测[1];赵荣钦等人通过构建能源消费碳排放模型,对江苏省能源消费碳排放进行了核算[2];杜强等人基于改进的 IPAT 模型对中国未来碳排放进行了预测[3];柴麒

---

[1]　渠慎宁,郭朝先.基于 STIRPAT 模型的中国碳排放峰值预测研究[J].中国人口·资源与环境,2010,20(12):10-15.

[2]　赵荣钦,黄贤金.基于能源消费的江苏省土地利用碳排放与碳足迹[J].地理研究,2010,29(9):1639-1649.

[3]　杜强,陈乔,陆宁.基于改进 IPAT 模型的中国未来碳排放预测[J].环境科学学报,2012,32(9):2294-2302.

敏等基于 IAMC 模型对中国实现碳排放总量控制、峰值的路径和情景进行了深入分析[①]。基于上述成果的有关理论与方法，这里结合长江经济带开展实证研究。

一、长江经济带碳排放量预测模型构建

在化石能源、电能、生物质能、风能、水能、太阳能等目前主要的能源中，考虑到以化石能源为代表的传统能源是造成碳排放的主要原因，因此本章主要计算化石能源、电能和农村生物质能这三类传统高碳能源的碳排放。通过构建能源消费的碳排放模型来计算年度主要能源消费的碳排放量[②]。

$$Ct = Ch + Ce + Cb \qquad (9-1)$$

其中，Ct 为碳排放总量，Ch、Ce、Cb 分别为终端能源消费（电力除外，下同）、电力消费和农村生物质能消费带来的碳排放。

其余各项计算方法如下：

电力消费碳排放：

$$Ce = Qe \times De \times Ee \qquad (9-2)$$

其中，Ce 为电力消费碳排放量（10^4 t），Qe 为年度电力消费量（10^4 t），De 为碳排放系数（取不同学者的煤炭排碳系数的均值 0.717 235 tC/t），Ee 为供电标准煤耗[10^4 t/(kW·h)]。

生物质能碳排放：

$$Cb = Qb \times Db \times Eb \qquad (9-3)$$

其中，Cb 为农村生物质能源消费碳排放总量（10^4 t），Qb 为能源消费量（主要为薪柴、沼气和秸秆三种），Db 为碳排放系数（取三种化石燃料排碳系数的均值 0.564 867 tC/t），Eb 为折标准煤系数。

---

① 柴麒敏，徐华清. 基于 IAMC 模型的中国碳排放峰值目标实现路径研究[J]. 中国人口·资源与环境，2015，25(6)：37-46.

② 赵荣钦，黄贤金. 基于能源消费的江苏省土地利用碳排放与碳足迹[J]. 地理研究，2010，29(9)：1639-1649.

二、碳排放峰值预测模型构建

(一)碳峰值预测模型构建

根据 2014 年《中美气候变化联合声明》,中国承诺于 2030 年左右实现碳峰值。长江经济带注重提升经济发展水平,要求不断降低经济发展能耗,积极实施碳减排政策。根据 Kaya 恒等式,碳排放主要由人口、生活水平和碳排放强度所决定,从而对长江经济带 11 个主要省市的碳峰值年进行预测。具体公式如下:

$$Ct = P(G/P)(E/G)(C/E) = Pgec \tag{9-4}$$

其中,Ct 为碳排放,P 为人口,G 为国内生产总值,E 为能源消费量;$g = G/P$ 表示人均 GDP,$e = E/G$ 表示 GDP 能源强度,$c = C/E$ 表示能源碳排放强度。

Kaya 恒等式未考虑科技进步因素所产生的影响,而碳排放不仅与能源消费规模及经济产出有直接联系,而且与产业结构以及科学技术水平等有较为密切的关系[1]。产业技术进步与资本收益率、人均劳动者报酬等变动密切相关,与二者的可决系数分别高达 0.95 和 0.91[2]。因此,在 Kaya 恒等式中引入能够表征产业科学技术水平的变量——劳动者报酬率,借鉴杜强等人的研究对模型进行改进。改进后的模型为

$$Ct = P(G/P)(E/G)(C/E) \cdot (1 - 0.91f) = Pgec \cdot k \tag{9-5}$$

其中,f 表示劳动者报酬率,k 表示技术进步影响系数,$k = 1 - 0.91f$。

(二)关键因子设定

能源消费量与能源碳排放密切相关,根据长江经济带各省市历年能源消

---

[1]　高振宇,王益.我国生产用能源消费变动的分解分析[J].统计研究,2007,24(3):52-57.

[2]　吕炜.美国产业结构演变的动因与机制——基于面板数据的实证分析[J].经济学动态,2010(8):131-135.

费量和碳排放量,确定二者的可决系数。

在确定各种能源消费量折标煤系数的基础上,对长江经济带11个主要省市相应产业的能源消费量进行折算,得到各省市历年能源消费量。通过对历年能源碳排放量与能源消费量进行拟合,得出二者之间的可决系数,结果表明各省市的能源碳排放量与能源消费量间均具有较强的相关性,从而得出各省市的能源碳排放强度,如表9-1所示。

表9-1 能源碳排放强度

省(市)	上海	江苏	浙江	安徽	江西	湖北	湖南	重庆	贵州	四川	云南
能源碳排放强度	2.027	2.298	2.110	2.307	2.270	2.434	2.321	2.337	2.480	2.434	2.538

技术进步与碳排放密切相关,用劳动者报酬率来衡量。以不变价处理后的2000—2013年各省市城镇职工从业人员平均工资为基础,对平均工资取对数得到平均工资曲线,可决系数均在0.99以上。

以上海市为例,劳动者报酬率变动系数 f 为0.0561,则技术进步值为0.0511。现今社会科技从创新到推广一般在5年左右,因此设定技术创新推广周期为5年,则5年内技术修正系数为 $1-0.91f$,即0.9489,换算为每年技术进步修正系数为0.9896。按此方法计算得到长江经济带11个主要省市每年技术进步修正系数,如表9-2所示。

表9-2 劳动者报酬率变动系数及技术进步修正系数

修正系数	上海	江苏	浙江	安徽	江西	湖北
劳动者报酬率变动系数	0.0561	0.0553	0.044	0.0646	0.0643	0.0662
技术进步修正系数	0.9896	0.9897	0.9919	0.9880	0.9880	0.9877

表9-2 劳动者报酬率变动系数及技术进步修正系数(续表)

修正系数	湖南	重庆	贵州	四川	云南
劳动者报酬率变动系数	0.0571	0.0608	0.0665	0.0633	0.0524
技术进步修正系数	0.9894	0.9887	0.9876	0.9882	0.9903

三、碳排放预测情景构建

以 2017 年为基准年,根据长江经济带经济发展现状和能耗控制目标,构建基准情景、低碳情景及强化低碳情景三种模式,对长江经济带 11 个省市的碳峰值进行预测。

情景 1:基准情景。仍以经济增长作为社会发展的主要目标,经济发展、能源消耗等参照以往发展趋势的同时,结合新常态下的经济发展目标,对碳排放进行预测。以江苏为例,根据在江苏省第十二届人民代表大会第三次会议上省长政府工作报告内容,江苏 2017 年 GDP 增长目标降至 8％左右,并指出在新常态的经济背景下这一经济增速是可持续的。新常态背景下,江苏省经济发展速度将逐渐放缓,结合这一趋势对江苏省 GDP 增长率进行设定。能源强度方面,由于“十二五”已经实现了节能 16％的指标,所以为了完成 2020 年单位 GDP 能耗相比 2005 年下降 40％～45％的目标,“十三五”的单位 GDP 能耗需要下降 13％,故设定 2015—2020 年能耗下降率为 2.5％;2020—2050 年能耗下降率呈逐步提高趋势。

情景 2:低碳情景。主要考虑长江经济带能源供需矛盾、环境约束、政策导向及低碳发展要求等因素,采取政策促进所能实现的低碳排放情景。新常态背景下,长江经济带经济发展速度将逐渐放缓,结合这一趋势对长江经济带 GDP 增长率进行设定。能源强度方面,结合国家发改委要求的“十三五”期间能耗增速下降 13％,低碳情景在此基础上上浮 0.5 个百分点,故设定“十三五”期间年均能耗下降率为 3％;2020—2050 年能耗下降率呈逐步提高趋势。

情景 3:强化低碳情景。强化低碳情景下,产业结构得到很好的调整,能源结构得到进一步优化调整,能源消费在技术上实现较大提升;政策上,进一步加强碳排放约束,更好地促进低碳经济发展模式的转变。新常态背景下,长江经济带经济发展速度将逐渐放缓,结合这一趋势对长江经济带 GDP 增长率进行设定。能源强度方面,结合国家发改委要求的“十三五”期间能耗增速下降 13％,强化低碳情景在此基础上上浮 1 个百分点,故设定 2017—2020 年能耗下降率为 3.5％;2020—2050 年能耗下降率呈逐步提高趋势。

四、基于碳峰值的人口承载力测算

随着经济增长率和国民生产总值的不断提高,能源消费量急剧增长,人均碳排放量也就增大,与此同时,随着技术进步,节能水平的提高,能源勘探、开采技术进步以及新型洁净优质能源的开发,又将大大降低单位产值碳排放量。由于受到经济增长速度、技术进步、新能源应用等因素的制约,实际碳排放量必然走出一条"S"形增长轨迹,而无限接近 1。根据这一趋势,采取非线性 logistic 模型进行预测,基于碳排放峰值的人口承载力,根据现状、预测年以及碳峰值年份碳排放控制目标测算所能承载的最大人口规模。

本研究中各种终端能源消费数据来源于历年《中国能源统计年鉴》地区能源平衡表中的终端消费量,主要能源折标准煤系数取自《中国能源统计年鉴》,供电标准煤耗取自中经网产业数据库,人口统计数据、城镇职工从业人员平均工资数据来源于国家统计局网站,历年 GDP 值来源于中国经济社会发展统计数据库。

第二节　长江经济带碳排放量分析

长江经济带是我国重要的经济大通道,也是人类活动最为频繁的区域之一。该区域内的碳排放研究已成为学术圈的重点研究领域。本节将从长江经济带碳排放总量和碳峰值两方面开展论述。

一、长江经济带碳排放总量

长江经济带碳排放总量呈现逐渐增加的趋势,碳排放总量从 2000 年的99 909.40 万吨增加到 2017 年的 284 930.71 万吨,以年均 8.90% 的速度增长;其中,电力消费增长最快,由 2000 年的 13 920.01 万吨上升至 2017 年的49 207.11 万吨,年均增长速度高达 10.25%;其次为终端消费,其碳排量从2000 年的 81 038.68 万吨上升到 2017 年的 229 353.43 万吨,年均增长速度为

8.38％。从各项能源消费占碳排放总量的比重来看,2000—2017 年,终端能源消费占碳排放比重始终维持在 80％左右;电力消费碳排放占比呈增长趋势,其占碳排放总量的比重由 2000 年的 13.93％上升到 2017 年的 18.17％,年均增幅 1.72％;农村生物质能源消费碳排放则呈现出明显的下降趋势,其占碳排放总量的比重由 2000 年的 4.96％下降到 2017 年的 2.53％,年均下降幅度达 4.12％。

2000—2017 年,终端能源消费产生的碳排放对长江经济带碳排放总量影响最大,其变化趋势与碳排放总量基本一致,其次为电力,电力碳排放增加趋势较为明显,对碳排放具有一定影响,而农村生物质能消费产生的碳排放变化较小,且呈降低的趋势,其对整个经济带碳排放总量的影响较小。终端消费碳排放占比暂时维持稳定,但部分省市尤其是东南沿海的上海、江苏等地的终端消费碳排放量占比已呈现出了下降趋势。

二、长江经济带碳峰值分析

根据构建的三种情景对长江经济带 11 个省市碳排放量进行预测,结合测算出的能源消费碳排放量,得出各省市在不同情景下出现碳峰值的年份(表9-3)。

表 9-3　不同情景碳峰值出现年份

地区	基准情景	低碳情景	强化低碳情景
上海	2040 年	2025 年	2020 年
江苏	2040 年	2030 年	2025 年
浙江	2040 年	2030 年	2025 年
安徽	2050 年	2040 年	2035 年
江西	2050 年	2040 年	2040 年
湖北	2050 年以后	2040 年	2035 年
湖南	2050 年以后	2040 年	2035 年
重庆	2050 年以后	2050 年以后	2045 年
贵州	2040 年	2025 年	2025 年
四川	2040 年	2030 年	2025 年
云南	2050 年以后	2040 年	2035 年

从计算结果可知,不同情景下,长江经济带的 11 个主要省市碳峰值年出现时间存在差异。基准情景下,至 2045 年附近出现碳峰值;低碳情景下,碳峰值在 2035 年附近出现;强化低碳情景下,长江经济带碳排放总量在 2030 年左右达到峰值。

不同情景下,长江经济带 11 个主要省市的碳峰值年出现时间存在差异。经济发展首先考虑可持续发展,新常态下长江经济带经济增速放缓,经济发展能源利用效率提高,以及积极推进产业结构调整,施行节能减排,促进低碳发展模式,强化低碳情景更符合对长江经济带未来经济社会发展及碳排放趋势的预测。

基准情景下,长江经济带整体基于碳排放量的可承载人口峰值将在 2020 年前后出现,可承载人口数量约为 5.3 亿人。总的来说,坚持节能减排和改善能源消费结构对于长江经济带人口承载力的提高具有重要意义。

第三节　基于碳峰值的人口承载力

2000 年至 2017 年,长江经济带各省市人均碳排放量总体上均呈现出不断增长趋势。根据人均碳排放量发展趋势,对 2017—2030 年人均碳排放量变化趋势进行预测。未来时期内,人均碳排放量仍呈现不断增长的趋势,但其增长速度不断放缓。

根据不同情景预测的碳排放量,测算碳峰值年人口承载力,不同情景下碳排放量和承载人口详见表 9-4[①]。

---

① 徐晓晔,黄贤金.基于碳排放峰值的长江经济带人口承载力研究[J].现代城市研究,2016(5):33-38.

表9-4 碳峰值年不同情景下碳排放量及承载人口规模 （万吨、万人）

地区	年份	关键指标	基准情景	低碳情景	强化低碳情景
上海	2030	碳排放量	23 380.86	18 761.43	16 698.06
		承载人口	2 358.51	1 892.53	1 684.39
	2035	碳排放量	24 269.33	18 052.10	15 687.83
		承载人口	2 303.82	1 713.63	1 489.20
	2045	碳排放量	23 723.31	15 153.32	12 550.56
		承载人口	2 014.48	1 286.75	1 065.74
江苏	2030	碳排放量	69 246.90	56 912.15	51 410.22
		承载人口	6 449.55	5 300.71	4 788.27
	2035	碳排放量	73 634.97	56 105.06	50 202.57
		承载人口	6 025.18	4 590.80	4 107.83
	2045	碳排放量	75 565.11	49 453.90	44 251.15
		承载人口	4 974.60	3 255.65	2 913.14
浙江	2030	碳排放量	39 289.48	31 538.74	28 080.73
		承载人口	4 783.82	3 840.10	3 419.06
	2035	碳排放量	42 245.61	31 438.58	27 334.51
		承载人口	4 571.05	3 401.71	2 957.64
	2045	碳排放量	44 326.36	28 333.79	23 484.06
		承载人口	3 922.69	2 507.41	2 078.24
安徽	2030	碳排放量	34 851.01	27 996.51	24 945.47
		承载人口	6 093.90	4 895.35	4 361.86
	2035	碳排放量	38 508.40	28 684.92	24 964.48
		承载人口	6 005.21	4 473.28	3 893.10
	2045	碳排放量	42 696.77	27 330.62	22 684.84
		承载人口	5 474.30	3 504.15	2 908.50
江西	2030	碳排放量	24 401.82	19 609.61	17 478.99
		承载人口	4 313.87	3 466.68	3 090.02
	2035	碳排放量	27 598.53	20 567.88	17 908.78
		承载人口	4 288.42	3 195.95	2 782.77
	2045	碳排放量	32 071.19	20 543.35	17 063.26
		承载人口	4 012.11	2 569.97	2 134.61

（续表）

地区	年份	关键指标	基准情景	低碳情景	强化低碳情景
湖北	2030	碳排放量	69 000.72	55 449.84	49 425.11
		承载人口	5 913.98	4 752.55	4 236.17
	2035	碳排放量	77 921.58	58 071.27	50 563.58
		承载人口	5 851.77	4 361.05	3 797.23
	2045	碳排放量	90 275.10	57 826.13	48 030.25
		承载人口	5 434.04	3 480.80	2 891.14
湖南	2030	碳排放量	32 672.14	26 246.18	23 385.89
		承载人口	4 103.82	3 296.68	2 937.41
	2035	碳排放量	36 357.37	27 082.62	23 570.00
		承载人口	4 004.82	2 983.19	2 596.27
	2045	碳排放量	40 886.66	26 171.96	21 723.13
		承载人口	3 614.32	2 313.56	1 920.29
重庆	2030	碳排放量	21 224.75	17 068.73	15 225.20
		承载人口	2 268.33	1 824.17	1 627.15
	2035	碳排放量	25 231.93	18 821.73	16 403.82
		承载人口	2 375.22	1 771.79	1 544.18
	2045	碳排放量	32 415.27	20 792.22	17 293.87
		承载人口	2 464.10	1 580.56	1 314.62
贵州	2030	碳排放量	26 321.30	21 632.76	19 541.43
		承载人口	2 918.17	2 398.36	2 166.50
	2035	碳排放量	27 693.55	21 100.68	18 880.80
		承载人口	2 713.38	2 067.42	1 849.92
	2045	碳排放量	27 822.17	18 208.33	16 292.74
		承载人口	2 211.74	1 447.48	1 295.20

（续表）

地区	年份	关键指标	基准情景	低碳情景	强化低碳情景
四川	2030	碳排放量	53 479.10	42 929.13	38 222.25
		承载人口	6 434.81	5 165.40	4 599.05
	2035	碳排放量	56 438.34	42 000.60	36 517.74
		承载人口	5 917.27	4 403.55	3 828.70
	2045	碳排放量	57 045.87	36 464.21	30 222.85
		承载人口	4 757.03	3 040.74	2 520.27
云南	2030	碳排放量	36 670.55	29 458.19	26 247.86
		承载人口	4 496.25	3 611.93	3 218.31
	2035	碳排放量	40 992.73	30 535.49	26 575.04
		承载人口	4 400.11	3 277.64	2 852.53
	2045	碳排放量	46 520.53	29 778.25	24 716.41
		承载人口	3 997.54	2 558.86	2 123.90

经预测，基准情景下长江经济带人口承载力峰值预计将在2025年前后出现，人口数为53 355.93万人。而在低碳情景和强化低碳情景下，长江经济带的人口数量在2015年之前就已达到峰值，人口数量在52 000万人左右。

总体上，基准情景所能承载人口规模高于低碳情景和强化低碳情景，基准情景在保持经济较高增速和适量减排情形下，碳排放总量最大，其所承载人口因经济较快发展而略高于其他情景，但污染排放总量也远高于低碳和强化低碳情景，与所倡导的低碳发展相违背；低碳情景其经济增速略慢于基准情景，但其碳排放量低于基准情景，且其所能承载人口规模与前者相当，在符合低碳化发展模式下，实现人口经济较为协调发展，是最佳发展模式；强化低碳发展以牺牲经济发展为代价，以控制碳排放，且其所能承载的人口低于低碳情景。

第十章 / 长江经济带人口综合承载力

在明确了不同子要素人口承载能力的基础上，本章通过对不同要素承载能力的综合，对长江经济带人口综合承载力能力进行评价分析。一方面明确整个长江经济带及其内部各地人口承载能力的变化趋势，另一方面对限制人口规模的主要因素进行识别。结合人口规模与自然社会要素的关联度分析，进一步探索了影响长江经济带各地区人口规模的要素。通过对上述问题的分析，对目标年份长江经济带各地区人口适度规模的确定以及突破人口承载瓶颈的路径进行探索，为优化长江经济带人口空间布局建议的提出奠定基础。

第一节　长江经济带人口综合承载力预测

本节将同一要素下各个子要素的贡献程度视为一致，从资源、环境、经济和社会四个要素视角下对计算所得人口承载数量进行等权重加总，可以得到不同要素下的人口综合承载水平。

一、长江经济带人口综合承载力核算

以不同要素下各地区所能承载最小值为下限,最大值为上限,可以得到
2025 年各地适度人口规模区间(表 10-1)。整个长江经济带 2025 年可承载
人口规模在 48 030.78 万～56 727.00 万人。根据不同学者和机构对中国人
口的预测结果,我国人口峰值约在 2025 年之后出现,峰值人口为 13.96 亿～
14.8 亿人,长江经济带所能承载人口占到其 32.45%～40.6%。这种承载力
是在保障人口较高水平的资源、环境、经济和社会需求的基础上实现的,若以
全国人均水准衡量,承载水平将进一步提升,表明长江经济带未来在吸纳人口
方面在全国将扮演突出角色。

表 10-1　各省市 2025 年适度人口规模　　　　　　　(万人)

地区	低值	高值	地区	低值	高值
上海	1 104.42	3 080.86	湖南	5 093.45	6 917.91
江苏	7 716.83	8 890.52	重庆	2 649.58	4 214.92
浙江	3 455.12	6 007.42	贵州	2 501.36	3 559.56
安徽	4 477.62	7 343.45	四川	5 841.58	7 539.94
江西	3 166.33	4 424.29	云南	2 883.66	5 574.02
湖北	5 040.32	5 699.52	合计	48 030.78	56 727.00

在核算各地区 2025 年适度人口规模时采取的是统一的满意度指标,因此
核算所得结果一定程度上也包含着相对承载力的理念,可以反映不同地区之
间承载能力的差异。从核算所得适度人口规模的绝对数来看,承载能力最强
的是江苏省,可承载人口规模接近 9 000 万人;其次是四川省,人口承载规模
也超过 7 000 万人。上海市受到地区规模的限制,人口承载容量最低;其次是
贵州省,可承载人口规模要远低于同等级的其他省份。整体上从长江下游向
上游,人口承载规模呈现出减小的趋势,在江西省出现了人口承载的低谷,而
四川省出现了高峰。2025 年相比于各省市现状人口承载规模普遍出现提升,
而上海市和云南省人口承载的下限值则出现了下降,说明当地部分要素存在
供给增长落后于需求增长的情况。

二、长江经济带人口承载限制要素与分区

（一）各地区主要限制子要素识别

从各个省市的具体承载状态来看，水资源是大部分地区主要的人口限制要素，决定了上海、江苏、安徽、湖北和重庆五个地区人口承载力的下限；其次是城市道路面积的限制，对江西、湖南、贵州、四川和云南五个地区的人口规模带来的约束较为明显；浙江由于面临着严重的耕地资源短缺问题，其人口承载的下限由耕地面积确定。部分地区同时受到多个子要素的明显限制，例如湖北省和湖南省在分别受到水资源总量和城市道路面积限制的同时，教育经费条件约束下的人口规模也远低于其他子要素。

从时间上看，2025 年各子要素下人口承载规模相比于现状既有下降，也有上升。耕地面积、二氧化硫排放、化学需氧量排放以及教育经费的人口承载规模普遍下降，城乡建设用地面积、粮食生产总量、公园绿地面积以及城市道路面积四个子要素下的人口承载力则普遍出现了上升。上海、浙江、江西和四川能源消费的人口承载规模出现下降；上海、浙江和四川地区生产总值的人口承载规模出现下降；湖北和上海分别在就业条件和医疗条件两方面的人口承载规模出现下降。从上述分析中也可以发现，上海、浙江和四川相比于其他地区，人口承载规模出现下降的要素类型较多。

决定各地区人口承载上限值子要素可以视为各地的优势要素。江苏、安徽、江西、湖南、湖北是我国粮食的主要产区，云南近年粮食产量增长较快，上述地区粮食总产量人口承载能力突出；上海、浙江和重庆三个地区经济发达，城市建设水平较高，因此以城市绿地面积衡量的人口承载能力最高；四川医疗设施人均占有率较高，以医院床位数衡量的人口承载力决定了其上限；贵州省二氧化硫排放总量大，人均水平在整个长江经济带位居首位，远高于其他地区，因此以二氧化硫排放量衡量的现状人口承载规模最大，到 2025 年随着减排要求的提升，粮食生产成为决定其承载上限的关键要素。

（二）人口承载要素平衡度分析

从表10-2的预测结果来看，对于不同地区而言在不同的子要素之下人口承载规模的波动程度存在差异，即人口适度承载力的上限和下限之间存在巨大差异。这种差异一定程度上反映了地区要素禀赋的不均等性，将成为限制人口规模的潜在要素。为了度量不同地区这一特性，考虑以不同子要素下人口承载规模的变异系数来反映。

表 10-2 2025 年各省市不同要素下人口承载规模变异系数

地区	变异系数	地区	变异系数
上海	0.73	湖南	0.55
江苏	0.49	重庆	0.50
浙江	0.44	贵州	0.46
安徽	0.67	四川	0.44
江西	0.46	云南	0.51
湖北	0.45		

可以发现上海和安徽的变异系数明显高于其他地区，说明上述两个地区要素禀赋的均衡度要低于其他地区。进一步观察上述两地各个子要素下的人口承载力，上海地区在水资源、耕地资源和粮食生产方面的弱势尤其明显而经济要素则十分强势，安徽省的水资源和教育资源人口承载力相比于建设用地面积、粮食生产和就业条件差异也十分明显。位于长江中上游地区的省市变异系数相对偏低，要素禀赋的均衡度较高，主要由于上述地区在自然资源要素层面基础条件要优于中下游地区，实现了较好的平衡。

由于大部分自然资源在短期内规模相对固定且在二氧化硫和化学需氧量减排的要求下环境承载力普遍下降，而社会经济条件等要素则处于不断发展和提升之中，因此各地变异系数在2020—2025年均出现了上升，然而各地区上升幅度依旧存在差异。上升较为明显的地区包括江苏、安徽、重庆和云南，一定程度反映出上述地区相比于其他省市，不同要素承载水平的发展速度差异较大。虽然单要素承载水平的提升也有利于区域人口承载规模的扩大，然而从协调性角度考虑,上述地区依旧需要注重不同要素发展的均衡水平。

(三)各地区要素限制类型分区

根据资源、环境、经济和社会四方面人口综合承载力的核算结果,计算所得人口综合承载水平最低的要素,可以判断为当地人口主要的限制条件。根据限制要素进行空间分区,得到图 10-1、图 10-2。

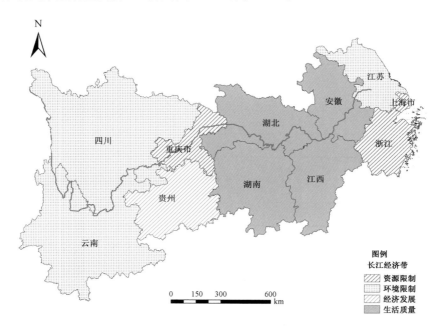

图 10-1 长江经济带各地要素现状限制类型

根据分区的结果,当前上海、浙江和重庆属于资源限制性,江苏、四川和云南属于环境限制型,贵州属于经济发展限制型,安徽、江西、湖北和湖南属于生活质量限制型。2025 年大部分地区限制要素没有发生改变,湖北由生活质量限制型转变为了经济发展限制型地区,四川由环境限制型转变为经济发展限制型地区。

对上述分区结果进行分析可以发现:资源要素对于经济发达地区的限制作用明显,浙江以及两个直辖市作为整个长江经济带的龙头,在发展过程中资源消耗的水平明显高于其他地区。其中水资源以及耕地资源由于其位置的不

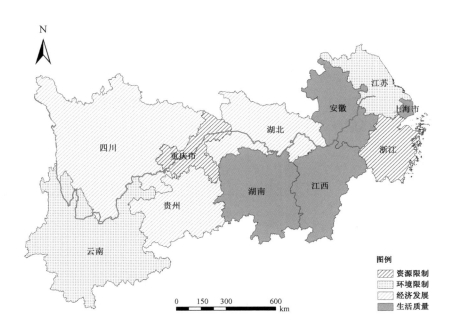

图 10 - 2　2025 年长江经济带各地要素限制类型

可移动性,限制强度尤为突出。能源消费能得到较好的外来补给,对人口的限制作用尚不明显。长江中上游地区普遍的限制要素在于社会生活水平。由于本研究采用统一的满意度标准,长江下游经济发达地区拉高了整体满意度水平,因此降低了中上游地区社会生活层面的承载能力,这同时也反映出了长江下游与上游城市在人民生活条件水平上依旧存在较大差异。在各项指标之中,上述地区医疗资源的人口承载力相比于长三角地区优势更为明显,一定程度上反映出经济发达地区公共资源分配可能存在的短缺问题。环境限制型地区中,云南人均公园绿地的面积水平相比于其他地区要低,降低了当地的环境承载容量;四川省和江苏省二氧化硫排放水平低,降低了人口承载规模,然而也反映这两个地区空气质量条件相对宜居。

　　湖北和四川省在两个年份之间主要的限制要素发生了变化。从上一节变异系数的核算结果来看,这两个地区资源、环境、经济和社会四方面对于人口的承载能力相对均衡,不同要素的限制作用差异较小。湖北省限制要素的变化主要来自二氧化硫排放量的削减,而对于四川省,经济发展势头的不足将进一步牵制当地人口容纳规模的提升。

对比各地区现状和未来人口的主要限制要素,发达地区首要的限制始终是资源基础,尤以上海市和浙江省为代表。对于经济发展相对滞后的地区,首要的限制条件来源于经济发展自身以及依附于地方经济基础所提供的公共服务、基础设施等层面的内容。

第二节　人口规模与自然社会要素关联度分析

地区人口的实际承载水平是资源、环境、经济和社会所构成的复合系统综合作用下的结果,不同要素之间是相互影响、相互协调的,同时在决定人口规模时一定程度上可以相互替代。本节着重研究人口规模与自然社会要素的关联度。

一、评价方法与原理

从上一节对各地区限制要素的分析结果来看,经济发达的长三角地区资源要素的限制作用十分明显,然而长三角地区依旧是我国人口密度最大的区域之一。经济的发展一方面消耗了自然资源,降低了资源要素的人口承载力,另一方面也从环境改善、公共服务的提供等层面上提升了地区的环境、经济、社会容量,实现了要素替代作用。因此对于不同地区而言,不同要素的影响作用存在差异。

这里选取灰色关联度分析来确定各个子要素和人口规模之间的关联强度。灰色关联度分析对于分析数据的要求较低,对于样本数量较小以及无规律样本均适用,能较好地满足本研究的分析要求。此外,除了得出关联程度的排序之外,这一方法还能反映出关联性的时序规律,定量化反映出区域人口规模主要影响要素的变化规律。灰色关联法是在多因素系统中通过优势对比确定主因素的一种理论,对系统内部结构之间的相互关系进行定量描述,属于动态量化的比较分析法[①]。其基本思路是：以因素的数据列为基础,通过数学方法的应用来对因素间的几何对应关系进行探究[②]。数据列所形成的曲线形状越接近,则判断为关联度越大,反之则越小。

灰色系统分析中包含一个参考序列 $y(k)$,即比较的标准数列,和多个比较序列 $x_i(k)$,即与参考序列作关联程度比较的数列。在本研究中,参考序列 $y(k)$ 为各地历年的人口规模。可以作为比较序列 $x_i(k)$ 的指标包括可能—满意度中的可能度指标和满意度指标。可能度指标反映的是地区自身在资源、环境、经济和社会层面的能力水平,而满意度指标则反映地区对人口上述四方面要素需求的满足情况。从这一角度来看,满意度与人口规模之间的联系更为直观,因此选定满意度指标作为比较序列。

首先对数据序列进行标准化消除量纲,得到处理后的序列 $Y(k)$ 和 $X_i(k)$,其中 k 为时间变量,i 表示不同子因素。参考序列和比较序列形成的曲线之间的相似度采用曲线之间的差值进行描绘,对各期比较序列值和参考序列值求差之后取绝对值,得到差序列 $\Delta_i(k)$,记其中最大值和最小值分别为 ΔM 和 Δm。关联系数 ξ_i 反映了第 i 个比较序列与参考序列的关联程度,反映的是孤立、分散的信息,其变化范围在 0~1,计算公式为

$$\xi_i(y(k),x_i(k))=\frac{\Delta m+\rho\times\Delta M}{\Delta_i(k)+\rho\times\Delta M}$$

公式中 ρ 为分辨系数,用以提高关联系数间差异的显著性,取值范围在0~1。参考相关研究,此处取 $\rho=0.5$。

对于每个比较序列,存在着与研究年限 k 相等数量的关联系数。为了综合反映单个比较序列的综合影响作用,需要对这 k 个系数进行信息集中,较为常用的方式是取其均值[③]。最终得到关联程度称为关联度,记为 γ_i,其计算公

① 蒋诗泉.基于灰色理论的人口老龄化发展趋势及其影响因素研究——以安徽省为例[J].华东师范大学学报(哲学社会科学版),2014,46(03):133-139.
② 谭学瑞,邓聚龙.灰色关联分析:多因素统计分析新方法[J].统计研究,1995(3):46-48.
③ 童玉芬,等.首都人口与环境关系——理论与实证研究[M].北京:中国劳动社会保障出版社,2012.

式为

$$\gamma_i = \frac{1}{k} \sum_{i=1}^{n} \xi_i(y(k), x_i(k))$$

如果关联度 γ_i 越接近 1,则说明 y 与 x_i 之间的关联性越大,反之亦然。参考相关研究[①],可以认为 $0 < \gamma_i \leqslant 0.35$ 时,关联度为弱; $0.35 < \gamma_i \leqslant 0.65$ 时,关联度为中; $0.65 < \gamma_i \leqslant 0.85$ 时,关联度为较强; $0.85 < \gamma_i \leqslant 1$ 时,关联度为极强。

二、人口与自然社会要素灰色关联度核算与分析

根据上述公式,以 2000—2017 年各地数据为基础,可以计算出不同年份、不同子要素与人口规模之间的灰色关联系数,综合所得长江经济带各地过去 18 年间不同子要素与人口规模的关联度见表 10-3。在灰色关联系数和关联度计算时仅考虑上述年份。

表 10-3 2000—2015 年长江经济带各地不同子要素与人口规模关联度

子要素	上海	江苏	浙江	安徽	江西	湖北	湖南	重庆	贵州	四川	云南
人均水资源拥有量	0.59	0.65	0.66	0.71	0.61	0.64	0.58	0.62	0.68	0.65	0.62
人均耕地面积	0.57	0.60	0.51	0.59	0.62	0.69	0.64	0.65	0.68	0.66	0.54
人均城乡建设用地	0.64	0.55	0.50	0.86	0.55	0.70	0.70	0.62	0.60	0.70	0.55
人均粮食占有量	0.57	0.75	0.55	0.58	0.59	0.69	0.69	0.58	0.52	0.56	0.56
人均能源消费量	0.61	0.64	0.65	0.59	0.53	0.64	0.54	0.61	0.54	0.64	0.65
人均公园绿地面积	0.60	0.56	0.67	0.61	0.57	0.67	0.57	0.54	0.53	0.64	0.61

---

① 杜本峰,张寓.中国人口综合因素与住宅销售价格指数的灰色关联度分析[J].人口学刊,2011 (6):11-17.

（续表）

子要素	上海	江苏	浙江	安徽	江西	湖北	湖南	重庆	贵州	四川	云南
人均二氧化硫排放量	0.52	0.55	0.62	0.60	0.66	0.66	0.58	0.56	0.53	0.6	0.67
人均化学需氧量排放量	0.57	0.69	0.69	0.49	0.66	0.58	0.53	0.65	0.55	0.64	0.64
人均地区生产总值	0.53	0.52	0.57	0.72	0.50	0.68	0.68	0.60	0.51	0.60	0.50
就业人数占比	0.66	0.62	0.78	0.56	0.59	0.64	0.55	0.68	0.72	0.65	0.59
人均道路面积	0.84	0.52	0.58	0.65	0.55	0.64	0.51	0.59	0.58	0.63	0.46
千人医院床位数	0.56	0.52	0.57	0.69	0.53	0.56	0.69	0.70	0.58	0.66	0.52
人均教育经费	0.67	0.53	0.61	0.78	0.52	0.64	0.67	0.58	0.54	0.61	0.52

整体而言，自然资源要素对于人口的支撑作用主要表现为人类生存和发展提供必要的物质基础，人均自然资源占有水平的提升将为人口发展提供更有利的条件。其主要的约束作用表现为自然资源不断消耗将限制人类活动的展开，更将威胁人类的生存。环境要素对于人口的支撑作用体现在随着生态环境优化、污染排放减少以及环保设施水平的提升，为人类生产、生活提供了更加健康的环境，同时也提升了地区人口的吸引力；其主要的约束作用表现为环境条件的恶化对人类身心健康、地区形象带来的负面影响。经济要素对于人口的支撑作用主要表现为提升人口收入水平，创造更多的就业机会，其主要的约束作用表现在由发展成果分配的不均等导致的潜在社会矛盾。社会生活要素对于人口的支撑作用主要表现在随着公共服务和基础设施的完善，人们生活质量得到提升，需求得到更好的满足，其主要的约束作用表现为教育、医疗等服务缺失或者是质量的低下对人长期发展以及身心健康的阻碍。

从各个子要素与人口规模的关联度来看，人均水资源拥有量、人均城乡建设用地面积以及就业人数占比这三项指标与人口规模的关联度最大，平均关联度取值分别达到了 0.64、0.63 和 0.64。水资源是人类生存的基础物质条件，伴随着技术水平的提升，水资源在地区之间的调节愈发便利，然而却依旧呈现出与地区人口规模较高的关联度。说明水资源在未来地区人口规模的决定过程中的重要性不能忽视，地区人口的发展要充分考虑水资源配给层面的均衡和保障。城乡建设用地面积反映出一个地区的土地开发强度，主要表现为对人口居住需求的满足，以及通过城市建设水平的提升为人口发展需求提供机遇和支撑，因此人均城市建设用地面积通常与地区人口规模呈现出正相关，同时这种正相关还呈现出反馈性。即一方面建设用地面积的增长吸引着人口的集聚，另一方面人口的集聚又进一步推动了建设用地面积的扩张。因此在这种高相关度之下，需要尤其注意建设用地的过度开发问题。就业人口占比反映出一个地区就业水平。伴随着城市化的推进，非农就业人口的比重不断提升，一个地区所能提供的就业机会正日益成为吸引劳动力的关键要素，也推动着地区人口规模的扩大。因此，就业人口与地区人口规模之间呈现出较高的关联性，这就意味着地方就业条件的不断优化在未来地区人口政策中应当成为主要关注的问题。人均地区生产总值与人口规模之间的平均关联度最低，仅为 0.58。地区经济发展水平的不断提升有助于为人口创造更好的生存和发展机会，然而人口规模与人均地区生产总值之间的低关联度一定程度上表征出地区经济发展成果转化率不高，在提升地区对劳动力资源的吸引力方面没有实现同步。其余的各项子要素与人口规模之间的平均关联度大致相当，在 0.60～0.61 区间之内，属于中度关联水平。

从具体各个区域人口规模与当地子要素之间的关联强度来看，各地具有较大的空间差异。上海市人口规模主要与就业人数占比、人均道路面积和人均教育经费关联度较高；江苏省人口规模主要与人均粮食占有量和人均化学需氧量排放关联度较高；浙江省人口规模主要与人均水资源占有量、人均公园绿地面积、人均化学需氧量排放和就业人数占比关联度较高；安徽省人口规模主要与人均水资源占有量、人均城乡建设用地、人均地区生产总值、千人床位数和人均教育经费关联度较高；江西省人口规模主要与人均二氧化硫排放和人均化学需氧量排放关联度较高；湖北省人口规模主要与人均耕地面积、人均城乡建设用地面积、人均粮食占有量、人均公园绿地面积、人均二氧化硫排放和人均地区生产总值关联度较高;湖南省人口规模主要与人均城乡建设用地面积、人均粮食占有量、人均地区生产总值、千人医院床位数和人均教育经费关联度较高;重庆市人口规模主要与就业人数占比和千人医院床位数关联度较高;贵州省人口规模主要与人均水资源占有量、人均耕地面积和就业人数占比关联度较高;四川省人口规模主要与人均耕地面积、人均城乡建设用地面积和千人医院床位数关联度较高;云南省人口规模主要与人均二氧化硫排放关联度较高。

第三节 长江经济带人口承载状态及变迁

人口预测是指根据某一地区在具体某个时间段内已知的人口数据,基于其变化的规律,结合影响人口数量变化的各种假设条件,对未来人口变化趋势进行推算的过程[①]。长江经济带的快速发展对该区域的人口承载力提出了新的要求,本节着重对长江经济带人口承载力状态及变迁开展研究。

一、长江经济带人口承载需求预测

(一)人口预测方法

为了进一步分析未来长江经济带人口承载状态,需要对各地区人口的规模进行预测。通过适度人口与预测人口规模之间的对比确定当地人口属于超载还是富余状态,这一状态的确定对于人口布局的引导、优化有着重要的意义。

在人口预测研究发展的过程中,借助于统计模型和概率模型等数理学方法,形成了丰富的人口预测方法,其中较为常见的包括人口发展方程、Leslie

---

① 王桂新.区域人口预测方法及应用[M].上海:华东师范大学出版社,2000:1-10.

模型、灰色系统模型、逻辑斯蒂模型、神经网络模型等。不同的模型对于基础数据规模和质量要求各不相同，在选择人口预测方法时需要综合考虑数据的可得性和预测的精确度要求。本研究为了统一各地人口预测数据的口径，采用 2000—2017 年各地区年末常住人口作为预测基础数据，在这种单要素的人口预测中较多采用传统的数学方法和统计学方法，因为这一手段仅考虑人口数据纵向的历史变化，对数据质量和规模的要求较低[①]。数学模型中最为简单经典的是马尔萨斯提出的人口的几何级数增长模型。虽然这一模型的局限性已经得到多方探讨，但目前依旧是简单人口预测中得到广泛应用的手段之一。统计学预测方法主要有回归模型法，logistic 模型、刚培兹模型等属于这一类别；另外一种为时间序列法，具有代表性的是 ARIMA 模型。相比于数学模型，统计学方法将未来现象的不确定性也纳入考量，因此结果相对更为精确，但是其局限性依旧在于没有考虑其他人口因素对于人口规模的影响。

为了确定人口预测采用的具体方法，利用 2000—2017 年各地区人口数据绘制散点图，对人口变化的趋势进行判断。从散点图可以看出，不同地区的人口变化趋势各具特征，有的地区人口变化呈现出明显的线性或是非线性趋势，有的地区人口变化则没有明显的规律性。首先考虑对各地区统一采用马尔萨斯模型，设定人口增长率的合理水平，对未来人口规模进行估算。其次，对于存在明显线性或是非线性特征的地区可以采用回归模型进行未来人口规模的补充预测。可以明显发现研究期内，上海、江苏、浙江、江西、湖北、重庆和云南七个地区散点图呈现较为明显非线性特征，可对其进行回归分析。安徽和四川省人口数据波动较大，通常对此类数据预测可采用 ARIMA 等时间序列数据分析模型。然而受到数据量的限制，本研究无法建立有效的预测模型，因此这两个地区仅考虑马尔萨斯模型预测结果。综合上述不同预测模型下的结果得到目标年份各地的人口状况。

本研究中人口数为常住人口，为了保证数据的连续性和口径的统一，采用《中国统计年鉴》中相关指标。通过与地方统计年鉴中年末常住人口指标的核

---

① 田飞. 人口预测方法体系研究[J]. 安徽大学学报(哲学社会科学版)，2011，35(05)：151－156.

对,2012 年、2015 年和 2017 年《中国统计年鉴》"分地区年末人口数"中所得 2000—2017 年年末总人口指标可与之对应,而 2000 年之前则存在偏差。考虑到数据的连续性,本研究选取 2000—2017 年为研究期限。

(二) 人口规模综合预测

(1) 马尔萨斯法

马尔萨斯假定人口的增长率为常数,随着时间推移人口将按照指数规律无限增长,其计算公式为

$$y = x_0(1+r)^k$$

其中,x_0 为初始人口数,r 为年增长率,k 为年限[①]。

现有研究中年增长率 r 的确定通常基于人口自然增长率,分别设定低、中、高三种情景,通过预测值与历史数据的验证来确定最终的人口预测方案。经计算各地区近 5 年、近 10 年和近 15 年人口年均增速如表 10-4,这三个增速较好地表现了人口增长的综合趋势,因此本节采取这三个增速作为情景值,以 2017 年数据为基期进行预测,得到表 10-4。

表 10-4　马尔萨斯模型下 2025 年长江经济带各地人口预测值

地区	近 5 年增速(%)	人口数(万人)	近 10 年增速(%)	人口数(万人)	近 15 年增速(%)	人口数(万人)
上海	1.31	2 798.94	2.81	3 290.14	2.98	3 349.60
江苏	0.29	8 214.97	0.53	8 439.34	0.59	8 495.39
浙江	0.28	5 680.70	1.10	6 213.32	1.17	6 260.20
安徽	0.52	6 443.41	−0.07	6 038.08	−0.01	6 075.15
江西	0.44	4 769.53	0.58	4 841.35	0.65	4 877.54
湖北	0.38	6 065.03	0.20	5 948.23	0.21	5 953.15
湖南	0.63	7 218.46	0.70	7 275.77	0.19	6 877.73

---

① 柳德江,殷凤玲,唐红燕.玉溪市未来人口预测三种模型的分析[J].中国人口·资源与环境,2011,21(S1):17-19.

地区	近5年增速（%）	人口数（万人）	近10年增速（%）	人口数（万人）	近15年增速（%）	人口数（万人）
重庆	0.05	3 007.80	0.05	3 007.82	0.05	3 007.84
贵州	0.21	3 589.00	−0.68	3 254.53	−0.49	3 324.69
四川	0.29	8 407.07	−0.10	8 052.86	−0.16	7 994.51
云南	0.60	5 037.06	0.64	5 057.23	0.76	5 122.36
合计	—	61 231.98	—	61 418.67	—	61 338.17

可以发现以不同时期人口增长速度进行预测的结果存在较大差异，大部分地区近5年人口增长趋势发生了明显的变化。

（2）回归模型法

较为常见的回归方程包括线性回归以及非线性回归中的指数模型、对数模型、多项式模型等，从基础数据的散点图可以对不同地区适用的回归模型的基本类型进行判断。

上海、江苏、浙江、江西、云南五个地区人口整体呈现减速增长的趋势，在人口增长类型区划中均属于人口的减速增长区或者是趋近峰值区。从散点图中可以看出，这些地区人口历史数据呈现向左上方凸起的曲线形状，与向下开口的抛物线形状较为吻合。重庆虽然划为趋近峰值型地区，但是人口历史数据的散点图呈现出下凸的曲线形态，与开口向上的抛物线形状较为吻合。相似的，属于人口增长型地区的湖北和贵州人口历史数据也与开口向上的抛物线形较为吻合。因此，对于上述地区考虑采用二元一次多项式模型进行回归。湖南地区人口历史数据变化形态特征较不明显，因此分别对其进行线性和非线性回归，非线性回归采用的是指数模型。通过显著性水平的对比，确定指数模型的拟合效果更佳，因此最终采取指数模型的拟合结果。

回归结果中各个回归方程的显著性水平 R^2 都在 0.94 以上，除了湖北和湖南两地之外其他地区显著性水平都超过了 0.97，方程的拟合效果较好。由于本研究的预测年限较短，仅为10年，因此基本判断上述方程可以用于进行未来人口规模的预测。回归以及预测结果见表 10-5。

　　从回归预测的结果来看，上海、江苏、浙江、江西和云南人口增长减速，到 2025 年尚未达到人口峰值，但是人口增长的幅度已经大为减小。湖北、湖南、重庆和贵州依旧保持一定人口增长趋势，其中增幅较大的是湖南和贵州。对比回归预测的结果和马尔萨斯法预测结果整体差异不大，约有一半地区回归模型下人口预测值都落入马尔萨斯法预测值的区间之内。

表 10-5　回归模型下 2025 年各地人口预测值

地区	回归方程	R^2	人口预测值（万人）
上海	$y=-0.743\,3x^2+76.479x+1\,498.4$	0.988 4	2 984.38
江苏	$y=-1.502\,5x^2+73.477x+7\,216.3$	0.992 4	8 111.01
浙江	$y=-1.219\,2x^2+85.983x+4\,550.6$	0.982 7	5 961.98
江西	$y=-0.468\,9x^2+36.145x+4\,114.5$	0.998 7	4 737.29
湖北	$y=0.565\,7x^2+1.631\,1x+5\,658.3$	0.948 5	5 967.98
湖南	$y=6\,229.8\mathrm{e}^{0.007\,8x}$	0.943 2	7 933.90
重庆	$y=2.110\,8x^2-21.687x+2\,860.3$	0.981 9	3 723.34
贵州	$y=6.698\,1x^2-116.3x+3\,983.5$	0.974 2	4 666.56
云南	$y=-0.748\,9x^2+44.905x+4\,203$	0.999 1	4 875.36

（三）长江经济带目标年份人口承载需求

　　综合上述几种方法下的预测结果，可以得到 2025 年长江经济带各地区人口规模的区间范围（表 10-6）。

　　从空间上看，预测年份人口密度的空间分布没有发生变化，甚至得到了进一步的强化。将预测年份的人口密度值和 2017 年各地人口密度值进行对比，可以发现上海、江苏、浙江和重庆人口密度增长量最高，而上述地区也是人口密度相对偏大的地区。从人口密度增长的幅度来看，两个直辖市的人口密度增幅最大，随后是湖南和贵州两地。

表 10 - 6　长江经济带各市人口总量预测①　　　　　　　（万人）

地区	年份	涉及规划或报告	规划人口	预测人口	
				低值	高值
上海	2020	上海市主体功能区规划	2 650	——	——
	2025	上海市人口发展趋势报告	2 753	2 799	3 350
江苏	2020	江苏省城镇体系规划（2015—2030）	8 500	——	——
	2025		8 750	8 111	8 495
浙江	2020	浙江省城镇体系规划（2011—2020）	5 800	——	——
	2025		5 900	5 681	6 260
安徽	2020	安徽省城镇体系规划（2010—2030）	6 700	——	——
	2025		7 000	6 038	6 443
江西	2020	江西省城镇体系规划（2012—2030）	4 833	——	——
	2025		4 990	4 737	4 878
湖北	2020	湖北省城镇体系规划（2001—2020）	6 600	——	——
	2025		——	5 948	6 083
湖南	2020			——	——
	2025			6 878	7 934
重庆	2020	重庆市市域城镇体系规划（2003—2020）	3 320	——	——
	2025		——	3 008	3 723
贵州	2020	——		——	——
	2025		——	3 255	4 667
四川	2020	四川省城镇体系规划（2015—2030年）	8 600	——	——
	2025		8 800	7 995	8 407
云南	2020	云南省城镇体系规划（2010—2030）	5 100	——	——
	2025		5 200	4 875	5 122
合计	2020	——	——	——	——
	2025			59 324	65 362

---

①　表格中 2025 年规划人口规模为各地区 2020 年、2030 年规划人口规模的中间值。

将人口预测结果和相关规划文件中人口规划规模进行对比,大部分地区人口规划规模都落在区间值之内或者略高于区间值。江苏、安徽、湖北和四川四个省份的规划人口规模和预测结果之间差距较大,表现为人口预测规模远小于规划规模。其中,江苏省人口又呈现出明显的趋近峰值的特征,实现规划目标人口数的可能性较小。整体而言,人口预测的结果与相关规划之间的吻合度较好,规划人口水平略高于预测结果,基本判断预测的结果具备一定合理性,可用于后续的分析。

二、长江经济带未来人口承载状态及特征分析

(一) 长江经济带人口承载压力值计算

人口承载的压力值由人口承载的需求和能力所共同决定。在承载力的相关研究中,人口承载的潜力通常采用人口承载比(Population Ratio)来表示,即预测人口值与资源人口承载力的比值[1][2],具体公式如下:

$$R = \frac{\text{人口预测值}}{\text{资源人口承载力}}$$

当 R 小于 1,说明人口预测水平低于人口承载力,地区人口承载存在盈余;当 R 大于 1,说明人口预测水平大于人口承载力,地区人口存在超载现象。由于本节中人口的预测值和适度承载力均为一个区间,因此无法通过单一的 R 值来判断人口承载的状态。

假设人口预测值为区间 (D_1, D_2),人口适度承载力为区间 (S_1, S_2)。如果存在 $S_2 < D_1$,则未来人口预测规模必然大于人口适度承载力,对于这一类地区 R 始终大于 1;如果存在 $D_2 < S_1$,则未来人口适度承载力必然大于人口预测规模,对于这一类地区 R 始终小于 1;而剩余的情况之下,人口预测值区间

① 金雨泽,黄贤金,朱怡,等.基于粮食安全的长江经济带土地人口承载力预测[J].土地经济研究,2015(02):78-90.
② 李焕,黄贤金,金雨泽,等.长江经济带水资源人口承载力研究[J].经济地理,2017,37(01):181-186.

和适度承载力区间将存在交叉,因此对各地区人口预测值和人口适度承载力构建 R_1 和 R_2:

$$R_1 = \frac{D_1}{S_2}, R_2 = \frac{D_2}{S_1}$$

其中 D_1,S_1 分别为预测规模和适度规模的下限值,D_2,S_2 分别为预测规模和适度规模的上限值。如果对于某一地区 $R_1 > 1$ 则满足第一种情况,人口将出现超载;如果 $R_2 < 1$ 则满足第二种情况,人口将存在盈余;而对于人口预测区间与适度规模区间交叉的情况,人口存在超载的潜在威胁,计算所得 R_1 和 R_2 见表 10 - 7。

表 10 - 7　长江经济带未来人口承载比

地区	年份	R_1	R_2	地区	年份	R_1	R_2
上海	现状	0.89	2.54	湖南	现状	1.13	1.54
	2025	0.91	3.03		2025	0.99	1.56
江苏	现状	0.92	1.13	重庆	现状	0.81	1.36
	2025	0.91	1.10		2025	0.71	1.41
浙江	现状	0.94	1.73	贵州	现状	1.07	1.68
	2025	0.95	1.81		2025	0.91	1.87
安徽	现状	0.97	1.48	四川	现状	1.09	1.43
	2025	0.82	1.44		2025	1.06	1.44
江西	现状	1.11	1.59	云南	现状	0.98	1.69
	2025	1.07	1.54		2025	0.87	1.78
湖北	现状	1.12	1.25	经济带	现状	1.01	1.47
	2025	1.04	1.21		2025	0.94	1.49

长江经济带面临现状超载威胁,根据计算结果,到 2025 年这一情势有所缓和。从地区差异来看,江西、湖北、湖南、四川和贵州五个省份现状值 $R_1 > 1$,判断当地人口出现超载,其他地区人口预测区间与适度规模之间存在交叉,存在临界超载的危险。2025 年,江西、四川和湖北三省人口依旧处于超载状态,湖南和贵州压力水平有所缓解,转变为临界超载区。

无论 R_1 还是 R_2，其取值越小，则说明人口承载越靠近盈余的水平。从压力值数据的变化来看，上海、浙江两地 2025 年 R_1 和 R_2 相比于现状均出现增长，说明当地人口承载的压力在进一步攀升；江苏、安徽、江西、湖北2025 年 R_1 和 R_2 相比于现状值普遍出现下降，人口承载压力呈现缓和的趋势。

（二）长江经济带人口承载状态变化及特征

以上述 R_1 和 R_2 计算结果，对未来长江经济带人口进一步划分压力梯度区。首先人口出现超载的地区明显人口压力要高于其他地区，因此江西、湖北、四川、贵州和湖南划为现状人口高压地区，2025 年江西、湖北和四川划为人口高压地区；对其他省市分别观察其 R_1 和 R_2，可以发现江苏和重庆压力值明显小于其他地区，因此将江苏和重庆划为人口低压区，剩余的省市划为人口中压区。

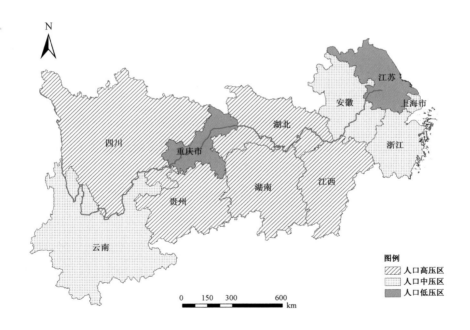

图 10-3　长江经济带未来人口压力现状空间分区

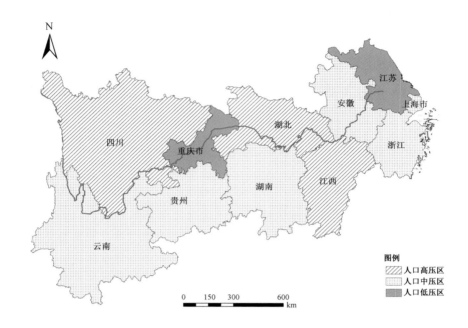

图 10 - 4　长江经济带未来人口压力空间分区(2025)

从上述分区结果来看人口高压区主要分布在长江经济带的中上游地区,经济发展水平较高的长三角地区以及重庆人口承载的压力相比之下较轻,同时位于上游地区的云南省人口承载压力也低于周边省份。

将上述分区结果与人口承载现状分析结果进行对比,从整体上来看,长江中上游地区面临的人口承载压力在整个长江经济带内始终处于较高水平,尤其是江西、湖南、四川和贵州四个地区人口实际规模要高于一定需求标准下人口适度规模,给当地自然和社会资源的合理分配带来挑战。江苏和重庆人口承载状态在整个长江经济带处于较为平衡的状态,各要素支撑下基本能够满足人口实际规模的各方面需求。从各个省市具体承载状态的变化来看,各地人口承载压力普遍升级,上海、江苏和安徽三个地区将从现状的人口承载盈余向临界超载转变,湖北更将出现人口超载的局面。

人口压力值是由人口预期规模和人口适度承载力两方面同时决定的,人口承载压力的加剧意味着人口实际规模的增长速度要快于地区人口承载容量的提升。根据对于各地区人口实际规模增长状态的分析,四川、贵州、湖北和湖南人口依旧保持着较为明显的增长趋势,一定程度上加剧了上述地区的人口承载压力,因此出现现状人口超载。而江西省人口处于减速阶段依旧面临着人口超载局面,反映出当地人口承载基础条件上的劣势。与之相反,重庆市虽然人口保持上升趋势,但是其人口承载压力值维持在较低水平,说明当期人口承载各项基础条件发展趋势较好。

第三篇　承载评价与典型案例

　　长江经济带流域空间差异性大,不同区域资源环境承载力影响因素的差异性大。为此,基于对长江经济带层面资源环境承载力评价,本篇从省域(江苏省)—长三角城市群中心城市(南京市)—城市(无锡市)等三个层次评价资源环境承载力,形成流域—省—中心城市—城市等多层次的资源环境承载力认知体系和评价借鉴。

第十一章 / 长江经济带省域空间资源环境承载力评价：以江苏省为例

　　江苏省位于长江经济带下游区域，其以占长江经济带 1/20 的土地面积和 1/6 的建设用地规模，创造了长江经济带近 1/4 的 GDP，承载了长江经济带 1/7 的人口。作为长江经济带经济最为发达的省份，所面临的人地矛盾、人水冲突等问题也十分突出。因此，以江苏省为例，开展长江经济带省域空间资源环境承载力评价，对于更为深刻地认知长江经济带经济—人口—资源—环境—城市发展等相互关系，具有重要的借鉴意义。

第一节　经济社会发展及土地利用、资源环境特征

　　土地利用、资源环境特征是影响资源环境承载力的最基本要素，科学揭示江苏省土地利用、资源环境特征，是开展资源环境承载力的基础。

一、区域人口发展的基本形势

（一）人口发展特征及趋势

　　（1）人口总量缓慢增长，已步入成熟的城镇化社会

　　自"十三五"以来，江苏省常住人口总体呈低速增长的态势。2016 年及 2017 年常住人口增长率分别为 0.28％、0.38％，与"十二五"末期 0.2％的人

口增长率相比略有提升,但总体仍呈缓慢增长态势。

2017 年江苏全省常住人口总量达到 8 029.30 万人,城镇化率为 68.8%,按照城镇化进程的三阶段理论,超过 60% 的城镇化率意味着江苏整体步入成熟的城镇化社会。但与经济发展水平存在地区差异一样,江苏各地城镇化发展仍不平衡,全省三大区域的城镇化率呈南北梯度排列。2017 年,苏南城镇化率超过 75%,苏中城镇化率为 65.7%,苏北则为 62%。

(2)劳动年龄人口连续减少,老龄化形势日趋严峻

在 2017 年年末江苏省常住人口中,15～64 岁人口为 5 856.7 万人,较 2016 年年末减少 39.69 万人。2017 年年末,全省 65 岁以上老年人口为 1 073.2 万人,较 2016 年年末新增 51.57 万人,新增的老年人口数量超过常住人口年增量。65 岁以上的人口占总人口比例达到 13.37%,已远远高于老龄化社会 7% 的标准,江苏省的人口老龄化形势严峻。

(3)人口区域分布不均,苏南地区总量和密度都居首位

江苏省人口区域分布情况,主要通过三大地区人口数占总人口的比重和人口密度来反映。

首先从区域人口比重来看,江苏省人口总量南北大、中间小。2017 年,江苏省三大地区人口分别为:苏南 3 347.52 万人、苏中 1 646.51 万人和苏北 3 035.27 万人,占江苏省总人口的比重分别为 41.69%、20.51% 和 37.80%。苏南地区的苏州市(1 068.36 万人,占全省总人口的 13.31%)和苏北的徐州市(876.35 万人,占全省总人口的 10.91%)人口总量位列全省前两位,常住人口在 500 万以下的市有常州、镇江、扬州、泰州、淮安、连云港和宿迁等 7 市。

其次,从人口密度来看,2017 年江苏省人口密度为 758 人/平方千米,但地区差异大。苏南地区人口密度大,苏州、无锡、常州、南京四市每平方千米人口在 1 000 人以上;苏北和苏中人口密度较小,苏北的淮安和盐城二市每平方千米人口不及 500 人。

按城市划分,人口数量排名前三位是苏州、徐州与南京市。人口密度前三位是无锡、南京、苏州市;人口密度后四位的为连云港、宿迁、淮安和盐城市,4 市均在苏北地区。

（二）人口增长主要影响因素

江苏省人口增长和城乡人口结构变动基本保持在较为合理的范围内，其基本形势相对稳定。影响人口增长和城乡人口结构变动主要有内外部两个方面的因素，具体表现在以下几个方面。

（1）人口基数

人口基数直接影响人口总量的规模。虽然近几年江苏省人口增长率很低，但是江苏人口基数大，人口总量仍保持增长态势。苏北地区自然增长率和出生率均比苏南和苏中要高，这将使得未来苏北地区人口总量增长要快于和多于苏南和苏中地区。

（2）经济因素

区域经济发展梯度直接影响各地方人口素质以及人口可持续发展水平。区域经济不均衡直接导致江苏经济发展存在三个极为明显的梯度，即苏南经济发展水平高（高梯度），苏北发展水平相对较低（低梯度），苏中发展水平介于这两者之间（中梯度）。三大地区各项经济发展指标均存在着明显的梯度关系，发展水平差异较大，一定程度上基本奠定了江苏省人口密度南密北疏，外来人口南多北少，人口自然增长南缓北迅的格局。

（3）工业化水平

作为制造业大省的江苏，工业化发展水平处于全国前列，尤其是苏南地区，工业化进程较快。然而随着工业化进程的加快以及苏南地区产业结构的转型升级，一方面对低技术含量、低薪资的劳动力需求不断减少，另一方面不断缩小的地域经济发展差距使得吸引就业力度有不同程度的下降。苏中和苏北地区在经济发展上升的背景之下，就业机会将不断增加，就业环境也会有所改善，因此相比于苏南地区人口增长的趋势更为明显。

（4）城市化水平

城市化水平影响人们的生活和就业环境，人口转移的同时改变城乡人口结构，是总人口和城镇人口增长的又一内在动力。城市化水平的主要评价指标是城镇人口占总人口的比重。江苏省城市人口的增加，主要通过三种途径：一是城市人口的自然增长，二是江苏省内农村人口向城市转移，三是外省人口的迁入。同时也存在省内城镇人口迁出的情况，但是这种转移方式，所占比重较小。

（三）人口增长预测

基于 1998—2017 年江苏省年末常住人口数，运用趋势外推法进行预测，建立人口增长的回归方程 $y = f(x)$。

江苏省年末常住人口：

$$y = -1.564\,5x^2 + 79.141x + 7\,073.4 \quad R^2 = 0.994\,9$$

预测得到的方程与历史数据拟合度较高，且所得回归方程为一条开口向下的抛物线，意味着人口增长存在峰值，与人口增长的历史规律一致，可以基本判断上述方程可用于预测江苏省未来人口变化趋势。根据这一方程预测的 2025 年江苏省人口约为 8 062.78 万人，2030 年约为 7 981.31 万人，2035 年约为 7 821.62 万人。

根据《江苏省城镇体系规划（2012—2030 年）》目标值，江苏省 2020 年常住人口达到 8 500 万人，2030 年将达到 9 000 万人。与人口变化趋势值相比，两个时点的人口预测值均低于规划值。

近年来，江苏省人口增长呈现出减缓的趋势，2016—2017 年年末常住人口年增长量为 30 万人，"十二五"期间，年末常住人口的年均增长量仅为 19.25 万人。相较之下，"八五"到"十一五"期间，各个阶段常住人口的增长量都达到了 250 万人，而"十二五"期间年常住人口总量仅增长了 77 万人，按这一趋势整个"十三五"时期江苏省人口的增量大约在 120 万人，不足过去水平的一半。根据中国社科院人口与劳动经济研究所相关研究，2025 年中国将会达到人口峰值 14.13 亿[①]。可以推断，江苏省也极有可能正在逐渐逼近人口峰值，因此人口增长趋势不断减缓。

从进入"十三五"以来的增速看，2016 年江苏省常住人口较"十二五"末期

---

① 中国人口将于 2025 年达 14.13 亿峰值[EB/OL].（2015 - 10 - 07）[2019 - 11 - 03]. http://politics. people. com. cn/n/2015/1007/c70731 - 27668436. html.

增长了 0.29％,2011—2017 年增速均值为 0.29％,波动幅度极小。随着人口峰值的趋近,这一增长率出现大幅提升的可能性较小,考虑可能出现的增速波动,此处以 0.29％作为未来 15 年江苏省人口增长的平均速度,测算得江苏省 2030 年为 8 334.85 万人,2035 年为 8 455.56 万人。

结合上述规划目标及预测结果,2030 年人口总量在 7 980 万～9 000 万人,2035 年人口总量在 7 820 万～8 455 万人,从整体趋势来看趋近峰值的人口预测结果较为符合人口当前变化的趋势。

二、经济发展现状及趋势判断

(一) 区域经济发展概况

(1) 宏观经济整体保持较快增长

2017 年,江苏省 GDP 增速为 11％,比全国 GDP 平均增速 10.09％高 0.91 个百分点。从 GDP 总量来看,苏南地区 GDP 在全省仍居榜首,实现区域内地区生产总值 50 175.2 亿元,达到历史新高。苏北地区 GDP 总量比 2016 年增加 2 108.57 亿元,实现国内生产总值 20 268.77 亿元。苏中地区 GDP 总量比上一年增加 2 224.74 亿元,实现国内生产总值 17 544.1 亿元。

单位建设用地 GDP 产值是一个反映产值密度及经济发达水平的很好指标,它比人均 GDP 更能反映一个区域的发展程度和经济集中程度。2017 年,江苏省 13 个地级市单位建设用地 GDP 产值差异大。按照区域划分,单位建设用地 GDP 产值依次从南向北递减,苏南建设用地地均 GDP 产出是苏北的 3 倍。从区域城市来看,苏南无锡市的单位建设用地 GDP 产值每平方千米达 6.97 亿元,位列全省第一;苏州市和南京市以每平方千米产出 GDP6.73 亿元和 6.12 亿元位居第二和第三名;而盐城、连云港、淮安和宿迁市等 4 市的单位建设用地 GDP 产值不足 2 亿元。

(2) 产业结构日趋合理,第三产业比重增幅较大

2017 年,江苏省三次产业地区生产总值构成比为 4.7∶45.0∶50.3,与上一年

相比,第一产业比重下降了 0.6 个百分点,第二产业比重上升了 0.3 个百分点,第三产业比重上升 0.3 个百分点,产业结构的变动也表现出明显的地区差异。

(二)江苏省经济增长趋势预测

根据 1999—2017 年江苏省 GDP 数据,以 1999 年赋值为 1 构建回归方程,GDP 变化趋势:

$$y = 190.53x^2 + 641.81x + 5569.7 \quad R^2 = 0.9973$$

模型的拟合度较高,可以用于进行预测,预测得到 2030 年、2035 年江苏省 GDP 规模分别为 22.12 万亿元、29.02 万亿元。

然而,从近几年江苏省 GDP 的变化趋势来看,经济发展进入"新常态"的特征明显,经济发展开始由高速发展转入中高速发展。

根据江苏省第十三届人民代表大会第二次会议上的省长政府工作报告内容,2018 年江苏省围绕"高质量发展走在前列"的目标定位,经济运行保持在合理区间和中高速增长,地区生产总值增长 6.7% 左右,2019 年江苏省 GDP 增长预期为 6.5% 以上,相较于 2018 年下调了 0.5 个百分点。"高质量发展"成为江苏省经济发展的关键词,GDP 目标增速的下调或向全社会释放出了江苏省将深化改革、提质增效进行到底的信号。然而,经济发展受到来自国内外形势、中央政策等多方面因素的影响,处于长期波动的状态,因此本研究中取 0.5% 作为经济发展的波动值,假设江苏省未来 15 年间,经济增速的区间值为 6%~7%,分别核算增速最低和增速最高以及预计增速状况下江苏省 2030 年与 2035 年经济规模(见表 11-1)。

表 11-1　不同情境下江苏省未来经济规模预测值　　　　　(万亿)

情景	现状趋势	最低保证增速	预计增速	力求实现增速
2030 年	22.12	18.32	19.47	20.69
2035 年	29.02	24.51	26.68	29.02

三、土地利用与经济社会发展关联分析

基于土地开发强度与经济社会发展的关系，尤其是基于经济发展，以及固定资产投资、城市人口等对于建设用地开发强度的影响，构建模型进行分析。

利用 2005—2017 年的江苏省土地开发强度，运用趋势外推法进行预测，建立土地开发强度增长的回归方程 $y=f(x)$（式中，因变量 y 为土地开发强度，自变量 x 为预测年，以 2005 年赋值为 1），选取拟合度较高的方程，分别预测其未来的建设用地增长趋势，得到 2030 年、2035 年预测值分别为 27.40% 和 29.40%。

土地开发强度回归方程：

$$y=0.004x+0.17 \quad R^2=0.908\ 1$$

国际建设用地开发强度的警戒线为 30%，对照这一要求，如建设用地开发强度维持现状增长趋势，在 2035 年将逼近国际警戒线，因此建设用地扩张的控制无疑是未来土地管理工作中的重中之重。

对建设用地的需求来自多个方面，经济规模的增长、城市规模的扩张，建设需求的膨胀，都对建设用地提出需求。2005—2017 年江苏省 GDP 年均增长 27.51%，二、三产业增加值年均增长率 29.04%，固定资产投资额年均增长率为 42.5%，城市化水平年均增长率 2.78%，城镇人口年均增长率 3.39%。同期建设用地年均增长率为 2.02%（含二调突增因素）。规划实施期间，全省经济增长幅度是建设用地增长幅度数倍，人口和城市化水平增长幅度也高于建设用地增长幅度。

进一步分析发现，全省建设用地与 GDP 总值、固定资产投资、城镇人口、城市化水平等因素呈正相关关系，且相关性系数都在 0.9 以上。相关性拟合结果表明江苏省经济社会的迅速发展与建设用地扩张存在密不可分的关系。以上述相关关系为基础，结合社会经济发展规划目标和趋势，可以对建设用地扩张趋势做出基本判断。

（1）GDP 增长与建设用地开发强度关系

基于 2005—2017 年江苏省土地开发强度随 GDP 总值变化的趋势，建立建设用地开发强度与地区经济发展关系方程：

$$y=0.031\,6\ln x+0.150\,9 \quad R^2=0.951\,1$$

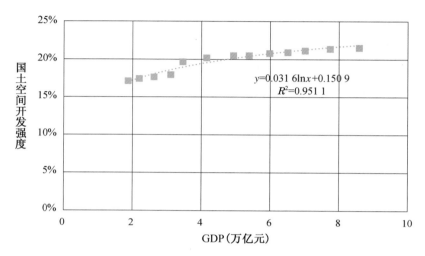

图 11 - 1　2005—2017 年江苏省 GDP 总值与建设用地开发强度关系

根据上文对江苏省经济发展不同情境下经济发展水平的预测，可以推算在不同情景下，基于 GDP 增长预测得到的建设用地开发强度。

表 11 - 2　不同经济增长情景下建设用地开发强度预测值　　　　　（%）

情景	现状趋势	最低保证增速	预计增速	力求实现增速
2030 年	24.87	24.28	24.47	24.66
2035 年	25.73	25.20	25.47	25.73

（2）固定资产投资与建设用地开发强度关系

基于 2005—2017 年土地开发强度随固定资产投资变化趋势建立关系方程：

$$y=0.025\,1\ln x+0.175\,4 \quad R^2=0.959\,5$$

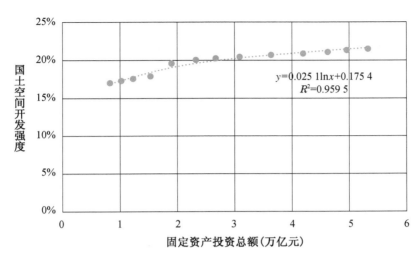

图 11 - 2　固定资产投资与建设用地开发强度关系

固定资产投资预测方程:

$$y=0.010\ 5x^2+0.252\ 5x+0.440\ 5\quad R^2=0.995\ 9$$

基于上述模型得到江苏省 2030 年和 2035 年的固定资产投资额分别为 14.10 万亿元、18.36 万亿元,结合关系方程预测得到江苏省 2030 年和 2035 年的土地开发强度分别为 24.18% 和 24.84%。

(3) 城镇化发展水平与建设用地开发强度关系

基于 2005—2017 年江苏省土地开发强度随城市化率变化的趋势,建立土地开发强度与城市化率的关系方程,其中城市化率以城镇人口比重计算所得,得到多项式趋势预测函数。

土地开发强度与城市化率关系方程:

$$y=0.146\ 4\ln x+0.272\ 6\quad R^2=0.954\ 5$$

根据《江苏省城镇体系规划(2012—2030 年)》和《江苏省城镇体系规划(2015—2030 年)》确定的江苏省城市化水平目标,2030 年城市化率为 80%,同时根据国内外研究以及实践经验,城镇化率到达一定数值后将进入一个稳定状态,因此预计在 2030 年后江苏省城镇化率速度将放缓,以 85% 为 2035 年城镇化率值。并据此推算出在这一情景下,江苏省 2030 年和 2035 年的土地开发强度分别为 23.99％和 24.88％。

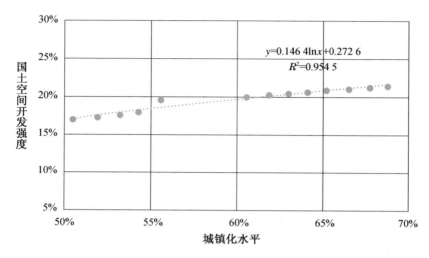

图 11－3　城镇化水平与国土空间开发强度关系

表 11－3　不同情景下江苏省国土空间开发强度预测　　　　　　（％）

年份		2030	2035
基于建设用地扩张趋势		27.40	29.40
基于 GDP 总值增长	现状趋势	24.87	25.73
	最低保证增速	24.28	25.20
	预计增速	24.47	25.47
	力求实现增速	24.66	25.73
基于固定资产投资		24.18	24.84
基于城镇化水平提升 23.99		24.88	

　　通过对不同情景下江苏省 2030 年、2035 年国土空间开发强度的分析，可以推测 2030 年国土空间开发强度在 23.99％～27.40％，2035 年国土空间开发强度在 24.84％～29.40％。仅以目前建设用地扩张趋势作为预测基准，得到的预计开发强度最高。

第二节 环境负荷的人口与经济承载力评价

环境负荷泛指经济系统对外部环境的影响。主要包括资源、能源的消耗和废弃物、污染物的排放等等。本节以二氧化硫排放为主要评价对象,针对江苏省1990年至2017年的环保统计数据中的二氧化硫排放量进行环境负荷的现状分析。

一、环境负荷现状与预测

(一)环境负荷的历史与现状分析

江苏省二氧化硫排放主要经历了四个主要发展趋势。1990年至1997年,江苏省二氧化硫排放经历了爆发式增长。伴随改革开放工业化的起步发展,江苏省二氧化硫排放几乎呈现指数化的发展趋势。1997年至2000年由于亚洲金融危机等国际经济环境调整与影响,江苏省二氧化硫排放呈现显著的下降趋势。2000年至2005年,由于外部经济环境的回暖以及制造业的大幅发展,二氧化硫排放指标又迅速回升,2005年二氧化硫排放为137.34万吨,与1997年二氧化硫排放值133.49万吨相差无几。"十一五"发展以来,由于中国资源环境压力剧增,粗放、低技术、低效率的发展模式已经造成生态环境的破坏和资源浪费。"十一五"规划中提出可持续发展的理念,以及提高资源利用效率的目标,在2006—2017年,江苏省二氧化硫排放呈现稳步减少趋势,2018年二氧化硫排放30.66万吨。可见作为制造业大省,江苏在经济保持相当高增长率的同时致力于减轻环境污染负荷,利用技术进步提高了资源使用效率、减轻了污染的排放。

江苏省二氧化硫排放的变化趋势主要经历了先上升,再下降的发展模式。根据环境库兹涅茨曲线理论(EKC),随着经济的发展,环境负荷应当呈现先上升再下降的倒U形发展趋势。

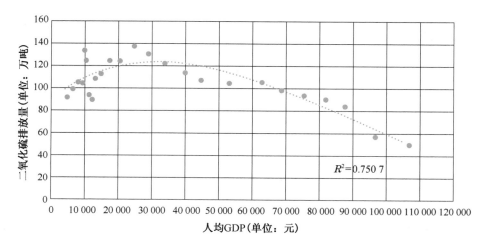

图 11-4　江苏省二氧化硫排放 EKC 曲线预测

经济数据来源：国家统计局地区数据。

　　将江苏省二氧化硫排放与人均 GDP 的时间序列数据进行立方抛物线模型拟合，可以得到如上趋势线。随着人均 GDP 的增长，江苏省二氧化硫排放量基本呈现先上升再下降的趋势，呈现倒 U 形的发展趋势。虚线代表了三次抛物线拟合的趋势，拟合 $R^2=0.750\,7$，结果较为显著。

　　综上，江苏省域二氧化硫排放与人均 GDP 存在 EKC 理论中的倒 U 形的发展趋势，技术进步和经济效率的提高使得二氧化硫排放与 GDP 实现脱钩。江苏省域二氧化硫排放经历了由制造业、工业推动的总体排放先上升和技术提高、经济效率上升推动的再下降的基本发展趋势。

（二）基于控制方程的环境负荷预测

　　环境负荷理论的控制方程可以表示为

$$I=P\times A\times T$$

其中，I—环境负荷，在本研究中代表污染物排放；P—人口；A—工业 GDP；T—单位工业 GDP 的环境负荷。

　　令 $P\times A=G$，则控制方程可以变形为

$$I=G\times T$$

其中,G 为区域生产总值。

假设未来 GDP 年增长率不变,年增长率为 g,单位 GDP 的环境负荷年降低率不变,年降低率为 t,则有:

$$G_n = G_0 \times (1+g)^n$$

$$T_n = T_0 \times (1-t)^n$$

原始公式则可以变形为:

$$I_n = G_n \times T_n = G_0 \times (1+g)^n \times T_0 \times (1-t)^n$$

其中,I_n、G_n、T_n 分别为第 n 年的环境负荷、GDP、单位 GDP 的环境负荷。

《江苏省十三五环境保护和生态建设规划》中指出,十三五环境保护和生态建设的主要指标二氧化硫到 2020 年目标年排放量比 2015 年排放量减少 20%。设置 5 年的平均 GDP 年增长率 g 为 7.5%,可以计算得出 $t \approx$ 11.04%。

2017 年江苏省 GDP 为 85 869.76 亿元,二氧化硫排放 50.28 万吨,将其代入上式计算得出 2015 年至 2017 年,t 约等于 28.85%。综合考虑江苏省环境规划的目标于 2017 年提前完成,故设置以下三个情景:

(1) 一般情景:$t=10.50\%$。该情景下,社会经济状况按照新常态的规划要求,二氧化硫减排任务正常完成,技术得以升级,落后产能淘汰以及经济效率稳步提高。

(2) 低减排情景:$t=9.00\%$。该情景下,社会经济状况未达到新常态的规划要求,二氧化硫减排任务难以完成,技术无显著升级,落后产能仍然存在以及经济效率无显著提高。

(3) 高减排情景:$t=12.00\%$。该情景下,社会经济状况超过新常态的规划要求,二氧化硫减排任务超额完成,技术得以高速升级,落后产能加速淘汰以及经济效率显著提高。

江苏 2020 年 GDP 增长目标降至 7.5% 左右,并指出在新常态的经济背景下这一经济增速是可持续的。因此以平均增速 7.5% 来预测 2030 年和 2035 年 GDP 规模分别为 21.99 万亿元和 31.56 万亿元。

（三）单位土地面积的环境负荷分析

探究 SO_2 排放的环境负荷问题除了需要探究二氧化硫排放总量、单位产值的排放量，也应当考虑单位土地面积的排放强度。二氧化硫污染造成的酸雨等自然危害程度是依据单位土地面积的强度而定的。江苏管辖面积较小而总经济产值较大，将环境负荷反映在单位土地面积上更能凸显环境负荷带来的人地矛盾，同时也能为用地规划与减排策略提供更切实的建议。

表 11 - 4 2018 年江苏与主要发达国家地均 SO_2 排放情况对比

国家/地区	面积/万 km^2	SO_2 排放量/万吨	单位面积 SO_2 排放量/（吨/km^2）
日本	37.80	69.49	1.84
德国	35.74	28.87	0.81
江苏	10.72	30.66	2.86
（生态文明建设指标参考）			3.5

数据来源：《江苏统计年鉴 2019》、OECD 数据库。

表 11 - 4 显示了江苏与主要发达国家的地均 SO_2 排放情况的对比，江苏省 2018 年的地均排放量为德国的 3.5 倍、日本的 1.6 倍，单位土地面积的环境负荷较大，土地处于"污染超载"的状态。在原环保部《生态文明建设试点示范区指标体系（试行）》的生态环境指标中，约束性的地均 SO_2 排放指标应不大于 3.5 吨/km^2。由于江苏省管辖面积小，建设用地扩张空间小，已经逼近红线，减少单位土地面积的环境负荷强度就应当从积极推动减排出发，以达成生态文明为最高目标。

对于变化趋势进行指数拟合，则有 $Y = f(X)$，不妨令 2005 年时，$X = 1$。则拟合结果为

$X = 16$ 时，代表 2020 年的预测情况 $Y \approx 20.22$；

$X = 21$ 时，代表 2025 年的预测情况 $Y \approx 12.90$；

$X = 26$ 时，代表 2030 年的预测情况 $Y \approx 8.22$；

X＝31 时，代表 2035 年的预测情况 Y≈5.24。

基于单位建设用地二氧化硫排放趋势模拟，得出：Y＝85.363$e^{-0.09x}$（R^2＝0.9163），从而可以求得：

表 11‐5　不同减排要求下的建设用地限制值　　　　（平方千米）

年份	建设用地限制值 （一般要求）	建设用地限制值 （低减排要求）	建设用地限制值 （高减排要求）
2020	22 141	23 273	21 047
2025	28 628	32 699	25 008
2030	37 016	45 943	29 714
2035	47 860	64 551	35 306

可以发现，2020 年时，在保持现有单位建设用地二氧化硫减少趋势不变的前提下，一般减排要求下建设用地量低于 23 000 平方千米。即使是满足低减排要求也需要基本与 2017 年的 23 122 平方千米持平，而高减排要求的建设用地控制就更难达到。这说明在目前的技术升级和减排步伐下，2020 年之前，建设用地的"超负荷"排放还将持续。所以，为了减少环境负荷对于经济社会发展的影响，应当推动减排并严格控制建设用地总量。而在 2035 年左右，如果按计划减排，各减排要求均能达到。

二、环境负荷经济承载力评价

（一）单位 GDP 二氧化硫排放分析

单位 GDP 的二氧化硫排放可以表示等量的经济活动所造成的环境负荷。以二氧化硫为例，单位 GDP 的环境负荷升高说明一定量的经济活动造成的环境负荷增大，不利于经济社会的可持续发展，相反如果单位 GDP 环境负荷降低，则说明定量环境负荷的条件下，经济效率升高。综合《江苏省环境统计资料》《江苏省环境统计年报》《江苏省统计年鉴》的二氧化硫排放量和区域内经济产值等数据，可以得出 1990—2017 年江苏省单位 GDP 二氧化硫排放量变化的趋势。

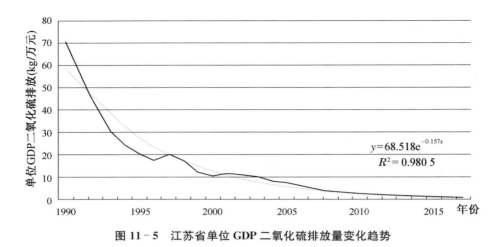

图 11 - 5　江苏省单位 GDP 二氧化硫排放量变化趋势

图 11 - 5 显示,江苏省 1990—2017 年单位 GDP 二氧化硫排放量呈现指数减少的趋势,其中 1990—1996 年单位 GDP 排放量大幅下降,6 年间下降了 75.4%,年均降幅 12.6%;1996—2003 年呈现波动下降趋势,7 年下降了 42.5%,年均降幅 6.1%;2003—2017 年单位 GDP 排放量稳步下降,14 年内下降了 94.1%,年均降幅 6.7%。

该变化趋势显示,1990—1996 年为江苏减排效率推动期,通过一轮新技术的推广和升级,在经济大幅增长的同时,基本维持了二氧化硫排放量不变,单位排放的经济效率大幅提高。1996—2003 年为转型期,实现约 100% 经济增长的同时,二氧化硫排放约有 10% 的增长,可能是生产中二氧化硫减排的技术瓶颈约束,使得二氧化硫排放不减反增,但单位 GDP 排放量仍然有大幅降低。2003—2017 年为深化期,十几年间在经济大幅跨越的同时,二氧化硫排放总量下降了约 59%。

《江苏基本实现现代化指标体系》指出,江苏基本实现现代化,其主要污染物排放强度目标值必须要努力达到一定的标准。其中单位 GDP 的二氧化硫排放强度确定的目标值为 1.2 kg/万元以下。2017 年,江苏省单位 GDP 二氧化硫排放量为 0.58 kg/万元,已经达到现代化水平。

（二）单位 GDP 二氧化硫排放量预测

对于单位 GDP 二氧化硫污染物未来变化趋势的预测，可以基于指数化模型对于单位 GDP 二氧化硫排放进行预测，得到的结果为 $y=68.518\mathrm{e}^{-0.157x}$。

针对二氧化硫排放量预测设置的三个不同的情景，也可以用来预测单位 GDP 二氧化硫排放量的变化趋势，经过计算可以得到下表：

表 11 - 6　江苏省单位 GDP 二氧化硫排放量与总排放量预测

年份	GDP(亿元)	一般情景 单位 GDP 二氧化硫排放量 （千克/万元）	低减排情景 单位 GDP 二氧化硫排放量 （千克/万元）	高减排情景 单位 GDP 二氧化硫排放量 （千克/万元）
2017	85 869	0.59	0.59	0.59
2020	106 676	0.42	0.44	0.40
2025	153 147	0.24	0.28	0.21
2030	219 862	0.14	0.17	0.11
2035	315 640	0.08	0.11	0.06

根据指数化模型中单位 GDP 二氧化硫排放估测，二氧化硫总排放量呈现先略有上升后下降的趋势。2020 年可以达到单位 GDP 二氧化硫排放值仅 0.62 kg/万元，超额完成江苏省现代化指标任务。在此分析模式下，2017—2020 年经济增长较为迅猛而单位 GDP 二氧化硫排放下降较少，使得二氧化硫排放量超出十三五环境保护规划的目标。这说明，由于技术升级和改造的难度不断加强，我们在维持新常态下的经济增长时，更需要保证单位 GDP 二氧化硫排放的下降，才能正常完成环境规划的目标，实现绿色 GDP、可持续发展等目标。

建议还是从地均排放强度、地均建设用地及城镇工矿用地排放强度角度来分析土地利用承载力。

（三）经济承载力测算

江苏省"十三五"环境保护和生态建设主要指标中，2020 年目标二氧化硫年排放量比 2015 年减少 20%，与此同时 2015 年排放量为 83.51 万吨。"十二五"规划中，要求减排 15%。我们以每个五年计划减排 15% 为规划预测标准，可以得到 SO_2 排放规划总量的预测。

根据表 11-7 中不同情景的二氧化硫排放总量预测以及指数化模型的预测，可以得到不同预测方法下的单位 GDP 二氧化硫排放，根据公式：

$$经济承载力＝环境影响/单位 GDP 环境影响$$

则可以预测不同情景下，由二氧化硫排放估算得到的江苏省经济承载力。

表 11-7　不同情景下江苏省经济承载力预测

年份	GDP/万亿元	SO_2 排放规划总量/万吨	一般情景经济承载力/万亿元	低减排经济承载力/万亿元	高减排经济承载力/万亿元	指数模型经济承载力/万亿元
2020	10.67	60.34	14.38	13.68	15.12	9.78
2025	15.31	51.29	21.27	18.62	24.35	18.22
2030	21.99	43.59	31.49	25.37	39.24	33.96
2035	31.56	37.05	46.61	34.56	63.18	63.29

可以发现，按照指数模型的发展趋势，2020 年的预测 GDP 将会低于低减排状况下的经济承载力，环境状况达不到环保部门的规划要求，二氧化硫排放污染问题将会成为 GDP 发展的限制性因素。在一般减排、低减排和高减排情景下，江苏省经济承载力均高于预测 GDP，说明维持现有二氧化硫减排措施，采用各种新兴的技术手段和管理方法（例如循环经济园区、更新脱硫技术等），对促进二氧化硫的减排有效，能推动江苏经济承载力进入高减排情景和指数模型情景，为江苏省未来的发展腾出更多生态空间和发展空间并促成人与自然和谐共处的"新常态"。

第三节　基于生态足迹的承载力测算

生态足迹是衡量人类对地球或该地区可再生自然资源需求的工具，通过计算人类所需的生物生产性土地面积来衡量人类对生物圈的需求，将其与生态承载力，即地球用于资源再生的生物生产性土地进行比较，判断出该地区特定时期内处于生态盈余/赤字状态。

一、生态足迹概念、计算方法及江苏省生态足迹现状

生物生产性土地指地球上能为人类提供资源需求的水域和土地，按照世界自然基金会（WWF）和国际环保组织"全球足迹网络（Global Footprint Network）"发布的《国家足迹和生态承载力工作指南（2019）》，用于计算生态足迹和生态承载力的生物生产性土地包括耕地足迹、林地足迹、草地足迹、渔业用地足迹、建设用地足迹和碳足迹（化石能源用地）。生态盈余/赤字是生态足迹与生态承载力的差值，能直观地表现出生态系统和人类生产生活之间对资源环境的供给和需求的能力。根据世界自然基金会和全球足迹网络每两年发布的《地球生命力报告》（*Living Planet Report*）和每年发布的地球透支日（Earth Overshoot Day）报告，人类对自然资源的使用速度正在持续增长，每年的地球透支日都在提前。2019 年的报告称，7 月 29 日是 2019 年的"地球透支日"，即到这一天，人类已经用光了 2019 年的自然资源定量，其中包括水、土壤、清洁空气等等。全球足迹网络从 1986 年开始计算"地球透支日"，2018 年为 8 月 1 日，2003 年为 9 月 22 日，1993 年为 10 月 21 日。目前人类的自然资源消耗速度是地球再生速度的 1.75 倍，即需要 1.75 个地球才能满足人类的需求。若按照国家消耗资源的速度看，美国消耗自然资源的速度需要 5 个地球，英国、法国、意大利需要 2.7 个地球，中国则需要 2.2 个地球。

生态足迹一般计算模型为

$$EF = N \times ef = N \times \sum_{i=1}^{n} r_j A_i = N \sum_{i=1}^{n} r_j (P_i + I_i - E_i)/(Y_i N)$$

$$(j = 1, 2, \cdots, 6; i = 1, 2, \cdots, n)$$

式中,EF 为总生态足迹;ef 为人均生态足迹;N 为人口数;A_i 为人均 i 种消费商品折算的生物生产性面积;P_i 为资源生产量,I_i 为资源进口量;E_i 为资源出口量;Y_i 为 i 种消费商品的年(全球)平均土地生产力;i 为消费商品和投入的类型;r_j 为对应于各土地利用类型的均衡因子;j 为生物生产性土地。

生态足迹中生物资源账户的计算公式为

$$ef_{生物} = \frac{江苏省生物量}{全球平均产量 \times 江苏省总人口} \times 1\,000$$

生态足迹中能源账户的计算公式为

$$ef_{能} = \frac{能源消费量 \times 折算系数}{全球平均特殊能源足迹 \times 江苏省总人口}$$

生态承载力一般计算模型为

$$EC = N \times ec = N \times a_j \times r_j \times y_j (j = 1, 2, \cdots, 6)$$

式中,EC 为总的生态承载力;N 为总人口数;ec 为人均生态承载力;a_j 为人均生物生产面积;r_j 为均衡因子;y_j 为产量因子,其中 j 为生物生产性土地类型。根据世界环境与发展委员会(WCED)的报告,为保护生物多样性的面积至少需保存 12% 的生态承载力,故在结果中予以扣除。

江苏省 2018 年年末常住人口总数 8 050.70 万人,通过上式计算得江苏省 2018 年生态足迹、生态承载力及生态赤字如表 11-8。结果表明,2018 年江苏省人均生态足迹为 4.72 全球公顷,人均生态承载力为 3.85 全球公顷,人均生态赤字为 0.87 全球公顷。

表 11‑8　2018 年江苏省人均生态足迹、生态承载力及生态赤字现状

（全球公顷）

账户名称	土地类型	均衡因子	产量因子	人均生态足迹	人均生态承载力	人均生态赤字
生物资源账户	耕地	2.52	1.74	2.029 8	1.874 6	0.155 2
	林地	1.29	0.86	0.000 067	0.000 1	−0.000 03
	草地	0.46	0.51	0.199 2	0.089 4	0.109 8
	水域	0.37	0.74	0.205 1	0.133 5	0.071 5
能源账户	化石能源用地	1.29	0.86	2.268 6	1.716 9	0.551 7
建设用地账户	建设用地	2.52	1.74	0.019 9	0.030 6	−0.010 6
合计				4.722 7	3.845 0	0.87

二、江苏省生态足迹约束下人口承载规模

根据 2012—2019 年《江苏省统计年鉴》等资料，统计并计算得 2011—2018 年江苏省年末常住人口、人均生态足迹、人均生态承载力和人均生态赤字。

结果显示，江苏省常住人口规模逐年增大，从 2010 年的 7 869.34 万人增加到 2018 年的 8 050.70 万人，年均人口增加率 0.285%；江苏省人均生态赤字变化趋势先增加后减小，从 2010 年 0.73 全球公顷至 2012 年时上升至最高值 0.96 全球公顷，随后连续两年降低，2016 年再达次高值，2018 年为 0.87 全球公顷。

为探究江苏省人口规模和人均生态赤字（人均生态赤字＝人均生态足迹—人均生态承载力，人均生态赤字越小表示自然资源消耗水平越接近自然资源承载水平）之间的关联性，用人口规模作自变量，人均生态赤字作因变量，得到江苏省人均生态赤字随人口规模变化见下图。

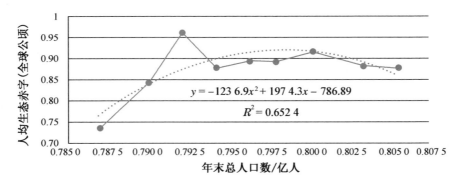

图 11 - 6　江苏省人均生态赤字随人口规模变化图

　　如图可知,江苏省人均生态赤字随人口规模变化情况呈现倒 U 形曲线状,因此对江苏省人均生态赤字随人口规模的变化趋势外推,得到二次多项式趋势方程:

$$Y = -1\,236.9X^2 + 197\,4.3X - 786.89 \quad R^2 = 0.652\,4$$

式中,X 为人口规模;Y 为人均生态赤字;当江苏省人均生态赤字为零,即由生态赤字转为生态盈余时,二次多项式趋势下的人口规模是 8 256 万人左右。

三、江苏省生态足迹约束下经济承载规模

　　根据 2011—2019 年《江苏省统计年鉴》,得到 2010—2018 年江苏省 GDP 总量、人均 GDP。

　　由图 11 - 7 可知,江苏省人均生态足迹、人均生态承载力、人均生态赤字都是先增加后减小再增加;人口规模、GDP 总量和人均 GDP 都是持续增加,2018 年与 2010 年相比,常住人口由 7 869.34 增大到 8 050.7 万人,增加 2.3%,GDP 总量由 41 962.18 亿元增加到 92 595.4 亿元,增加 120.66%,人均 GDP 由 5.33 万元增加到 11.50 万元,增加 115.69%。

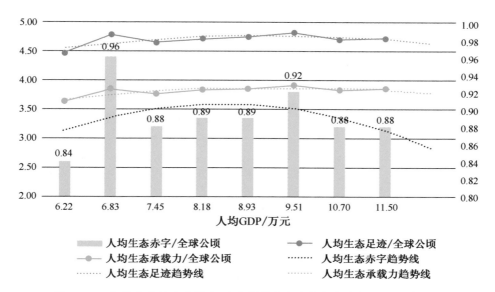

图 11-7　江苏省人均生态足迹、生态承载力和生态赤字随人均 GDP 变化图

江苏省人均生态足迹、生态承载力、生态赤字随经济规模变化的趋势方程：

$$Y_1 = -0.011\,1X^2 + 0.121\,3X + 4.441\,4$$

$$Y_2 = -0.008\,5X^2 + 0.099\,6X + 3.579\,6$$

$$Y_3 = -0.010\,3X^2 + 0.186\,7X + 0.074\,1$$

式中，Y_1、Y_2、Y_3 分别为人均生态足迹、人均生态承载力和人均生态赤字，X 为人均 GDP。

由趋势方程可得，当人均生态赤字为零，即江苏省由生态赤字转为生态盈余时，江苏省人均 GDP 达到 18.5 万元，相应 GDP 总量达 152 740 亿元。

第四节　基于碳峰值的承载力测算

江苏省是经济强省、人口大省、能源消费大省，从而奠定了其为碳排放大省。化石能源、电能、生物质能、风能、水能等众多能源中，以化石能源为代表的传统能源是造成碳排放的主要原因。本节着重计算化石能源、电力、农村生物质能碳排放。

一、江苏省碳排放分析

通过构建能源消费的碳排放模型来计算能源的碳排放量[①]，并得出表11-9。

$$Ct = Ch + Ce + Cb$$

其中，Ct 为碳排放总量，Ch、Ce、Cb 分别为终端能源消费（除电力外）、电力消费和农村生物质能消费带来的碳排放。

电力消费碳排放为

$$Ce = Qe \times De \times Ee$$

其中，Ce 为电力消耗碳排放总量（10^4 t），Qe 为年度电力消费量（10^4 t），De 为碳排放系数。

生物质能碳排放为

$$Cb = Qb \times Db \times Eb$$

其中，Cb 为农村生物质能消费碳排放总量（10^4 t），Qb 为能源消费量（主要为薪柴、沼气和秸秆），Db 为碳排放系数。

表 11-9 1996—2017 年能源消费碳排放量 （万吨）

年份	碳排放总量	终端	电力	生物质能
1996	15 041.41	12 209.29	2 172.24	659.89
1997	14 476.4	11 542.99	2 262.31	671.1
1998	15 301.97	12 591.2	2 028.22	682.54
1999	14 397.06	11 263.68	2 438.31	695.06
2000	14 540.85	11 147.18	2 696.06	697.61

---

① 赵荣钦，黄贤金.基于能源消费的江苏省土地利用碳排放与碳足迹[J].地理研究,2010,29(9):1639-1649.

（续表）

年份	碳排放总量	终端	电力	生物质能
2001	14 286.48	10 570.09	2 986.05	730.34
2002	14 843.5	10 933.91	3 318.83	590.77
2003	16 308.43	11 767.46	3 968.15	572.81
2004	21 374.17	15 924.93	4 729.2	720.04
2005	26 758.51	20 380.52	5 625.25	752.74
2006	28 795.18	21 749.42	6 575.5	470.27
2007	31 513.55	23 670.19	7 327.16	516.2
2008	33 199.78	25 163.21	7 534.44	502.13
2009	35 029.67	26 616.14	7 915.13	498.4
2010	35 430.32	26 355.08	8 588.64	486.61
2011	38 790.94	28 867.65	9 426.82	496.47
2012	38 763.4	28 327.55	10 043.51	392.34
2013	41 292.23	29 842.32	11 063.82	386.09
2014	44 020.86	31 448.89	12 192.86	379.11
2015	43 666.29	31 704.18	11 555.59	406.52
2016	44 474.07	31 850.30	12 219.02	404.74
2017	44 497.52	31 271.67	12 871.77	354.08
合计	626 802.593 1	465 197.85	149 538.89	12 065.87

　　江苏省碳排放总量呈现逐渐增加的趋势,碳排放总量从 1996 年的 15 041.41 万吨增加到 2017 年的 44 497.52 万吨,以年均 5.3% 的速度增长;其中,电力消费增长最快,由 1996 年的 2 172.24 万吨上升至 2017 年的 12 871.77 万吨,年均增长速度高达 8.84%;其次为终端消费,其碳排量从 1996 年的 12 209.29 万吨上升到 2017 年的 31 271.67 万吨,年均增长速度为 4.58%。从各项能源消费占碳排放总量的比重来看,1996—2017 年,终端能源消费占碳排放比重逐年降低,占比由 1996 年的 81.17% 降至 2017 年的 70.28%,降幅为 13.42%;电力消费碳排放占比则呈增长趋势,其占碳排放总量的比重由 1996 年的 14.44% 上升到 2014 年的 28.93%,涨幅高达 100.35%;

农村生物质能消费碳排放呈下降趋势,其占碳排放总量的比重由 1996 年的 4.38%下降到 2017 年的 0.80%。

二、土地利用类型碳排放

(一)土地利用碳排放分析

土地利用/覆被变化是引起陆地系统碳循环过程改变的重要因素[1][2],土地利用变化会改变人为能源消费的格局,并进一步影响区域碳循环速率。为分析土地利用变化与能源消费碳排放之间的关系,建立了土地利用类型和碳排放项目的对应关系[3],根据我国现行土地分类系统,将土地利用进行归类合并,并与能源消费行业进行对应(详见下表)。

表 11 - 10　土地利用类型与碳排放项目的对应关系

土地利用类型		能源消费项目	产业空间
城乡建设用地	城镇用地	建筑业	生活与工商业空间
		批发、零售业和住宿、餐饮业	
		城镇生活消费	
	农村居民点用地	农村生活消费	
	独立工矿用地	工业	
农用地及交通水利用地	交通运输用地	交通运输、仓储和邮政业	交通产业空间
	农用地及水利设施用地	农、林、牧、渔、水利业	农业空间及水利业空间
其他建设用地	特殊用地	其他行业	其他产业空间

① IPCC. Land-use, land-use change and forestry[M]//Watson R T, Noble I R, Bolin B, et al. A Special Report of the IPCC. Cambridge: Cambridge University Press, 2000.

② 葛全胜,戴君虎,何凡能,等. 过去 300 年中国土地利用、土地覆被变化与碳循环研究[J]. 中国科学(D 辑):地球科学,2008,38(2):197 - 210.

③ 李璞. 低碳情景下建设用地结构优化研究——以江苏省为例[D]. 南京:南京大学,2009.

将土地利用类型与能源碳排放进行对应,得到土地利用碳排放。总体来看,江苏土地利用碳排放呈增加趋势,在 2017 年不同土地类型的碳排放中,独立工矿用地的碳排放所占比重最大,占土地碳排放总量的 75.31%,其排放量由 1996 年的 11 371.73 万吨增加到 2017 年的 33 170.16 万吨;其次为交通运输用地和城镇用地,其占碳排放总量的比重分别为 9.90% 和 6.92%,其排放量分别由 1996 年的 628.39 万吨和 1 106.63 万吨增加到 2017 年的 4 359.20 万吨和 3 048.11 万吨;农用地及农田水利设施用地和特殊用地碳排放量所占碳排放总量的2.19%和2.39%,其排放量分别由 1996 年的 712.45 万吨和 209.77 万吨增加到 2017 年的 964.00 万吨和 1 054.87 万吨。

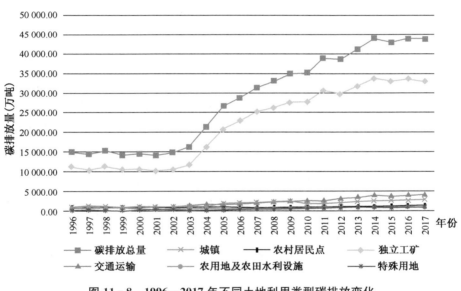

图 11 - 8　1996—2017 年不同土地利用类型碳排放变化

(二) 土地利用碳排放强度分析

各类用地的碳排放强度(单位面积碳排放)较好地反映了土地利用碳排放状况及其对比关系。在土地利用类型和碳排放项目对应的基础上,对江苏全省及不同土地利用类型的碳排放强度进行测算,具体方法为

$$Cp_i = Ct_i / S_i$$

$$Cp = \sum Ct_i / \sum S_i$$

其中，Cp 和 Cp_i 分别为江苏全省单位面积碳排放和各类用地的单位面积碳排放，Ct_i 为与不同土地类型相对应的行业碳排放量，S_i 为相应的土地利用类型的总面积。

江苏全省单位土地面积碳排放呈明显的上升趋势，单位土地面积碳排放由 1996 年的 14.10 t/hm² 上升到 2017 年的 41.29 t/hm²，增幅为 192.84%，年均增长率为 5.25%，全省单位土地面积碳排放增长较快，主要归因于江苏能源消费及建设用地碳排放量大幅增加。地均建设用地碳排放总体呈增加趋势，1996—2003 年，变化较为平稳；2004—2008 年，地均建设用地碳排放显著增加，由 2004 年的 135.21 吨/公顷增加到 2008 年的 194.89 吨/公顷；2008—2010 年，受金融危机影响，地均建设用地碳排放有所下降；2011—2014 年，地均建设用地碳排放呈增加趋势；2014—2017 年，在节能减排的背景下，地均建设用地碳排放呈下降趋势。在碳排放约束和倡导低碳发展背景下，不断增长的建设用地规模和能源消费量将使全省碳排放量在短期内不断增加，碳排放对土地利用的约束将不断加强。

从地均碳排放强度来看，独立工矿用地＞交通运输用地＞城镇用地＞农村居民点用地＞特殊用地＞农用地及农田水利设施用地。独立工矿用地单位面积碳排放量最大，说明其具有较大的能源消耗量，碳排放强度较高；农用地及农田水利设施用地碳排放强度最低，2017 年，其碳排放强度仅为 1.21 t/hm²，远低于其他土地利用类型碳排放。

三、基于碳排放峰值的资源环境人口承载力测算

江苏省是经济强省、人口大省、能源消费大省，从而奠定了其为碳排放大省。一般来说，随着经济增长率和国民生产总值的不断提高，能源消费量急剧增长，人均碳排放量也就增大，与此同时，随着技术进步，节能水平的提高，能源勘探、开采技术进步以及新型洁净优质能源的开发，又将大大降低单位产值碳排放量。由于受到经济增长速度、技术进步、新能源应用等因素的制约，实际碳

排放量必然走出一条"S"形增长轨迹,而无限接近 1。根据这一趋势,采取非线性 logistic 模型进行预测,基于碳排放峰值的人口承载力,根据现状、预测年以及碳峰值年份碳排放控制目标测算所能承载的最大人口规模和经济规模。

(一) 碳峰值预测

(1) 碳峰值预测模型构建

根据 2014 年《中美气候变化联合声明》,中国承诺于 2030 年左右实现碳峰值。江苏省注重提升经济发展水平和积极进行产业结构调整,不断降低经济发展能耗,积极实施碳减排政策。根据 Kaya 恒等式,对江苏省碳峰值年进行预测;根据 Kaya 恒等式,碳排放主要由人口、生活水平和碳排放强度所决定。具体公式如下:

$$Ct = P\left(\frac{G}{P}\right)\left(\frac{E}{G}\right)\left(\frac{C}{E}\right) = Pgec$$

其中,Ct 为碳排放总量,C 为碳排放,P 为人口,G 为国内生产总值,E 为能源消费量;$g = G/P$ 表示人均 GDP,$e = E/G$ 表示 GDP 能源强度,$c = C/E$ 表示能源碳排放强度。

Kaya 恒等式未考虑科技进步因素所产生的影响,而碳排放不仅与能源消费规模及经济产出有直接联系,而且与产业结构以及科学技术水平等有较为密切的关系[1]。产业技术进步与资本收益率、人均劳动者报酬等变动密切相关,与二者的可决系数分别高达 0.95 和 0.91[2]。因此,在 Kaya 恒等式中引入能够表征产业科学技术水平的变量——劳动者报酬率,对模型进行改进。改进后的模型为

$$Ct = P\left(\frac{G}{P}\right)\left(\frac{E}{G}\right)\left(\frac{C}{E}\right) \cdot (1 - 0.91f) = Pgec \cdot k$$

其中,f 表示劳动者报酬率,k 表示技术进步影响系数,$k = 1 - 0.91f$。

---

① 高振宇,王益. 我国生产用能源消费变动的分解分析[J]. 统计研究,2007,24(3):52-57.
② 吕炜. 美国产业结构演变的动因与机制——基于面板数据的实证分析[J]. 经济学动态,2010(8):131-135.

（2）关键因子设定

能源消费量与能源碳排放密切相关，根据江苏省历年能源消费量和碳排放量，确定二者的可决系数。首先确定能源折算系数，具体如下表所示：

表 11 - 11　江苏省主要能源折标煤系数

能源种类	折标系数	能源种类	折标系数	能源种类	折标系数
原煤	0.714 3	其他煤气	0.624 3	燃料油	1.428 6
洗精煤	0.9	其他焦化产品	1.3	液化石油气	1.714 3
其他洗煤	0.357 2	原油	1.428 6	炼厂干气	1.571 4
型煤	0.6	汽油	1.471 4	其他石油制品	1.2
焦炭	0.971 4	煤油	1.471 4	天然气	1.33
焦炉煤气	0.614 3	柴油	1.457 1	电力	0.122 9

注：折标煤系数单位分别为 kgce/kg、kgce/m³、kgce/10⁶J、kgce/（kW·h）。数据来源于《中国能源统计年鉴》和百度百科。

在确定各种能源消费量折标煤系数基础上，对江苏省农、林、牧、渔业，工业，建筑业，交通运输、仓储和邮政业，批发、零售业和住宿、餐饮业等相应产业的能源消费量进行折算，得到江苏省历年能源消费量。根据江苏省历年能源碳排放量与能源消费量，对两者进行拟合，结果如图 11 - 9 所示。通过拟合可

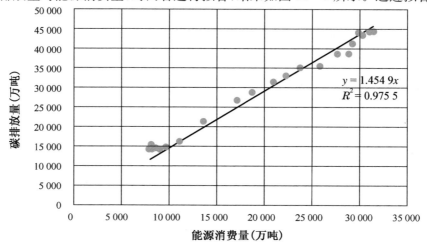

图 11 - 9　1996—2017 年江苏省碳排放与能源消费散点图及趋势曲线

知，江苏省碳排放与能源消费间的可决系数为 0.988 4，两者间具有较强的相关性，故能源碳排放强度 $c=1.454$ 9。

（3）情景构建与峰值预测

以 2010 年为基准年，根据江苏经济发展现状和能耗控制目标，构建基准情景、低碳情景及强化低碳情景三种模式，对江苏省的碳峰值进行预测。

情景 1：基准情景。仍以经济增长作为社会发展的主要目标，经济发展、能源消耗等参照以往发展趋势的同时，结合新常态下的经济发展目标，对碳排放进行预测。新常态背景下，江苏省经济发展速度将逐渐放缓，结合这一趋势对江苏省 GDP 增长率进行设定，预测江苏省保持 6% 的经济增速。能源强度方面，国家发改委要求"十三五"期间江苏省能耗增速下降 2.5%，故设定 2018—2020 年能耗下降率为 2.5%；2020—2050 年能耗下降率呈逐步提高趋势。

情景 2：低碳情景。主要考虑江苏省能源供需矛盾、环境约束、政策导向及低碳发展要求等因素，采取政策促进所能实现的低碳排放情景。新常态背景下，江苏省经济发展速度将逐渐放缓，结合这一趋势对江苏省 GDP 增长率进行设定。能源强度方面，国家发改委要求"十三五"期间江苏省能耗增速下降 2.5%，低碳情景在此基础上上浮 0.5 个百分点，故设定 2015—2020 年能耗下降率为 3%；2020—2050 年能耗下降率呈逐步提高趋势。

情景 3：强化低碳情景。强化低碳情景下，产业结构得到很好的调整，能源结构得到进一步优化调整，能源消费在技术上实现较大提升；政策上，进一步加强碳排放约束，更好地促进低碳经济发展模式的转变。新常态背景下，江苏省经济发展速度将逐渐放缓，结合这一趋势对江苏省 GDP 增长率进行设定。能源强度方面，国家发改委要求"十三五"期间江苏省能耗增速下降 2.5%，强化低碳情景在此基础上上浮 1 个百分点，故设定"十三五"期间能耗下降率为 3.5%；2020—2050 年能耗下降率呈逐步提高趋势。

根据上述三种情景对江苏省碳排放进行预测，预测结果如下：

从计算结果可知，不同情景下，江苏省碳峰值年出现时间存在差异。基准情景下，至 2033 年出现碳峰值；低碳情景下，碳峰值在 2027 年出现；强化低碳

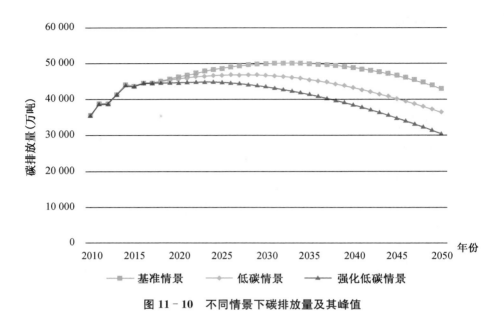

图 11-10　不同情景下碳排放量及其峰值

情景下,江苏省碳排放总量在 2022 年达到峰值。考虑到新常态下江苏省经济增速放缓,经济发展能源利用效率提高,以及积极推进产业结构调整,施行节能减排措施,促进低碳发展模式等现实,低碳情景更符合对江苏省未来经济社会发展及碳排放趋势的预测,全省碳排放峰值将在 2027 年左右出现。

(二) 基于碳峰值的人口承载力测算

(1) 人均 GDP 碳排放量现状与趋势分析

1996 年至 2017 年,江苏省人均碳排放量呈不断增长趋势,其增长阶段可分为三个阶段:1996—2003 年为缓慢增长阶段,这一阶段,全省人均碳排放量增长较为缓慢,这一时期,全省经济发展相对较为缓慢,经济发展能源消耗相对保持稳定,能源消耗量增加缓慢,由 1996 年的 8 111 万吨增加到 2003 年的 11 060 万吨,年均增长率仅为 3.50%,能源消耗碳排放量相对较小;2004—2014 年为快速增长阶段,这一时期,全省人均碳排放量快速增长,经济高速发展对能源消耗需求大幅增加,能源消耗量由 2004 年的 13 652 万吨增加至 2014 年的 44 020.86 万吨,增幅高达 222.45%,能源消耗碳排放量增长迅速;

2014—2017 年为缓慢增长阶段,这一时期在节能减排的影响下,能源消耗相对平稳。

根据人均碳排放量发展趋势,对 2015—2030 年人均碳排放量变化趋势进行预测。未来时期内,人均碳排放量将保持较平稳的趋势(见图 11 - 11)。

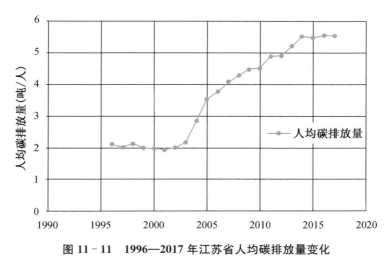

图 11 - 11　1996—2017 年江苏省人均碳排放量变化

(2)基于碳峰值的人口承载力测算

根据不同情景预测的碳排放量,测算碳峰值年人口承载力。经预测,不同情景下碳排放量和承载人口详见下表。总体上,基准情景所能承载人口规模略高于低碳情景和强化低碳情景,基准情景在保持经济较高增速和适量减排情形下,碳排放总量最大,其所承载人口因经济较快发展而略高于其他情景,但污染排放总量远高于低碳和强化低碳情景,与所倡导的低碳发展相违背;低碳情景其经济增速略慢于基准情景,但其碳排放量低于基准情景,且其所能承载人口规模与前者相当,在符合低碳化发展模式下,实现人口、经济较为协调发展,是最佳发展模式;强化低碳发展以牺牲经济发展为代价,以控制碳排放,且其所能承载的人口低于低碳情景。因此,在经济发展的同时,应积极进行节能减排,严格控制碳排放量,降低人均碳排放量,减轻环境负荷,提高人口承载能力。

表 11 - 12　不同情景下碳排放量及承载人口规模　　　　　（万吨、万人）

年份	情景	基准情景	低碳情景	强化低碳情景
2020	碳排放量	46 275	45 566	44 865
	承载人口	8 338	8 210	8 084
2025	碳排放量	48 660	46 699	44 808
	承载人口	8 768	8 414	8 074
2030	碳排放量	49 905	46 678	43 645
	承载人口	8 992	8 410	7 864
2035	碳排放量	49 917	45 504	41 462
	承载人口	8 994	8 199	7 471

四、基于碳峰值的经济承载力测算

（1）单位 GDP 碳排放量现状与趋势分析

1996 年至 2017 年，江苏省单位 GDP 碳排放量呈不断下降趋势，大致分为两个阶段：1996—2005 年为快速下降阶段，这一阶段，全省人均碳排放量下降较快，单位 GDP 碳排放量由 1996 年的 2.51 吨下降至 2012 年的 0.71 吨，年均降幅为 7.5%；2012—2017 年下降速度放缓，单位 GDP 碳排放量由 2012 年的 0.71 吨下降至 2017 年的 0.52 吨，年均降幅为 6.28%。根据单位 GDP

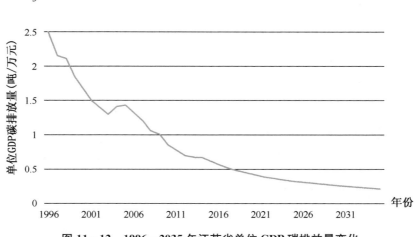

图 11 - 12　1996—2035 年江苏省单位 GDP 碳排放量变化

碳排放量发展趋势,2015—2030年单位碳排放量将进一步降低,但由于经济发展和技术进步具有一定限度,其下降速度不断变缓。

（2）基于碳峰值的经济承载力测算

根据不同情景预测的碳排放量,测算碳峰值年经济承载力。经预测,不同情景下碳排放量和承载经济情况详见下表。江苏省基准情景所能承载的经济规模高于低碳及强化低碳情景。随着经济容量标准的提升,污染排放量也增大,在高质量经济发展要求下,实现环境—经济的协调发展是必然选择。因此应积极进行节能减排,严格控制碳排放量,减轻环境负荷。

表 11‐13　不同情景下碳排放量及承载经济规模　　（万吨、亿元）

年份	情景	基准情景	低碳情景	强化低碳情景
2020	碳排放量	46 275	45 566	44 865
	承载 GDP	107 034	105 396	103 775
2025	碳排放量	48 660	46 699	44 808
	承载 GDP	146 118	140 229	134 550
2030	碳排放量	49 905	46 678	43 645
	承载 GDP	186 257	174 215	162 895
2035	碳排放量	49 917	45 504	41 462
	承载 GDP	223 340	203 599	185 513

五、基于碳峰值约束的建设用地规模分析

建设用地碳排放是土地利用碳排放的主要来源,随着建设用地规模不断增加,江苏省碳排放总量不断增加,单位建设用地碳排放强度也呈增加趋势。在碳峰值目标约束下,江苏省碳减排压力较大,在转变经济发展方式,提高能源利用效率,优化能源结构的同时,严格控制建设用地规模,减少建设用地碳排放也是有效促进碳峰值实现的重要途径。因此,以碳峰值为约束目标,结合建设用地碳排放强度,测算基于碳峰值约束的建设用地规模。经测算可知,到2035年,基准情景、低碳情景下建设用地规模仍将不断扩大,将达到310.72万公顷和283.25万公顷;而在强化低碳情景下,建设用地规模上限将在2030

年后逐渐收缩,未来发展中,在倡导低碳发展,积极推进节能减排的同时,需严格控制建设用地规模,实行建设用地减量化发展,减轻碳排放约束对土地利用的限制。

表 11-14　碳峰值约束下的合理建设用地规模　　　　（万吨、万公顷）

年份	情景	基准情景	低碳情景	强化低碳情景
2020	碳排放量	46 274.77	45 566.49	44 865.48
	承载建设用地	254.58	250.68	246.83
2025	碳排放量	48 660.21	46 699.36	44 808.00
	承载建设用地	278.96	267.71	256.87
2030	碳排放量	49 904.64	46 678.13	43 645.15
	承载建设用地	298.11	278.84	260.72
2035	碳排放量	49 916.61	45 504.38	41 462.33
	承载建设用地	310.72	283.25	258.09

第五节　资源环境承载力比较及分析

江苏省不同资源环境要素所能承载的人口规模存在差异,其资源环境综合承载力并不是各要素承载容量的简单相加,而是由资源环境中的短板因素决定的。因此,本节在各类资源环境的人口承载潜力测算基础上,根据"木桶原理"及江苏省实情确定适应江苏省人口经济发展的资源环境生态承载力。

一、基于资源环境的人口承载力分析

为此,按照南京大学、江苏省土地勘测规划院、江苏省地质调查研究院等单位于 2015 年完成的《江苏省市级资源环境承载力评价指南(试行)》,还测算了基于粮食供给的土地资源承载力、基于水资源和水环境约束的承载力等指标。其中,由于基于生态足迹测算的人口规模远低于基于其他资源环境要素测算的承载规模,并不能真实反映资源环境要素的综合水平,因此,在依据木桶效应综合考虑江苏省人口资源环境生态承载力研究时,扣除生态人口承载力对全省资源人口综合承载力的影响。在不同的情景下,江苏省各类资源的人口承载潜力存在一定的差异(见表 11-15)。

表 11-15　不同时期江苏省各类资源环境人口承载力　　　　（万人）

资源环境	情景			2020 年	2035 年
土地资源	人均生活用粮标准	基本现代化水平	低水平	7 750.20	10 044.50
			中水平	8 298.90	10 249.49
			高水平	8 735.69	10 761.97
		小康型水平	低水平	8 530.53	11 055.83
			中水平	9 134.47	11 281.46
			高水平	9 615.23	11 845.53
	人均粮食需求总量标准	基本现代化水平	低水平	6 549.20	7 943.77
			中水平	7 097.90	8 148.76
			高水平	7 534.69	8 661.23
		小康型水平	低水平	7 208.61	8 743.58
			中水平	7 812.55	8 969.21
			高水平	8 293.31	9 533.28
水资源	高方案			8 369.82	8 619.82
	中方案			7 559.84	7 785.65
	低方案			6 892.79	7 098.68
碳峰值	基准情景			8 338.00	8 994.00
	低碳情景			8 210.00	8 199.00
	强化低碳情景			8 084.00	7 471.00
预测人口	历史趋势情景			8 066.02	7 821.62
	规划目标情景			8 500.00	—
	趋近峰值情景			8 098.57	8 455.56

通过对比分析江苏省土地资源、水资源和碳峰值的人口承载力,发现不同资源环境要素的人口承载规模在不同情景下的高低值存在交叉,按木桶理论确定并不能反映真实情况,因此,结合江苏实际情况,对人口承载力规模进行

确定。在倡导低碳发展及节能减排的背景下,江苏省未来碳排放对经济社会发展和人口容量的约束将不断降低。在此,全省应综合土地资源与水资源的人口承载力作为区域人口容量标准。

土地资源所能承载的人口在不同的生活水平程度下,按照人均生活用粮计算和按照人均粮食需求总量计算结果不同。一方面,由于江苏省不同经济社会发展水平和耕地保护目标存在较大差异,苏南地区以保证生活用粮为主,未能保证其他用粮,因此,按人均生活用粮测算更能反映全省水平。另一方面,按照江苏省现有经济社会发展趋势,到 2020 年,全省基本实现现代化。综上,选取基本现代化水平下人均生活用粮所能承载的人口规模作为土地资源的最终人口规模,2020 年承载规模为 7 750.20 万人~8 735.69 万人,2035 年承载规模为 10 044.50 万人~10 761.97 万人。水资源人口承载力中,江苏省2020 年和 2035 年水资源所能承载的人口规模分别为 6 892.79 万~8 369.82万人、7 098.68 万~8 619.82 万人。综上,江苏省 2020 年与 2035 年的人口承载规模分别为 6 892.79 万~8 735.69 万人、7 098.68 万~10 761.97 万人。

二、基于资源环境的经济承载力分析

通过对比分析江苏省土地资源、水资源、环境负荷和碳峰值的经济承载力,在不同的情景下,江苏省各类资源的经济承载潜力存在一定的差异。土地资源经济承载力中,根据江苏省对耗地下降率的要求,在建设用地开发强度限度限制下,江苏省 2020 年和 2035 年土地可以承载的最大经济容量分别为12.55 万亿元和 50.39 万亿元。水资源经济承载力中,江苏省 2020 年和 2035年可以承载的最大经济容量分别为 12.93 万亿元和 46.32 万亿元。新常态背景下,江苏省经济发展速度将放缓,不同资源承载力的经济规模将在上限值范围内。根据江苏省新常态下的经济发展速度,并综合考虑环境负荷和碳峰值对经济发展的约束,2020 年资源环境所能承载的经济规模在 10.23 万亿~11.19 万亿元,2035 年资源环境所能承载的经济规模在 12.37 万亿~29.02 万亿元。

表 11－16 不同时期江苏省各类资源环境经济承载力 （万亿元）

资源类型	情景		2020 年	2035 年
土地资源	基于耗地率趋势	开发上限	12.95	38.72
	基于约束模式	开发上限	12.55	50.39
	GDP 规模预测	现状趋势	11.19	29.02
		最低保证增速	10.23	24.51
		预计增速	10.37	26.68
		力求实现增速	10.52	29.02
水资源	高方案		12.93	46.32
	中方案		11.74	25.99
	低方案		10.37	12.37
环境负荷	一般情景		14.38	46.61
	低减排情景		13.68	34.56
	高减排情景		15.12	63.18
碳峰值约束	基准情景		10.70	22.33
	低碳情景		10.54	20.36
	强化低碳情景		10.38	18.55

三、基于资源环境的用地规模分析

在各类资源环境承载测算基础上，确定了最小耕地保有量、最适生态用地保有量、最大建设用地规模，详见表 11－17。基于粮食安全的耕地保有量测算结果中，在不同的粮食安全水平、不同的经济社会发展趋势、环境负荷及碳峰值约束下，耕地保有量、建设用地规模和生态用地规模不同。

江苏省作为经济大省，经济社会发展对土地需求不断增大，耕地保护面临巨大压力。其在经济发展过程中，严守耕地保护红线，实现了粮食自给。依据《江苏省土地利用总体规划（2006—2020）》，全省耕地保有量应在 4 751.3 千公顷，考虑到江苏省是我国粮食主产区之一，因此，应以粮食完全自给情景作为耕地保有量目标值。2020 年江苏省最低耕地保有量为 4 638.99 千～4 853.44 千公顷；2035 年江苏省最低耕地保有量为 4 734.34 千～4 933.32 千公顷。

建设用地规模方面,根据《江苏省土地利用总体规划(2006—2020)》,2020年建设用地规模控制在 2 223.6 千公顷,而江苏省 2017 年实际建设用地规模(2 312.26 千公顷)已经突破土地利用总体规划确定的目标,2018 年建设用地规模为 2 324.31 千公顷,仍呈不断增长的趋势。基于 GDP 增速、城镇化、资产化等与建设用地规模的联系以及碳峰值的约束,得到江苏省 2020、2035 年建设用地规模分别为 2 405.96 千~2 545.80 千公顷、2 580.90 千~3 107.20 千公顷。

表 11 - 17　不同时期江苏省用地规模测算　　　　（千公顷）

土地类型	资源环境	情景		2020 年	2035 年
耕地保有量	粮食安全	粮食完全自给	规划目标情景	4 853.44	—
			历史趋势情景	4 638.99	4 933.32
			趋近峰值情景	4 655.07	4 734.34
		粮食安全系数为0.925	规划目标情景	4 489.43	—
			历史趋势情景	4 291.07	4 563.32
			趋近峰值情景	4 305.94	4 379.26
		粮食安全系数为0.85	规划目标情景	4 125.42	—
			历史趋势情景	3 943.14	4 193.32
			趋近峰值情景	3 956.81	4 024.19
建设用地规模		GDP 总值趋势	现状趋势	2 435.98	2 758.70
			最低保证增速	2 405.96	2 701.88
			预计增速	2 410.25	2 730.83
			力求实现增速	2 415.61	2 758.70
		城镇化趋势		2 407.03	2 667.57
		固定资产趋势		2 410.25	2 663.28
		碳峰值约束	基准情景	2 545.80	3 107.20
			低碳情景	2 506.80	2 832.50
			强化低碳情景	2 468.30	2 580.90

第十二章 / 长江经济带省会城市资源环境承载力评价：以长三角中心城市南京市为例

在快速城镇化进程中，资源环境对城市发展的刚性约束日益加强。水资源短缺、环境污染、能源紧张、耕地流失、生态系统退化、气候变化等地方性和全球性环境议题都以城市发展空间为基本单元。对此，将资源刚性约束、资源节约集约利用与城市发展有机联系，是城市实现可持续发展的关键前提。省会城市是长江经济带经济社会发展的核心空间，人口与产业高度集聚，人地矛盾有别于一般地区。科学认识、合理评估中心城市的资源环境承载力是实现长江经济带高质量发展与可持续发展并进的基础。

第一节　基于关键要素约束的城市资源环境承载力评价思路

本章以长三角中心城市南京市为例，旨在识别南京市城市发展过程所面临的资源环境约束，评估各类资源环境约束下城市发展的适度规模。本章提出资源环境对中心城市发展的约束包含 2 个维度：（1）资源总量的刚性约束，表现为有限的资源环境容量对中心城市规模的天然制约。（2）资源利用的弹性约束。资源环境利用强度和效益提升，能够有效拓展资源环境可承载的社会经济活动。然而，利用强度和效益仍受制于技术水平和发展阶段，导致了资源利用对社会经济发展的弹性约束。

综合城市发展对资源环境的现实需求、既有资源环境承载力的研究成果，以及南京市社会经济发展的实际情况，重点分析南京市资源环境约束的 4 个关键来源：

（1）以碳峰值为刚性约束，以能源强度和能源结构为弹性约束的能源承载力；

（2）以可利用水资源总量为刚性约束，以用水强度和污水处理能力为弹性约束的水资源承载力；

（3）以大气环境容量为刚性约束，以污染排放强度为弹性约束的环境承载力；

（4）以可建设空间为刚性约束，以生态系统服务功能为弹性约束的土地生态承载力。

基于上述认识，本章设计了资源环境约束下的城市适度规模评估思路（图12-1），遵循着社会经济发展与资源环境承载力相适应的基本原则，以社会经

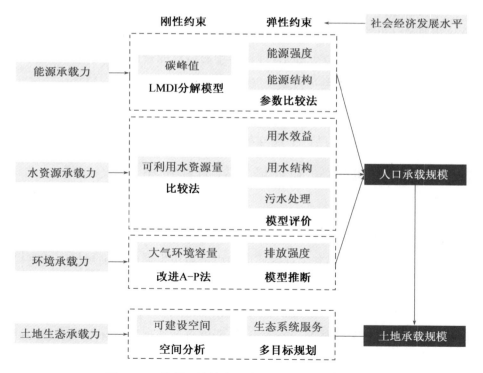

图 12-1　资源环境约束下的城市适度规模评估思路

济发展阶段为关键情景变量(以人均 GDP 为指征),考察特定社会经济发展水平下,由于规模所面临的刚性约束和由于技术所面临的弹性约束,如何共同决定南京市城市发展的适度规模。

其中,维度 1~3 测算资源环境约束下的适度人口规模,进而依据城镇化水平、用地结构特征和人均用地标准,测算与人口规模相适应的基本用地规模,作为城市发展的弹性约束规模。维度 4 则从土地资源本底条件和生态功能出发,直接测算满足生态环境保护基本前提下可承载的建设用地规模,作为城市发展的刚性约束规模。

第二节　碳峰值约束下的能源承载力

在开放系统条件下,能源生产与消费并不囿于特定的空间单元。对于城市发展而言,能源形成的资源紧约束并不完全来自供给侧的限制,更多情况下,应综合考虑能源消费对于碳排放的影响。对此,本节选择以碳排放(碳峰值)的概念来刻画城市能源承载力。

一、碳排放的测算

2015 年 11 月 30 日,我国在气候变化巴黎大会上承诺,中国的"国家自主贡献"目标为 2030 年达到二氧化碳排放峰值并尽早实现。单位 GDP 二氧化碳排放较 2005 年下降 60%~65%。其中,京津冀、长三角和珠三角等优化开发区域因环境容量趋紧、产业发展步入转型升级时期有条件提前达峰,应率先实现碳排放峰值目标。目前,全国已有 6 个低碳试点省区和 36 个低碳试点城市。南京市也已于 2017 年由国家发改委确认为第三批低碳试点城市。为此,南京未来城市发展势必需要将碳排放达峰作为绿色发展的关键目标之一。

借助日本学者 Yoichi Kaya 提出的碳排放恒等式,可建构碳排放、能源与社会经济发展之间的关系[①]。

$$C = \sum_i^N C_i = \sum_i \frac{C_i}{E_i} \cdot \frac{E_i}{E} \cdot \frac{E}{Y} \cdot \frac{Y}{P} \cdot P = \sum_i^N e_i \cdot s_i \cdot \gamma \cdot \omega \cdot \alpha$$

$$(12 - 1)$$

$$e = \sum_i^N R_i T_i C_i B_i / S_i \qquad (12 - 2)$$

式(12-1)中，C 代表碳排放量，i 代表不同类型的能源，E 代表能源消费量，Y 代表地区生产总值，P 则代表人口总量；由此将碳排放的影响因素纳入统一的式子中，并将碳排放分解为能源碳排放系数 e_i（各类能源单位消耗量产生的碳排放）、能源结构 s_i（各类能源消耗量占能源总消耗的比重）、能源强度 γ（单位 GDP 的能源消耗量）、经济发展 ω（人均 GDP）、社会发展 α（人口规模）五个方面。

式(12-2)中，对于每一种能源类型 i，R 表示其平均低位发热量；T 表示单位热值碳排放量；C 表示氧化率；B 表示该类能源消耗结构占比（按标煤计）；S 表示能源折标准煤系数。各类能源碳排放系数和折标准煤系数则分别参考 IPCC2006 指南、《中国能源统计年鉴》（2016）与《综合能耗计算通则》（GB 2589-2008）确定。

曾经高度发育的重化工业城市决定了南京市经济社会发展面临较大的资源环境压力[②]。能源碳排放强度和产业能耗强度均处于较高水平。要实现碳达峰目标势必对能源结构和产业结构转型提出较高要求。测算结果显示（图12-2,12-3），由于产业结构偏"重"，能源结构中相对清洁的能源占比仍小，南京市单位标煤碳排放强度处于较高水平。随着南京市产业结构的不断优化调整，单位能源碳排放量整体表现出较为明显的下降趋势。不过，与部分特大城市相比，南京市能源结构（单位标煤碳排放量）和能源强度（万元 GDP 能耗）

---

① 毛熙彦,林坚,蒙吉军.中国建设用地增长对碳排放的影响[J].中国人口·资源与环境,2011,21(12):34-40.

② 王宜虎,崔旭,陈雯.南京市经济发展与环境污染关系的实证研究[J].长江流域资源与环境,2006,15(2):142-146.

仍处于较高水平,存在较大的优化调整空间。

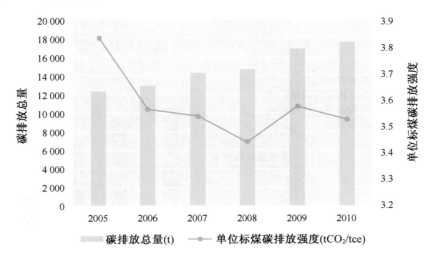

图 12 - 2　2000—2010 年南京市碳排放总量与单位标煤碳排放强度变化对比

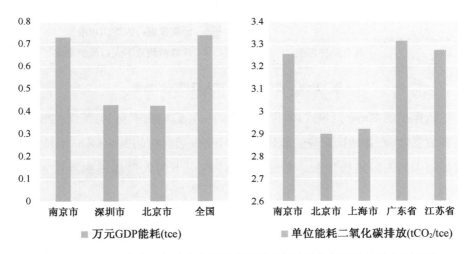

图 12 - 3　2016 年全国部分省市能源利用强度(左图)与能源排放强度(右图)

二、基于碳峰值刚性约束与能源效率弹性约束的人口规模

从环境经济学理论假说出发,社会经济发展与资源环境消耗之间存在"倒U 形"曲线关系(环境库兹涅茨曲线),表现为当社会经济发展水平达到一定

阶段之后有能力摆脱对资源环境的依赖,实现脱钩发展①。"倒 U 形"曲线的顶点即资源环境消耗的峰值点。碳排放达峰目标对人口规模的刚性约束表现为,保证碳排放总量不再增加的人口增长空间(图 12-4)。

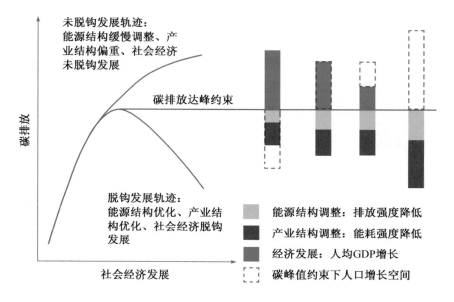

图 12-4 碳排放达峰对人口规模的约束

依据扩展 Kaya 恒等式,碳排放变化的主要影响因素包括:能源结构对应的排放强度、产业结构对应的能耗强度、经济发展对应的人均 GDP 增长、社会发展对应的人口规模增长。据此,碳达峰约束下的人口规模测算技术路线如下:

首先,借助 LMDI 分解方法对式(12-1)进行分解,可得碳排放达峰约束条件为式(12-3)。在能源排放强度、能源消费强度和人均 GDP 变化确定的情况下,碳峰值构成对人口增长率的约束。依据该公式,可以得到两期之间满足碳达峰条件的人口最大增长率。

---

① Stern D L. The rise and fall of the Environmental Kuznets Curve[J]. World Development,2004,32(8):1419-1439.

$$\Delta C=\ln(C_{t2}/C_{t1})=\ln(e_{t2}/e_{t1})+\ln(s_{t2}/s_{t1})+\ln(y_{t2}/y_{t1})+\ln(P_{t2}/P_{t1})=0$$

$$(12-3)$$

其次,设定动态情景,分别根据能源结构、产业结构和经济发展情况设定情景参数,分别确定现状发展路径下(现状)、绿色转型路径下(适度)、绿色发展路径下(理想)2016—2035 年历年的能源排放强度、能源消费强度、人均GDP 增长的变化情况。

最后,以 2016 年为基期,依据公式(12-3)对 2016—2035 年逐年进行迭代运算,可以得到该阶段内历年人口最大增长率。以 2016 年人口为基础,依据历年人口最大增长率进行计算,即可得到满足碳排放达峰条件可承载的人口规模。

在此技术路线中,第二步动态情景设定是关键环节。《中国低碳发展报告2015》提出,经济增速不超过 5％是 2030 年碳排放达峰值的一个重要前提[1]。世界银行和国务院发展研究中心合作完成的《2030 年的中国》一书认为中国的经济增长速率应当由 2015—2020 年的 7％降至 2025—2030 年"十五五"期间的 5％[2]。南京市作为现代化国际性人文绿都城市、"一带一路"节点城市、长江经济带门户城市、长三角区域中心城市和国家创新型城市,经济发展预期将维持相对平稳的增长水平。此外,《中国能源生产和消费革命战略(2016—2030)》提出,到 2020 年,清洁能源成为能源增量主体,能源结构调整取得明显进展,单位国内生产总值二氧化碳排放比 2015 年下降 18％,主要工业产品能源效率达到或接近国际先进水平,单位国内生产总值能耗比 2015 年下降15％;2021—2030 年,单位国内生产总值二氧化碳排放比 2005 年下降60％～65％,二氧化碳排放 2030 年左右达到峰值并争取尽早达峰;单位国内生产总值能耗(现价)达到目前世界平均水平,主要工业产品能源效率达到国际领先

---

① 齐晔,张希良.中国低碳发展报告(2015—2016)[M].北京:社会科学文献出版社,2016.
② 世界银行,国务院发展研究中心.2030 年的中国[M].北京:中国财政经济出版社,2013.

水平①。

这里将碳排放的达峰途径分解为保障经济持续健康发展前提下的绿色生产与绿色生活两个维度。围绕 2022 年碳排放达峰的目标,本研究将能源消耗强度、能源排放强度、人均 GDP 等关键指标的变化进行分解。在碳排放达峰之前(2022 年之前),通过结构调整、效率提升等方面举措,能源消耗强度、能源排放强度能够实现较为显著的提升,保证碳排放达峰目标的实现。但此时囿于经济发展阶段,人均 GDP 的增长尚未与资源环境消耗脱钩发展,人均 GDP 的提升仍然显著造成碳排放的增加。在碳排放达峰之后(2022 年之后),绿色生产的贡献趋于稳健,人均 GDP 与碳排放之间的脱钩发展成为影响城市规模的关键性因素。据此,研究设计两个情景用于比较分析,分别为现状情景与适度情景:

(1)现状情景:无论从生产还是生活环节均维持现有的发展轨迹,产业结构仍维持现状。能源消耗强度和能源排放强度维持现有的下降趋势。同时,人均 GDP 对碳排放增长的贡献保持较高水平,未实现脱钩发展。此情景下测算结果显示,维持碳排放达峰的人口规模为 970 万人。

(2)适度情景:首先,依据"南京市十三五规划纲要"提出单位地区生产总值能源消耗累计降低 25.5%,能源消耗强度从现状的 0.65 tce/万元下降至 0.33 tce/万元。其次,发挥市场机制作用,实现产业升级,发展低碳型产业,促进产业结构轻型化,单位标煤排放量从现状的 3.25 t CO_2/tce 下降至 2.05 t CO_2/tce,意味着清洁能源的比重应达到 40% 以上。再次,人均 GDP 于 2030 年后实现与碳排放的脱钩发展。此情景下的测算结果显示,维持碳排放达峰的人口规模为不超过 1 192 万人,可视为适度承载规模。

---

① 国家发改委,国家能源局.国家发展改革委、国家能源局关于印发《能源生产和消费革命战略(2016—2030)》的通知[EB/OL].[2017-04-25].http://www.gov.cn/xinwen/2017-04/25/content_5230568.htm.

表 12-1　不同碳排放达峰路径的情景参数设定与测算结果

途径	指标	阶段	现状情景	适度情景
经济发展	经济发展目标	2016—2021	0.080	0.080
		2022—2025	0.070	0.070
		2026—2030	0.060	0.060
		2031—2035	0.050	0.050
绿色生产	能源消耗强度（tce/万元）	2035	0.45	0.33
	能源消耗强度下降	2016—2021	−0.018	−0.071
		2022—2025	−0.018	−0.025
		2026—2030	−0.018	−0.025
		2031—2035	−0.018	−0.015
	能源排放强度（tCO_2/tce）	2035	2.33	2.05
	能源排放强度下降	2016—2021	−0.017	−0.028
		2022—2025	−0.017	−0.028
		2026—2030	−0.017	−0.028
		2031—2035	−0.017	−0.028
绿色生活	人均 GDP 变化	2016—2021	0.065	0.065
		2022—2025	0.055	0.055
		2026—2030	0.040	0.040
		2031—2035	0.020	脱钩发展
维持碳排放零增长的 2035 年人口规模（万人）			970	1 192

第三节　水资源承载力

水资源是制约中国城镇化进程重要的刚性约束之一。"十三五"期间,我国提出守住"三条红线",即开发利用总量控制、用水效率控制和水功能区纳污限制,保障有限的水资源能够最大限度地支撑社会经济快速发展。对此,本节参照现有研究成果,从总量、效益和质量三个维度综合刻画水资源承载力[①]。

一、水资源承载力的内涵与测算

$$\begin{cases} C_{ws} = w_l / p_{sd} = a \cdot W / p_{sd} \\ C_{we} = W / (e_{sd} \cdot y_{sd}) \\ C_{wq} = w_c / d_{sd} = b \cdot w_j / d_{sd} \end{cases} \tag{12-4}$$

式(12-4)中,C_{ws},C_{we},C_{wq} 分别代表水资源总量承载力、效益承载力和质量承载力。在第一个方程中,w_l 代表生活用水量;p_{sd} 代表人均生活用水标准;a 代表生活用水占总用水量的比例系数;W 为可利用水资源总量。在第二个方程中,e_{sd} 代表单位 GDP 用水量;y_{sd} 代表人均 GDP。第三个方程中,w_c 代表水体纳污能力;d_{sd} 代表人均污水排放量;b 为地表水体自净能力的参数值,可取河流径污比的倒数,研究中取值为 0.05;w_j 表示总地表径流量。

进行综合承载力评价时,依据极限条件法进行判断:

$$P_W = \min(C_{ws}, C_{we}, C_{wq}) \tag{12-5}$$

$$R_W = \frac{|P - P_W|}{P_W} \tag{12-6}$$

其中,P_W 代表水资源约束下的人口规模,R_W 则表示现状水资源承载城市发展的风险值,P 代表现状常住人口规模。

结合南京市发展实际,可利用水资源总量受配水方案制约,总量限定在 45×10^8 m³ 以内;人均生活用水量参照国家标准取下限值,为 43.8 m³/(人·a)。其余关键参数与评价结果如表 12-2 所示。

结果显示,南京市现阶段水资源对城市发展的约束集中在用水总量和效益方面。在提升污水处理能力的前提下,质量承载力与现状相比尚存空间。相比之下,现状人口已经逼近总量和效益承载力下的人口规模。由此可见,降低人均生活现状用水量、提升用水效益直接决定了南京市适宜的城市规模与发展空间。

---

① 石培基,杨雪梅,宫继萍,等.基于水资源承载力的干旱内陆河流域城市适度规模研究——以石羊河流域凉州区为例[J].2012,35(4):646-655.

表 12‑2　水资源承载力评价关键参数与评价结果

指　标	2013 年	2014 年	2015 年
生活用水比例(%)	20.52	21.83	21.26
人均生活用水量[L/(人·a)]	105.5	112.0	103.9
万元 GDP 水耗(m^3)	52.6	47.9	41.4
人均 GDP(万元/人)	9.88	10.75	11.82
地表径流量($10^8\ m^3$)	19.36	25.03	39.33
人均实际污水排放量(t/人)	6.58	5.35	5.00
总量承载力(万人)	875	877	921
效益承载力(万人)	865	874	920
质量承载力(万人)	1 471	2 336	3 935
综合承载力(万人)	865	874	920
常住人口数量(万人)	818.78	821.61	823.59
风险值	0.053	0.060	0.105

二、基于水资源承载力约束的人口规模

结合未来发展预期确定参数并联立式(12‑4)(12‑5)(12‑6)可进一步测算水资源约束下南京市发展的适宜人口规模。结合南京市各类发展规划和环保目标的基本要求,南京市未来发展可利用水资源总量严格控制在 $45\times10^8\ m^3$ 之内。在用水结构方面,确立以下四方面基本原则:(1) 保证社会经济用水占水资源总量比重不超过 70%;(2) 社会经济用水中,农业用水比重逐步调减,从现有的 35%左右逐步降至 20%左右;(3) 生活用水和工业用水比例保持总体稳定略有增长的态势;(4) 提升生态用水的比重。基于上述原则,确定南京市 2020—2035 年生活用水比重维持在 21%～25%。

参照南京市 2002—2016 年万元 GDP 用水量变化趋势特征(图 12‑5),可见其符合指数衰减规律。若以国民经济与社会发展规划期为单元,万元GDP 用水量保持每五年 51.8%的下降速率。值得注意的是,这一趋势发生在南京市经济快速发展时期,GDP 处于高速增长阶段,带动万元 GDP 用水量表

现出快速减少；同时，产业处于转型时期，落后产能淘汰也为万元 GDP 水耗的降低创造了空间，但这一速率随着社会经济的快速发展难以持续保持。为此，研究将五年下降 51.8% 的速率渐次调整为 10 年下降 51.8%、15 年下降 51.8%。据此得到 2035 年南京市万元 GDP 用水量的理性目标是12.26 m³。

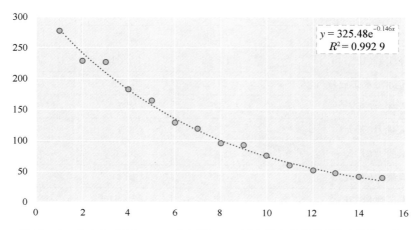

$$y = 325.48e^{-0.146x}$$
$$R^2 = 0.992\ 9$$

图 12－5　南京市 2002—2016 年万元 GDP 用水量变化趋势特征（单位：m³）

最后，污水处理率至少维持在现状 96% 的基础上。人均污水排放量亦保持总体稳定，略有减少的现状。据此可测算出，水资源总量、效益和质量约束下的适宜人口规模，分别为 2 158 万人、1 786 万人和 2 336 万人。根据极限条件原则，理想条件下水资源对人口的制约依旧来自用水效益。

目前南京主要江河湖泊 I 类水基本不复存在，II 类水主要在水库和长江，许多河段水质低于 III 类水标准。由于雨污分流尚未完成，居民生活污水、工业废水的不合理排放及农业面源污染，目前南京城区大部分河流水质为 IV 类甚至劣 V 类。长江南京段大部分江段水质较好，水质为 II～III 类；外秦淮河水质近两年从 III～劣 V 类退化为劣 V 类，内秦淮河水质常年为劣 V 类，主要超标项目为氨氮。2014 年到 2016 年，南京市河流水质监测断面水质优于 III 类水标准占比约为 46%，远低于"南京市'十三五'水污染防治专项规划"的目标 63.3%（2020 年）和"江苏省水污染防治工作方案"的目标 70.2%（2020 年），且劣 V 类水占比仍超 20%（图 12－6）。从污染源来看，城镇生活源对化学需氧量、氨氮排放量的影响度分别为 58.8%、81.1%，工业源的影响度分别为

21.8%、6.8%,农业源的影响度分别为18.7%、11.6%。可以发现,生活污水排放正逐渐成为影响水质的主要因素。

由此可见,虽然南京市的水资源在总量上富余,但是在质量上缺失,尤其是城区内河流水质污染较为严重,存在"有水不能用"、"没有好水用"等问题,水质型缺水使得南京市水资源的人口规模承载面临一定风险。

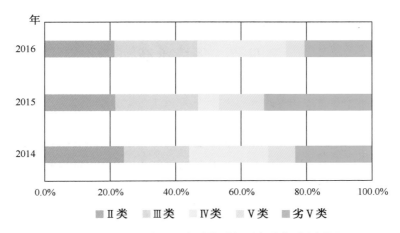

图 12-6　南京市河流水质监测断面水质类别比例图

对此,研究进一步考虑由水污染引发的水质型缺水而导致的承载力折减,结合南京市"十三五"水污染防治专项规划和江苏省水污染防治的目标,设定:① 监测断面水质达标率低于50%,则对应的现状或规划承载力折减20%;② 监测断面水质达标率达到50%,但低于60%,则折减10%;③ 监测断面水质达标率达到60%但低于70%,折减5%;④ 其他情形,不折减。上述情形依次对应维持现状(-20%)、一般治理(-10%)、强化治理(-5%)和完全治理(-0)4种情景,并据此对南京市水资源人口承载适宜规模加以修正,结果如表12-3所示。修正后,水资源约束下的人口规模仍在1 700万人左右,高于碳达峰目标约束下的1 200万人。

表 12 - 3　修正后的水资源人口适宜承载规模　　　　　　（万人）

指标	维持现状情景	一般治理情景	强化治理情景	完全治理情景
总量约束	1 726.4	1 942.2	2 050.1	2 158
效益约束	1 428.8	1 607.4	1 696.7	1 786
质量约束	1 868.8	2 102.4	2 219.2	2 336

第四节　环境承载力

　　环境承载力主要考察城市发展过程产生的大气环境与水环境污染对于城市可持续发展的制约作用。由于水环境承载力与水资源承载力密切相关，故在此维度重点讨论大气承载力。就大气环境而言，在众多污染物中与社会经济发展密切相关且数据可得性条件较好的污染物为二氧化硫（SO_2）。为此，本节选择 SO_2 作为指征污染物评估大气环境承载力。

一、环境承载力的内涵与测算

　　环境承载力指特定区域在一定的气象条件、自然边界和排放结构下，满足区域大气环境质量目标前提下所允许的区域 SO_2 最大排放量[①]。

　　研究采用以箱式模型推导出的宏观总量控制值法测算 SO_2 大气环境容量[②]。基本原理及推导过程如下：

　　将城市上空的大气层当一个箱体看待，假设污染物浓度在此箱体混合层内处处相等，整个城市具有相同的面源强度 q_a（即总源强除以面源面积），城市上空的混合层高度为 H_F，则距城市上风边缘 Δx 处箱中平均浓度可以用下式表示：

$$C = \frac{q_a \Delta x}{\mu H_F} \tag{12-7}$$

---

①　陆雍森.环境评价[M].第二版.上海:同济大学出版社,1999:67-69.

②　孔祥华.修正 A 值法测算宝鸡市 SO_2 大气环境容量[J].河南科学,2011,29(03):365-367.

式(12-7)中,C 为箱内混合层内平均浓度,mg/m³;q_a 为箱内单位面积平均源强,mg·m⁻²·s⁻¹;Δx 为沿风向的边界长度,m。

则箱中任一点的平均浓度 C 可以表述为

$$\overline{C} = \frac{\overline{\mu}C_B + \Delta x \cdot q_a/H_F}{\overline{\mu} + \left(u_d + u_w + \dfrac{H_F}{T_C}\right) \cdot \Delta x/H_F} \tag{12-8}$$

$$T_C = T_{\frac{1}{2}}/0.693 \tag{12-9}$$

$$uw = W_r \cdot R \tag{12-10}$$

式(12-8)中,$\overline{C}$ 为箱内大气污染物平均浓度,mg/m³;$\overline{\mu}$ 为平均风速,m/s;u_d 为干沉积速度,m/s;T_C 为污染物转化时间常数,s;C_B 为有上风向进入该箱内的大气污染物本底浓度,mg/m³;u_w 为湿沉降速度,m/s。式(12-9)中,$T_{1/2}$ 为大气污染物半居留期。式(12-10)中,W_r 为清洗比;R 为年平均降水量,mm/a。

若城市面积为 S,其等效直径为

$$\Delta x = 2\sqrt{S/\pi} \tag{12-11}$$

取 $\overline{C} = C_B$,设 C_B 近似于零,则单位面积上污染物的允许排放量 $q_s = q_a$,若在整个研究区内,污染源的分布是均匀的,则在控制周期 T 时间内,整个箱体内允许排放的污染物总量为

$$Q_a = q_s \cdot S \cdot T \tag{12-12}$$

取 T 为 1 年,则可得出基于 A 值修正的大气污染物环境容量测算公式:

$$Q_a = A \cdot C_S \sqrt{S} = 3.153\,6C_S \cdot S\left(u_d + W_r \cdot R + 0.693\frac{H_F}{T_{\frac{1}{2}}}\right) \tag{12-13}$$

A 为反映大气环境承载能力的地理区域性总量控制系数,单位 $10^4\,\text{km}^2/\text{a}$,计算式如下:

$$A = 3.153\,6 \times 10^{-3}\sqrt{\pi} \cdot V_E/2 \tag{12-14}$$

$$V_E = \overline{\mu} \cdot H_F \tag{12-15}$$

式(12-14)中,V_E 为通风量。可见 A 值法中大气污染物环境容量限值 Q_a 由以下三个因子所决定:① 环境空气质量控制目标 C_S;② 地理区域性总量控制系数 A 值;③ 总量控制区面积 S。

根据江苏省气象局相关统计资料显示,近 30 年来南京市多年平均降水量 $R=1\,090.4$ mm/a,全年年平均风速 $\bar{\mu}=2.3$ m/s。

大气稳定度是研究大气扩散规律和湍流运动的重要气象参数。根据 Pasqull 分类,中性类(D)和稳定类(E~F)出现频率均较高在 30% 以上,不稳定类(A~B)和弱不稳定类(C)出现频率均较低在 20% 以下。已有研究表明南京地区的大气稳定度属于 E 级[①]。

采用《环境影响评价技术导则 大气环境》(HJ/T2.2-93)中规定的方法计算混合层高度 H_F,当大气稳定度为 E 和 F 时:

$$H_F = b_s \cdot \sqrt{U_{10}/f} \tag{12-16}$$

$$f = 2\sigma \cdot \sin\varphi \tag{12-17}$$

式(12-16)和(12-17)中,U_{10} 为 10 m 高度处平均风速,大于 6 m/s 时取 6 m/s;b_s 为混合层系数,根据技术导则江苏 E 级地区取值 $b_s=1.66$;f 为地转参数;σ 为地转角速度,取 7.28×10^5 rad/s;φ 为地理纬度,deg。据此计算出南京市混合层高度 $H_F=462.56$ m。

SO_2 主要来源于煤、石油、天然气等化石燃料燃烧,以及硫矿石的冶炼和硫酸、磷肥、纸浆的生产等产生的工业废气。研究将干、湿沉积和化学转化三个过程定量引入总量控制模式进行计算,在城市和工业区的污染计算中,SO_2 的半居留期 $T_{1/2}$ 一般取 10^5 s,SO_2 的干沉积速度 u_d 取 0.008 m/s,清洗比 W_r 取值 1.9×10^5。

根据《环境空气质量标准》(GB3095-2012)中规定的 SO_2 年平均浓度限制标准,分别取 $C_S=0.02$ mg/m³(一级标准)、0.06 mg/m³(二级标准),并以此作为南京市 SO_2 大气环境容量承载阈值划分依据。

---

① 李聪.南京地区大气稳定度特征[C]//江苏省气象学会、浙江省气象学会、上海市气象学会. 第九届长三角气象科技论坛论文集,2012:410-416。

综合上述参数与算式，可计算得到当 C_S＝0.02 mg/m³ 时，南京市 SO₂ 大气环境容量 Q_{a1}＝4.58 万～4.72 万吨；当 C_S＝0.06 mg/m³ 时，南京市 SO₂ 大气环境容量 Q_{a2}＝13.73 万～14.17 万吨。

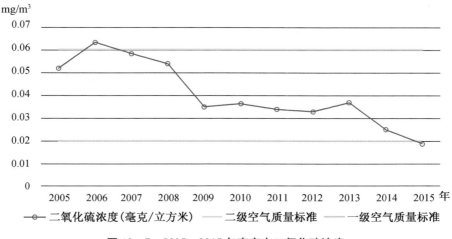

图 12－7　2005—2015 年南京市二氧化硫浓度

南京市 2010 年以来，大气环境质量表现出一定程度的改善（图 12－7）。年平均二氧化硫浓度自 2010 年的 0.036 mg/m³ 下降至 0.019 mg/m³，从环境空气质量标准中的二级提升至一级。从排放总量上看，SO₂ 排放量同样表现出下降趋势。2015 年工业 SO₂ 排放量为 10.15×10^4 t。以工业源占比 98％进行测算，全市 SO₂ 排放量预计为 10.36×10^4 t。该值尚未达到一级空气质量为阈值的安全容量，但显著低于以二级空气质量为阈值的警戒容量。

二、基于环境承载力约束的人口规模测算

对工业 SO₂ 排放量进行如下分解：

$$S=\varphi \cdot \frac{S}{Y} \cdot \frac{Y}{P} \cdot P=\varphi \cdot E \cdot W \cdot P \qquad (12-18)$$

式(12－18)中，S 为 SO₂ 排放量；φ 代表工业 SO₂ 排放占据总排放量的比重，依据经验取值，研究取 φ＝98％；Y 代表地区生产总值，P 代表人口总量。相应地，E 代表单位 GDP 工业 SO₂ 排放量；W 代表人均收入水平，以人均 GDP 表示。

根据环境经济学理论，E 和 W 存在关联性，如倒 U 形曲线关系、N 形曲线关系、幂指数关系等，对应经济发展与环境污染之间不同的关系。研究选取 2003—2015 年南京市人均 GDP 与单位 GDP 工业 SO_2 排放量进行分析，建立二者之间的关系。结果如图 12 - 8 所示，南京市人均 GDP 与单位 GDP 工业 SO_2 排放之间呈现出幂指数关系。

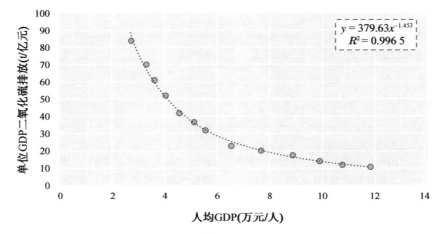

图 12 - 8　南京市经济发展与污染排放之间的关系特征

2015 年，南京市人均 GDP 已达到 11.8 万元/人；2016 年，南京市人均 GDP 则达到 12.75 万元/人。参照能源约束下的人均 GDP 预期（2035 年达到 24 万元/人），南京市单位 GDP 的工业 SO_2 排放量届时将达到 3.34 t/亿元。结合空气质量达到二级标准下的 SO_2 容量阈值为 14.17 万 t，可测算出极限人口容量为 1 719 万人。这一数值大于能源约束下的人口容量，体现出碳达峰目标下的能源紧约束对于城市发展的制约先于大气污染出现。

第五节　土地生态承载力

本节参考《城乡用地评定标准》、南京市城市总体规划成果，结合南京区域自然环境特征，综合构建南京城乡用地评定指标体系，开展土地资源适宜性评价,确定南京城乡用地评定指标体系①。

一、可建设空间的刚性约束评估

其中,特殊指标类中包括 5 个一级指标,12 个二级指标。基本指标类中包括 4 个一级指标,6 个二级指标。整个指标体系共包括二级指标 18 个(表 12-4)。

表 12-4 南京城乡用地评定指标体系

序号	类型	一级指标	二级指标	序号	类型	一级指标	二级指标
1-01	特殊指标	工程地质	特殊性岩土	2-01	基本指标	工程地质	岩土类型
1-02			断裂	2-02			地基承载力
1-03			地震液化	2-03			抗地震设防烈度
1-04			滑坡崩塌	2-04		地形地貌	地面坡度
1-05			地面塌陷	2-05		水文气象	洪水淹没
1-06			岸边冲刷	2-06		自然生态	林木覆盖
1-07		地形地貌	丘陵				
1-08		水文气象	区域防洪				
1-09			灾害性天气				
1-10		自然生态	特殊生态系统				
1-11		规划控制	保护区				
1-12			控制区				

(1) 特殊指标

特殊指标是对城乡用地影响突出的主导限制性环境要素,指城乡用地的建设适宜性,在自然环境条件和人为因素影响两个方面个别存在的,尤其是对城乡用地的安全性影响突出的限制条件和特殊因素。本研究考虑 12 个二级指标,涉及 17 个相关的要素图。

遵从《城乡用地评定标准》的要求,特殊指标类对城乡用地适宜性的影响

---

① 叶斌,程茂吉,张媛明.城市总体规划城市建设用地适宜性评定探讨[J].城市规划,2011,35(4):41-48.

程度分为三级："严重影响"、"较重影响"和"一般影响"，相应的定量分值依次分别为"10分"、"5分"、"2分"，分值小者限制性小。

特殊指标分级标准如表12-5所示。按照分级标准，特殊指标类涉及的图层共17个，包括：垃圾填埋场、长江漫滩软土、断裂、地震液化、滑坡崩塌、地面塌陷、岸边冲刷、丘陵、区域防洪、灾害性天气、湿地、水源地保护区、地下文物埋藏区、风景名胜区、森林公园、机场净空限制区和矿产资源分布，评价中未考虑湿地和水源地保护区。

表12-5 南京城乡用地评定特殊指标分级标准

序号	指标类型	一级指标	二级指标	定量标准		
				严重影响级（10分）	较重影响级（5分）	一般影响级（2分）
1	特殊指标	工程地质	特殊性岩土	垃圾填埋场垃圾	—	长江漫滩软土
2			断裂			微弱全新活动断裂
3			地震液化	—		轻微
4			滑坡崩塌	不稳定	—	
5			地面塌陷	强烈		弱
6			岸边冲刷	—		不稳定
7		地形地貌	丘陵	20～50米		
8		水文气象	区域防洪	—	城市防洪工程（行洪区、泄洪区、蓄滞洪区）	—
9			灾害性天气	—	—	严重灾害性天气
10		自然生态	特殊生态系统	湿地		
11		规划控制	保护区	水源地保护区		地下文物埋藏区
12			控制区	国家、省级风景名胜区国家、省级森林公园极具开采价值的矿产资源	市级风景名胜区市级森林公园较具开采价值的矿产资源	机场净空区具有潜在开采价值的矿产资源

（2）基本指标

基本指标考察城乡用地的建设适宜性，是在自然环境条件和人为因素影响方面的基本条件和普遍存在的共性因素。本研究考虑 6 个二级指标，涉及 9 个相关要素。

基本指标类分为 4 级，分别为"适宜"、"较适宜"、"适宜性差"、"不适宜"，定量分值依次分别为"10 分"、"6 分"、"3 分"、"1 分"，分值大者适宜建设。基本指标分级标准如表 12－6。

表 12－6　南京城乡用地评定基本指标分级标准

序号	指标类型	一级指标	二级指标	定量标准			
				不适宜级 1 分	适宜性差级 3 分	较适宜级 6 分	适宜级 10 分
1	基本指标	工程地质	岩土类型	软土	砂土	硬塑黏性土	基岩、卵砾石
2			地基承载力	＜100 kPa	100 kPa～180 kPa	180 kPa～250 kPa	＞250 kPa
3			抗地震设防烈度	—	—	Ⅶ度	Ⅵ度
4		地形地貌	地面坡度	＞30%	20%～30%	10%～20%	＜10%
5		水文气象	洪水淹没	—	按百年一遇设防	—	无洪水淹没
6		自然生态	林木覆盖	—	林地	—	其他

（3）基本单元划分与综合分值计算

本次用地评定中共划分了 36 618 个基本单元，最大的单元面积为 52 315 公顷。依据用地评定因素因子体系，利用用地评定系统，通过叠置分析和加权计算，得到各定级单元的综合作用分值。

在指标体系中，面状要素的影响指标参与综合分值的计算。点状和线状要素指标仅影响局部区域故不参与计算；评价体系过于宽泛的指标也不参与计算，但这些指标参与评定结果的建设适宜性分析，具体包括：滑坡崩塌（点）、地面塌陷(点)、岸坡稳定性(线)、气象灾害(无法落实到面)、地下文物埋藏区(非大遗址地下文物埋藏区)、矿产资源(点)。

特殊指标对单元的影响称为特殊指标综合影响系数,用 K 表示,按如下公式计算:

$$K = 1/\sum_{j=1}^{n} Y_j \qquad (12-19)$$

式中:$n=0$ 时,$K=1$;

n—覆盖了单元的特殊指标的个数;

Y_j—第 j 个特殊指标的影响分值。

K 值介于 0 和 1 之间,最大为 1。K 值大者为更适宜建设。

公式中,j 对应于特殊指标类表中的二级指标的编号。如果某二级指标的单个影响级标准中包括多个标准或各个标准之间出现重叠,按照最大限制原则,取最大值为该二级指标的单元影响分值。

表 12-7 南京城乡用地评定基本指标的权重值

序号	一级指标	二级指标	二级权重 W_i''	一级权重 W_i'	计算权重 W_i
1	工程地质	岩土类型	4	0.50	2.0
2		地基承载力	4		2.0
3		抗地震设防烈度	2		1.0
4	地形地貌	地面坡度	10	0.20	2.0
5	水文气象	洪水淹没线	10	0.20	2.0
6	自然生态	林木覆盖	10	0.10	1.0

注:一级权重值总和为 1.00,一级指标所含的二级指标的权重值总和为 10.0。

特殊指标和基本指标对单元的综合影响称为单元的综合分值,用 P 表示,采用指标加权方法计算,基本公式为

$$P = K\sum_{i=1}^{m} W_i \cdot X_i \qquad (12-20)$$

式中:P—评定单元综合分值;

　　K—特殊指标的综合影响系数;

　　m—覆盖了单元的基本指标的个数;

　　W_i—第 i 个基本指标的计算权重;

　　X_i—第 i 个基本指标的影响分值。

　　上述公式中的 i 对应于二级指标表中的编号,仅对基本指标有效。某二级指标的单个定量标准中出现重叠的情况下,按照最大限制原则取最小值作为单元二级指标的影响分值。

　　P 值介于 0 和 100 之间,高者为更适宜于建设。

　　(4)分类单元划分和评定

　　研究采用"分级定性法"进行定性划分:

　　1)特殊指标中只要出现一个"严重影响"(10 分)级的二级指标,即划定为Ⅳ类;

　　2)特殊指标未出现"严重影响"(10 分)级的二级指标,但出现一个"较重影响"(5 分)级的二级指标,即划定为Ⅲ类;

　　3)特殊指标未出现"严重影响"(10 分)级及"较重影响"(5 分)级的二级指标,但出现一个"一般影响"(2 分)级的二级指标,即划定为Ⅱ类;

　　4)基本农田和生态红线一级管制区直接划定为Ⅳ类,生态红线二级管制区划定为Ⅲ类用地。

　　按照计算的基本单元的综合分值划分用地的建设适宜性类别,其划分标准如表 12 - 8 所示。单元的综合分值越高,用地的建设适宜性越好。最适宜的建设用地为Ⅰ类。

表 12 - 8　城乡用地建设适宜性定量评定表

序号	类别	基本单元的综合分值
1	Ⅰ类	$P>60.0$
2	Ⅱ类	$60.0\geqslant P>30.0$
3	Ⅲ类	$30.0\geqslant P>10.0$
4	Ⅳ类	$P\leqslant10.0$

比较定性划分和定量划分的结果,如果结果冲突,按照最大限制原则,选择较不利于建设的类别。例如,定量划分结果为Ⅱ类,定性判定为Ⅲ类,那么取Ⅲ类。四类用地特征如表 12-9 所示。

表 12-9　城乡用地建设适宜性和用地类别评定特征表

类别	用地特征				
	场地稳定性	场地工程建设适宜性	工程措施程度	自然生态	人为影响
Ⅰ	稳定	适宜	不需或稍微处理	一般生态价值区	无控制
Ⅱ	稳定性较差	较适宜	简单处理		
Ⅲ	稳定性差	临界适宜	特殊处理	重要生态价值区	一般控制
Ⅳ	不稳定	不适宜	难以处理	特殊生态价值区	严格控制

（5）评价结果

评价结果显示（表 12-10）,南京市适宜建设用地面积仅为 1 729.40 km²,占南京市土地资源的 26.25%,可建设用地占 8.31%,总体来看,南京市土地资源可以进行建设用地开发的为 2 276.53 km²,不宜和不可建设用地面积分别为 585.61 km²、3 725.30 km²。可以发现,南京市目前的建设用地总规模已接近这个极限值,可开发利用的空间有限,未来建设用地的需求开发应主要通过集约利用土地来实现。

表 12-10　南京市用地适宜性类别面积统计表

评定类别	适宜建设用地 Ⅰ类用地	可建设用地 Ⅱ类用地	不宜建设用地 Ⅲ类用地	不可建设用地 Ⅳ类用地	合计
面积(km²)	1 729.40	547.13	585.61	3 725.30	6 587.44
比重(%)	26.25	8.31	8.89	56.55	100.00

二、基于生态系统服务功能的弹性约束评估

生态系统服务功能是生态系统与生态过程所提供的人类赖以生存的自然

环境条件与效用[①]。评估生态系统服务功能的价值，主要采用单位面积生态系统价值当量因子的方法[②]。该方法建立了生态系统服务与土地结构之间的联系，为合理评估土地利用的生态环境效应、优化土地利用结构，提供了新的途径。本节选取生态系统服务价值系数作为基本指标，探索保障最基本生态系统服务价值的目标约束下建设用地可达到的总量。由于生态系统服务价值与经济社会发展、资源利用方式相关，故而构成弹性约束。

（1）农用地与生态用地单位面积生态系统服务价值系数的确定

1个标准单位生态系统生态服务价值当量因子（以下简称标准当量）是指1 hm² 全国平均产量的农田每年自然粮食产量的经济价值，以此当量为参照并结合专家知识可以确定其他生态系统服务的当量因子，其作用在于可以表征和量化不同类型生态系统对生态服务功能的潜在贡献能力。在实际应用中，特别是在区域尺度上，完全消除人为因素的干扰以准确衡量农田生态系统自然条件下能够提供的粮食产量的经济价值存在较大难度。参考谢高地等的处理方法，将南京市单位面积农田生态系统粮食生产的净利润作为1个标准当量因子的生态系统服务价值量。农田生态系统的粮食产量价值主要依据稻谷、小麦和玉米三大粮食主产物计算。其计算公式如下：

$$D = S_r \times F_r + S_w \times F_w + S_c \times F_c \tag{12-21}$$

式（12-21）中：D 表示 1 个标准当量因子的生态系统服务价值量（元/hm²）；S_r、S_w 和 S_c 分别表示 2015 年稻谷、小麦和玉米的播种面积占三种作物播种总面积的百分比（％）；F_r、F_w 和 F_c 分别表示 2015 年全国稻谷、小麦和玉米的单位面积平均净利润（元/hm²）。依据《南京统计年鉴 2016》《全国农产品成本收益资料汇编 2016》和以上公式，得到 D 值为 1 748.48 元/hm²。

基于此，结合谢高地等确定的单位面积生态系统服务价值当量表[③]，确定

---

① 欧阳志云，王如松，赵景柱. 生态系统服务功能及其生态经济价值评价[J]. 应用生态学报，1999，10(5)：635-639.

② 谢高地，张彩霞，张昌顺，等. 中国生态系统服务的价值[J]. 资源科学，2015(9)：1740-1746.

③ 谢高地，张彩霞，张雷明，等. 基于单位面积价值当量因子的生态系统服务价值化方法改进[J]. 自然资源学报，2015，30(8)：1243-1254.

南京市耕地、园地、林地、牧草地、水域、未利用地的生态系统服务价值系数。在对生态系统服务价值系数进行计算时,将各土地利用类型按照以下原则进行归类:耕地对应农田;园地主要考虑公园绿地以及树木,它既发挥草地的作用又有森林的作用,所以取森林和草地的平均值;林地对应森林;牧草地对应草地;未利用地对应荒漠;水域对应水域。据此计算出耕地、园地等的生态系统服务价值系数(表12-11)。

表12-11 南京市单位面积生态系统服务价值 （元·hm^{-2}·a^{-1}）

服务功能类型	耕地	园地	林地	牧草地	未利用地	水域
食物生产	3 864.13	1 494.95	1 765.96	1 223.93	17.48	1 398.78
原料生产	856.75	2 928.70	4 056.46	1 800.93	52.45	402.15
水资源供给	-4 563.52	1 547.40	2 098.17	996.63	34.97	18 271.57
气体调节	3 112.29	9 835.18	13 340.87	6 329.48	227.30	1 661.05
气候调节	1 626.08	28 325.31	39 917.71	16 732.92	174.85	4 948.19
净化环境	472.09	8 611.24	11 697.30	5 525.18	716.88	9 983.80
水位调节	5 227.94	19 189.52	26 122.23	12 256.82	419.63	191 230.82
土壤保持	1 818.42	11 977.06	16 243.34	7 710.78	262.27	1 626.08
维持水分循环	542.03	917.95	1 241.42	594.48	17.48	122.39
生物多样性	594.48	10 901.75	14 792.11	7 011.39	244.79	4 476.10
美学景观	262.27	4 790.82	6 486.85	3 094.80	104.91	3 461.98
合计	13 812.96	100 519.89	137 762.43	63 277.35	2 273.02	237 582.92

（2）建设用地单位面积生态系统服务价值系数的确定

建设用地主要指城镇及工矿用地、交通用地,城镇及工矿用地对生态系统的影响主要体现在废物排放方面,废弃物对生态环境的负面影响非常大,在进行污水处理以及废弃物处理等方面需要消耗巨大的人力、物力以及财力,通过对"三废"生态系统服务价值运用间接市场法进行计算。其中:净化环境以及气体调节的服务价值用防治成本法进行计算,水资源供给的服务价值主要通过替代成本法进行估算,其余几类服务暂不做考虑,取值为0。

1) 气体调节服务功能的测算

城镇及工矿用地的气体调节生态价值主要是通过废气的排放与治理来体现,主要是工业废气的产生,本研究考虑二氧化硫排放量以及工业烟尘排放量,采用防治成本法进行计算,防治成本法假设所有污染物都得到治理,环境不再退化,已经发生的环境退化的经济价值应为治理所有污染物所需的成本。具体公式如下:

$$P_a = -\sum_{a=1}^{k} Q_a C_a / S \qquad (12-22)$$

其中:P_a 代表建设用地气体调节单位面积生态系统服务价值;Q_a 代表废气排放量;C_a 为治理 a 类气体所需要的成本;S 为建设用地的总面积。按照《排污费征收标准及计法》的规定,二氧化硫和工业烟尘的每一污染当量征收费用为1.2 元,其中二氧化硫的污染当量值为 0.95 kg,工业烟尘的当量值为 2.18 kg,即

$$C_a = 1.2/Q_a \qquad (12-23)$$

其中,Q_a 为 a 类气体的污染当量值。所得建设用地气体调节服务功能价值如表 12-12 所示。

表 12-12　建设用地气体调节服务功能价值表

时间(年)	2009	2010	2011	2012	2013	2015
SO₂ 排放量(万吨)	13.4	11.6	12.6	12.2	11.2	10.2
工业烟尘排放量(万吨)	3.1	3.4	5.7	4.4	6.5	8.4
建设用地总面积(hm²)	169 810.6	174 846.3	178 886.9	181 206.5	183 113.3	186 751.2
建设用地气体调节生态价值(元/hm²)	−1 097.9	−940.8	−1 060.7	−981.1	−971.7	−934.4

注:2014 年数据缺失。

2) 水资源供给服务功能的测算

建设用地的水资源供给服务功能主要是通过生活用水、工业用水以及污

水的排放来体现。本研究是根据最低水循环成本，用替代成本法进行测算。具体公式如下：

$$P_b = -(BP + Q_b C_b)/S \qquad (12-24)$$

其中：P_b 代表建设用地水资源涵养单位面积生态系统服务价值；B 代表用水总量；P 代表水的单价；Q_b 为废水排放总量；C_b 为治理废水所需要的成本；S 为建设用地面积。其中，废水处理费根据南京市物价局公布数据确定。所得建设用地水资源供给服务功能价值如表 12-13 所示。

表 12-13　建设用地水资源供给服务功能价值表

时间（年）	2009	2010	2011	2012	2013	2015
供水总量（万 m³）	10.9	11.2	11.9	12.1	12.7	12.5
工业废水排放量（亿吨）	3.6	3.4	2.5	2.3	2.5	2.3
建设用地总面积（万 hm²）	17.0	17.5	17.9	18.1	18.3	18.7
建设用地水源涵养生态价值（元/hm²）	−14 862.0	−14 498.1	−13 854.3	−13 696.0	−14 245.3	−13 623.3

注：2014 年数据缺失。

3）净化环境服务功能的测算

建设用地的净化环境服务功能主要是通过固体废弃物的排放进行确定，采用防治成本法进行测算。具体公式如下：

$$P_d = Q_d C_d / S \qquad (12-25)$$

其中：P_d 代表建设用地废物处理单位面积生态系统服务价值；Q_d 代表废物排放量；C_d 代表治理单位废物所需要的成本；S 为建设用地总面积。固体废弃物的排污定价根据《排污费征收标准及计算方法》确定。所得建设用地净化环境服务功能价值如表 12-14 所示。

表 12‑14　建设用地净化环境服务功能价值表

时间(年)	2009	2010	2011	2012	2013	2015
建设用地总面积(hm²)	169 810.6	174 846.3	178 886.9	−3 652.5	−3 989.6	186 751.2
危险固体废弃物(万吨)	13.7	10.2	16.0	32.5	37.7	49.3
一般固定废弃物(万吨)	1 305.0	1 461.2	1 498.4	1 616.0	1 697.0	1 426.0
建设用地废弃物处理生态价值(元/hm²)	−2 409.6	−2 324.4	−2 640.1	−3 652.6	−3 989.6	−4 232.8

注:2014 年数据缺失。

综上,最终确定南京市建设用地各类生态服务功能价值如表 12‑15 所示。

表 12‑15　南京市单位面积建设用地生态系统服务价值

(元·hm⁻²·a⁻¹)

要素	2009 年	2010 年	2011 年	2012 年	2013 年	2015 年	均值
水资源供给	−14 862	−14 498.13	−13 854.26	−13 696.03	−14 245.32	−13 623.26	−14 129.83
气体调节	−1 097.914	−940.827 7	−1 060.746	−981.097 9	−971.660 2	−934.420 2	−997.78
净化环境	−2 409.584	−2 324.375	−2 640.064	−3 652.59	−3 989.573	−4 232.837	−3 208.17
合计	−18 369.50	−17 763.33	−17 555.07	−18 329.72	−19 206.55	−18 790.52	−18 335.78

注:2014 年数据缺失。

(3)南京市土地利用生态系统服务价值测算

根据南京市单位面积建设用地生态系统服务价值,利用以下生态系统服务价值评估模型:

$$V = \sum_{k=1}^{n} A_k U_k \quad (k = 1, 2, \cdots, 8) \qquad (12-26)$$

式中,V 为生态系统服务价值,A_k 为第 k 类土地利用类型面积,U_k 为第 k 类土地利用类型的单位面积的生态系统服务价值。再结合南京市土地利用面积变化情况,得出 2009—2015 年南京市生态系统服务总价值以及各生态类型的生态系统服务价值。结果如表 12 - 16 所示。

表 12 - 16 　2009—2015 年南京市各类土地生态系统服务价值 　　　　（亿元）

用地类型	2009	2010	2011	2012	2013	2014	2015
耕地	33.31	33.14	32.99	32.90	32.81	32.74	32.74
园地	13.94	12.51	11.56	11.71	11.42	11.14	11.01
林地	102.50	100.98	100.15	99.64	99.35	98.92	98.56
草地	5.46	5.21	5.09	5.01	4.92	4.80	4.77
未利用地	0.38	0.37	0.37	0.36	0.36	0.36	0.35
水域	319.16	317.33	315.05	312.35	310.85	308.87	307.29
建设用地情景 A	0.00	0.00	0.00	0.00	0.00	0.00	0.00
建设用地情景 B	−31.14	−32.06	−32.80	−33.23	−33.58	−33.95	−34.24
情景 A 合计	474.74	469.54	465.21	461.97	459.70	456.84	454.73
情景 B 合计	443.61	437.48	432.41	428.74	426.12	422.89	420.49

从近十年来的变化趋势看,南京市受城市用地扩张的影响,生态系统服务功能减少,逐步向底线值逼近。理论上,在快速城市化进程中,建设用地扩张占用大量耕地、林地导致生态系统服务价值减少。随着收入水平逐渐提升,人们对生活品质与居住环境的要求相应提升,林地、草地和水域等生态系统服务价值较高的用地类型将趋于稳定,甚至出现小幅回升。对此,城市化进程中生态系统服务功能的变化呈现“U”形曲线关系,理论上存在拐点。对此,研究依据 2009—2015 年的生态系统服务功能变化进行拟合,获得公式如下:

$$y = 0.356x^2 - 6.592x + 449.50 \qquad R^2 = 0.9974 \qquad (12 - 27)$$

据此模型估计,南京市生态系统服务价值底线阈值控制为 419 亿元。

（4）基于生态系统服务约束的用地规模测算

应用线性规划技术方法,依据生态系统服务功能最小值对南京市土地生态系统的开发和利用进行数量结构优化，估测在生态系统服务价值约束下南京市建设用地面积的最大值。本研究采取的线性规划模型如下：

目标函数 $\max(f(x))$；

约束条件为：$g(x) \leqslant (\geqslant) 0$；$h(x) = 0$；$x \geqslant 0$。

$f(x)$ 为目标函数；$g(x)$、$h(x)$ 为约束条件。

以各类土地的面积为决策变量，结合已确定的生态系统服务价值，建立优化模型的线性目标函数如下：

$$f(X) = X_8 - X_1 - X_2 - X_3 - X_4 - X_5 - X_6 - X_7 \rightarrow \max \qquad (12-28)$$

式中，X_1、X_2、X_3、X_4、X_5、X_6、X_7 分别为南京市耕地、园地、林地、草地、未利用地、水域、建设用地的面积，X_8 为南京市土地总面积。

为实现目标函数值，其约束条件起着至关重要的作用，其中，影响土地利用配置的限制因素包括土地资源、经济、社会和生态环境等各方面。根据土地资源利用的特点以及土地利用总体规划的要求，以南京市土地系统生态服务价值极限值为基准预测建设用地规模最大值，约束条件主要包括：

1）土地面积约束

土地资源总面积约束

$$X_1 + X_2 + X_3 + X_4 + X_5 + X_6 < 628\ 702.27 \qquad (12-29)$$

林地、园地、水域、牧草地生态系统服务价值系数较高，调节生态系统的能力较强，对维持环境系统的稳定具有重要的意义，生态环境最理想的状况是当实行最严格的用地控制政策，以上土地利用类型维持在稳定的水平。《南京市土地利用总体规划（2005—2020）》也指出："林地面积与比例大幅提高，区域永久性生态屏障形成"、"规划期内，水域面积占土地总面积比例基本稳定"、"园地利用坚持用养结合，预防土地退化，占土地总面积比例基本稳定"。《全国国土规划纲要（2016—2030）》要求"在不破坏自然环境和确保地质、生态安全的前提下，引导工业、城镇建设优先开发低丘缓坡地及盐碱地、裸地等未利用地和废弃地，减少建设占用耕地"。因此，研究基于生态系统功能目标设定"充分保障、稳健维持、形成挑战"三个情景。相应地，结合近年来南京市林地、园地、水域、牧草地、未利用地的变化情况对应情景设定各类用地的变化预期(表12-17)。

表 12-17　南京市各类用地面积约束条件(2035 年)　　　　(公顷)

地类	特征	充分保障	稳健维持	形成挑战
耕地	减少比例	10%	18%	20.0%
	最小面积	9 856.59	8 980.45	8 761.42
	最大面积	13 863.48	13 863.48	13 863.48
林地	减少比例	4.00%	5.00%	7.0%
	最小面积	68 684.99	67 969.52	66 538.58
	最大面积	74 404.93	74 404.93	74 404.93
草地	减少比例	8%	10.00%	18.0%
	最小面积	6 941.34	6 790.45	6 186.85
	最大面积	8 633.25	8 633.25	8 633.25
未利用地	减少比例	10.00%	18.00%	25.00%
	最小面积	14 019.60	12 773.41	11 683.00
	最大面积	16 535.63	16 535.63	16 535.63
水域	减少比例	2.00%	5.00%	8.0%
	最小面积	126 754.78	122 874.53	118 994.28
	最大面积	134 337.25	134 337.25	134 337.25

注:减少比例基于 2015 年数据进行测算。

2) 耕地保有量约束

《南京市十三五国土资源保护和利用规划》中确定,到 2020 年永久基本农田面积不低于 1 948 平方公里,据此确定:

$$X_1 \geqslant 194\,800 \qquad\qquad (12-30)$$

3) 生态系统服务价值约束

生态系统服务价值约束条件为

$$13\ 812.96X_1 + 100\ 519.89X_2 + 137\ 762.43X_3 + 63\ 277.35X_4 +$$

$$2\ 273.02X_5 + 227\ 385.92X_6 - 18\ 335.79X_7 = 4.19 \times 10^{10} \quad (12-31)$$

4)非负约束

$$X_i \geqslant 0 (i = 1, 2, \cdots, 8) \quad (12-32)$$

利用 MATLAB 软件对不同情景下南京市土地利用结构线性规划模型编程计算南京市建设用地规模的优化结果。

结果显示(图 12-9),要实现对区域整体生态系统服务功能的充分保障,到 2025 年南京建设用地规模不宜突破 2 289 km²,到 2035 年不宜突破 2 310 km²;保守估计,要维持区域基本生态系统服务功能,建设用地规模到 2025 年亦不宜突破 2307 km²,到 2035 年不宜突破 2 332 km²;最严峻的情景条件下,维持底线生态系统服务的建设用地规模则分别为 2 319 km²(2025 年)和 2 347 km²(2035 年)。不同情景之间,建设用地规模相差不足 20 km²,从另一方面体现出建设用地已逐步逼近资源环境上限。

综合上述评价结果,从刚性约束角度看,土地可承载空间规模为 2 277 km²。即便随着技术能力提升,开发利用建设用地能力增强,为保障区域基本生态服务功能,建设用地的规模亦不宜突破 2 332 km²。

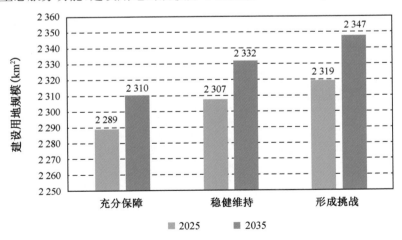

图 12-9 生态系统服务功能约束下的建设用地规模

第六节　人地规模相适应的城市用地规模预测

在资源环境紧约束的背景下,城市人口规模是城市用地、空间布局、基础设施等规划和管理的重要依据。在经济社会快速发展的背景下,过于乐观的人口规模预期,容易导致城市土地资源、公共基础设施等稀缺资源的浪费,甚至出现鬼城、空城等现象,加剧城市面临的资源紧约束①。本节着重是从人地规模角度出发研究城市用地的合理规模。

一、城市服务人口扩张与资源环境约束

低估城市未来发展的人口规模,可能导致城市基础设施供给不足,加剧交通拥堵、住房紧张等城市问题。

随着经济全球化和国内户籍制度改革,国内外人口流动水平快速提升,促使区域空间结构表现出日益显著的网络化特征。城市服务和承载人口的范围逐渐弱化中心地理论中"地方空间"限制,转向网络化、多中心的空间体系②。在此过程中,中心城市承担的服务功能、规模、范围极大扩张,给城市内部的社会管理和公共资源配置带来了巨大压力和挑战。依据常住人口制定规划,将低估城市公共服务所面临的实际压力,导致公共服务供给的总量不足,以及周期性或结构性错配。有必要在常住人口基础上,以城市实际服务管理人口的需求进行公共资源配置,推动城市公共服务对象由常住人口向服务人口转变。

---

① 龙瀛,吴康. 中国城市化的几个现实问题:空间扩张、人口收缩、低密度人类活动与城市范围界定[J]. 城市规划学刊,2016(2):72 - 77.

② Taylor P J, Hoyler M Verbruggen R. External urban relational process:Introducing central flow theory to complement central place theory[J]. Urban Studies,2010,47(13):2803 - 2818.

表 12-18　现有规划中的服务人口比较

内容	北京城市总体规划（2016年—2035年）	上海市城市总体规划（2017—2035年）	广州市城市总体规划（2017—2035）草案	深圳市人口与社会事业发展"十三五"规划
规划目标	以水定人,2020年常住人口2 300万人	2020年:控制在2 500万人以内;2035年以2 500万人为调控目标;2050年人口规模保持稳定	2035年:常住人口2 000万人,管理服务人口2 500万人	2020年:1 480万人,服务人口1 800万人
服务人口内涵	持有居住证的人口,扩大公共服务覆盖面,提供均等化服务,确保服务人口的合理需求和安全保障	常住人口＋半年以下暂住人口＋跨市域通勤人口＋短期游客等在内的城市实际服务人口	常住人口＋短期出差人口＋短期旅游人口;基础设施、公共设施配置满足出差、旅游等短期人口	常住人口＋居住6个月以内的外来流动人口
服务人口系数	无	1.20(2035年)	1.25(2035年)	1.22(2020年)

　　比较分析现有服务人口的内涵(表 12-18),本研究认为服务人口是指城市实际服务管理的人口,包括① 常住人口;② 入境服务人口(离开常住国,入我国关境的会议/商务、观光游览/休闲度假、探亲访友、服务员工和其他活动并至少停留一夜的外国人、华侨、港澳台同胞);③ 国内区际服务人口(短期离开惯常居住地,进行观光游览、休闲度假、探亲访友、商务、会议、文化/体育/科技交流、购物、医疗保健、宗教朝拜等人口,以及跨市域的通勤人口)。其中,常住人口和跨市域通勤人口对住房、养老、基础教育、体育、绿地等基本公共服务设施需求较大;城市的交通、水、能源、安全等公共服务设施满足观光游览、休闲度假、探亲访友、商务、会议等短期的外来服务人口;文化、医疗、教育、体育等高等级公共服务设施则需应对文化/体育/科技交流、购物、医疗保健、宗教朝拜等人口。

　　在此基础上,本研究以人口对城市服务的差异化需求为切入点,以常住人口的需求为基准,借助"消费"将入境人口需求折算为常住人口;借助"目标分类"将区际流入人口需求折算为常住人口,以期为测算大城市服务人口系数提供参考依据。

具体地,入境服务人口的折算系数如下式所示:

$$P_1 = p \times \frac{t}{T} \times \frac{s \times R \times T}{S} \qquad (12-33)$$

式中:p 为入境游客(包括外国人、香港同胞、澳门同胞、台湾同胞)人数;t 为入境游客的平均停留时间;s 为入境游客在境内人均天花费[美元/(人·天)];T 为对应年份的天数,如 2016 年共有 366 天;R 为美元兑换人民币汇率,人民银行公布的 2016 年平均汇率为 1 美元=6.642 3 人民币;S 为全年全市居民人均消费支出。

国内区际服务人口则利用腾讯迁徙地图大数据,借助交通部发布的春运统计数据、《旅游抽样调查资料》公布的游客数据进行多维校正融合,用于估算区际服务人口数据。公式如下所示:

$$\alpha = P' / \sum_{1}^{t'} \sum_{i=1}^{m} \sum_{j=1}^{n} p'_{ij} \qquad (12-34)$$

$$P_2 = \alpha \sum_{j=1}^{n} p'_{ij} \times t/T \qquad (12-35)$$

式中:i、j 分别为人口迁徙的出发地和目的地;p'_{ij} 为从 i 到 j 的迁入人数,t' 为春运期间的天数,2016 年春运起止时间为 1 月 24 日(农历腊月十五)至 3 月 3 日(农历正月廿五);m、n 分别为迁出城市和大城市的数量;P' 为交通部公布的春运人次;α 为腾讯人口迁徙修正系数。现有数据缺少国内迁入人口停留时间方面的统计,本研究引用《旅游抽样调查资料》中入境过夜游客在各城市的平均停留时间 t,充分反映迁入城市的功能定位、服务管理水平和资源环境承载能力,可替代国内迁入人口的停留时间。

最后,将估测的服务人口数量与常住人口数量进行折算,即可得到服务人口折算系数如下式所示:

$$A = (P_0 + P_1 + P_2) / P_0 \qquad (12-36)$$

式中,P_0 为常住人口,A 为服务人口系数,值越大,外来服务人口比重越高。

　　研究测算了全国35个大城市的服务人口总量与系数。表12-19展示了部分大城市的测算结果。南京2016年服务人口规模达到984.98万人,服务人口系数达到1.19。在全国35个大城市中,南京常住人口排名位于第15位,服务人口排名第14位。服务人口系数排名第17位。

表 12-19　2016 年部分大城市服务人口估算结果

城市名称	服务人口/万人	常住人口/万人	入境服务人口/万人	国内区际服务人口/万人	服务人口系数
厦门	542.63	392.00	34.81	115.83	1.38
深圳	1 634.76	1 190.84	109.57	334.35	1.37
海口	302.39	224.60	3.47	74.32	1.35
广州	1 868.86	1 404.35	93.49	371.02	1.33
成都	2 054.69	1 591.80	79.08	383.81	1.29
北京	2 771.36	2 172.90	68.94	529.52	1.28
西安	1 128.87	883.21	24.35	221.31	1.28
武汉	1 362.44	1 076.62	41.12	244.69	1.27
杭州	1 142.95	918.80	49.60	174.55	1.24
长沙	942.00	764.52	14.85	162.63	1.23
上海	2 950.11	2 419.70	111.54	418.87	1.22
福州	920.30	757.00	26.26	137.04	1.22
南京	984.98	827.00	8.66	149.32	1.19
郑州	1 136.17	972.40	4.60	159.18	1.17
济南	846.07	723.31	5.69	117.07	1.17
重庆	3 538.85	3 048.43	79.71	410.71	1.16
天津	1 800.37	1 562.12	65.92	172.33	1.15
青岛	1 056.87	920.40	30.21	106.27	1.15
宁波	845.32	787.50	9.99	47.83	1.07

　　值得注意的是,服务人口体现短期人口流动对于城市产生的影响,具有鲜明的季节性特征(图12-10)。对于大城市而言重大节假日人口大规模流入流出的现象并存。从设施容量的角度看,可能存在此消彼长的现象。但从服

务功能的角度看,流入与流出均存在服务功能需求,在某些方面存在累加效应。因此,若考虑服务人口的季节性特征,本研究提出的服务人口系数仍是一个偏大估计。但对于判断资源环境承载力的约束,依然有效。

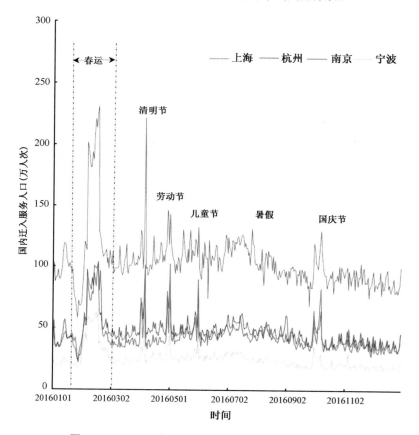

图 12‑10　2016 年部分大城市服务人口的日均变化量

二、自上而下与自下而上相结合的技术路线设计

从经济社会发展的需求角度,确定城市发展所需用地规模,一方面可以根据发展趋势、经验比较,依据人均用地需求和地均产出变化规律自上而下地判断城市用地规模。另一方面,也可以参照不同类型城市用地的需求差异,根据人均需求或地均产出变化进行判断,自下而上地判断城市用地规模。

对此,研究进一步通过"以人定地"的技术思路确定城市发展对建设用地的规模需求。整体技术思路如图 12‑11 所示。一方面,研究分别从经济密度和人口密度两个方面"自上而下"地评估城市土地规模。

(1) 基于经济密度的建设用地规模:经济密度通常以建设用地总规模口径进行测算。研究依据南京自身建设用地经济密度的变化趋势进行建模,可推测特定经济发展水平下,经济密度可达到的数值。进而结合经济总量的预测,判断建设用地总量规模。

(2) 基于人口密度的城市建设用地规模。与城市人口增长相关联的建设用地类型以城市建设用地为主。因此,人口密度主要用于预测城市建设用地规模。研究以 65 座全球特大城市为样本,建立计量经济模型,预测人均城市建设用地的经验参数。进而结合人口规模,判断城市建设用地规模。

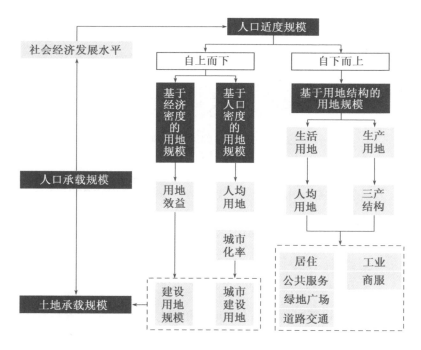

图 12‑11　人地规模相适应的城市用地规模预测技术路线

另一方面,研究基于城市用地结构分类,将主要的城市建设用地类型分为生活用地和生产用地两类。

(1) 生活用地:主要包含居住用地、公共服务设施用地、绿地与广场用地、商业用地、道路交通用地等。这类用地可以借助人均需求规模,结合人口规模测算用地规模需求。

(2)生产用地:主要包含工业用地和服务业用地等。这类用地主要借助地均产出规模,结合行业发展状况测算用地规模需求。

三、自上而下的用地规模预测

(1)基于经济密度的用地规模预测

从用地强度的角度看,南京市自 1996 年以来,建设用地效益存在指数型提升的趋势。1996—2015 年,建设用地地均 GDP 从 55.61 万元/hm² 提升至 520.42 万元/hm²;单位 GDP 建设用地占用面积从 179.84 hm²/亿元下降至 19.22 hm²/亿元。

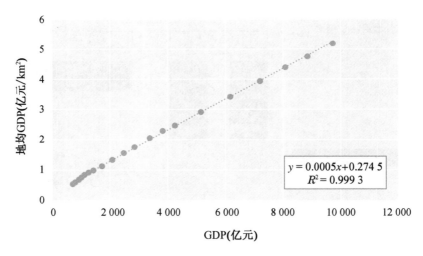

$$y = 0.0005x + 0.2745$$
$$R^2 = 0.9993$$

图 12‐12 1996—2015 年南京市 GDP 与地均 GDP 关系

综合 GDP 的快速增长与建设用地之间的有限增长特征,考察经济快速增长同时用地效益的关联性提升。假设土地面积为 L,GDP 为 Y,地均产出为 $E = Y/L$,构建简单模型如下:$E = aY + b$。该模型可改写为 $Y = aYL + bL$,即土地投入增加和经济增长之间并非等比例关系。当经济发展达到一定程度之后(脱钩),少量的土地增长即可创造较大的经济增量。

从长期来看,GDP 与地均 GDP 表现出极为显著的线性关系。对此,研究依据 2035 年 GDP 规模 34 000 亿元预测出地均 GDP 为 17.31 亿元/km²。据此,可测算出基于经济密度的 2035 年建设用地规模为 1 968.30 km²。

（2）基于人口密度的用地规模预测

研究选取全球 65 座特大城市为样本,观察城市人均 GDP 与人均建设用地、人均城乡建设用地之间的关系,并构建计量模型。北美、澳洲、欧洲、东亚地区国家由于土地资源禀赋、经济发展水平和人口规模等方面存在显著差异,特大城市用地特征不尽相同。模型在控制区域差异的基础上,揭示了社会经济发展与人均用地需求之间的倒 U 形关系。

$$\ln UL_c = \ln Y_c + \ln^2 Y_c + NA_c + EU_c + ASIA_c + \varepsilon \qquad (12-37)$$

其中,UL 表示城市建设用地面积;Y 表示人均 GDP（以美元计）;NA,EU 和 $ASIA$ 为虚拟变量,判断是否为北美、欧洲、东亚城市;c 代表不同的城市。

表 12-20　经济社会发展与人均用地需求关系回归结果

变量	系数估计结果	P 值
$\ln Y$	6.152	0.035
$\ln^2 Y$	-0.309	0.041
NA	1.895	0.000
EU	0.931	0.000
$ASIA$	0.460	0.008
样本数量	65	
R^2	0.639	

结果表明,当预计南京市人均 GDP 水平达到 26 万元/人时,人均城市建设用地规模约为 115 m²。当 2035 年预测人口为 1 200 万人时,城市建设用地规模约为 1 380 km²。若考虑服务人口系数为 1.19,服务人口规模将达到 1 550 万人。考虑到服务人口的季节性特征,对服务人口的人均用地规模乘以 0.5 进行估算,城市建设用地规模为 1 511 km²。考虑服务人口后,人均城市建设用地规模为 106 m²。

四、自下而上的用地规模预测

（1）生活性用地

1）居住用地

居住用地需求与人口数量紧密相关。20 世纪 90 年代,发达国家人均住房建筑面积已达到 35 平方米以上的水平(图 12‑13)。2004 年,建设部颁布的 2020 年全面建设小康社会居住的 21 项指标中,城镇人均居住建筑面积为 35 平方米。2015 年,依据剑桥大学针对欧洲国家开展的居住状况调查发现,德国、荷兰和丹麦等国家庭居住面积平均达到 116 平方米,人均居住面积接近 40 平方米。2016 年,国家统计局公布全国人均住房面积为40.8 平方米。

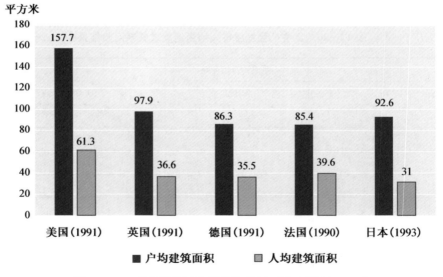

图 12‑13　部分发达国家居住情况(白雪和王洪卫,2005)

借鉴发达国家发展轨迹、国家整体居住现状水平、特大城市用地规律,建议人均居住面积为 38～42 平方米,平均容积率为 1.0～1.1。据此可推算,当城镇人口数量达到 1 200 万人时,居住用地规模需求为 414～458 km²。

2) 公服用地

南京市作为省会城市,公共服务设施用地处于相对高值。在 15 个副省级城市中,南京市该类用地人均指标已处于较高水平,排名第三,仅次于济南(19.75 m²)和西安(15.02 m²)。广州市公服用地占比与南京相当,但其人均指标仅为 6.11 m²,不到南京市的一半。杭州市的面积占比虽然显著高于南京市,但其人均指标比南京市低 1.10 m²。考虑数据口径差异,结合公服用地横向比较特征,建议人均公服用地稳定于现状 12 m² 的水平。

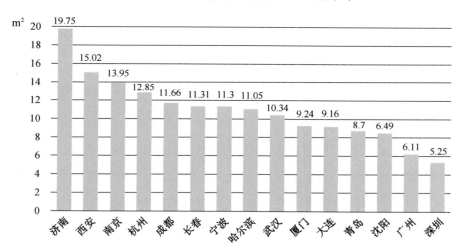

图 12 - 14　基于城市建设统计年鉴的 2015 年计划单列市人均公服用地面积对比

3) 绿地与广场用地

《南京市环境总体规划纲要(2016—2030 年)》提出,2030 年南京市人均公园绿地面积达 16.5 m²。2015 年现状为 15.1 m²;城建年鉴口径下,南京市人均绿地与广场用地面积为 14.78 m²,在同类城市中处于较高水平;根据南京市"现状一张图"成果,人均绿地与广场用地面积为 9.56 m²,未达国家标准。综合各类口径差异,结合现状水平,建议人均绿地与广场用地面积达到 14～18 m²。

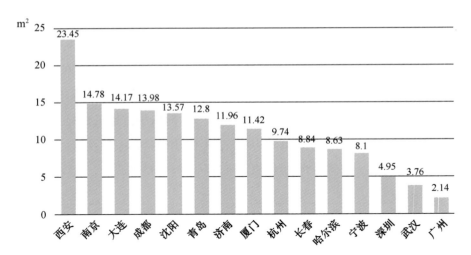

图 12-15　基于城市建设统计年鉴 2015 年计划单列市人均绿地与广场用地面积对比

4）道路与交通设施用地

城建年鉴口径下，南京市人均道路与交通设施用地面积为 17.18 m²，在同类城市中处于中游；根据南京市"现状一张图"成果，人均道路与交通设施面积为 21.58 m²；参考对标城市波士顿，人均道路与交通用地面积为 24.62 m²。综合各类口径差异，结合现状水平，建议人均道路与交通设施面积达到 22～28 m²。

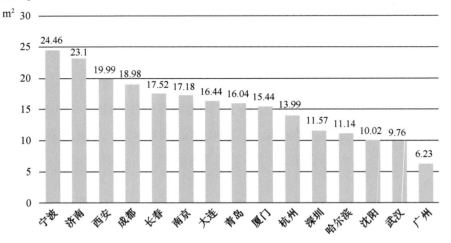

图 12-16　基于城市建设统计年鉴 2015 年计划单列市人均道路与交通设施用地面积对比

（2）生产性用地

1）工业用地

工业用地的测算首先从需求的角度出发,建立工业增加值与单位工业增加值用地之间的计量关系,体现工业经济发展对用地效益的贡献。为避免宏观经济冲击的影响,研究选取 2007—2015 年的数据作为样本。在此期间,南京市工业增加值占 GDP 比重呈现出逐年下降的趋势。从 2007 年的 42% 降至 2015 年的 35%。如图 12 - 17 所示,工业增加值与单位工业增加值用地之间呈现出十分显著的幂律关系。

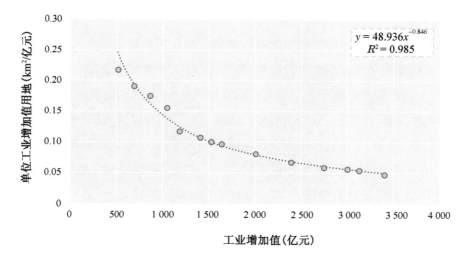

图 12 - 17　工业增加值与单位工业增加值用地面积的关系检验

从南京市 GDP 增长与单位增加值用地之间的关系看,若预期南京市 GDP 增长达到 34 075 亿元,工业化率以 25%～30% 计,则工业增加值水平达到 6 815 亿元,则可推算单位增加值用地 2.0～2.3 hm²/亿元,单位建设用地地均产出达到 43.2 亿元/km²～50.4 亿元/km²,达到发达国家工业化后期水平(图12 - 18)。

图 12 - 18　部分国际城市地均工业增加值对比

2）商业与服务业设施用地

商业与服务业设施用地独立进行评估。商业用地依据服务人口、人均建筑面积标准和平均容积率进行推算，公式为：商业用地＝城市人口×人均建筑面积/平均容积率。服务业用地面积则依据从业人口、人均建筑面积标准和平均容积率推算，公式为：服务业用地＝从业人口×人均建筑面积/平均容积率。参考东京、巴黎、上海的人均商业建筑面积，确定商业用地建筑面积人均1.5～2 m^2 的方式进行测算；平均容积率取 1.15。此外，根据经验参数确定服务业用地中，人均办公建筑面积为 25～35 m^2，平均容积率为 1.2～2。

（3）自下而上测算结果汇总

参考承载力评价结果的适度人口规模为 1 192 万人，研究选取 2035 年南京市常住人口 1 200 万人为参考值，考虑服务人口系数为 1.20，故服务人口规模为 1 440 万人，城镇化率 92％。依据上述标准进行汇总（表 12 - 21），可得 2035 年城市建设用地可控制在 1 450～1 500 km^2。

表12-21　自下而上测算结果汇总表

用地类型		预测指标	参考	2016年			2035年		
				规模(km²)	人均(m²)	占比	规模(km²)	人均(m²)	占比
生活用地	居住用地	38~42 m²/人	建筑面积。全国平均水平，人均一间房	238.68	27.18	23%	414	35.03	27%~28%
	公共服务与公共设施用地	12 m²/人	保持现状，体现南京科教、文化特色。国标5.5	105.31	11.99	10%	144+14=158(考虑服务人口)	12.00	10%~11%
	绿地与广场	14~18 m²/人	适度提升。上海2040规划为16 m²/人	83.92	9.56	8%	168+16=184(考虑服务人口)	16.00	12%~13%
	道路与交通设施用地	22~28 m²/人	对标国际特大城市平均水平，波士顿现状水平	189.49	21.58	18%	264+30=294(考虑服务人口)	22.00	19%~20%
生产用地	工业用地	44 亿元/km²	工业用地提效潜力评估(相当于美国，日本完成工业化时的水平)	267.68	—	26%	190~230(工业占比25%~30%)	—	13%~15%
	商业与服务业设施用地	商务 25~35 m²/人 商业 1.5~2 m²/人	建筑面积。商务：国内平均水平；商业：对标京阪神地区	69.58	7.92	7%	160+4=164(商业考虑服务人口)	11.00	10%~11%
主要类型用地				954.66		93%	1404~1444		95%
城镇建设用地				1032.9			1450~1500		

第十三章 / 长江经济带城市资源环境承载力评价：以长江经济带下游城市无锡市为例

作为长江经济带经济最为发达的地级市之一，无锡市人地矛盾较为突出，因此，科学判断其资源环境承载力是这一城市协调人与自然关系、推进高质量发展的认知基础。为此，这里基于自然资源部《资源环境承载能力和国土空间适宜性评价技术指南（试行）》开展无锡市资源环境承载力评价。

第一节　国土空间特征及评价指标选择

无锡，古称梁溪、金匮，被誉为"太湖明珠"。其位于长江三角洲平原腹地（见图 13-1），太湖流域的交通中枢，京杭大运河从中穿过。无锡北倚长江，南濒太湖，东接苏州，西连常州，构成苏锡常都市圈。无锡自古就是鱼米之乡，素有布码头、钱码头、窑码头、丝都、米市之称，是中国国家历史文化名城。无锡是中国民族工业和乡镇工业的摇篮，是苏南模式的发祥地。其经济发展与国土空间具有以下特征。

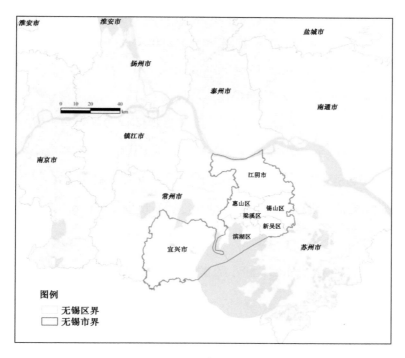

图 13 - 1　无锡市区位图

一、国土空间格局主要特征

无锡市生态良好,水资源充沛,但经济社会的快速发展,尤其是建设用地空间的快速扩张,加剧了土地利用与经济发展、水环境保护以及生态系统维护等方面的压力。其土地利用格局主要有以下特征。

(一) 土地开发强度较高,土地开发强度的空间不均衡特征明显

2018 年土地变更调查数据显示,无锡全市土地开发强度为 32.81%。同期,江苏省土地开发强度为 21.68%。但无锡市除宜兴市外,其余地区土地开发强度均超过全省平均水平,土地开发利用强度格局有待优化。

(二) 人口密度大,单位建设用地效益高

2009—2018 年,无锡市单位建设用地 GDP 产值稳步提升,实现了从

3.71 亿元/km² 到 7.53 亿元/km² 的提升,2018 年无锡市单位建设用地 GDP 位居江苏省首位,高于江苏省 2018 年平均单位建设用地 GDP 3.98 亿元/km²,与苏州市 7.19 亿元/km² 的水平较为相近,略高于省会城市南京 6.62 亿元/km² 的水平,建设用地的地均 GDP 产出水平较优。但从人口密度来看,无锡市人口密度自 2009 年以来呈持续性下降趋势,从 2009 年的 4 568 人/km² 下降至 2018 年的 4 330 人/km²,除 2015—2016 年有小幅度提升外,其余年份均呈下降趋势,但从全省层面上看,人口密度高于全省 3 464 人/km² 的平均水平,略低于南京市 4 357 人/km²,高于苏州市 4 146 人/km²,相比之下人口密度适中。

(三) 节地水平和产出效益明显提高,建设用地节约集约利用水平不断提升

参照江苏省建设用地节约集约利用评价指标[①]和江苏省国土资源节约集约利用综合评价考核指标体系,选取无锡市、南京市、苏州市和江苏省 2009—2018 年区域位次指标:单位 GDP 建设用地占用(反映经济发展用地强度);年度变化指标:单位 GDP 建设用地占用下降率(反映经济发展用地强度变化情况)。从评价结果来看,无锡市 2018 年单位 GDP 建设用地占用为 13.27 公顷/亿元,略低于苏州市(13.91 公顷/亿元)、南京市(15.10 公顷/亿元),远低于常州市(17.07 公顷/亿元)与江苏省(25.10 公顷/亿元),2009—2018 年始终处于较低水平;无锡市 2018 年单位 GDP 建设用地占用下降率 7.44%,低于南京市(7.61%),高于苏州市(6.42%)、南京市(5.17%)、常州市(5.42%)和江苏省(6.75%),虽然"十二五"期间无锡市单位 GDP 建设用地占用下降率较小,但进入"十三五"时期,该指标明显上升。综上所述,近年来无锡市建设用地总量和强度"双控"措施取得良好成效,节地水平和产出效益明显提高,建设用地节约集约利用水平不断提升。

---

① 江苏省国土资源厅. 面向新常态的节约集约用地战略体系[M]. 北京:中国大地出版社,2017.

二、评价指标体系

基于对无锡市国土空间水、土地、生态、环境、灾害等资源环境要素的基本认知，按照 2019 年自然资源部《资源环境承载能力和国土空间适宜性评价技术指南（试行）》要求，选取影响资源环境承载力的要素和指标因子，从生态、农业生产和城镇建设三个方面构建了如下的指标体系（如表 13－1 所示）。

表 13－1　资源环境承载能力和国土空间开发适宜性评价指标体系表[①]

评价类型	一级评价指标	二级评价指标	方法
生态适宜性	生态系统服务功能重要性	物种多样性	模型法
		水源涵养	模型法或 NPP 法
		防风固沙	模型法或 NPP 法
		水土保持	模型法或 NPP 法
	生态敏感性	水土流失	各因子敏感性平均
农业生产适宜性	农业耕作条件	坡度	判别矩阵
		土壤质地	
		其他土壤指标	
	农业供水条件	降水量/用水总量控制指标模数	—
	农业生产环境条件	土壤环境容量	土壤污染物普查数据＋判别矩阵
	气象灾害风险	干旱危险性	根据参数计算灾害年的发生频率
		雨涝危险性	
		高温热害危险性	
		低温冷害危险性	
		大风灾害危险性	
		雷暴灾害危险性	—
		台风灾害危险性	

[①]　自然资源部. 资源环境承载能力和国土空间适宜性评价技术指南（试行）[S]. 2019.

（续表）

评价类型	一级评价指标	二级评价指标	方法
城镇建设适宜性	城镇建设条件	坡度	判别矩阵
		高程	
		地形起伏度	
	城镇供水条件	水资源总量模数/用水总量控制指标模数	—
	城镇建设环境条件	大气环境容量	静风日数，平均风速
		水环境容量	评价单元年均水质目标浓度×地表水资源量
	地质灾害危险性	地震危险性	以活动断层危险性为基础，结合地震动峰值加速度确定地震危险性等级
		崩塌滑坡泥石流易发性	利用各类调查监测和评价成果
		岩溶塌陷易发性	
	区位优势度	交通干线可达性	成本距离
		中心城市可达性	
		中心城区可达性	
		交通枢纽可达性	
		交通网络密度	线密度分析

三、实现路径

这里基于GIS技术开展无锡市资源环境承载力评价，评价栅格精度为30 m×30 m。所需数据包括基础地理、土地资源、水资源、环境、生态、灾害、气候气象等。

资源环境承载力评价，是将单项空间要素评价与国土空间功能评价相结合。即基于生态、土地资源、水资源、气候、环境、灾害、区位等单项评价结果，开展生态适宜性、农业生产适宜性和城镇建设适宜性的综合评价。

此外，资源环境承载力评价，还将理论评价结果与实际利用状态开展对照分析,以识别冲突空间,例如生态保护极重要区中永久基本农田;农业生产不适宜区中耕地、永久基本农田;城镇建设不适宜空间中城镇用地与城镇开发边界,从而据此为构建人与自然和谐的国土空间格局提供支撑。

第二节　资源环境承载力评价

基于自然资源部《资源环境承载能力和国土空间适宜性评价技术指南(试行)》,从生态空间、农业空间、城镇空间等三个方面开展无锡市"双评价"及其成果分析。

一、生态适宜性及生态空间特征

生态系统服务功能重要性和生态敏感性评价,是认知生态保护重要性的基础。因此,水源涵养、防风固沙、水土保持等生态系统服务功能越重要,水土流失等生态敏感性越高,且生态系统完整性越好、生态廊道的连通性越好,生态保护重要性等级越高。

(一) 生态系统服务功能重要性及评价

生态系统服务功能重要性评价综合考虑水源涵养、防风固沙、水土保持等。其中,采用水量平衡方程来计算水源涵养量,计算公式为

$$TQ = \sum_{i=1}^{j} (P_i - R_i - ET_i) \times A_i \times 10^3 \qquad (13-1)$$

式中:TQ 为总水源涵养量(m^3),P_i 为降雨量(mm),R_i 为地表径流量(mm),ET_i 为蒸散发量(mm),A_i 为 i 类生态系统面积(km^2),i 为研究区第 i 类生态系统类型,j 为研究区生态系统类型数。并依据双评价指南的等级划分方法进行重要性等级划分。

水土保持重要性采用修正通用水土流失方程(RUSLE)的水土保持服务模型开展评价,公式如下:

$$A = R \times K \times L \times S \times (1 - C) \qquad (13 - 2)$$

式中,A 为水土保持量[t/(hm² × a)];R 为降雨侵蚀力因子[MJ × mm/(hm² × h × a)];K 为土壤可蚀性因子[t × hm² × h/(hm² × MJ × mm)];L 为坡长(m);S 为坡度;C 为植被覆盖因子。

防风固沙重要性:采用修正风蚀方程来计算防风固沙量。

以生态系统服务功能量(或物种数)为基础确定各生态系统服务功能重要性级别,按栅格单元服务功能量(或物种数)评价值大小进行降序排列,分别将累积服务功能量占前 30%、30%~50%、50%~70%、70%~85%、85%~100%的像元划分为高、较高、中等、较低、低五个等级,形成各服务功能重要性等级评价结果。

依据上述的评价方法,初步得到无锡市生态系统服务功能重要性评价分布图(图 13 - 2)。生态系统服务功能重要性评价中,极重要面积约占无锡市国土总面积的 22.38%,其中包括:无锡市内的重要湿地,即江阴市北部的长

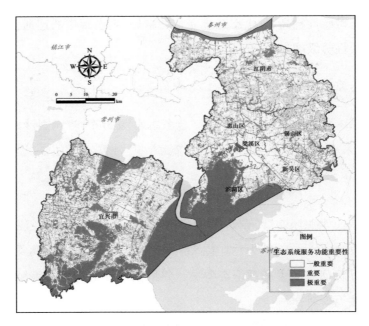

图 13‐2　无锡市生态系统服务功能重要性

江主干流、滨湖区与宜兴市境内太湖水体、宜兴市北部漏湖等,由于其湿地生物多样性价值被列入生态系统服务极重要区;市内山地林地,山地林地多具有极高的水土保持重要性,部分林地由于连通性同样具有极高的生物保护重要性。

(二)生态敏感性及评价

由于无锡市的自然条件特殊,其生态敏感性主要表现在水土流失敏感性。其评价方法如下所示:

$$水土流失敏感性=\sqrt[4]{R \times K \times LS \times C} \qquad (13-3)$$

其中各字母的含义与上述相同,将最终的敏感性划分为5级。

无锡市生态敏感性评价结果空间分布如图13-3所示。无锡市不存在生态极敏感区域,生态敏感区约占国土总面积的7.12%,主要分布在山地坡度较大的区域,如宜兴市南部山地、滨湖区环太湖山地、江阴市东北部山地等等,

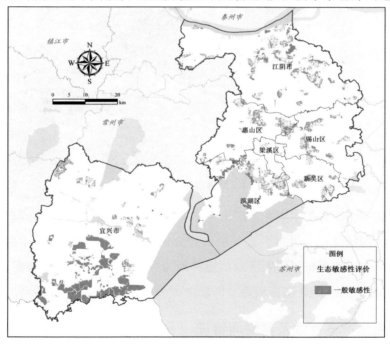

图 13-3　无锡市生态敏感性

这些区域因具有较大的地形起伏度和坡度而具有一定的生态敏感性。

(三)生态适宜性及生态空间特征

根据无锡市生态系统服务功能重要性评价与无锡市生态敏感性评价,并基于无锡市实际土地利用调查数据进行修正,得到无锡市生态保护重要性的空间分布(图13-4)。

图13-4 无锡市生态保护重要性

无锡市生态保护重要性呈现出生态保护极重要区面积较大与不同行政区差异较大的特征。无锡市生态保护极重要区主要包含湖泊湿地、山地林地。其中宜兴市生态保护极重要区以山地林地为主,滨湖区生态保护极重要区以湖泊湿地为主,其他区生态极重要区较少。

二、农业生产适宜性及其空间特征

按照生态优先的战略原则,在生态保护极重要区以外的区域,开展农业生产的土地资源、水资源、气候、环境、生态、灾害等单项评价，识别农业生产适宜区和不适宜区。基本的原则是地势越平坦，水资源丰度越高，光热越充足，土壤环境容量越高，气象灾害风险越低，且地块规模和连片程度越高，农业生产适宜性等级越高。

（一）土地资源及评价

农业生产指向下的土地资源评价综合考虑坡度、土壤质地及土壤有机质，按照自然资源部 2019 年发布的技术规程要求，确定农业生产指向的最终土地资源等级并以区、市为单位统计行政单元内不同等级土地资源的面积。

首先按照≤2°、2°～6°、6°～15°、15°～25°、＞25°的耕地坡度分级标准将全市划分为平地、平坡地、缓坡地、缓陡坡地、陡坡地 5 个等级，生成以农业生产适宜性为导向的土地坡度分级图。

在坡度分级结果的基础上，引入土壤物理指标进一步修正土地资源等级。根据中科院资源环境数据中心发布的土壤质地空间分布数据，将土壤粉砂含量≥80％区域的土地资源等级直接取最低，60％≤粉砂含量＜80％区域的原有坡度分级降 1 级作为土地资源等级。

引入土壤有机质指标进一步修正土地资源单项评价结果。借鉴全国第二次土壤普查养分分级标准进行土壤有机质分级，将有机质含量共划分为高（＞40 g/kg）、较高（30～40 g/kg）、中上（20～30 g/kg）、中下（10～20 g/kg）、较低（6～10 g/kg）、低（＜6 g/kg）六个等级。将有机质含量等级为低的区域土地资源等级降 2 级处理，有机质含量等级为较低的降 1 级处理。

无锡市整体以平原为主，星散分布着低山、残丘。北部以平原为主，中部为水网圩田平原，西南部地势较高。全市丘陵、山区面积为 739.7 平方千米，约占行政区域总面积的 16％，平原面积 2 575.2 平方千米，占比 55.7％。

从耕地资源分析来看，陡坡地、缓陡坡地主要分布在宜兴南部、滨湖区环太湖地带以及江阴市腹地的部分区域；平地主要分布在锡澄地区江南运河以北以及宜兴市北部，全市各区、市的土地坡度分级略有差异，奠定了土地资源等级的基础格局。从土壤质地结果可看出，无锡市全域土壤粉砂含量最高为

43%,总体而言土壤通气状况及保水保肥性能较优,不影响后续土地资源分级。土壤有机质评级结果可以看出无锡市整体有机质含量较高,无"低"与"较低"等级,不影响后续土地资源评级。

在以坡度、土壤质地以及土壤有机质为主要评价因子的情况下,无锡市农业生产指向的土地资源等级较高,"较高"与"高"两级土地共占区域总面积的90.89%,中等及以下土地资源则分别占区域总面积的 3.35%、3.30%、2.46%,整体而言无锡市土地资源环境适宜进行农业生产(图 13-5)。分区、市来看,无锡市中等及以下土地资源集中分布在该市西南部即宜兴市及太湖周边区域,北部江阴市也有零星分布。

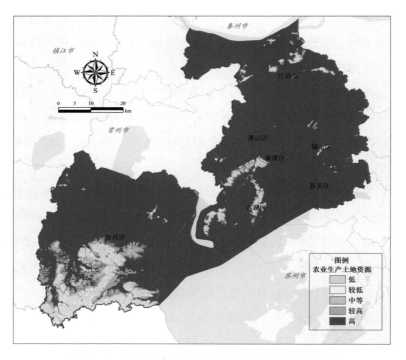

图 13-5 无锡市农业生产指向下的土地资源分级图

(二)环境因素及评价

农业生产环境主要考虑农业用地土壤环境容量。依据无锡市提供 3 822 个样点的土壤化学调查数据,选取镉、汞、锌、铅、铜、砷 6 种重金属对无锡市土壤环境进行分析,首先通过 IDW 空间插值得到土壤污染物含量分布图层,插值时排除水体的影响;然后依据《土壤环境质量农用地土壤污染风险管控标准(试行)》(GB 15618 - 2018),将土壤环境容量划分为高(赋值为 3)、中(赋值为 2)、低(赋值为 1)3 个等级,生成土壤环境容量分级图。最后依据木桶原理,取各指标最小值,将最小值代表的等级作为土壤环境容量综合等级,分为高、中、低三级。

总体上看,无锡市农业用地土壤环境容量较好(图 13 - 6),超过风险管制值的区域仅占所有农业用地的 0.10%,未超过风险管制值但超过筛选值的区域占所有农业用地的 10.15%,未超过风险筛选值的区域占所有农业用地的 89.75%。

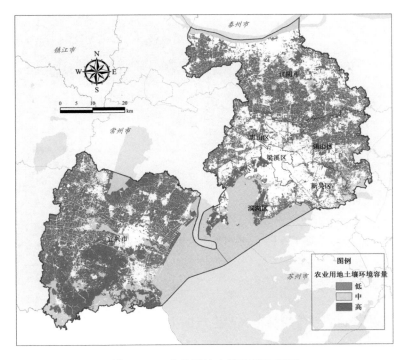

图 13 - 6　农业用地土壤环境容量图

（三）灾害因素及评价

针对无锡市农业生产有重要影响的干旱、雨涝、高温热害、低温冷害、大风灾害等 5 种气象灾种,使用 2011—2017 年全国 712 个气象站点逐日气象数据,根据逐年气象灾害发生情况,统计灾害年发生频率进行空间插值,然后进行危险性分级,按照气象灾害的发生频率≤20%、20%~40%、40%~60%、60%~80%、>80%,将各类灾害危险性划分为低、较低、中等、较高和高 5 级。最后采用最大因子方法确定综合气象灾害风险,将气象灾害风险划分为低、较低、中等、较高和高 5 级。

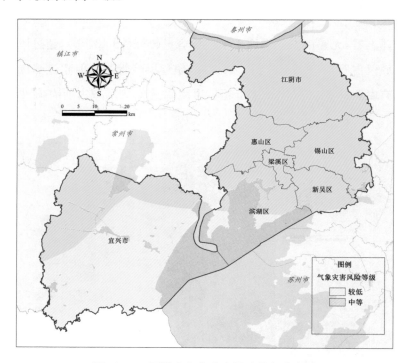

图 13-7　无锡市气象灾害风险等级分布图

（四）农业生产适宜性及评价

农业生产适宜性等级是在农业生产的土地资源、水资源、光热条件、土壤环境容量和气象灾害危险性等单项评价结果的基础上加以集成得到的。因此,这里还结合对水资源、光热资源等评价,将无锡市农业生产适宜性划分为适宜、不适宜和生态保护极重要三个等级。

无锡市国土空间中,扣除生态保护极重要区域,农业生产适宜等级区域面积为 2 102.54 km²,而扣除生态保护极重要区域后,农业生产不适宜区域面积为 1 623.55 km²,主要分布在河流水面、湖泊水面、水库水面、建设用地和部分坡度大于 25°的区域(图 13-8)。

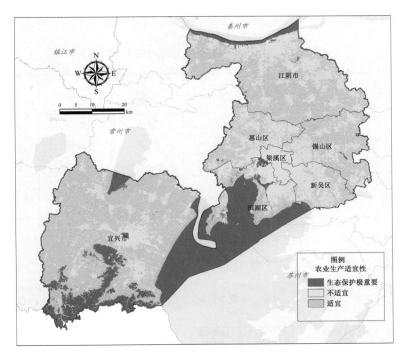

图 13-8 无锡市农业生产承载等级空间分布图

三、城镇建设适宜性及其空间特征

开展城镇建设功能指向的土地资源、水资源、气候、环境、灾害、区位等单项评价,集成得到城镇建设适宜性。总体来看,地势越低平,水资源越丰富,水气环境容量越高,人居环境条件越好,自然灾害风险越低,且地块规模和集中程度越高,地理及交通区位条件越好,城镇建设适宜性等级越高。

（一）总体思路及指标

在生态保护极重要以外区域开展城镇建设适宜性评价，根据城镇建设功能指向的土地资源、水资源、气候舒适度、环境容量、地质灾害、区位优势度等单项评价结果，集成得到城镇建设适宜性，划分为生态保护极重要、不适宜和适宜等级。根据自然资源部相关技术规程，基于土地资源和水资源评价结果，确定城镇建设的水土资源基础，作为城镇建设条件等级的初步结果。

表 13-2　城镇建设的水土资源基础参考判别矩阵

水资源 ＼ 土地资源	高	较高	中等	较低	低
好	适宜	适宜	较高	一般适宜	不适宜
较好	适宜	适宜	较高	较低	不适宜
一般	适宜	较高	一般适宜	较低	不适宜
较差	适宜	较高	一般适宜	不适宜	不适宜
差	一般适宜	一般适宜	较低	不适宜	不适宜

在城镇建设初步等级的基础上，再基于灾害、环境、气候和区位等因素进行修正，修正过程如图 13-9 所示。

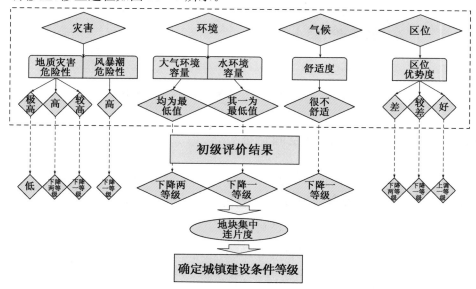

图 13-9　城镇适宜性初级评价结果修正过程

对于地质灾害危险性评价结果为极高等级的,将初步评价结果调整为低等级;为高等级的将初步评价结果下降两个级别;为较高等级的,将初步评价结果下降一个级别。

(二)城镇建设适宜性及其空间特征

综合城镇建设土地资源、水资源、环境、气候、区位单项评价结果,得到无锡市城镇建设适宜性的空间分布(图 13-10)。除去生态保护极重要区,无锡市城镇建设不适宜区主要分布在河流水面、湖泊水面、水库水面、耕地和部分坡度大于 25°的区域。

无锡市城镇建设适宜等级区域面积 2 040.10 km²。其中:宜兴市638.85 km²,江阴市 517.38 km²,锡山区 226.15 km²,惠山区 211.03 km²,滨湖区 208.19 km²,梁溪区 64.17 km²;梁溪区、新吴区、惠山区和锡山区的城镇建设适宜等级比例分别达到其行政区总面积的 89.52%、79.05%、64.80%和56.52%。

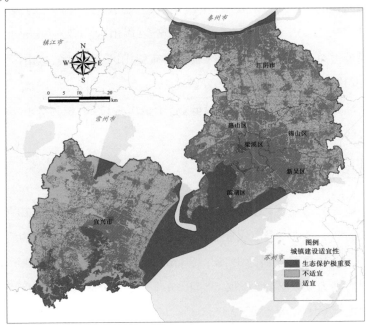

图 13-10　无锡市城镇建设适宜性等级空间分布图

第三节 资源环境承载规模及其分布

资源环境承载能力指在某一时期、某种状态或条件下,某地区的环境资源所能承受的人口规模和经济规模的大小,即生态系统所能承受的人类经济与社会的限度。资源环境承载能力则侧重体现和反映环境系统的社会属性,即外在的社会禀赋和性质,环境系统的结构和功能是其承载力的根源。本节着重以无锡市为实证研究对象开展无锡市资源环境承载规模及分布研究。

一、城镇建设用地承载规模

在土地资源约束下,无锡市有 71.43% 左右的区、市城镇建设最大规模占区域总面积 90% 以上,全市城镇建设最大规模为 3 666.74 平方千米,占无锡市国土总面积的 79.22%。其中,城镇建设最大规模排名前三的区域分别为宜兴市(1 479.52 km²)、江阴市(932.76 km²)、锡山区(397.69 km²)。城镇建设最大规模占总面积比例较高的区域主要有锡山区、新吴区、惠山区及梁溪区等,分别占其行政区面积的 99.40%、99.04%、98.27% 及 95.19%。而滨湖区城镇建设最大开发规模占比相对较低,居于全市末位,面积为 250.37 km²,仅为其行政区总面积的 39.78%。

二、农业生产最大承载规模评价

在土地资源约束下,无锡市农业生产最大承载规模共 3 706.19 km²,占国土总面积的 80.07%。全市农业生产承载规模较大的区、市分别为宜兴市、江阴市、锡山区,其面积分别为 1 498.17 km²、937.41 km²、395.26 km²;而规模相对较少的则为梁溪区,面积仅 69.58 km²。从承载规模占所在区、市总面积比例的角度,惠山区、新吴区以 99.33%、99.19% 的比例占据前位,锡山区以98.79% 的比例位居第三,占比最少的为滨湖区,仅 41.92%。

三、环境约束与城镇建设用地承载规模

环境负荷泛指经济系统对外部环境的影响,主要包括资源、能源的消耗和废弃物、污染物的排放等等。针对无锡市工业污染较为突出的特征,本研究以二氧化硫排放为主要评价对象,探究二氧化硫约束下的城镇建设用地规模。二氧化硫污染造成的酸雨等自然危害程度是依据单位土地面积的强度而定的。无锡市国土面积狭小而总经济产值较大,将环境负荷反映在单位土地面积上更能凸显环境负荷带来的人地矛盾,同时也能为用地规划与减排策略提供更切实的建议。

在原环保部《生态文明建设试点示范区指标体系(试行)》的生态环境指标中,约束性的地均 SO_2 排放指标应不大于 3.5 吨/km^2。而目前,无锡市的地均二氧化硫排放造成的环境负荷远高于国家建设生态文明的基本要求。由于无锡市管辖面积小,建设用地扩张空间小,已经逼近红线,减少单位土地面积的环境负荷强度就应当从积极推动减排出发,以达成生态文明为最高目标。

对无锡市近 20 年来单位建设用地的二氧化硫排放量的变化趋势进行线性拟合,则有 $Y = f(X)$,不妨令 1998 年时,$X=1$。则拟合结果如下:

$$Y = -5.199\ 9X + 143.19, R^2 = 0.701\ 5。 \qquad (13-4)$$

针对排放强度减弱的趋势,按照现状减排趋势,X 的系数 a 为 -5.20,考虑到减排趋势的不同情况,现设置另外两种情景:减速减排趋势、加速减排趋势,X 的系数 a 分别为 -5.10 和 -5.30,得到三种情景下 2035 年的排放强度。

同时值得注意的是,2025—2035 年无锡二氧化硫排放的强度的变化趋势将很可能较难保持线性下降,在相关减排技术普及后,减排效率的提升可能会遇到一定的困难,考虑到减排趋势的变化,设定 2020 年后,减速趋势、现状趋势、加速趋势下,排放强度的年递减率分别为 2%、3% 和 4%。

结合上文以每个五年计划减排 20% 为规划预测标准,据此得到不同预测年份 SO_2 排放规划总量,即 2025、2030、2035 年无锡市二氧化硫排放量分别

为 4.87 万吨、3.90 万吨、3.12 万吨。将二氧化硫排放目标和不同情景下排放
强度变化趋势的预测结果作为不同减排要求,可以求得未来不同减排目标下
基于环境负荷的可承载建设用地规模。

表 13-3 不同减排要求下的建设用地限制值   (平方千米)

年份	建设用地限制值 (减速趋势)	建设用地限制值 (现状趋势)	建设用地限制值 (加速趋势)
2025	2 080.96	2 404.01	2 805.34
2030	1 841.72	2 239.58	2 752.45
2035	1 629.98	2 086.40	2 700.56

由测算结果可知,到 2035 年,减速减排趋势情景下,建设用地限制值为
$1\,629.98\ km^2$,略高于 2018 年无锡建设用地现有值 $1\,518.26\ km^2$。当排放强
度的降低速度小于规划要求的环境提升速度(即环境负荷减少的速度)时,建
设用地的限制要求随着时间推移将进一步严苛,进而会影响土地资源利用
与开发,或者牺牲生态与环境价值。故要尽量避免单位建设用地二氧化硫
排放强度降速变缓的趋势,保证相关减排技术的升级与推广。在现状趋势
和加速趋势方面,未来无锡市建设用地总量只要不超过 $2\,086.40\ km^2$ 和
$2\,700.56\ km^2$,二氧化硫排放就将不会成为环境质量要求下的限制性因素。

第四篇　空间治理与生态优先

　　国土空间治理是长江经济带永续发展的重要举措,也是长江经济带绿色发展的重要内容。针对通江暗河塌江、碳排放以及"化工围江"等关键问题,本篇结合长江岸线安全、长江岸线治理、长三角城市碳排放治理、长江经济带产业空间治理等的调研、分析以及模型测算,探讨了基于生态优先的长江经济带国土空间治理路径。

第十四章 / 长江经济带通江暗河塌江问题与岸线生态保护

　　长江岸线安全与保护是长江生态大保护的重要内容,也是沿江城市安全、财产安全的重要保障。但近 20 年来尤其是近些年长江中下游地区崩岸、塌江等情况较为突出,大多结论认为是河势变化、岸线不当开发以及长江水浊度变化等所致。而从塌江区域所表现出的锯齿状而非弧形状来看,与一般性的塌江情况存在很大差别。这与长江通江"暗河"所引致的塌陷密切相关。为此,需要重视并加强通江"暗河"治理。

第一节　长江通江暗河塌江状况及突发事件

　　长江中下游 1 800 千米地貌特征决定了沿江"暗河"较多。长江中下游沿岸的北岸为大别山南麓,南岸为湘鄂赣皖苏五省之间连续绵延的丘陵,即其两侧都曾有无数短小支流直入长江,通常为暴雨山洪的入江通道;长江干流两侧洪水泛滥沉积,使大量的小支流的入口被泥沙淤填,之后又筑上堤防,使之成为堤下暗河地下水或进(补给堤后的湿地湖沼)或出(在长江枯水期反哺长江)的通道,随之造成堤防的坍塌或滑移。长江沿线"暗河"所致崩岸塌江并非罕见。如 20 世纪 70 年代湖北长江段就出现塌江崩岸。20 世纪 90 年代后期,长江九江段先后发生塌江,1996 年 1 月彭泽县龙城镇马湖村近千米的江堤发生坍塌,1998 年 2 月九江县永安大堤裂开,1998 年 8 月 7 日九江长江堤溃决都与暗河存在密切相关。长江九江段位在大别山与庐山山地丘陵之间,有无数小河直入长江(谓为"九江"),如今这些小支流的河口部位都已成为湖泊(自然堤后湖),如赤湖、赛湖、八里湖、甘棠湖、南门湖、白水湖、琵琶湖等,这些"暗河"的水流加剧了地下侵蚀而引致塌江。近10年来长江"暗河"引致塌江问题有所加剧。例如,2012年10月13日镇江丹徒区江心洲五套村附近的江堤坍塌;2013年12月30日,距南京长江大桥南堡桥墩不到百米的江堤附近段20多米长塌方;2014年4月28日扬州六圩大桥南侧的江滩发生断续式的塌陷;2015年5月25至6月初扬州市江都区嘶马弯道东一坝及下游连续发生3次坍江,其中东一坝紧临红旗河口下游;2017年11月8日镇江扬中市胜利圩埭塌江等。所述这些塌江位置大多可能与江堤骑在古河道出口部位有关。因此,尤其是沉积历史较短的长江下游沿江区域或岛屿,这种塌江崩岸隐患更为突出。

一、长江岛屿——扬中塌江事件

长江除了巨大的水流量以外,还携带了大量泥沙,在长江干流形成了众多江心岛,而这些江心岛每时每刻都在发生着变化。影响这些江心岛数量、面积和形状的原因也多种多样。

例如,长江位于枯水期,江心岛露出水面的面积较多,而在丰水期,一些较小的江心岛和大岛的外沿会在水面以下。又如,三峡水库自2003年开始蓄水以后,长江中下游流域泥沙携带量明显减少,直接影响中下游江心岛的淤积,长江下游马鞍山—铜陵河段的江心岛年均增长面积逐年减少,甚至出现面积萎缩的现象。除此以外,长江中下游水域泥沙携带量的减少,导致河床长期处于冲刷状态,加上洪水或枯水的作用,长江沿岸塌江现象频频发生。其中,破坏较严重的有2017年11月发生的扬中市胜利圩埭塌江和2008年11月发生的南京市栖霞区龙潭塌江。沿江地区三面环水、视野开阔、景色优美,在江心岛保护政策出现之前一直是地产开发商热衷投资的地区,塌江的发生将严重影响河槽稳定以及居民的生产和生活。

扬中市地处东经119°42′～119°58′,北纬32°00′～32°19′,是江苏省面积最小的县级市,隶属于镇江,辖区面积(含水域)327 平方千米,户籍人口 28.2 万人(引用统计年鉴),由太平洲、中心沙、西沙岛和雷公岛四个江岛组成。由于扬中市四面环水,目前已经形成了"一岛五桥"的交通格局与外界连通,岛内交通发达,整个岛已建成了"半小时经济圈"。扬中市是长江第二大江心岛,属冲积平原,地势平坦,长江水流对岛的形态的塑造起了主导作用。

　　文献回顾发现,当前并不缺乏长江第一大岛——崇明岛的相关研究。崇明岛凭借其长江入海口的特殊地理位置、显著的淤积面积等因素一直以来都是相关研究的热点区域。研究内容广泛涉及冲淤(冲蚀和淤积)监测及成因分析、冲淤区域差异分析、岸线演变及趋势分析、滩涂围垦及影响分析等。扬中岛是长江干流中形成的第二大江心岛,位于长江河口区的进口端(河流段),冲淤的变化以河流作用为主,崇明岛则位于长江河口区河口段(过渡段),冲淤变化受河流与海洋综合作用影响,两者的现象和本质都存在显著的差别。然而,鲜有研究关注扬中江岸冲淤情况。除此以外,塌江事件发生区域较小,规律性弱,突发性强,相关研究较为缺乏。然而塌江事件对居民生产、生活有较大的影响,分析塌江现象及形成原因,可以推断塌江风险区域,进而及时进行预防,可以有效地保护居民的生命财产安全。

　　基于长时序 Landsat 系列卫星遥感影像,监测扬中市 1973—2017 年江岸冲淤的面积及空间分布,并归纳其时空演变规律,分析其背后的影响因素。之后,通过 2017 年扬中市胜利圩埭塌江事件前后两期遥感影像对比,估算塌江区域面积,结合 1930 年扬中市地形图分析塌江事件的成因,并圈定扬中市沿江塌江的潜在发生区域[①],为扬中市国土空间规划建设尤其是沿江岸线规划以及灾害预防提供科学的参考和建议。

二、数据来源

　　本章对扬中市沿江区域冲淤面积监测主要基于 Landsat 系列卫星遥感影

　　① 杨达源,黄贤金,施利锋,等.1973—2017 年扬中市江岸冲淤遥感监测及古河道塌江分析[J].长江流域资源与环境,2018,27(12):2796 - 2804.

像,所有遥感影像均从美国地质调查局网站①下载。然而,通过遥感影像监测江心岛沿江区域冲淤面积受长江水位影响较大。每年十一月长江开始进入枯水期,枯水期水位较低,江心岛露出水面部分相对较多,六月以后长江开始进入丰水期,丰水期水位较高,江心岛露出水面部分相对较少。除此以外,两次影响较大的塌江事件(扬中市胜利圩埠塌江和南京市龙潭塌江)都发生在 11月。为了确保冲淤监测的准确性以及扬中塌江事件成因分析的合理性,所有遥感影像优先选取 11 月的,11 月影像无法获取的年份采用 10 月和 12 月影像补充。本章分析所采用的遥感影像来源、年份及成像时间如表 14-1 所示。为了探索塌江发生原因,同时结合扬中市 1930 年地形图进行分析。

表 14-1　遥感影像来源及成像时间

卫星	传感器	年份	成像时间	空间分辨率
Landsat1	MSS	1973	11.15	78 米
Landsat3	MSS	1978	10.21	78 米
Landsat4	TM	1983	11.30	30 米
Landsat5	TM	1988	11.03	30 米
Landsat5	TM	1993	11.01	30 米
Landsat5	TM	1998	12.17	30 米
Landsat5	TM	2003	11.04	30 米
Landsat5	TM	2008	12.19	30 米
Landsat8	OLI	2013	12.01	30 米
Landsat8	OLI	2017	10.25	30 米
Landsat8	OLI	2017	11.10	30 米

三、影像预处理及冲淤动态监测

采用真彩色合成影像,以 1:10 万地形图为基准,进行几何精校正。像元重采样采用最近邻点法,几何精校正误差不超过 2 个像元。所有遥感影像投

---

① 网址:http://glovis.usgs.gov/。

影方式均采用双标准纬线等面积割圆锥投影,克拉索夫斯基椭球体,以及全国统一的中央经线和双标准纬线,中央经线为东经 105°,双标准纬线为北纬 25°和北纬 47°。该投影方式面积变形较小,适用于区域范围面积的计算和统计①。

由于早期遥感影像质量较差,空间分辨率较低,扬中沿江区域冲淤面积变化采用由 2017 年往前倒推的监测方式,以控制早期遥感影像扬中岛边缘羽化引起的误差。具体实施分为以下三个步骤:1) 采用目视解译的方式,在 Arc-GIS 平台中勾勒出 2017 年扬中市的边界,对照谷歌地球和 2017 年不同月份的扬中市遥感影像反复检验其边界,确保目视解译的准确性;2) 将扬中市 2017 年边界叠加在 2013 年遥感图像上,通过目视解译勾勒出动态区域,按属性将动态区域分为冲蚀和淤积两类,参照土地利用变化遥感监测的标准,动态区域超过 6×6 个像元才会被监测,精度控制同样采用反复解译和多图像比对,之后生成 2013 年扬中市边界矢量图,以及 2013—2017 年扬中市冲淤空间分布矢量图;3)重复步骤2,生成相应年份的扬中市边界矢量图及对应时段冲淤空间分布矢量图。

第二节　沿江地区冲淤时空演变——以扬中市为例

扬中市主岛太平洲南部突起,在地貌上属于河流凸岸,而江北扬州市江都区的沿江地区向内凹进,地貌上属于河流凹岸。河流凹岸水流速度快于凸岸,凹岸流水作用以侵蚀为主,凸岸则以堆积为主。因此,扬中市沿江区域冲淤动态区域主要发生在太平洲南部突起区域和雷公岛,且以泥沙淤积为主。1973—2017 年扬中市沿江地区淤积面积约 12 平方千米,冲蚀面积约 4 平方千米,净增长面积约 8 平方千米(表 14 - 2)。冲淤变化区域主要集中在扬中

① 赵晓丽,张增祥,汪萧,等.中国近 30a 耕地变化时空特征及其主要原因分析[J].农业工程学报,2014,30(03):1 - 11.

市主岛——太平洲南部突起的沿江地区以及扬中市南部江心岛——雷公岛
(图14-1)。

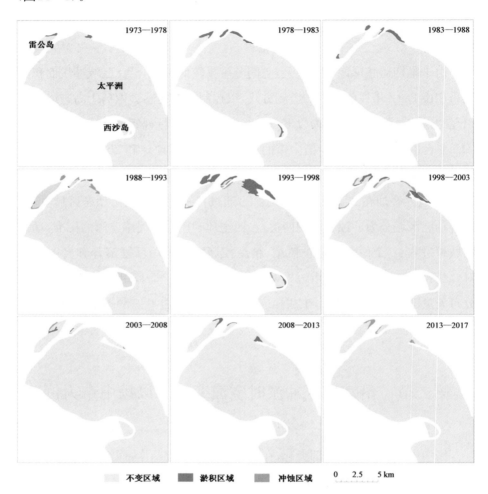

图14-1　1973—2017年扬州市沿江地区冲蚀动态空间分布

1978—1983年和1993—1998年两个时段,在西沙岛(又名小泡沙)也出
现少量的冲淤现象。经过冲淤面积变化趋势的分析,1973—2017年扬中市沿
江地区冲淤变化可分为三个时段,分别是1973—1988年、1988—2003年和
2003—2017年。

表 14‑2　1973—2017 年扬州市沿江地区冲蚀动态面积

时段	淤积		冲蚀		合计（平方米）
	面积（平方米）	区域数量	面积（平方米）	区域数量	
1973—1978	437 301	2	0	0	437 301
1978—1983	1 814 927	5	0	0	1814 927
1983—1988	1 396 375	4	0	0	1 396 375
1988—1993	194 268	4	−972 715	5	−778 447
1993—1998	5 584 992	7	−558 915	4	5 026 077
1998—2003	1 572 779	5	−1 514 284	8	58 495
2003—2008	337 863	3	−261 244	3	76 619
2008—2013	841 208	3	0	0	841 208
2013—2017	0	0	−765 803	3	−765 803
1973—2017	12 179 713	33	−4 072 961	23	8 106 752

1973—1988 年只呈现淤积现象，冲蚀现象未发生。这一时段淤积面积约 3.65 平方千米，约占整个时段淤积面积的三成。太平洲淤积面积出现在南部突起沿江地区的右侧，雷公岛淤积面积出现在南北两端，以北部为主。1978 年前西沙岛分为两块，中间有条细小的夹江，1978—1983 年淤积泥沙把夹江填满，两块区域合并为一块。

1988—2003 年是泥沙淤积和冲蚀现象发生都最为剧烈的时段，淤积面积约 7.35 平方千米，约占整个时段淤积面积的六成，冲蚀面积约 3.05 平方千米，超过整个时段冲蚀面积的七成。1993—1998 年淤积面积约 5.58 平方千米，在所有时段中淤积面积最显著。太平洲和雷公岛冲淤动态区域与上一时段相同，西沙岛东侧和南侧出现少量淤积，西侧出现少量冲蚀。

2003—2017 年泥沙淤积面积仅占整个时段的一成，显著少于以上两个时段。时段内差异显著，2008—2013 年淤积面积相对较多，未出现冲蚀现象，而 2013—2017 年冲蚀面积较多，未出现淤积现象。太平洲冲蚀动态区域出现在南部突起沿江地区的右侧,雷公岛冲蚀动态区域出现在北端。

　　长江大通站水文站是长江最下游的系统水文观测站,大通站往下没有较大的支流汇入长江。因此,大通站的观测数据通常被用作长江下游水文研究。本章结合大通站年均输沙量数据分析扬中市沿江地区冲淤面积变化特征(表14-3)。1989年以后大通站的年均输沙量出现明显减少,这与1989年起实施的长江上游水土保持重点防治工程有直接关联[①]。自长江上游水土保持重点防治工程实施以来,以往水土流失最为严重的金沙江下游及毕节地区、嘉陵江中下游、陇南陕南地区和三峡库区水土流失面积减少了40%~60%[②]。1988—1993年扬中市南部沿江区域泥沙淤积面积增长量相比1978—1983年减少了86%,由于水流泥沙携带量的减少,水流处于不饱和状态,1988年以后出现了冲蚀现象。1993—1998年淤积面积在所有时段中最突出,大部分泥沙淤积是在1998年长江特大洪水时期形成的,洪水携带大量泥沙,在下游沉积。在2000年以后长江年均输沙量逐渐递减,受三峡大坝蓄水的影响,2003年后输沙量减少速度显著加快。上游的水流进入三峡大坝经过沉淀,开闸时清水下泄,直接导致扬中市南部沿江地区泥沙淤积减弱,水流冲蚀加强。2013—2017年只出现冲蚀,未出现淤积现象。按此趋势,扬中市在未来短时间内水流冲蚀作用将要大于淤积作用,但冲蚀作用较微弱,不会出现大面积缩小现象,动态区域仍将集中在太平洲南部沿江地区和雷公岛四周。

表14-3　大通站年均输沙量[③]

年份	1970—1979	1980—1989	1990—1999	2000	2001	2002	2003	2004
年均输沙量 (10^8 吨)	4.24	4.34	3.43	3.39	2.76	2.75	2.06	1.47

---

　　① 应铭,李九发,万新宁,等.长江大通站输沙量时间序列分析研究[J].长江流域资源与环境,2005(01):83-87.

　　② 廖纯艳,韩凤翔,冯明汉.长江上中游水土保持工程建设成效与经验[J].人民长江,2010,41(13):16-20.

　　③ 褚忠信.三峡水库一期蓄水对长江泥沙的影响[D].青岛:中国海洋大学,2006.

第三节 长江通江塌江成因及治理策略

塌岸是指河湖岸坡,在地表水流冲蚀和地下水潜蚀作用下所造成的岸坡变形和破坏现象,沿江一些地方称其为"塌江"[①]。塌江在现象上表现为岸坡物质的塌落,主要与其下部物质变酥软有关,显著特点是具有"锯齿状的裂口"。本节着重研究长江通江塌江成因及治理策略。

一、扬中市胜利圩堢塌江前后遥感图像对比及位置确定

2017 年 11 月 8 日凌晨 5 时许,扬中市胜利圩堢沿江地区发生塌江事件。选取离事发时间最近的两景 Landsat 影像分析江岸坍塌情况,两景影像成像时间分别为 2017 年 10 月 25 日和 2017 年 11 月 10 日(图 14 - 2)。遥感图像显示塌江区域呈梯形,内侧长约 8 个像元(约 240 米),外侧长约 10 个像元(约 300 米),纵深约 5 个像元(约 150 米),塌江面积约 0.04 平方千米。现场调查显示塌岸后壁裂口呈锯齿状,从扬中市胜利圩堢沿江区域坍塌的现象来看是较为典型的塌江事件。

对比扬中市 2017 年遥感影像和 1930 年地形图可以看出,经过近一个世纪的泥沙淤积和水流冲蚀,扬中市空间形态被重新塑造,面积也出现了明显的增长。雷公岛面积明显增大,形状也发生了较大变化,东侧出现了新的江心岛,西沙岛也在 1930 年后形成。1930 年地形图中太平洲右侧有两个长条形的江心岛,经过多年的泥沙淤积作用,大江心岛与太平洲之间的夹江被泥沙填满,小江心岛受水流冲蚀作用影响而消失。通过经纬度定位,扬中市塌江区域发生在 1930 年太平洲右侧两个江心岛之间的夹江与一条西南—东北向的古河道的交汇处。

---

① 汤明高,许强,黄润秋. 三峡库区典型塌岸模式研究[J]. 工程地质学报,2006,14(2):172 - 177.

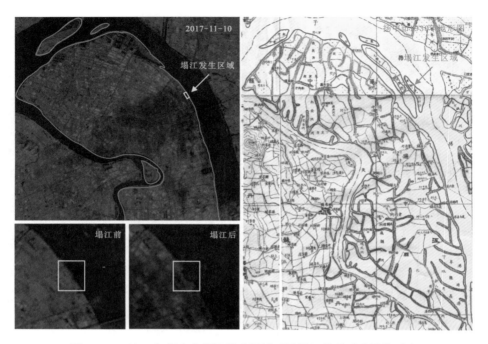

图 14-2　2017 年扬中市塌江发生区域以及塌江前后遥感影像对比

二、扬中市胜利圩埭塌江成因分析

　　水利部门通常认为塌岸是由水流侵蚀造成的,主要原因有以下三点:
1) 北半球自西向东的河流受地球自转的影响,水流对南岸冲刷较为严重,河流南岸易发生塌岸事件;2) 由于地形、地质等自然条件,河流会形成弯曲的河道,水流经过弯道时,弯道外沿(凹岸)水流速度较大,水流冲刷严重,易发生塌岸事件;3) 沙土性质河岸抗水流冲刷能力弱,易发生塌岸事件。例如 2013 年 12 月 30 日,南京长江大桥南堡桥墩不到一百米的地方出现一段 20 多米长的塌方,塌陷位置靠近金川河入江口,堤岸没有水泥护坡,受水流冲刷出现塌方。水流冲刷导致塌岸是表面现象,其本质是水流速度加快,在岸壁与水流内部之间产生压力差,在岸壁内物质之间产生张裂(裂缝),造成其外层脱落。

　　扬中市塌江区域位于太平洲上端三分之一处右侧沿江地区,此处水流大致为南北走向,河道粗细均匀,两侧江堤基本平行,在这种情况下水流对河岸的冲蚀相对较弱。1973—2017 年遥感影像监测也证明了这一点,在长达 44 年的时间里,塌江区域未出现明显的泥沙淤积和水流冲蚀现象。除此以外,塌江发生区域江岸有护坡,具有较强的抗水流冲刷能力。对比以上塌岸形成的主要原因,扬中市胜利圩埭塌江不符合以上塌江形成条件,因此扬中市胜利圩埭塌江并非由常规意义上的水流冲刷导致。

为了探明原因,将扬中市遥感影像图与更早期的地形图相比。扬中岛本由许多砂体拼接而成,1930 年太平洲右侧有两条狭长形的江心岛,其中较长的江心岛被三条西南—东北向的古河道分割为四块,塌江区域位于太平洲右侧两个江心岛之间的夹江与一条西南—东北向的古河道入江口的交汇处(图 14-2 右)。随着泥沙的淤积,太平洲与较长江心岛之间的夹江被泥沙填满,两个岛连接在了一起。与此同时,在历年的造田过程中西南—东北向的古河道的出口被逐步填埋并被堤坝阻隔。通过实地调查发现,塌江区域干堤内侧 40～60 米筑有子堤,长约 2 000 米,以防潮水侵袭,在干堤与子堤之间本是一片低洼地,之后填上薄沙土。在子堤后原有一些河沟和鱼塘,水位偏高,修筑

新筑的子堤

图 14-3　扬中市胜利圩埭塌江实地调查图

子堤挖出来的是烂糊泥,往后才有长条状展布的村庄,与干堤平行(图14-3)。历史图像资料和实地调查都显示塌江区域位于古河道的入江口,经过几十年的变迁,部分古河道被掩埋,出口被堤坝封堵。河道内原有地表水无法经由原河道流入江中,堤坝受到一定程度的水压,加上地下水外渗,带走堤下淤泥产生"潜蚀",使得堤底被"掏空",增大了江滩滑塌或塌陷的风险,这是可能造成塌江事件的原因之一。

除此以外,有研究通过钻探发现塌江区域存在一处江底"深槽",泥沙堆积厚度存在约34米的高差(图14-4)。江底"深槽"会在江水退潮期间引起"旋流","旋流"会带走泥沙,经过几十年的时间江底会逐渐被掏空,这是可能造成塌江事件的原因之二。除此以外,2017年10月长江流域降水较多,加剧了"旋流"侵蚀作用,水流带走"深槽"底部大量泥沙。之后进入11月份,水位开始下降,浮力减小,塌江区域承受不了自身重力而出现崩塌,是塌江事件的导火索。

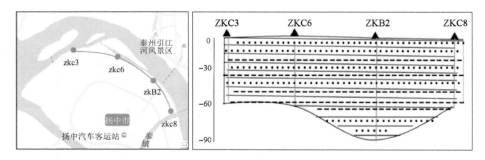

图14-4 扬中岛外侧泥沙堆积厚度变化示意图①

被江堤封堵的古河道出口处是塌江高风险区域。很多古河道被泥沙淤积的时间仅五六十年,通常不超过一百年,泥沙填充的古河道地基较软,易出现地面沉降,在长期的地下水外渗以及水流侵蚀带走淤积泥沙后,加上汛期过后江水下泄,江水吸力加大和堤内外水位差,容易引起江堤崩塌。

---

① 于俊杰,魏乃颐,蒋仁,等.长江(镇江—泰州段)崩岸地质灾害类型、特征及成因机制[J].资源调查与环境,2013,34(02):127-132.

三、加强通江"暗河"整体性治理

1. 充分认识到长江中下游沿岸通江"暗河"的安全风险

基于长江中下游地区的地貌特征,江堤"骑"在沿江岸线尤其是沿江沙洲、沙岛及沙滩的"暗河"出口部位的现象相当普遍。(1)不少"暗河"通江功能阻隔时间短、活跃性较强、危险性高。大多"暗河"只有数百年甚至不足百年的历史,造成这些通江功能被阻隔的河道在百年内尤其是近五六十年甚至更短的时期内被淤积或填埋,这些淤泥或流沙充填的河道形成了"软地基",在地下水动力的作用下会发生潜移并造成地面沉降。尤其是主江堤若骑在"暗河"出口部位,实际情况比"软地基"还要严重可怕得多。(2)汛期还是非汛期"暗河"活动都可能导致崩岸。在无论汛期长江水位抬升,还是汛期过后江流下泄、江水吸力加大和堤内水位高于长江水位的情况,都会导致软地基物质随地下水潜移并引致滑塌或崩岸。

2. 重视长江中下游沿岸通江"暗河"普查及风险类型划分

全面认知长江塌江的各类原因及其形成机理,不仅对江堤建设和保护意义重大,也对长江中下游流域沿江堤防安全意义重大。为此,建议:(1)开展长江中下游沿岸"暗河"普查工作,甄别江堤骑在古河道出口部位,全面揭示"暗河"的总体特征以及分布情况。(2)科学评估"暗河"的活跃程度。分析这些"暗河"水系格局、汇水范围、汇水量以及堤内外水位差的季节变化,评估这些河道地下水水动力季节波动对堤坝安全的影响大小。(3)划定"暗河"影响的风险性及影响范围。根据"暗河"影响的风险性以及影响范围,区分影响类型,并提出差别化的治理方案。

3. 加强长江中下游沿岸通江"暗河"的预警与治理

逐步构建体现长江中下游沿岸通江"暗河"特征的预警与治理体系。主要建议是:(1)加强对活跃性通江"暗河"的监测。主要是对这些"暗河"进行地下水位监测工作,尤其是"暗河"活跃期(高水位、枯水位期)的地下水监测,并同时监测这些河道软地基地面及江堤可能发生的变形,及时预报塌江或崩岸的发生。(2)实施"暗河"治理工程。对于活跃性高、风险性大的"暗河",可以用闸控或开挖为明渠,需要针对具体区域实施差别化的方案。

第四节　长江河道整治绩效及其实现机制

水利工程项目后评价是科学认知项目实施效果、完善项目后期管理措施、持续推进项目建设的重要依据。水利部门十分重视项目后评价工作,1996 年 7 月完成的《大型水利工程后评价实施暂行办法》(修改稿),以及 2003 年《水利工程建设项目后评价报告编制规程》(征求意见稿)对水利建设项目后评价的实施机制做出了相应的规定,并从项目实施的过程评价、经济评价、财务评价,技术、环境、社会等影响评价,以及目标的可持续性评价等方面形成了较为完善的评价体系,为科学开展水利工程项目后评价提供了积极支撑。但是现有的水利工程后评价主要侧重于国民经济直接效益的测算,而对水利工程实施所产生的间接经济效益、社会稳定效益、生态可持续发展效益等方面主要进行定性分析,缺乏必要的货币化评估方法,从而难以得出更加直观、全面的量化评价结果。因此,全面地货币化评价水利工程项目的综合效益,具有一定的探索性意义。本节以长江河道南京段二期整治工程为例开展研究,以为其他水利工程项目综合效益货币化后评价提供借鉴。

一、长江河道南京段二期整治工程综合效益货币化后评估指标构建

长江河道南京段二期整治工程于 2003 年建设施工,2007 年 12 月底,二期整治项目通过江苏省水利厅组织的竣工验收,工程实际决算投资 4.355 3 亿元,经有关工程咨询中心后评估,工程在防洪排涝、农业生产等方面直接经济效益约 5 亿元。而有关工程所产生的间接经济效益、社会效益、生态效益等,则没有进行货币化评估。为了更加全面地反映长江河道南京段二期整治工程所产生的综合效益,结合专家咨询和实地调研,确定长江河道南京段二期整治综合效益主要体现在以下几个方面:

1. 经济效益

（1）防洪效益货币化评价

由于河道整治、护岸堤防实施，提高了防洪标准，降低了因洪灾造成的损失，这部分损失包括直接的人员伤亡、财产损失、防洪抢险投入以及由交通中断、工矿企业停产减产等造成的间接损失。

（2）港口功能提升货币化效益评价

采取护岸固岸措施，改善港口冲刷，岸线后退崩塌现象；对八卦洲左汊等港口的淤积现象有极大的控制作用，通过对港口功能提升带来的经济产出增加值量化与预测，评估河道整治工程对港口发展的货币化效益。

（3）航运业发展增值效益货币化评价

河道整治后由于沿岸自然条件和基础设施条件的改善，保证了长江航道航运的通畅。通过对长江航道南京段总规模、航道维护、航道等级提升、航道客货运周转量进行整治前后的比对计算，评估规划后的航运增值效益。

（4）投资环境改善效应货币化评价

河道整治改善流域或区域土地利用条件（包括基础设施条件、景观条件等），对沿江区域经济发展产生了直接或间接的经济效益，如港口利用条件改善、航道的通畅、码头航运条件的改善、城市建设的推进，以及河道整治也将更有利于吸引项目投资。通过设计专家问卷调查剥离河道整治工程对区域经济发展增值效益的贡献度。

（5）旅游发展增值效益货币化评估

长江河道南京段八卦洲、梅子洲等岸滩由于固岸、绿化、人景和谐，由原来的荒滩变成了河岸、江心滩生态湿地旅游资源，参考同一旅游市场供需圈的类似案例，评估由河道整治产生的旅游开发效益价值。

（6）土地、房地产增值效益货币化核算

主要通过问卷调查及对投资环境、土地市场价格对比进行评估计算，剥离出由河道整治带来的工业用地、住宅用地、商业用地土地开发利用价值的提升效益。

（7）对农业生产效益影响评价

评估河道整治工程对沿岸周边农用地变化以及梅子洲、八卦洲等农业生产的影响。包括防止河岸冲刷而保护的耕地，增强了农业生产的积极性，所带来的农业投资等正面效应；以及由于取土等一定程度上减少了耕地或农用地面积带来的负面损失价值核算。

2. 社会效益

分析河道整治后，长江洪水灾害风险降低的社会效益（价值）；同时，沿江岸段防洪防灾能力提高，对于人民生命安全、社会稳定的保障效益，可以通过问卷发放、实地踏勘，结合相关价值评估方法，计算其社会稳定价值。

河道整治，使得周边区域居民从心理上更得到慰藉，对于河道整治带来的居民洪水灾害心理压力舒缓以及健康方面的影响做出评估；由于河道整治带来的投资环境及相关区域土地利用条件改善，在劳动力就业等方面产生的积极影响的社会价值也应做出评估。

3. 生态效益

计算评价项目实施后南京段长江岸、滩泥沙减少的生态效益，对下游河道的稳定减少航道淤积具有十分重要的作用；分析河道整治后岸、滩的生态环境变化趋势，可能造成的促淤变化趋势以及新产生的岸滩湿地的生态价值，结合有关调研价值评估、分析方法进行具体的评估。

二、长江河道南京段二期整治工程综合效益货币化后评估方法

在确定长江河道南京段二期整治综合效益所覆盖到的空间范围的基础上，结合整治岸段的具体特征，区分直接经济效益、间接经济效益以及社会效益、生态效益等方面，分别确定评估方法，并形成综合效益货币化后评估"矩阵"（见表14-4）。

1. 直接经济效益评估

主要是长江河道南京段二期整治工程实施对防洪功能提升所带来的效益。根据水利部《已成防洪工程经济效益分析计算及评价规范》，并结合长江河道南京段二期整治工程实际情况进行分析获得。

表 14-4　长江河道南京段二期河道整治工程综合效益货币化后评估矩阵表

效益内容		工程岸段												评价方法
		铜井河口	新济洲头	新济洲尾	七坝	大胜关	梅子洲	人卦洲头	闹堤工程	燕子矶	天河口	西坝头	栖龙弯道	
防洪及水利效益（考虑防洪等级提升的效应，结合经验数据分析）		水下防护设施	改善左右汉分流比	—	水下防护设施	水下防护设施	水下防护设施	重建护岸堤防	疏浚河道	修复坍塌、损毁堤岸	修复坍塌、损毁堤岸	水下防护设施	修复坍塌、损毁堤岸	通过专家问卷剥离河道整治工程对城市防洪的影响率程度，采用频率法测算多年平均减少防洪损失效益和间接效益（包括直接效益以及对农业、工业、建筑业、第三产业等的影响分析）
经济效益	港口发展	港口开发潜能加大			港口开发潜能大	港口维护	—	北支港口功能改善		旅游港口开发		港口功能维护	港口功能维护	通过专家鉴定年度数据，统计、测算港口本身经济发展的增值影响
	航运业	航运能力提升	航运能力提升（北支）	航运能力提升（南支）	航运能力提升	航运能力提升	航运能力提升	航运能力提升	航运能力提升	航运能力提升	航运能力提升	航运能力提升	航运能力提升	分析长江南京河段航运能力提升对长江干线航运发展的影响
	投资环境改善效应（包括吸引投资以及GDP等）	港口功能改善			港口功能改善	港口功能改善	—	港口功能改善		港口功能改善	—	港口功能改善	港口功能改善	通过问卷调查评估港口对招商引资及经济发展的影响（开发区及区域）

（续表）

效益内容	工程岸段												评价方法
	铜井河口	新济洲头	新济州尾	七坝	大胜关	梅子洲	八卦洲头	围堤工程	燕子矶	天河口	西坝头	栖龙弯道	
经济效益 旅游业发展增值（1. 游客增加带来的收益增值；2. 沿线居民的休闲憩价值）	—	—	—	—	—	亲水空间的旅游收益	—	亲水空间的旅游效益	—	—	—	—	旅游收益调查，和支付意愿的问卷调查
地价及房产增值（政府财政及居民资产等）	工业用地地价增值	—	—	工业用地地价增值	—	—	工业用地地价增值	工业用地地价增值	住宅、商业用地地价增值	工业用地地价增值	工业用地地价增值	—	采用成交地块价格与影响区域基准地价平均价格进行测算、针对工业、居住、商业用地三种地类分别测算不动产增值
农业发展增值效益（1. 农户生产积极性增强；2. 政府投资）	农业发展效应	—	—	农业发展效应	—	农业发展效应	农业发展效应	农业发展效应	—	—	农业发展效应	—	通过问卷调查分析沿岸周边及梅子洲、八卦洲等农业生产的投资及产出影响

（续表）

效益内容		工程岸段												评价方法
		铜井河口	新济洲头	新济州尾	七坝	大胜关	梅子洲	八卦洲头	围堤工程	燕子矶	天河口	西坝头	栖龙弯道	
社会效益	生命财产安全感	居民安全感	—	—	居民安全感	—	—	居民安全感	—	居民安全感	居民安全感	—	居民安全感	通过对受影响居民问卷调查揭示影响安全感付意愿
	促进社会就业	新增就业人口	—	—	新增就业人口	—	—	新增就业人口	新增就业人口	—	新增就业人口	新增就业人口	新增就业人口	受影响港口、开发区、周边就业等采用南京市平均工资水平测算
生态效益	湿地保护（固碳、制氧、净化空气等生态价值）	沿江湿地	沿江湿地	沿江湿地	西江（国家级湿地保护区）	沿江湿地	沿江湿地	沿江湿地	沿江湿地	沿江湿地	沿江湿地	沿江湿地	兴隆洲、鱼嘴洲湿地保护	沿江湿地损失与重建；以及有关湿地保护等效应
	河道稳定带来的生态效益	减少沿岸冲刷	减少洲头冲刷	减少洲头冲刷	减少岸线冲刷	减少岸线冲刷	减少洲头冲刷及右汉淤积	减少洲头冲刷及左汉淤积	—	减少冲刷	减少冲刷	减少冲刷	减少岸线冲刷	减少沿岸水土流失等效应
	景观生态效益（1.防护绿化工程美化环境，景观效益的增加；2.围堤护岸对原有江滩景观的破坏）	江滩景观改变	江滩景观改变	江滩景观改变	江滩景观改变	江滩景观改变	洲头绿化工程	洲头绿化工程	江滩景观改变	江滩景观改变	江滩景观改变	江滩景观改变	江滩景观改变	采用对沿江居民问卷调查与支付意愿访谈形式测算

（续表）

效益内容	工程岸段												评价方法
	铜井河口	新济洲头	新济州尾	七坝	大胜关	梅子洲	八卦洲头	围堤工程	燕子矶	天河口	西坝头	栖龙弯道	
生态效益　生态多样性破坏（1. 陆上：工程建设使得滩地、防浪林地、耕地、鱼塘和洲地地面积减少，生态多样性减少；2. 水中：河道整治改变了水中悬浮物浓度，进而影响鱼类、藻类等水生生物的数目；航运业的发展产生的水体石油类污染、噪声污染等对水生生物的影响）	—	—	—	—	—	—	—	—	—	—	—	—	采用二期河道整治工程环评文本数据进行测算

2. 间接经济效益评估

通过长江河道南京段二期整治工程实施,稳定了河势,对于提升港口功能、航运功能,以及改善投资环境、增强农业发展能力、促进旅游发展以及带动土地、房地产增值等都具有积极意义。评估的关键是如何将长江河道南京段二期整治工程实施所带来的间接效益从各自效益中分离出来。为此,项目评估设计了港口、航运业发展、不动产增值、投资环境等专家调查问卷,通过专家咨询法判断二期整治对于各项间接效益的贡献。农业发展效益依据整治工程所带来的耕地保护情况以及由此所带来的政府、农村集体、农户等追加农业保护投资所带来的农业发展效益进行计算,有关信息从政府部门或通过村集体、农户问卷调查获得。

3. 社会效益评估

社会效益主要涉及就业发展以及整治工程影响区域范围内生命、财产安全感的评估。整治工程对于居民就业的影响也是结合投资环境的评估进行测算;对于社会稳定效益、对居民生命财产安全影响效益的评估价值,采用支付意愿法进行评估。基于调研区域的代表性和人口密集性,选取八卦洲和江心洲围堤工程、护岸工程涉及村镇进行居民调研评估。

4. 生态效益评估

整治工程实施对生物多样性、河道湿地保护以及生态景观等都产生了积极或阶段性的不良影响。对于生物多样性、河道湿地保护等的影响,主要运用生态功能法进行评估;对于所带来的生态景观变化,主要用支付意愿法进行评估。

三、长江河道南京段二期整治工程综合效益货币化后评估结果及建议

根据上述方法,经评估得出长江河道南京段二期整治综合效益为 21.92

亿元(见表 14 - 5)①,是实际投资的 5.03 倍。其中,非防洪效益是防洪效益的
6 倍多。可见,长期以来,水利工程实施的外部性效益被忽略了。因此,通过
本次较为系统、全面的评估,可以更充分地说明长江河道南京段二期整治工程
产生了显著的经济、社会、生态效益。

表 14 - 5 长江河道南京段二期整治工程综合效益货币化后评估结果表

效益类型	效益内容	产生的年均效益(万元/年)
经济效益	防洪效益	30 036.12
	港口发展增值效益	13 454.68
	沿江区域的经济发展增值效益	74 780.00
	航运业发展的增值效益	11 665.00
	旅游业发展增值效益	5 570.21
	沿江区域土地、房地产价格增值效益	36 035.00
	农业发展增值效益	818.00
小计	—	172 359.01
社会效益	沿江居民生命财产安全感影响效益	17 373.43
	促进劳动力就业价值	2 213.38
小计	—	19 586.81
环境效益	湿地保护带来的生态环境效益	22 187.05
	河势稳定带来的环境效益	1 810.90
	景观生态效益	3 539.57
	生态多样性价值影响	−271.87
小计	—	27 265.65
总计	—	219 211.47

为此,建议:

一、为了更加全面地显化水利工程项目实施的外部性效益,建议修改《大
型水利工程后评价实施暂行办法》和《水利工程建设项目后评价报告编制规

---

① 黄贤金,高敏燕,李涛章.水利工程项目综合效益货币化评估——以南京市长江河道二期整治
工程项目为例[J].中国水利,2012(16):52-54.

程》,这不仅有利于决策层更加全面地认知水利工程外部性效益,也有利于增强社会对于水利工程公益性特征的了解和支持。

二、探讨建立更加科学的水利工程投资回收机制。主要是:(1)合理分享土地及财产增值,在明确水利建设分享土地出让金底线的基础上,根据水利工程对于具体出让地块地价增值的影响,确定合理的分层比例,充实水利建设基金;(2)根据水利工程实施对于区域经济社会发展的影响以及经济生产单位的贡献,建立国家重大水利工程建设的地方或企业参与机制;(3)建立地方财政对于水利工程项目实施与管理的补偿机制。

三、科学开展河道整治及有关水利工程建设规划。鉴于重大水利工程项目实施对于经济、社会、生态效益等方面的巨大影响,充分分析水利工程建设规划与生产力布局、城市布局、土地利用规划、生态保护空间等方面的协调性,以通过重大水利工程建设规划实施,进一步提升区域经济、社会、生态功能,实现人水和谐的目标。

第十五章 / 长江经济带湿地系统保护及生态增值效益

我国共有湿地 5 360 万公顷,其中长江经济带有 1 154 万公顷,超过全国湿地总面积的 20%。长江南京段江北拥有 94 千米的长江岸线、16 千米的滨江风光带,湿地资源丰富。2015 年 6 月,国务院正式批复同意设立南京江北新区,标志着南京江北新区将进入历史性的新阶段。国务院批复的《南京江北新区总体方案》中要求"加强生态空间保护"、"保障兴隆洲—乌鱼洲、绿水湾等沿江湿地生态"。为此,在南京扬子国投的支持下,本章针对长江三角洲中心城市长江湿地保护,以南京市江北长江湿地为例,开展实证研究。

第一节　长江南京段江北湿地区域土地利用变化

通过研究 20 世纪 50 年代以来长江沿岸和洲滩的变化态势,从自然因素和人为因素(尤其是三峡工程)来揭示长江南京段沿岸和洲滩变化的机理,同时结合绿水湾、八卦洲、龙袍、潜洲四个江岛或沿江湿地近十年来土地利用的结构变化,对江北长江湿地区域土地利用的历史演变进行初步的了解,为江北滨江湿地土地的合理利用、土地功能分区的科学规划提供历史依据。

一、长江岸线和洲滩的土地利用

由于河势稳定、河道变化不大,近十年来南京江北滨江地区的湿地面积和范围都基本保持不变。但在人类活动的驱动下，湿地内部的土地利用结构发生了较大的变化。从每块湿地的土地利用结构变化情况来看，绿水湾湿地、八卦洲湿地、龙袍湿地、潜洲湿地四块湿地又各有不同的特点。

1. 绿水湾湿地

近十余年来绿水湾地区的土地利用结构变化主要发生在倒套河槽之外的洲滩之上，主要表现形式为农田转为鱼塘。2006 年至 2017 年，图 15-1 中所示的 4 处区域发生圩田变成鱼塘的现象，四片区域的面积如表 15-1 所示。具体来说，四个区域的变化面积分别是 0.62 平方千米、0.69 平方千米、0.72 平方千米和 0.10 平方千米，总变化面积为 2.13 平方千米，占绿水湾湿地面积的 11.34%。

图 15-1　2006—2017 年绿水湾湿地土地利用变化示意图

表 15-1 2006—2017 年绿水湾湿地土地利用变化表（单位：平方千米）

绿水湾湿地总面积	农田转为鱼塘				变化总面积	变化面积占比
	区域 1	区域 2	区域 3	区域 4		
18.79	0.62	0.69	0.72	0.10	2.13	11.34%

表 15-2 绿水湾湿地土地利用现状对比表　（单位：平方千米）

项　目	2017 年		2006 年	
	面积	占比	面积	占比
基本农田	2.23	11.87%	2.23	11.87%
一般农田	1.76	9.37%	3.89	20.70%
农田	3.99	21.23%	6.12	32.57%
林地	2.37	12.61%	2.37	12.61%
其他农用地（鱼塘）	7.59	40.39%	5.46	29.06%
农用地	13.95	74.24%	13.95	74.24%
村庄建设用地	0.1	0.53%	0.1	0.53%
工矿仓储	0.11	0.59%	0.11	0.59%
公用设施	0.6	3.19%	0.6	3.19%
交通用地	0.3	1.60%	0.3	1.60%
建设用地	1.11	5.91%	1.11	5.91%
草地	1.99	10.59%	1.99	10.59%
沼泽滩涂	1.74	9.26%	1.74	9.26%
未利用地	3.73	19.85%	3.73	19.85%
总计	18.79	100.00%	18.79	100.00%

　　从圩田到鱼塘的转变，在生态上并未有太大的改变，主要体现的是生产方式的转变，驱动绿水湾地区圩田变鱼塘的主要因素为经济利益。由于距离南京市主城区较近，在此地进行水产养殖销路很好，相比于传统的农田耕作能获得更好的经济效益。

　　尽管存在较大面积土地利用结构的变化，该地区的土地利用总体特点并未变化，都还是比较原始和散乱无序的土地利用方式。该地区位于长江大堤之外，虽然实际上近几十年洪水均未漫过最外层的支堤，但该地区理论上还是行洪区，因此无论是种植业还是渔业生产，业主都不会对土地进行长期的投资,土地利用也只能停留在比较粗放和原始的状态。除去自然因素的威胁之外,该地区土地产权的混乱现象也影响了土地的利用。

2. 八卦洲湿地

近十年来,八卦洲湿地土地利用方式的改变主要是农田变为林地,体现的是湿地地区人类活动的退出和生态环境的重塑。八卦洲发生土地利用变化的主要有两大块区域,如下表所示。具体来说,区域 1 和区域 2 的农田变成林地的面积分别为 0.75 平方千米和 0.17 平方千米,共计 0.92 平方千米,占八卦洲湿地面积的 11.50%。

表 15‑3　2005—2017 年八卦洲湿地土地利用变化表(单位:平方千米)

八卦洲湿地 总面积	农田转为林地		总变化 面积	变化面积 占比
	区域 1	区域 2		
8.00	0.75	0.17	0.92	11.50%

图 15‑2　2005—2017 年八卦洲湿地土地利用变化示意图

表 15-4　八卦洲湿地土地利用现状对比表　　（单位：平方千米）

项目	2017 年		2005 年	
	面积	占比	面积	占比
基本农田	0.89	11.17%	0.89	11.17%
一般农田	0.03	0.44%	0.95	11.88%
农田	0.93	11.63%	1.84	23.05%
林地	3.41	42.58%	2.49	31.16%
其他农用地（鱼塘）	0.66	8.22%	0.66	8.22%
农用地	4.99	62.43%	4.99	62.43%
村庄建设用地	0.18	2.24%	0.18	2.24%
工矿仓储	0.0	0.00%	0.0	0.00%
公用设施	0.0	0.00%	0.0	0.00%
交通用地	0.29	3.59%	0.29	3.59%
建设用地	0.47	5.83%	0.47	5.83%
草地	0.0	0.00%	0.0	0.00%
沼泽滩涂	2.54	31.77%	2.54	31.77%
未利用地	2.54	31.77%	2.54	31.77%
总计	8.0	100.00%	8.0	100.00%

　　洲头湿地公园处在大堤外圩，位于老堤和新堤之间，地势较低洼，常受长江洪水侵袭。2004 年，通过南京长江二期整治工程在八卦洲洲头建成一个长5 千米、顶宽 8 米、标高 11.5 米的标准堤，并进行护坡和抛石护岸，以解决八卦洲洲头由江水冲刷、泥沙下泄造成的对下游航道和码头的威胁。从 2006 年开始，洲头的农田逐渐退耕还林，变为林地，到如今已长成茂密的意杨林。同时在洲头疏浚河道，并且兴建了一些旅游服务设施。八卦洲在生态修复方面已经走在了绿水湾和龙袍前面，但八卦洲退耕还林后植被类型比较单一，目前湿地范围内主要是大片的意杨林。植被的单一性使得生态系统依旧较为脆弱。因此简单的退耕还林对于八卦洲洲头生态系统的恢复并不够，仍需要进一步的修复和完善。

3. 龙袍湿地

龙袍湿地在近几年主要在两片区域发生过显著的土地利用方式的改变，如下图所示。两片用地类型发生变化的区域分别是未利用地（粉煤灰场）转为自然水域以及农田转为沼泽。两片区域的面积如下表所示。其中未利用地转自然水域面积为 0.24 平方千米，农田转未利用地面积为 0.66 平方千米，两者共计 0.90 平方千米，占变化总面积的比例 4.69%。

表 15‐5　2009—2017 年龙袍湿地土地利用变化表　（单位：平方千米）

龙袍湿地总面积	未利用地转自然水域	农田转未利用地	总变化面积	变化面积占比
19.21	0.24	0.66	0.90	4.69%

图 15‐3　2009—2017 年龙袍湿地土地利用变化示意图

表 15-6　龙袍湿地土地利用现状对比表　　（单位：平方千米）

项　目	2017 年		2009 年	
	面积	占比	面积	占比
基本农田	0.00	0.00％	0.00	0.00％
一般农田	6.95	36.18％	7.61	39.13％
农田	6.95	36.18％	7.61	39.13％
林地	0.16	0.83％	0.16	0.82％
其他农用地（鱼塘）	3.86	20.09％	3.86	19.85％
农用地	10.97	57.11％	11.63	59.79％
村庄建设用地	0.31	1.61％	0.31	1.59％
工矿仓储	0.21	1.09％	0.21	1.08％
公用设施	0.00	0.00％	0.00	0.00％
交通用地	0.22	1.15％	0.22	1.13％
建设用地	0.74	3.85％	0.74	3.80％
草地	3.43	17.86％	3.43	17.63％
沼泽滩涂	4.07	21.19％	3.65	18.77％
未利用地	7.50	39.04％	7.08	36.40％
总计	19.21	100.00％	19.45	100.00％

（1）粉煤灰场转为鱼塘

1983 年 1 月 3 日,经水利电力部电力规划设计院审定,同意堵截长江兴隆洲北汊河道及围阻兴隆洲滩地作为南京热电厂的粉煤灰场（如图 15-3 所示）。1984 年,兴隆洲北汊道实施堵汊工程。直到 2009 年前后,图中蓝色所示区域（未利用地转自然水域）依然被粉煤灰填满。根据国际环保组织绿色和平发布的《煤炭的真实成本——2010 中国粉煤灰调查报告》,粉煤灰中含有包括重金属在内的 20 多种对环境和人体有害的物质。在隔绝措施不到位的情况下,粉煤灰将会不可避免地污染周围的土壤、空气和水。鉴于粉煤灰对于环境和生态环境健康的不利影响,近年来该区域的粉煤灰已不再继续堆放,已有的粉煤灰场也渐渐清理出来,大部分已经恢复成水域。

尽管如此,该地区的粉煤灰仍有很多残余,而与此同时已经清除出来的水域已经被围作鱼塘开始用作水产养殖。在这种情况下粉煤灰的污染必然会影响鱼类的生存,而鱼类遭受的污染通过食物链将危害到包括人类在内的更大群体。因此,尽管粉煤灰在逐年减少,但其影响还在持续,该区域需要通过大力度的生态修复工程,恢复其自然土壤本底,将粉煤灰的影响清除殆尽。

（2）农田转为沼泽

图 15 - 3 所示黄色区域 2009 年还是农田,而此后慢慢变为沼泽,生态功能有所恢复。龙袍湿地的两处土地利用类型的改变显示了人类活动对龙袍湿地生态环境的重大影响,并揭示了近年来对于龙袍湿地环境保护和生态重塑的重视。人为的不合理土地利用方式逐渐退出。但即便如此,龙袍还是存在大面积功能稳定、边界明确的农田和鱼塘,其作为湿地的生态价值因此大打折扣。

4.潜洲湿地

潜洲近 10 年来基本没有土地覆被变化（图 15 - 4）。需要说明的是对比 2015 年 1 月的潜洲图像,在左下部分和中上端部分有土地翻耕时土壤裸露的痕迹,故与 2005 年 12 月图像中相应部位有所不同。在近十年里这种翻耕现象周期性存在。

图 15 - 4　潜洲土地利用现状示意图（左,2005 年；右,2015 年）

二、重点湿地的土地覆被变化特征

1. 土地利用方式多样化

土地利用方式的多样化体现在湿地(本自然段湿地为狭义的湿地,一般为沼泽地)、农田、鱼塘等多种土地用途。以绿水湾为例,农用地涵盖农田、林地、其他农用地等三大类型土地,建设用地包括村庄建设用地、工矿仓储用地和公用设施用地,未利用地分为沼泽滩涂和草地。可见湿地利用类型呈现多样化特征。根据谢高地等人的测算,生态系统中不同生态用地类型的单位面积生态服务价值有较大差异,其中单位面积湿地的生态服务价值最大,达到 24 597.21 元 · hm^{-2} · a^{-1},农田为 3 547.89 元 · hm^{-2} · a^{-1},草地为 5 241.00 元 · hm^{-2} · a^{-1},森林为 12 628.69 元 · hm^{-2} · a^{-1},水面为 20 366.69 元 · hm^{-2} · a^{-1}。也就是说单位面积湿地每年所提供的生态服务价值分别为农田的 6.93 倍,草地的 4.69 倍,森林的 1.95 倍,水面的 1.21 倍[①]。从生态效益提升的角度上来看,若要提升当前四个重点湿地地区的生态价值,不可避免需要退出部分其他用地以增加湿地面积,实现湿地的集中成片。

2. 土地利用利益驱动化

在绿水湾湿地内部发生的一系列土地利用结构的变化,主要是由经济效益驱动。龙袍湿地粉煤灰场清理后很快被用作了鱼塘,也是为了尽早从清出粉煤灰的水域获取经济效益。短期经济效益的驱动显示了湿地在管理上一定程度的放任自流,对湿地的生态环境缺乏专门的管理,同时看待湿地价值时也缺乏长远的眼光。

事实上,除了八卦洲洲头湿地在长江二期整治工程中实施的退耕还林之外,江北湿地其他地区发生的土地利用类型变化都是由短期经济利益所驱动的个人行为,并未体现出生态价值的提升和综合价值的最大化。大面积的种植业生产和渔业养殖依旧在绿水湾湿地和龙袍湿地占据了主导地位。这些自

① 谢高地,甄霖,鲁春霞,等. 一个基于专家知识的生态系统服务价值化方法[J]. 自然资源学报,2008,05:911-919.

发行为在争取湿地短期经济价值的同时,牺牲了远大于其短期经济价值的生态服务价值。

3. 自然湿地特性整体显著性

四块湿地用地类型的变化都服务于当地人的农业生产,而湿地内的农业生产大多极其依赖自然环境,"靠天吃饭",是一种比较原始的土地利用状态。表现在两方面:一是建设用地的占比较小,绿水湾为 5.91%、八卦洲为 5.83%、龙袍为 3.85%;二是农田水利设施简单原始、水平低下,改变不了农业生产发展的自然条件,难以形成旱涝保收、高产稳产的农业生产。因此,这样的土地利用状态不仅破坏了湿地的原生生态环境,也无法带来高效的经济回报。以八卦洲湿地为例,由于排水设施的落后甚至缺失,每年雨季都会出现农田大面积被淹的情况,挫伤了农民耕种的积极性,使得不少农民改种意杨林。因此,虽然洲头湿地已经恢复为生态用地,"意(杨林)统天下"的局面持续扩大,该地区依然存在植被类型单一、生物多样性缺乏、生态系统过于简单的问题。综上所述,四片湿地在土地利用方面虽然发生了一些变化,甚至是有利于生态保护的变化,但总体上土地利用方式依旧粗放,无论是生态价值还是经济价值,都还远远没有得到充分的挖掘。

4. 用地管理主体变迁性

由于沿江湿地涉及多种土地利用主体,有的具有国有土地性质,有的具有集体土地性质,且开发时期也不同,因此,一些片区用地管理主体也随之变迁。例如,绿水湾湿地管理主体就经历了变迁。

第二节　土地利用现状和规划实施分析

本节从宏观层面上把握江北滨江带的土地利用现状,从微观层面上了解绿水湾、八卦洲、龙袍、潜洲四个湿地的用地状况,然后通过与湿地公园的规划实施对比,探讨土地利用现状与规划实施冲突时的解决方案。基于对土地利用现实条件的考虑,摸清根据规划所要调整的内容,探讨现状规划冲突问题的解决,有助于绿水湾、八卦洲、龙袍、潜洲四个湿地公园在土地功能规划、土地产权调整、人地关系变动等方面的顺利实行。

一、土地利用现状

1. 江北滨江带的土地利用现状

江北滨江岸线总长度约 117 千米,主要包括了环八卦洲岸线及江北岸线。江北滨江湿地总面积约为85.12 km²。江北滨江整体上以农用地为主,尤其是滨江湿地区域,植被覆盖程度较高。从三大地类上来看,农用地面积为58.53 km²,约占 68.77%;建设用地面积 14.46 km²,约占 16.98%;未利用地面积 12.13 km²,约占 14.25%。具体来说,农用地中基本农田、一般农田、林地和以坑塘水面、养殖水面为主的其他农用地所占农用地的比例分别为16.44%、41.11%、16.45%和 26.00%;建设用地以工矿仓储用地和交通用地为主,两者分别占建设用地面积的 53.03%和30.93%,而村庄建设用地和公用设施用地占比均在 10%以下;未利用地中草地和沼泽滩涂面积相当,分别占未利用地的 51.32%和48.68%。各类用地的面积如表 15-7 所示,各类用地的分布情况如图 15-5 所示。

表 15-7 2017 年滨江带各类用地面积分布情况

地　类	面积(平方千米)	占比
基本农田	9.62	11.30%
一般农田	24.06	28.27%
农田	33.69	39.58%
林地	9.63	11.32%
其他农用地(鱼塘)	15.22	17.88%
农用地	58.53	68.77%
村庄建设用地	1.00	1.17%
工矿仓储	7.67	9.01%
公用设施	1.32	1.55%
交通用地	4.47	5.25%

（续表）

地　类	面积（平方公里）	占比
建设用地	14.46	16.98％
草地	6.22	7.31％
沼泽滩涂	5.90	6.94％
未利用地	12.13	14.25％
总计	85.12	100.00％

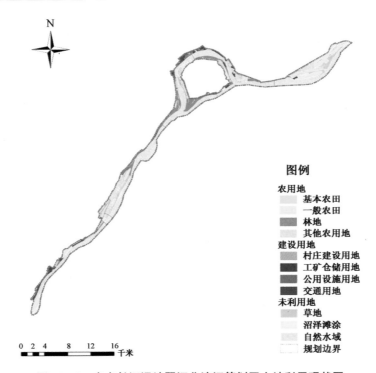

图例

农用地
　基本农田
　一般农田
　林地
　其他农用地
建设用地
　村庄建设用地
　工矿仓储用地
　公用设施用地
　交通用地
未利用地
　草地
　沼泽滩涂
　自然水域
　规划边界

图 15-5　南京长江湿地暨江北滨江策划区土地利用现状图

2. 江北长江重点湿地的土地利用现状

江北滨江岸线主要包括了环八卦洲岸线及江北岸线。江北滨江整体上以农林用地为主，尤其是滨江湿地区域，植被覆盖程度较高。

（1）绿水湾湿地

绿水湾的土地利用类型以耕地和其他农用地为主，在绿水湾上游西江口地区,还分布着若干个村庄和 962.25 公顷的基本农田。长江大堤外主要分为三部分,即主堤与支堤围合的圩垸、绿水湾水域和东侧的江洲。圩垸区分布着耕地、鱼塘和藕塘,地坪标高多在 5～7 米。江洲包括湿地西侧的水产养殖池区和东侧的芦苇滩地。滩地随江水涨落而淹没或出露,面积不断变化,是典型的湿地地貌。按受人类干扰程度不同,绿水湾湿地目前主要包括两大类湿地:淡水湿地中的河流、沼泽湿地等自然湿地,以及人工湿地中的淡水养殖、农田湿地和蓄水区(图 15-6)。

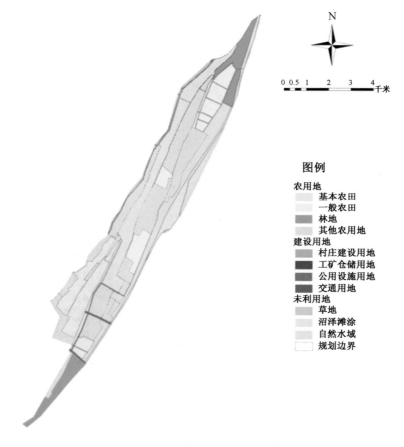

图 15-6 绿水湾湿地土地利用现状图

绿水湾湿地公园土地类型以农用地和未利用地为主,两种土地占总面积近 95%。其中,农用地为 13.95 平方千米,占 74.24%;建设用地为 1.11 平方千米,仅占 5.91%;未利用地为 3.73 平方千米,占 19.85%。就农用地而言,坑塘水面等其他农用地占其大部分份额。具体来说,其他农用地(主要是坑塘水面、养殖水面等)为 7.59 平方千米,占农用地 54.41%;林地次之,面积为 2.37 平方千米,占农用地 16.99%;农田面积第三,共有 3.99 平方千米,占农用地的 28.61%,其中基本农田和一般农田分别占农用地的 15.99%、12.62%。未利用地中草地和沼泽滩涂用地的面积分别为 1.99 平方千米、1.74 平方千米,分别占未利用地的 53.25%、46.75%。建设用地以公用设施用地为主。其中,公用设施用地 0.60 平方千米,占建设用地的 54.05%;其次,交通用地为 0.30 平方千米,占建设用地的 27.03%;再次,工矿仓储 0.11 平方千米,占建设用地的 9.91%;最后,村庄建设用地 0.10 平方千米,占建设用地的 9.01%。

(2) 八卦洲湿地

八卦洲位于南京长江大桥下游 4 km 外的江中,栖霞区西北部、六合区以南。八卦洲是长江冲淤积作用形成的江中沙洲型平原,洲内地势低平,总体上呈现西北略高、东南略低的格局。环八卦洲修有主次两道防洪堤,主堤防洪墙可防御百年一遇的洪水。八卦洲内地表水系发达,各类河塘水面 9.74 km²,占全洲总面积的 17.5%;洲内地下水位埋深浅、地下水补给条件良好。

八卦洲的土地利用类型以农林用地为主,其次是坑塘沟渠和村庄建设用地,还有少量城镇建设用地、工业用地和公路用地(图 15-7)。环洲有三十余千米长的岸线,是南京地区依然保持较好的原生湿地。洲内的两块自然湿地面积达163 hm²,湿地特征明显,其中堤外为边滩、自然湿地,堤内为湿地公园。八卦洲湿地公园内以农林用地为主,有少量坑塘沟渠;植被以意杨林为主,零星分布农田。

总体上来看,八卦洲湿地公园土地类型以农用地和未利用地为主,两种土地占总面积近 95%。其中,农用地为 4.99 平方千米,占 62.40%;建设用地为 0.47 平方千米,仅占 5.83%;未利用地为 2.54 平方千米,占 31.77%。就农用地而言,林地占其大部分份额。具体来说林地 3.41 平方千米,占农用地 62.40%;农田以基本农田为主,占农用地 18.59%;而其他农用地(主要是坑

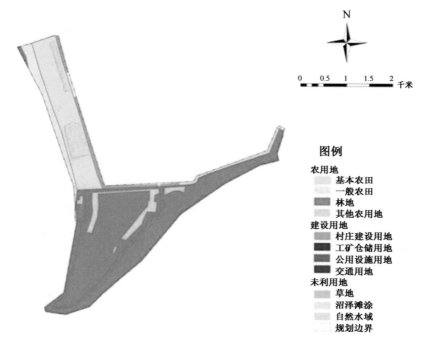

图 15 - 7   八卦洲土地利用现状图

塘水面、养殖水面等)为 0.66 平方千米,占农用地 13.17%。未利用地主要以沼泽滩涂用地为主,约为 2.54 平方公里,其所占未利用地近 100%。建设用地中村庄建设用地和交通用地占据了绝大部分的份额,但村庄建设用地均在长江大堤之内,由于村庄紧贴大堤,故而将其划入了大堤的缓冲区内。

（3）龙袍湿地

龙袍湿地位于南京市六合区龙袍镇东南,与佛教名山栖霞山隔江相望,主要包括兴隆洲、双龙码头江心洲和乌鱼洲,总面积 19.21 km²。龙袍滨江湿地主要发育在河漫滩上,沿河流呈带状或线形分布。

龙袍自然湿地包括长江边滩湿地和沼泽湿地,前者主要分布在长江主堤外的支堤外侧,后者主要分布在主堤与支堤之间,总体呈条带状分布,主要为芦苇滩湿地,是龙袍自然湿地中面积最大的组成部分;人工湿地主要为农田和鱼塘,都分布在长江主支堤间,其中农田分布在地势平坦的局部区域;主支堤间的圩垸区多为鱼塘,是龙袍湿地中面积最大的人工水域类型。

龙袍湿地生物资源丰富,分布有水杉、水蕨、野大豆等国家重点保护植物,有湿地鸟类、两栖爬行类、兽类等野生动物 100 多种,其中主要珍稀动物和经济鱼类达 26 种。

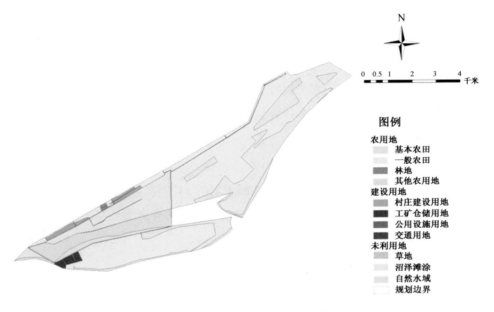

图 15-8　龙袍湿地土地利用现状图

从图 15-8 可以看出,龙袍湿地公园土地类型以农用地和未利用地为主,两类土地占总面积超过 96%。具体来说,农用地为 10.97 平方千米,占 57.11%;建设用地为 0.74 平方千米,仅占 3.85%;未利用地为 7.50 平方千米,占 39.04%。就农用地而言,一般农田占其大部分份额。具体来说一般农田 6.95 平方千米,占农用地 63.35%;坑塘水面、养殖水面等其他农用地面积为 3.86 平方千米,占农用地 35.19%;而林地面积仅占农用地 1.46%。未利用地主要以草地和沼泽滩涂用地为主,两者分别占未利用地 45.72%、54.28%。

建设用地中村庄建设用地面积 0.31 平方千米,占建设用地 41.89%,但实际上都位于大堤内侧,由于村庄只在堤内几米处,已经突破大堤的绿化带缓冲区,因此,此处也划入了规划区范围;工矿仓储用地面积 0.21 平方千米,占建设用地 28.38%;交通用地面积 0.22 平方千米,占建设用地 29.73%。

（4）潜洲湿地

潜洲隶属于南京市建邺区江心洲街道,位于南京市鼓楼区与浦口区之间,四面环水,洲头与江心洲的尾部隔水相邻,洲尾顺航道延伸至下关中山码头水域;呈枣核状,潜洲长约 3.3 千米,宽 0.8 千米,秋冬季的出水面积约为 2.64 平方千米,夏季的出水面积约为 1.6 平方千米,警戒水位以上可安全开发利用的面积不小于 1.2 平方千米;是长江中无人居住的绿色孤岛,洲上主要分布着农田、鱼塘和芦苇滩,此外环岛还分布有条带状意杨林。

从图 15-9 可以看出,潜洲土地利用以农用地为主。具体来讲,农用地 0.99 平方千米,占潜洲土地的 78.20%;其中农田 0.50 平方千米,占潜洲土地的 39.59%;林地 0.31 平方千米,占潜洲土地的 24.28%;其他农用地 0.18 平方千米,占潜洲土地的 14.33%。而未利用地只有滩涂,占潜洲土地的 21.80%。

图 15-9　潜洲湿地各类用地面积现状

表 15 - 8　2017 年潜洲湿地各类用地面积分布情况

土地利用类型	面积（平方千米）	占比
一般农田	0.50	39.59％
林地	0.31	24.28％
其他农用地（鱼塘）	0.18	14.33％
农用地	0.99	78.20％
草地	0.00	0.00％
滩地	0.28	21.80％
未利用地	0.28	21.80％
总计	1.27	100.00％

3. 重点湿地土地利用现状特征

一是功能板块冲突化。四地区土地类型以农田、鱼塘、林地等农用地和沼泽滩涂为主，同时兼有一定的建设用地。而事实上，狭义上的湿地（沼泽滩涂）面积并不大，绿水湾沼泽湿地面积 1.74 平方千米，仅占 9.29％；八卦洲沼泽湿地面积 2.54 平方千米，占了 31.77％；龙袍沼泽湿地面积 4.07 平方千米，21.19％；潜洲沼泽湿地 0.28 平方公里，占了 21.80％。根据谢高地等人的研究，可知相同面积土地比较，湿地的生态服务价值最大，它每年所提供的生态服务价值分别为相同面积农田的 6.93 倍，草地的 4.69 倍，森林的 1.95 倍，水面的 1.21 倍。因此，湿地面积的受限影响了湿地公园生态服务价值的最大化。

二是湿地景观单一化。绿水湾湿地的鱼塘占了近一半的面积，八卦洲湿地一半以上的土地种植意杨林，龙袍湿地的农田占据超过三分之一的面积，潜洲湿地的农田超过总面积一半。因此，从生态系统角度来看，滨江地区的生态系统较为单一，而单一的生态系统是脆弱的生态系统，其不稳定性和平衡性较差，因此直接和间接地影响了湿地生态系统和周边地区甚至整个南京市的可持续发展。

三是权利主体多元化。江北滨江地区和四个湿地地区土地权属不清，管理混乱。从权属关系来看，滨江地区土地权属较为混乱，存在私人占地进行暂时性农业开发利用的现象,造成了土地价值的外部不经济。如,八卦洲湿地和潜洲湿地的农田全部为国有土地,而绿水湾和龙袍湿地则既有国有土地也有集体土地;绿水湾、八卦洲、龙袍三地区的土地流转现象普遍严重,土地所有权、承包权与使用权普遍分离,还有部分耕地通过开荒得到,权属性质复杂。多元化的土地权利主体,是利益驱动和市场配置的结果,但湿地功能更多的是公益性质,因此如何在保证湿地生态服务功能的前提下协调多个权利主体的利益,是湿地规划实施的一大难题。

二、重点湿地现状与规划实施的冲突

从现状可以看出,无论是整个江北滨江带还是绿水湾湿地、八卦洲湿地和龙袍湿地,农田、宅基地、鱼塘等用地面积都占了一定的比例。在湿地规划实施中,涉及问题最多、牵涉利益者最广泛的土地类型无疑是农田、宅基地和鱼塘等地类。因此在湿地现状和规划实施的众多冲突性问题当中,我们以农田、宅基地、鱼塘、其他用地与湿地的冲突为例,来探讨现状与规划实施冲突时的问题解决方案。

湿地生态管控区分为一级管控区和二级管控区。一级管控区内严禁一切形式的开发建设活动。二级管控区内禁止下列行为:(1)新建、扩建对水体污染严重的建设项目;(2)设置排污口;(3)从事可能产生环境污染和环境风险的装卸作业;(4)设置水上餐饮、娱乐设施(场所),从事船舶、机动车等修造、拆解作业,或者在水域内采砂、取土;(5)围垦河道和滩地,从事围网、网箱养殖,或者设置集中式畜禽饲养场;(6)在饮用水水源二级保护区内从事旅游等经营活动的,应当采取措施防止污染饮用水水体。

针对各个湿地情况,从图15-10可以看出,绿水湾大部分面积在一级管控区,剩余的部分在二级管控区;八卦洲湿地不在管控区范围内;龙袍湿地和潜洲湿地全部都在二级管控区内。也就是说一级管控区只存在于绿水湾湿地上,二级管控区在绿水湾、龙袍和潜洲湿地,非管控区全部在八卦洲湿地上。

图 15‑10　南京江北滨江湿地生态红线区域及管控区分布图(2013 年版)

1. 农田与湿地的冲突分析

从生态的角度来看,农田的退出可以从一级管控区退出和从二级管控区退出。其中,按照宁政发[2014]74 号《南京市生态红线区域保护规划》的要求,一级管控区严禁一切形式的开发建设活动。因此,按照要求,绿水湾湿地公园属于一级管控区范围内的 1.58 平方千米农田必须全部退出,而在二级管控区和非管控区范围内的农田应根据实际需要以合理的方式退出。

从四地区农田情况的统计表中可以看出,龙袍农田总面积最大,绿水湾、八卦洲次之,潜洲农田面积最小。具体来说,龙袍湿地农田 6.95 平方千米,绿水湾 3.99 平方千米,八卦洲 0.93 平方千米,潜洲 0.50 平方千米。而就其中的基本农田规模来说,绿水湾最大,达到 2.23 平方千米;八卦洲次之,为 0.89 平方千米,而龙袍湿地和潜洲范围内并没有基本农田。以一般农田规模做比较,龙袍>绿水湾>潜洲>八卦洲,其面积分别为 6.95 平方千米、1.76 平方千米、0.50 平方千米、0.03 平方千米。在规划的实施过程中,四个地区都有可能会涉及农田的退出问题。农田的退出包括农田权属的退出和农田用途的退出。

（1）农田权属的退出问题

农田权属的退出是指将农村集体所有的耕地通过政府征收变为国有土地。四个地区中八卦洲湿地和潜洲湿地的农田全部为国有土地,因此那里不存在农田所有权退出的问题,但依然涉及使用权退出的权益保障。对于湿地的规划实施而言,农田权属退出与否在一定程度上会影响其实施进度以及更长远的湿地规划。比如,西溪湿地公园内至今仍有一部分在产权上为农村集体所有的农田,农田距离湿地保护区和重建区较近,农民在农田里施肥施药的行为一定程度上破坏了湿地内部的生态环境以及湿地生态系统的完整性。而如果在保护之初就实施了农用地征收,则可以更严格地实施空间用途管制,从而更有利于湿地的合理利用和生态保护。

（2）农田用途的退出问题

农田用途的退出分为基本农田的退出和一般农田的退出。《基本农田保护条例》(1998 年)第 15 条规定,基本农田保护区经依法划定后,任何单位和个人不得改变或者占用;国家能源、交通、水利、军事设施等重点建设项目选址确定无法避开基本农田保护区,需要占用基本农田,涉及农用地转用或者征用土地的,必须经国务院批准。可见基本农田的用途退出具有审批条件苛刻、审批程序复杂、审批周期长的特点。而对于一般农田的用途退出,主要是指一般农田转为非耕农用地,包括林地、园地、草地、鱼塘等。

表 15 - 9 2017 年江北湿地区域农田面积统计 （单位：平方千米）

地区	绿水湾	八卦洲	龙袍	潜洲
基本农田	2.23	0.89	0	0
一般农田	1.76	0.03	6.95	0.50
农田合计	3.99	0.93	6.95	0.50

表 15 - 10 生态管控区与非生态管控区范围内的农田面积统计

（单位：平方千米）

农田	绿水湾	八卦洲	龙袍	潜洲
一级管控区	1.58	0.00	0.00	0.00
二级管控区	2.41	0.00	6.95	0.50
非管控区	0.00	0.93	0.00	0.00

2. 鱼塘与湿地的冲突分析

水产养殖对湿地的破坏表现在四个方面：（1）围垦养殖改变湿地原有生境。绿水湾与龙袍湿地中的人工湿地水域以鱼塘为主，当地农民通过改造湿地开辟大片鱼池、部分藕塘，同时四个湿地都不同程度地存在水稻种植。这些农业开发行为改变了湿地的原生性，导致湿地系统的人工性、单一性上升，连通性和多样性下降，尤其是边滩湿地生态系统面积减少，湿地生物种类减少。（2）鱼塘的围垦使得湿地内部生态交错带剧减。支堤内相当比例自然湿地被开发作水产养殖和农业种植，导致地处行洪区的原有自然湿地内部生态过渡带缺失明显，湿地生态系统多样性、完整性下降，系统内部原有生态平衡受到不同程度干扰，系统稳定性也趋于下降。（3）饵料的使用容易产生水体污染。在人工养殖的情况下，虾、鱼类的食物不是依靠自然界的食物链，而是来源于人工投饵，所投饵料不可能全部被养殖鱼所食，必有一部分残饵沉积于底层，一部分残饵溶解于水中或悬浮于水上，导致水体污染。（4）人类活动的痕迹破坏了湿地的生态。开挖鱼塘改变了原有的生态，特别是每年年底鱼塘收鱼的时候，运鱼的车辆、人员来往穿梭，声音太大，对部分栖息于此湿地的动物种类尤其是诸多鸟类造成明显的干扰，导致鸟类群落结构发生改变。

从鱼塘的总面积统计可以看出,四地区鱼塘面积不同,按照大小排序依次是绿水湾、龙袍、八卦洲和潜洲,对应面积分别为 7.59 平方千米、3.86 平方千米、0.66 平方千米和 0.18 平方千米。而从生态管控区来看,只有绿水湾的部分鱼塘处于一级管控区,面积为 6.41 平方千米;二级管控区的鱼塘在绿水湾、龙袍、潜洲都有分布,其面积分别为 1.14 平方千米、0.31 平方千米和 0.18 平方千米。依据宁政发〔2014〕74 号《南京市生态红线区域保护规划》的要求,一级管控区严禁一切形式的开发建设活动,因此绿水湾处于一级管控区内的鱼塘应当及时退渔还湿,减少人类对湿地的干扰和破坏,提高湿地生态系统的完整性和多样性。

表 15 - 11　2017 年江北地区湿地区域鱼塘面积统计 (单位:平方千米)

地区	绿水湾	八卦洲	龙袍	潜洲
鱼塘	7.59	0.66	3.86	0.18

表 15 - 12　2017 年生态管控区与非生态管控区范围内的鱼塘面积统计

(单位:平方千米)

鱼塘	绿水湾	八卦洲	龙袍	潜洲
一级管控区	6.41	0.00	0.00	0.00
二级管控区	1.14	0.00	0.31	0.18
非管控区	0.00	0.66	0.00	0.00

3. 宅基地与湿地的冲突分析

根据苏政发〔2013〕113 号《江苏省生态红线区域保护规划》与宁政发〔2014〕74 号《南京市生态红线区域保护规划》的规定,一级管控区内所有开发建设必须被禁止,二级管控区范围内限制对湿地有破坏功能的项目活动。从表 15 - 14 中可以看出,没有宅基地处于一级管控区范围内,而在二级管控区范围内的宅基地只存在于绿水湾和龙袍,两地区的宅基地面积分别为 0.10 平方千米和 0.31 平方千米。

在三片湿地中(潜洲上没有建设用地),宅基地面积最大的是龙袍,其次为

八卦洲,最后是绿水湾,它们的面积分别是 0.31 平方千米、0.18 平方千米和
0.10 平方千米。由于湿地生态保护的需要,三地区都有宅基地退出的潜在
需求。

宅基地是指农民依法取得的用于建造住宅及其生活附属设施的集体建设
用地。目前在我国宅基地退出并没有统一的标准和机制,但随着"三块地"改
革的不断深入和土地管理法的修订,宅基地有偿退出机制正在逐步建立。

基于文献调研和国家宅基地的最新政策解读,对于三地区的宅基地退出,
我们提供两种形式,一是由地方政府和农村集体经济组织合作实施的村庄整
治形式,它不改变农民对农村宅基地的使用权,而是通过统一的规划设计和基
础设施建设来进行旧村改造,改善农民的生活条件,但不影响农民的生产活
动;二是由政府主导的城市化进程中的宅基地退出,主要有城中村治理、宅基
地换房等模式,它在一定程度上鼓励有条件的农民放弃农村宅基地使用权成
为城镇居民。第一种形式的好处在于在不变更宅基地权属的前提下,采用旧
村改造的方式使得乡村文化与湿地文化相互融合、相得益彰;第二种形式则有
助于保证湿地公园内部生态建设的完整性,保证湿地公园内部的生态环境最
低程度受到人为因素的影响。

表 15 - 13　2017 年江北湿地区域村庄建设用地情况统计

（单位:平方千米）

地区	绿水湾	八卦洲	龙袍	潜洲
村庄建设用地	0.10	0.18	0.31	0.00

表 15 - 14　2017 年生态管控区与非生态管控区范围内的村庄建设用地统计

（单位:平方千米）

宅基地	绿水湾	八卦洲	龙袍	潜洲
一级管控区	0.00	0.00	0.00	0.00
二级管控区	0.10	0.00	0.31	0.00
非管控区	0.00	0.18	0.00	0.00

4. 其他用地与湿地的冲突分析

与湿地存在冲突的其他用地主要包括交通用地、仓储用地等。（1）交通用地尤其是硬化道路使得生态系统破碎化。道路网将均质的景观单元分割成众多的岛状斑块，在一定程度上影响景观的连通性，阻碍生态系统间物质和能量的交换。另外，狭长的道路将原有生境一分为二，其结果可能使种群变小，种群之间交流减少，生物多样性降低。（2）仓储用地，主要是码头的营运产生生态环境问题。龙袍南部分布有码头，其交通和运营噪声一定程度上影响对声环境敏感的鸟类等野生动物正常的栖息与繁殖，同时生产、运输过程中产生的大气、水环境污染也会不同程度影响当地滨江湿地环境质量。此外，水上物流还对该区段长江水生鱼类的栖息和繁殖等产生干扰影响。（3）此外，单调的林地种类影响了湿地生态系统的多样性。以八卦洲湿地为例，意杨生态公益林占一半以上的面积，乡土树种总体缺乏，造成生态系统的不稳定性和亚健康性。

据统计，一级管控区内除村庄建设用地以外的其他建设用地（主要是交通用地和仓储用地）分布在绿水湾，其面积为 0.35 平方千米；一级管控区内的林地也只有绿水湾，面积为 1.21 平方千米。二级管控区内的其他建设用地主要集中在绿水湾和龙袍，两者的面积分别为 0.76 平方千米和 0.43 平方千米；二级管控区内的林地在绿水湾、龙袍和潜洲都有覆盖，其面积分别为 1.16 平方千米、0.16 平方千米和 0.31 平方千米。

表 15 - 15　2017 年生态管控区与非生态管控区范围内的其他建设用地面积统计

（单位：平方千米）

地区	绿水湾	八卦洲	龙袍	潜洲
一级管控区	0.35	0.00	0.00	0.00
二级管控区	0.76	0.00	0.43	0.00
非管控区	0.00	0.29	0.00	0.00

表 15 - 16　2017 年生态管控区与非生态管控区范围内的林地面积统计

（单位：平方千米）

地区	绿水湾	八卦洲	龙袍	潜洲
一级管控区	1.21	0.00	0.00	0.00
二级管控区	1.16	0.00	0.16	0.31
非管控区	0.00	3.41	0.00	0.00

三、解决现状与规划冲突的几个原则

1. 生态保护原则

生态保护是解决湿地现状与规划实施冲突的首要原则。在南京市湿地逐年减少的背景下，加强湿地保护，维护湿地功能，改善湿地环境，促进湿地资源可持续发展尤为重要。湿地被誉为"地球之肾"，在世界自然保护大纲中，湿地与森林、海洋一起并称为全球三大生态系统。湿地与人类的生存、繁衍、发展息息相关，是自然界最富生物多样性的生态景观和人类最重要的生存环境之一，它不仅为人类的生产、生活提供多种资源，而且具有巨大的环境功能和效益，在抵御洪水、调节径流、蓄洪防旱、控制污染、调节气候、控制土壤侵蚀、促淤造陆、美化环境等方面有其他系统不可替代的作用。

2. 利益维护原则

在规划实施中，如涉及农田宅基地退出，应切实维护农民合法权益。依据国家现行政策，结合当地实际情况，在充分尊重农民意愿和合法权益的基础上，根据湿地保护需要，慎重考虑农田宅基地是否退出，如果确需退出应采用科学、合理的方式退出。在整个流程中应重点考虑农田宅基地的退出范围，退出范围要有科学严谨、合情合理的依据。充分尊重农民意愿，坚持群众自愿、因地制宜、量力而行、依法推动。要依法维护农民和农村集体经济组织的主体地位，依法保障农民的知情权、参与权和受益权。总之，既要给四块湿地在生态保护上足够的土地保障，又要使政府所给的征地补偿能保证失地农民"原有生活水平不降低，长远生计有保障"。

3. 以人为本原则

除了维护在湿地范围内那些具有土地所有权、土地承包权的农民的利益，对于那些长期使用耕地而实际上并没有土地所有权、承包权的农民或者通过开荒长期耕作的农民，也应予其一定的补偿。原因是一来他们为提高地区粮食产量、保障地区粮食安全做出过自己的贡献；二来这样做有利于保障农民权益、增加农民收入、促进农村地区稳定，是一项重要的民生工程。现行 2004 年土地管理法第三十八条规定："国家鼓励单位和个人按照土地利用总体规划，在保护和改善生态环境、防止水土流失和土地荒漠化的前提下，开发未利用的土地；适宜开发为农用地的，应当优先开发成农用地。国家依法保护开发者的合法权益。"

4. 因地制宜原则

因地制宜地将规划实施工程与当地政策，如村庄更新、"美丽乡村"建设等项目相结合。当前，江北新区正在大力推进村庄更新，建立城乡兼顾型农村社区。将农地退出工程与村庄更新项目结合，严格控制宅基地的新增建设甚至减少宅基地存量面积，按城市化和新农村建设的要求进行统一规划，加快进行改造，加强设施配套和社会管理，同时应积极引导发展农家乐、农业观光、休闲农业等产业，促进农业多元化发展、拓宽农民增收渠道、改善农村落后面貌。此外，将农地退出工程与"美丽乡村"建设相结合，在不改变经济生态、政治生态的前提下，加快推进美丽乡村建设，改善农村生产生活环境，促进城乡基本公共服务均等化；同时大力开展村庄环境整治工作，提升村庄环境品质，塑造农村特色。明确城市外围生态与建设用地边界，利用多样化的绿楔加强内外联系，依托山、绿、河、湖等特色要素构建充满活力、空间有序的城市形象，建设因地制宜、特色发展的"美丽乡村"。

第三节　江北长江湿地的农户退出意愿分析

加大湿地保护,很可能会涉及农地、宅基地的退出。因此通过实地调研、问卷分析,调查农户对于农地宅基地的退出意愿、补偿标准等重要事项,将会有利于保护湿地活动的顺利开展。

一、湿地空间优化理论

湿地空间优化是指根据空间优化的基本要求,通过设定一定的约束条件,根据环境对湿地的需求,实现湿地服务能力最大限度的发挥。以湿地生态环境稳定为优化的终极目标,对研究区域内的湿地资源进行空间上的优化配置,使得原有不合理的湿地转化为其他类型,同时让原来不是湿地,但应该分布湿地的区域恢复为湿地的状态,从而保持或恢复湿地生态环境的相对平衡,实现湿地资源的可持续利用。

1. 湿地空间优化的原则

合理配置湿地的空间资源是以保障区域的生态环境为前提条件,衡量湿地土地合理利用的一个重要标志。合理利用湿地资源可以达到有效改善区域生态环境的目的,反之,就会起破坏资源的作用。因此,在湿地空间优化配置中一般应按照以下原则:

(1)湿地的生态效益和服务能力特征需要同时兼顾。在人类活动过程中,为了生态环境的安全,需要在充分利用湿地生态环境资源的同时,尽可能最大限度发挥湿地的服务能力,从而达到资源合理利用的目标,这是湿地空间优化的首要目标。

(2)湿地资源与其他土地资源的协调性原则。湿地资源与其他土地利用类型之间的协调性,也是湿地资源空间优化配置过程中需要考虑的,在湿地空间资源合理利用和优化的同时,理应保证其他土地利用类型开发的安全性。从而使得区域上所有的资源都能达到合理的优化配置,这也是优化的终极目标。

（3）研究区域资源的可持续发展的原则。湿地生态系统是研究区域的一种重要的不可替代的资源,基于这一点,在进行湿地资源优化配置的同时,需要注意到湿地的当前利益与长远发展相结合,在合理利用湿地现有资源的同时,要考虑到湿地的未来发展方向。

（4）资源之间需要综合平衡的原则。在实现湿地资源合理利用的同时,必须要保证粮食的生产安全。也就是必须提高湿地与作物效益之间的协调性,这样才能真正地保证人民生产生活的安全,在维持生态环境平衡的同时,保证生活的正常维持和进行。

（5）湿地空间优化的继承性原则。在进行湿地合理优化布局时,还需要考虑到湿地的继承性,在实现当前湿地空间优化时,需要湿地满足可继承的特点,即湿地的合理布局能够时序性维持湿地生态系统的稳定性,从而达到湿地的永续发展与利用。

2. 湿地空间优化与农地、宅基地的退出

通过湿地的空间优化配置,达到湿地空间分布的合理性,使得湿地与子系统之间紧密联系、协调发展、相互促进。在充分保障湿地生态服务能力的前提下,应当适当考虑湿地保护与农业生产的协调发展,充分发挥湿地的外部服务能力,从而实现湿地与其他的土地利用类型之间的合理分布。因此,湿地空间优化的主要目标包括以下两个方面,一是在改善湿地生态环境的基础上,充分发挥湿地的生态服务价值,提高地区生态安全;二是根据当地的实际情况,为了保证粮食的生产安全,实现湿地与农业效益的协调发展,应当考虑湿地及湿地周边地区农地、宅基地的部分保留。当然,如果当地的粮食安全有足够保障,也可以考虑农地、宅基地的全部退出。

二、农户对湿地、农地的依恋度分析

1. 农户对湿地的认知

从调研的结果上来看,超过一半的农户听说过湿地/湿地公园,另外分别约占25%的人对湿地公园很熟悉或者没听过。课题组所调研的地点附近1

千米内都有湿地/湿地公园,而住在该地区的农户中仍有约 25% 的人没听说过湿地,说明对于湿地的宣传需要进一步加大。

调研结果显示,近一半的农户认为附近的湿地环境一般。具体来说,有44% 的被调查者觉得湿地环境一般,33% 的农户倾向于还可以,认为周围湿地环境非常好的占 18%,只有 5% 的农户认为周围湿地环境遭到严重的破坏。

尽管有 90% 的农户对于周围湿地环境给予正面的评价,不过从结果上来看 88% 的受调查农户认为仍然需要修复。具体来说,49% 的农户赞成对周围湿地进行大力修复,39% 的农户觉得只需一般修复,而仅有 12% 的人觉得维持现状即可。赞成维持现状的农户认为一旦周围湿地公园环境变得更好,将会带来更多的游客量,从而给他们的生活带来一定的不便。

关于加大湿地公园保护对周边农户生活的影响,大部分受调查者认为利大于弊。其中,77% 的农户觉得改善湿地公园环境对自己的生活利大于弊,约占 16% 的农户认为没影响,而认为没影响和说不清的农户明显较少。笔者在调研中发现,有些农户之所以认为加大湿地公园保护对生活影响不大,可能是因为周边湿地公园之前一直传言要加大保护而事实上进展十分缓慢甚至没有进展,从而降低了他们对于环境改善的预期。

2. 农地流转状况研究

从调查的结果上来看,农户的农田基本上都租给了种田大户。具体来说,86% 的农田面积被集中到种田大户手中,而剩余不到 14% 的农田维持在原农户手里。根据笔者的调研,很多农户选择保有一定的农田,原因是可以生产口粮,使全家人在粮食上自给自足。

在土地租出协议形式上,合同形式占了 70% 以上的份额。进一步分析可知,以合同的形式租出,主要是出于租出时间较长,合同形式有助于减少租金风险的考虑。剩余不到 30% 的土地是以口头的形式租出,是因为土地出租期限较短或者农户跟种田大户有较亲近的人际关系。

调研发现,绿水湾地区、八卦洲地区、龙袍地区(该"地区"指的是湿地公园内及附近,下同)的租地期限和平均租金有明显的差异。

就三个地区的租地期限而言,龙袍＞八卦洲＞绿水湾。龙袍地区的租地平均期限为 14 年,八卦洲为 6 年,绿水湾为 3 年(图 15-11)。这跟土地的集中程度有关,比如龙袍地区的农地被少数人垄断,面积越大的土地耕作要求更为稳定的产权关系。

就三个地区的平均租金而言,八卦洲>绿水湾>龙袍。依序分别为每年每亩 860 元、800 元和 570 元左右(图 15-12)。八卦洲租金最高的原因是该地区以种植芦蒿为主,而芦蒿的单位面积产值比一般农作物要高;绿水湾离城市地区较近,租出土地多以种植蔬菜为主,而蔬菜的单位面积产值介于芦蒿和一般农作物之间;龙袍的租金最低,跟其区位偏远有直接的关系。

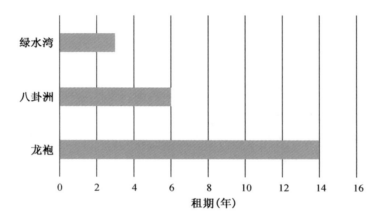

图 15-11 三地区农户出租土地期限比较

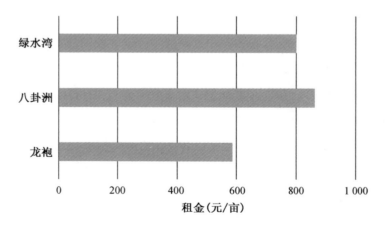

图 15-12 三地区农地租金比较

　　绝大部分农户选择继续租出农地,约占受调查者的 93%;而农户家庭收入结构中非农收入占绝大部分,农业收入占总收入的比重不到 5%。这跟农村剩余劳动力有关。笔者在调研中发现,三地区在家常住人口基本为老人,年轻力壮的青年大部分在城市打工,耕种对劳动力的要求使得老人们常常选择租出农地;另一方面,农户人多地少的局面致使农地收入不可能占较大份额,而即便自己耕种农地也基本上是自给自足,使得这部分农地难以贡献农业产值。

三、农地补偿标准研究

　　针对农地征收最低补偿标准意愿,我们也进行了调研。结果显示,最低补偿标准意愿中,八卦洲＞龙袍＞绿水湾。具体来说,八卦洲为每亩 9.8 万元,龙袍为每亩 8.3 万元,绿水湾为每亩 8.1 万元。八卦洲明显高于其他两个地区的农地补偿标准,这是因为农民对于八卦洲地区的生活环境满意度明显较高。首先,就自然环境而言,八卦洲的农户对于周边湿地环境的满意度和其他两个地区几乎相同,平均起来都是"满意"。但交通条件和土地租金的优势,使得八卦洲的农户有更高的满意度。就交通条件而言,南京长江二桥贯穿了八卦洲的江南江北两侧,同时八卦洲农民有免费的向南过江轮渡,这是其他两个地区所无法比拟的。就土地租金而言,从以上可知,八卦洲的农地租金明显高于另外两个地区,农户的农业收入相比之下较为可观。

　　如果不征收农地而采用限制农业生产的措施,比如限用农药化肥等,将会降低农地产量;同时随着湿地保护加大,湿地公园的鸟类将会增多,鸟类对湿地内和周围的农田产量也会构成威胁。调研结果表明,农药的限制将会使得农地平均减产 40% 左右,鸟类增多使农地减产约 10%,而其他因素可能会使农地减产 5%～10%,因此要对各影响因素依次补偿,其平均标准分别为每年每亩 700 元、200 元和 100 元。总的来说,因限制农业生产而带来的农地减产平均补偿额度为每年每亩 1 000 元左右。

四、宅基地退出补偿标准研究

从调研结果上看,宅基地退出补偿意愿形式中,呼声最高的是安置房,这是因为现实中购房难依然是普通收入人群最大的生活问题,安置房能给予农户最低的生活保障;其次是货币补偿,因为货币补偿能满足被征地农户基本的生活需求;再次是医保、社保、养老保险,它们同安置房一样构成最基本的生活保障;复次是湿地收入分红,这样可以有源源不断的收入;最后是其他补偿。

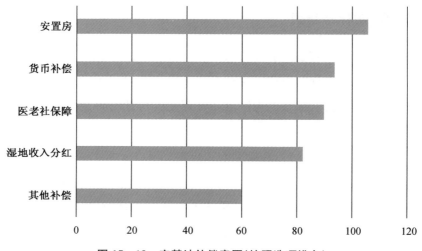

图 15 - 13　宅基地补偿意愿(按照选项排名)

针对宅基地征收最低补偿标准意愿也进行了调研。结果显示,最低补偿标准意愿中,八卦洲＞龙袍＞绿水湾。具体来说,八卦洲为每平方米 3 620元,龙袍为每平方米 3 130 元,绿水湾为每平方米 3 100 元。三地区比较,八卦洲在自然环境、交通条件和土地租金上具有综合优势,因此八卦洲农户对宅基地补偿标准的期望最高。另外,值得一提的是,八卦洲地区的农户宅基地被征意愿也是最低的。

影响农户宅基地退出意愿的负面因素,主要包括湿地周边环境、农民乡土情结以及对征地补偿标准的担忧。首先,绿水湾、八卦洲、龙袍三个地区农户对湿地环境评价都高,使得他们不愿意去环境相对较差的其他地方居住;其次,被调查的大部分老人,由于年轻时长期从事农业生产活动,对农地的依赖情结较深；再次，由于农民祖祖辈辈在此居住，造成了他们对居住地根深蒂固的情感依赖；最后，征地补偿是最现实的问题，能否使得农民"原有生活水平不降低，长远生计有保障"仍是大部分被征地农户最关心的问题。

影响农地宅基地退出意愿的正面因素，主要表现在农地出租率高、愿意继续出租、农业收入低以及中青年人长期在外等。第一，现实中农户和农地的距离越来越远。农民，尤其是中青年农民不愿意种田，导致农田出租率高、农业收入占家庭份额低、农民愿意继续租出农地，这些因素致使年青一代的农民在感情上距离农业农地越来越远。第二，中青年农民一般长期在外工作。他们在农业上投入的机会成本远远大于其他产业，而且城市对于农村劳动力的需求旺盛，很多农村中青年进城打工，城市中优越的生活环境、交通条件等优势体验进一步拉开了年轻农民与农村的距离。

整体来看，在征地难度和补偿标准意愿上，八卦洲＞龙袍＞绿水湾。八卦洲在自然环境、交通条件和土地租金上具有综合优势，因此八卦洲农户对宅基地补偿标准的期望最高；绿水湾地区征地最具强制性，农户的谈判权较弱，因此农户对于绿水湾地区的宅基地补偿标准期望最低。

第四节　江北长江湿地周边的土地增值及生态效益

湿地公园日益成为热门的旅游地。绿水湾、八卦洲、龙袍三个湿地公园的建成将会带来湿地门票以及周边餐饮、住宿等方面的收益。本问卷调研旨在估算湿地公园建成后的旅游收益。

1. 游客个人特征分析

在问卷调查的 96 位游客中，来湿地公园游玩的主要人群为 19～35 岁的年轻人，占到所有调查游客的 57.61%。文化程度普遍较高，大学及以上水平的占到总调查游客数的 47.56%。月收入属于中等水平，月收入 3 000～5 999元游客居多，占总调查游客的 32%。在游客之中，学生居多，占总调查游客数的 26.51%，其次是企事业管理人员、个体经营者和工人。通过对游客的来处调查可知,该处湿地公园的辐射面主要为当地浦口区的居民,占总调查人数的92.47%,也少有南京主城区、高淳、溧水及南京以外地区的游客前往游览(表15-17)。

表 15-17　游客个人特征统计表

个人特征	调查选项	频数	百分比(%)	个人特征	调查选项	频数	百分比(%)
年龄	18 岁以下	10	10.87%	职业	企事业管理者	9	10.84%
	19~35 岁	53	57.61%		公务员	3	3.61%
	36~55 岁	13	14.13%		工人	9	10.84%
	56~70 岁	14	15.22%		教师	8	9.64%
	70 岁以上	2	2.17%		科技人员	2	2.41%
文化程度	小学及以下	4	4.88%		个体经营	9	10.84%
	初中	12	14.63%		农民	3	3.61%
	高中	27	32.93%		学生	22	26.51%
	大学	37	45.12%		离退休人员	5	6.02%
	研究生及以上	2	2.44%		其他	13	15.66%
月收入(元)	1 600 以下	6	8.00%	地区	南京市主城区	2	2.15%
	1 600~2 999	12	16.00%		浦口区	86	92.47%
	3 000~5 999	24	32.00%		六合区	0	0.00%
	6 000 以上	15	20.00%		溧水、高淳	4	4.30%
	无	18	24.00%		南京以外地区	1	1.08%

2. 对湿地公园景区感知程度分析

针对游客对湿地公园整体感知的调查中,有50%的游客表示听说过湿地或湿地公园,而对湿地或湿地公园熟悉的人较少,仅占25%。对于南京长江沿岸的绿水湾湿地公园、八卦洲湿地公园、龙袍湿地公园,有40.86%的游客表示听说过但并不了解。也仅有23.96%的游客在平时会偶尔去湿地公园游玩,有45.83%的游客之前没去过湿地公园游玩(图15-14)。

在对湿地公园所带来的价值调查中,有86.46%的游客比较认同湿地公园所带来的生态环境价值。其次是湿地公园作为一个景观所带来的美学欣赏

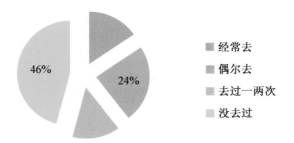

图 15 - 14　游客游玩湿地情况统计

价值和文化价值,分别有 39.58％和 33.33％的游客表示认同。总的来说,游客对于湿地公园的整体感知还是局限于听说,缺乏深入的了解。而对于湿地公园所带来的价值也仅仅局限于它的生态环境价值,对湿地公园的了解不够全面(图 15 - 15)。

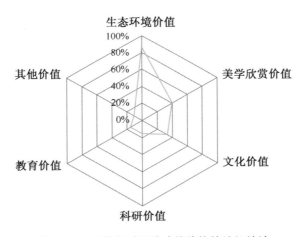

图 15 - 15　游客对湿地功能价值的认知统计

3. 游客与湿地公园可达性分析

对于游客来说,旅游目的地的可达性直接影响游客的旅行动机。在对游客的调查中,有超过 85％的游客表示会在车程 30 分钟以内的旅游地游览。也有 14.2％的游客愿意到车程在 30 分钟以上的旅游地游览,他们的旅游动机可能还出于游览地旅游价值等其他因素的考虑(图 15 - 16)。

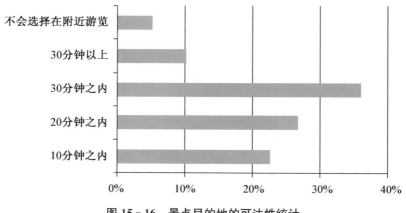

图 15 - 16　景点目的地的可达性统计

4. 湿地公园游客消费意愿调查

在游览湿地公园的游客中,有 38.71% 的游客愿意在湿地公园周边消费,还有 46.24% 的游客选择不好说,可能还和消费的质量和满意度有关。

在游览湿地公园时,游客们更愿意为公园的娱乐设施的使用(游览车、游船等)付费,有 59.38% 的游客选择游玩公园的主要消费为娱乐设施的使用。其次,有 36.46% 的游客会有零食和饮料的开销。

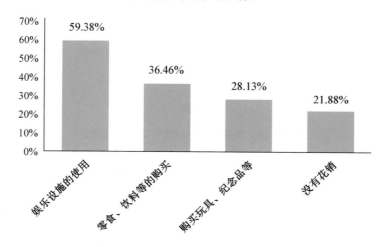

图 15 - 17　游客在湿地公园的消费结构

湿地公园作为一个社会公共资源,建设和维护不仅需要靠政府,还需要享受资源的市民和游客共同分担。当问及游客是否愿意为湿地公园的生态保护奉献资金的问题时，愿意奉献资金和不愿意奉献资金的游客基本相当，还有一部分游客可能出于其他考虑选择不知道（图 15-18）。而在选择愿意支付的游客中，57％的游客认为 50～100 元是一个合理且可接受的额度。

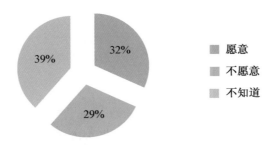

图 15-18　游客对于维护湿地的支付意愿统计

游客普遍支持政府在江北地区长江沿岸打造湿地公园，为生活环境的改善带来积极的促进作用。有 33.7％的游客认为，如果打造了湿地公园，自己的游览频率大概为一个月 1～2 次，还有 20.65％的游客认为自己会每周去游览 1～2 次（图 15-19）。

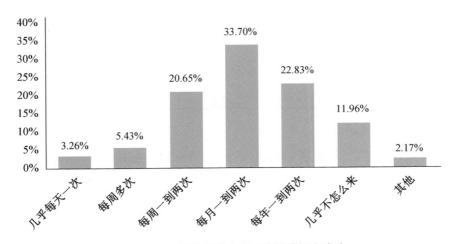

图 15-19　湿地公园建成后的旅游频率统计

5. 不同情景模式下的湿地旅游收益

本节中，根据调查得到的人均消费意愿，分析不同人口情景模式下的旅游及相关服务业的收益。根据问卷调查结果，游客在湿地周边的支付意愿如下表所示。

表 15 - 18　游客旅游周边项目支付意愿　　　　　（单位:元）

项目	餐饮	购物	娱乐	住宿	其他	门票	总计
平均意愿支付价格	53.08	27.82	47.77	45.32	9.91	24.41	208.31

根据以上数据,我们分免门票模式和收取门票模式,分别罗列了不同游客量下的三种情景模式,如下所示。

① 免门票模式

该模式下,湿地旅游周边收益包括餐饮收入、购物收入、娱乐收入、住宿收入和其他收入。根据其他湿地公园(如西溪湿地一年接待量为 300 万人左右)的经验,考虑到知名度较高的湿地一般都接近或突破生态负载,我们在三种情景中年游客量分别取 200 万、300 万和 400 万,按游客的消费意愿对各类收益做一个加总,如下表所示。

表 15 - 19　免门票模式下游客对于湿地公园的经济贡献表　（单位:万元）

项目	年游客量	餐饮收入	购物收入	娱乐收入	住宿收入	其他收入	年总收入
情景 1	200 万人	10 616.67	5 564.58	9 554.17	9 064.58	1 981.25	41 662.50
情景 2	300 万人	15 925.00	8 346.88	14 331.25	13 596.88	2 971.88	62 493.75
情景 3	400 万人	21 233.32	11 129.16	19 108.32	18 129.16	3 962.52	83 325.00

② 收取门票模式

假设收取门票后,游客量减少 40%,但每位游客在其他方面的消费意愿不发生改变,则收取门票模式下的旅游及相关服务业的收益如下表所示。

表 15 - 20　收门票模式下游客对于湿地公园的经济贡献表　（单位:万元）

情景	年游客量	餐饮收入	购物收入	娱乐收入	住宿收入	其他收入	门票	年总收入
情景 1	120 万人	6 370.00	3 338.75	5 732.50	5 438.75	1 188.75	2 928.75	24 997.50
情景 2	180 万人	9 555.00	5 008.13	8 598.75	8 158.13	1 783.13	4 393.13	37 496.25
情景 3	240 万人	12 740.00	6 677.52	11 465.00	10 877.52	2 377.52	5 857.52	49 995.00

注:假设门票为 25 元。

比较免门票模式和收取门票模式可以发现,免门票模式所获得的旅游周边总收入远远大于收门票模式。通过 PPP、社区合作等形式实现收益最大化是重要的实施途径。若湿地本身需平衡部分资金,可以考虑在游船、电瓶车等交通项目上收取适当费用,同时也可以作为限制游客量的一种依据和手段。为了增加湿地公园在起步阶段的知名度和美誉度,可以将湿地公园纳入南京市风景名胜区联票和年票系统,增加游客黏性,实现对游客的长效吸引力。

6. 游客意愿小结

总体来看,游客对于湿地的感知程度较高,可达性决定了游客去湿地旅游的意愿,游客对湿地的消费意愿较强。

首先,就本次所调研的对象而言,来湿地公园游玩的游客普遍为文化程度高,收入水平中等或偏上的年轻人,因此在湿地公园项目策划上,应以年轻人为主要对象。

其次,游客对于湿地公园的整体感知还是局限于听说,缺乏深入的了解。在被调查的游客当中,尽管大部分人都听说过湿地或者湿地公园,但仍有45.83%的游客从来没去湿地公园游玩过。湿地的可达性影响了游客的旅游意愿。调查显示,南京游客中超过85%表示会在车程30分钟以内的旅游地游览,而车程超过30分钟后仅有少数人才有意愿去湿地旅游。因此,本调研认为游览地在30分钟车程内比较适合。

最后,游客对湿地的消费意愿较强。根据调查得到的人均消费意愿为208.31元/次。一方面,针对湿地公园周边,38.71%的游客愿意消费,还有46.24%的游客表示如果周边设施满意度较高会去选择消费;另一方面,针对湿地公园内部,在游览湿地公园时,游客们也愿意为公园的娱乐设施的使用(游览车、游船等)付费,有59.38%的游客选择游玩公园的主要消费为娱乐设施的使用。

第五节　资源环境保护与生态文明建设

中共十九大提出,要实行最严格的生态环境保护制度。在自然资源统一管控和国土空间规划制度改革背景下,探索资源保护和生态文明建设路径具有重大意义。本节在对江北长江湿地区域土地利用变化分析的基础上,结合土地利用现状和规划实施的分析,通过对绿水湾、龙袍、八卦洲三个地区附近农户、游客和购房者的问卷调研,针对问卷调研中所发现或今后可能出现的问题,提出相应的对策和建议,以期为自然资源管理部门以及其他相关部门进一步完善湿地保护涉及的土地、生态、建设等相关政策,提升湿地对于城市的价值溢出,改善全社会居民福利提供政策参考。

一、强化湿地保护,合理规划片区

首先,要把保护放在第一位。湿地是"地球之肾",是人类最重要的环境资源之一,也是自然界富有生物多样性和较高生产力的生态系统。它在调节气候、涵养水源、防治洪涝灾害、净化环境、保护生物多样性以及为人类提供生产、生活资源方面发挥了巨大的作用。目前南京市乃至整个中国的湿地都面临着多种威胁和巨大压力,湿地面积不断萎缩,生态功能持续减退,物种多样性日渐减少。因此,对于江北四块湿地的开发,应把保护放在首要位置。

其次,合理规划湿地功能分区。功能分区是保护湿地生态环境和合理利用湿地自然资源的基础,对于提高湿地资源的生态健康水平、激发湿地资源的活力、抑制湿地退化有重要意义,因此功能分区可更好地促进湿地生态系统的保护和湿地资源的可持续利用,也为湿地监管提供了直接的决策依据。在保护前提下对湿地进行适度开发,可根据开发程度分为禁止开发区和限制开发区(限制开发区可根据不同开发程度细分为几个不同开发级别),也可以按照国家湿地公园的标准划分为湿地保育区、恢复重建区、宣教展示区、合理利用区和管理服务区等。

　　最后，建议对湿地的核心区域实行完全保护。即在湿地公园内部单独保留一块土地，禁止任何人为活动，给园区内动植物一片纯天然的空间，这样的保护方式既能保证园内生物完全不受人类直接干扰，又能使被保护地区源源不断地为外界提供来自最原始环境的生物。比如原始保护区是美国黄石国家公园最核心的保护区，不允许人员和车辆进入，完全保持自然状态，主要用于保护核心的动植物资源以及有代表性的生态、地质系统。这一区域占据整个公园的大部分面积。

二、依托挂钩政策，贡献江北建设

　　依托城乡建设用地增减挂钩政策，湿地公园内农村建设用地的退出，一方面为湿地公园的生态保育腾出空间，另一方面也为江北新区的城市建设贡献了用地指标。

　　第一，提升成片生态用地的生态价值。建立农村宅基地和农用地有序退出机制。通过"退耕还湿"等政策手段，实现湿地功能的复原和保育。绿水湾、八卦洲、龙袍三个地区农村建设用地有序退出，在原地实行生态建设，加强生态保护，是江北地区践行"生态先行"的重要举措，将有力助推建设"美丽江北"。

　　第二，为城市建设贡献用地指标。随着江北新区的批复和集中建设，南京江北新区的发展将全面提速。未来江北新区的经济发展和城镇化速率将会明显高于南京市平均水平。依托城乡建设用地增减挂钩政策，在绿水湾、八卦洲、龙袍三个地区实行农村建设用地退出，将为江北的城市建设腾出一部分用地指标，从而推动江北新区的快速发展。

三、探索土地入股，共建民生工程

　　根据最新修订的土地管理法，集体经营性建设用地可通过出让、出租等方式入市，亦可实现转让、出资、抵押等权能。同时，集体非建设用地所有权、承包权、经营权的三权分置改革也在大力推行。这些新的政策动向和举措使得集体土地作为农村重要的生产要素能够进行市场化配置，有力地促进了农村土地资源的优化配置。在三个湿地公园探索土地入股机制,一是减少了政府因征地一次性补偿而带来的巨大财政压力,二是有助于实现湿地的统一保护和农地的规模化经营、现代化管理,实现生态价值和农业综合效益的双提升,三是为农民分享湿地保护和城市发展收益建立了渠道,提高农民积极性,突显农地财产价值,使得农民成为城市发展的合伙人,真正实现"当前生活水平不下降、长远生计有保障"。"利益共享、风险共担"的土地入股机制,是实现政府、农民和公司"三方共赢"的重要土地制度。

土地入股运行机制主要包括土地股份量化、设置股权结构、产权界定、明确分配方式、确定组织管理结构等步骤。土地股份量化首先要明确集体土地和资产范围,然后再根据实际需要选择土地是否作价入股,如果作价入股还需选择合理的作价评估方案。设置股权结构主要是解决村集体与农户之间的股权配比,以及农户间股权配置的规则制定等。产权界定的主要任务是明确权属关系,即采用合同等形式明确合作社相关人员对入股土地的所有权、承包权、使用权、收益权等权利的归属,还包括股权配给或收回规则。明确分配方式主要是明确股份合作社的利润分配方式,目前普遍采用按劳分配与按股分配相结合的分配方式。确定组织管理结构主要是明确股份合作社的企业化管理结构,如股东代表大会、董事会、监事会三者的权责分配等。

四、引入公私合营,加强湿地整治

为了形成有利于人和动植物共同生存的生态环境,改善区域环境条件,有必要实施系统的湿地整治工程。湿地整治工程的综合效益表现在生态效益、经济效益和社会效益的综合与统一,其中生态效益是目的和基础,经济效益是关键,社会效益是归宿,最终实现社会可持续发展的最终目标[①]。针对绿水湾、八卦洲、龙袍三地区湿地公园生态系统结构单一、存在环境污染、农村建设用地需要退出等问题,应采取措施进行土地整治。具体措施包括扩大湿地保

---

① 雷敏,曹明明,郗静.米脂县退耕还林的综合效益评价与政策取向[J].水土保持通报,2007,03:151-156.

护面积、提高湿地保护等级，疏通改造地表水系、加强水体间的交换能力，进行污染治理、改善水域水质，对湿地进行实时监测、为科学保护湿地提供资料依据。一些不符合湿地规划的土地也需改变用途，如退耕还林、退耕还湖等。

引入 PPP 模式。PPP 模式也叫公私合营模式，是政府授权民营部门代替政府建设、运营或管理基础设施或其他公共服务设施并向公众提供公共服务，利益共享，风险共担的一种商业模式。公私合营具有缓解政府财政压力、提升公园开发效率、降低运作风险等优势。自 2013 年十八届三中全会提出"允许社会资本通过特许经营等方式参与城市基础设施投资和运营"以来，PPP 模式在全国各地各个领域中得到大力推广。一些湿地公园开发也开始引用该模式，如黄河水乡国家湿地公园项目以 PPP 模式建设 1 000 亩花卉主题公园。当然根据南京及滨江湿地的具体情况，也可进行"PPP＋"的模式探索，包括参与对象的"PPP＋"创新，如引入科研和公共事业机构，充分发挥南京的科教资源综合优势；也可以是参与项目的"PPP＋"创新，指在公共项目盈利性不足的情况下，引入一定的经营性项目以实现项目的整体资金平衡和风险控制。

第十六章 / 长江经济带城市群碳排放及生态保护效益

长江经济带拥有长三角城市群、长江中游城市群、成渝城市群等支持长江流域乃至中国发展的中坚力量。因此，城市群的绿色发展对于长江经济带绿色发展具有带动和牵引作用。这里结合应对全球变化的低碳城市建设，以长三角城市群为例，探讨长江经济带城市群碳减排实现路径。

第一节　城镇化进程中碳收支平衡分析

碳排放核算是进行碳收支研究的基础，本节将结合 IPCC 温室气体清单核算方法及相关研究构建市域层面碳排放清单及核算方法[1][2]，依据长三角地区的实际发展现状，确定碳排放核算清单。核算清单主要包括陆地生态系统碳吸收、能源消费碳排放和工业生产过程碳排放。其中，陆地生态系统主要包括耕地、林地、草地、水域、海涂、建设用地等。

---

[1]　赵荣钦. 城市生态经济系统碳循环及其土地调控机制研究[D]. 南京：南京大学，2011.
[2]　揣小伟. 沿海地区土地利用变化的碳效应及土地调控研究——以江苏沿海为例[D]. 南京：南京大学，2013.

一、碳排放清单及核算方法

1. 陆地生态系统碳吸收核算

本研究陆地生态系统的碳吸收主要包括植被碳汇、土壤碳汇和水域碳汇。

碳吸收计算公式如下：

$$C = CS_i \times A_i \times (44/12) \tag{16-1}$$

式中，C 为碳吸收量，CS_i 为 i 的碳汇能力，A_i 为 i 的面积。

（1）植被碳汇

绿色植物的主要作用是吸收 CO_2，合成有机物质，并释放 O_2。同时，植物的呼吸作用也会分解掉一部分有机物质。扣除呼吸作用的分解，即可得到植物的净初级生产力（net primary productivity，NPP），其主要影响因素是植被归一化指数（NDVI）。在长三角地区 NPP 和 NDVI 变化并不明显，因此，本研究中碳汇系数采用固定经验值。

① 林地。国内学者对不同植被类型的碳汇能力做了大量研究，赖力[①]对已有研究做了归纳总结，给出了国内生态系统的碳汇能力，长三角地区的气候属于亚热带季风气候和温带季风气候，主要森林植被及其碳汇能力见表 16-1，根据每种植被的面积和碳汇能力，利用加权平均法，计算长三角地区的林地碳汇能力为 $42.5\ \mathrm{t \cdot km^{-2} \cdot a^{-1}}$。

表 16-1　长三角地区主要森林植被类型及碳汇能力

三级编码	植被类型	碳汇能力 （$\mathrm{t \cdot km^{-2} \cdot a^{-1}}$）
1104	温带常绿针叶林	22.9
1105	亚热带、热带常绿针叶林	42.2
1208	温带、亚热带落叶阔叶林	40.7
1211	亚热带石灰岩落叶阔叶树—常绿阔叶树混交林	72.9

---

① 赖力. 中国土地利用的碳排放效应研究[D]. 南京：南京大学，2010.

（续表）

三级编码	植被类型	碳汇能力 （t·km^{-2}·a^{-1}）
1212	亚热带山地酸性黄壤常绿阔叶树—落叶阔叶树混交林	72.9
1213	亚热带常绿阔叶林	72.9
1216	亚热带竹林	88.3
1319	温带、亚热带落叶灌丛、矮林	17.4
1320	亚热带、热带酸性土常绿、落叶阔叶灌丛、矮林和草甸结合	41.8
1321	亚热带、热带石灰岩具有多种藤本的常绿、落叶灌丛、矮林	19.5
1327	温带、亚热带高山垫状半矮灌木、草本植被	6.3

② 耕地。农作物在生长期能够吸收 CO_2，属于碳汇，在长三角地区农作物收获后，主要用于秸秆还田、焚烧及制作饲料，焚烧后碳释放到空气中，制作饲料部分的碳也通过动物反刍释放到了空气中，秸秆还田的碳被计算在土壤有机碳中，因此，将耕地的植被碳汇确定为 0。

③ 草地。长三角地区草地植被类型主要为温带草甸植被，借鉴赖力[①]的研究结果，草地碳汇能力确定为 7.7 t·km^{-2}·a^{-1}。

④ 建设用地。按照中科院的土地利用分类，建设用地包括城镇用地、农村居民点和其他建设用地。建设用地的植被主要分布在城镇用地和农村居民点[②]，而研究区中的其他建设用地的植被覆盖较少，因此不予考虑。城镇用地和农村居民点的植被主要是林地和草地，碳汇能力取林地和草地的均值，再按照绿化率进行折算得到建设用地的碳汇能力为 9.5 t·km^{-2}·a^{-1}。

（2）土壤碳汇

由于缺少长三角地区土壤采样数据，借鉴相关研究结果[③]，确定长三角地区各土地利用类型的土壤碳汇系数，见表 16-2。

① 赖力. 中国土地利用的碳排放效应研究[D]. 南京：南京大学，2010.

② 赵荣钦. 城市生态经济系统碳循环及其土地调控机制研究[D]. 南京：南京大学，2011.

③ 揣小伟. 沿海地区土地利用变化的碳效应及土地调控研究——以江苏沿海为例[D]. 南京：南京大学，2013.

表 16-2　长三角地区不同土地利用类型的土壤碳汇系数

$(t \cdot km^{-2} \cdot a^{-1})$

地类	耕地	林地	草地	水域	海涂	城镇用地	农村居民点	其他建设用地
碳汇系数	14.5	29.0	10.0	56.7	23.6	72.0	23.0	25.0

（3）水域碳汇

长三角地区河湖众多，水网密集。河湖水面具有一定的固碳能力，依据段晓男等[1]对东部地区的研究结果，确定水域碳汇能力为 $56.7 \, t \cdot km^{-2} \cdot a^{-1}$，海涂碳汇能力为 $23.6 \, t \cdot km^{-2} \cdot a^{-1}$。

2. 能源消费碳排放核算

由于缺少统一口径的市域尺度的能源统计数据，且部分市的能源统计数据缺失，因此本章采用遥感技术手段，利用 DMSP/OLS 夜间灯光数据和省域能源碳排放数据构建碳排放反演模型，模拟市域的能源碳排放。由于长三角地区社会经济发展较快，不利于选择夜间灯光数据的参考区，为了较为合理地处理夜间灯光数据，借鉴 Liu 等[2]的方法，首先对全国的夜间灯光影像进行处理，其次，提取出长三角地区的夜间灯光影像，最后，利用长三角各省市的能源碳排放数据和夜间灯光影像数据构建长三角地区碳排放反演模型。

DMSP/OLS 夜间灯光数据源自美国国家海洋和大气管理局（National Oceanic and Atmospheric Administration，NOAA）下属的国家地球物理数据中心（National Geophysical Data Center，NGDC）。本研究中使用的是第四版 1992—2013 年 DMSP/OLS 夜间灯光数据中的稳定灯光影像，夜间灯光影像的空间分辨率为 30 秒，长三角地区的空间分辨率约为 0.8 km。DMSP/

---

① 段晓男，王效科，逯非，等. 中国湿地生态系统固碳现状和潜力[J]. 生态学报，2008，28（2）：463－469.

② Liu Z，He C，Zhang Q，et al. Extracting the dynamics of urban expansion in China using DMSP-OLS nighttime light data from 1992 to 2008[J]. Landscape and Urban Planning，2012，106（1）：62－72.

OLS夜間燈光數據已廣泛應用到能源消費[①②]、電力消費[③④⑤]、城市空間重建[⑥]、城鎮空間擴張[⑦]、人口分布[⑧]和經濟發展[⑨]等領域，是能夠較好地反映人類活動的數據。而能源碳排放與人類活動存在密切關係，因此，DMSP/OLS夜間燈光數據可用於能源碳排放的估計，該結論已得到國內外學者的認同[⑩⑪]。

（1）數據處理

① 數據預處理。將1992—2013年非輻射定標穩定燈光影像的投影轉換成蘭伯特等角圓錐投影，裁剪出中國的夜間燈光影像數據，最後對其進行數據重採樣，將其空間分辨率轉換為1 km。利用ArcGIS 10.4篩選穩定的中國夜間燈光影像，具體判斷準則：同一年份的不同傳感器影像間，若一幅影像的DN值為0，而另一幅不為0，則將不為0的也設置為0；不同年份的影像間，前

① Amaral S, Câmara G, Monteiro A M V, et al. Estimating population and energy consumption in Brazilian Amazonia using DMSP night-time satellite data[J]. Computers, Environment and Urban Systems, 2005, 29(2): 179 - 195.

② 吳健生，牛妍，彭建，等. 基於DMSP/OLS夜間燈光數據的1995—2009年中國地級市能源消費動態[J]. 地理研究，2014,33(4):625 - 634.

③ 李通，何春陽，楊洋，等. 1995—2008年中國大陸電力消費量時空動態[J]. 地理學報，2011,66(10):1403 - 1412.

④ Cao X, Wang J, Chen F. Spatialization of electricity consumption of China using saturation-corrected DMSP-OLS data[J]. International Journal of Applied Earth Observation and Geoinformation, 2014, 28: 193 - 200.

⑤ 潘竟虎，李俊峰. 基於夜間燈光影像的中國電力消耗量估算及時空動態[J]. 地理研究，2016,35(4):627 - 638.

⑥ 何春陽，史培軍，李景剛，等. 基於DMSP/OLS夜間燈光數據和統計數據的中國大陸20世紀90年代城市化空間過程重建研究[J]. 科學通報，2006,51(7):856 - 861.

⑦ Woo C, Chung Y, Chun D, et al. The static and dynamic environmental efficiency of renewable energy: A Malmquist index analysis of OECD countries[J]. Renewable and Sustainable Energy Reviews, 2015, 47: 367 - 376.

⑧ Sutton P. Modeling population density with night-time satellite imagery and GIS[J]. Computers, Environment and Urban Systems. 1997, 21(3): 227 - 244.

⑨ 徐康寧，陳豐龍，劉修岩. 中國經濟增長的真實性：基於全球夜間燈光數據的檢驗[J]. 經濟研究，2015,50(9):17 - 29.

⑩ 蘇泳嫻，陳修治，葉玉瑤，等. 基於夜間燈光數據的中國能源消費碳排放特徵及機理[J]. 地理學報，2013,68(11):1513 - 1526.

⑪ Shi K, Chen Y, Yu B, et al. Modeling spatiotemporal CO_2(carbon dioxide) emission dynamics in China from DMSP-OLS nighttime stable light data using panel data analysis[J]. Applied Energy, 2016, 168: 523 - 533.

一年影像中的 DN 值不为 0,而后一年的影像中的 DN 值为 0,则将前一年的 DN 值也设为 0。

② 参考影像校正。借鉴 Elvidge 等[①]对夜间灯光影像数据的 DN 值校正方法,选择黑龙江鸡西市为参考区,以 2007 年 F16 卫星的影像数据为参考数据,将其他年份的影像数据与参考数据分别构造二次回归模型(式 16-2),得到相关年份 DN 值校正参数。R^2 值均大于 0.84,模型的拟合效果较好。因此,本章利用该参数校正 1992—2013 年中国稳定夜间灯光影像的 DN 值。

$$DN_C = a + b \times DN + c \times DN^2 \tag{16-2}$$

式中,DN_C、DN 分别表示校正后、校正前的影像的 DN 值,a、b 和 c 表示回归参数。

③ 年内融合。有些年份 DMSP/OLS 夜间灯光数据获取自不同卫星,为了充分利用 DMSP/OLS 夜间灯光数据,将两幅中国稳定夜间灯光影像 DN 值的平均值代替该年份夜间灯光影像的 DN 值。

$$DN_{(n,i)C} = (DN^a_{(n,i)} + DN^b_{(n,i)})/2 \tag{16-3}$$
$$n = 1994, 1997, 1998, \cdots, 2007$$

式中,$DN_{(n,i)C}$ 表示年内融合后的第 n 年 i 像元的 DN 值;$DN^a_{(n,i)}$ 和 $DN^b_{(n,i)}$ 源自卫星 a 和卫星 b 的年内融合前的第 n 年 i 像元的 DN 值。

④ 年际校正。根据稳定夜间灯光影像的特点,夜间灯光影像的前一年的 DN 值应小于等于后一年的 DN 值。参照公式(16-4),对经过参考影像校正和年内融合后的影像进行年际校正。

$$DN_{(n-1,i)} = DN_{(n,i)}, \qquad 当 DN_{(n-1,i)} > DN_{(n,i)}$$
$$DN_{(n-1,i)} = DN_{(n-1,i)}, \qquad 其他 \tag{16-4}$$
$$n = 1993, 1994, \cdots, 2013$$

式中,$DN_{(n,i)}$ 和 $DN_{(n-1,i)}$ 分别表示第 n 年和 $(n-1)$ 年第 i 像元的 DN 值。

---

① Elvidge C D, Ziskin D, Baugh K E, et al. A Fifteen Year Record of Global Natural Gas Flaring Derived from Satellite Data[J]. Energies, 2009, 2(3): 595-622.

⑤ 基于预处理后的 DMSP/OLS 夜间灯光影像数据提取建设用地。利用 ArcGIS 的 Neighborhood Statistics 工具,借鉴地形起伏度分析方法,提取建设用地范围[①]。具体处理过程如下:首先,对预处理后的 DMSP/OLS 夜间灯光影像数据做 3×3 栅格单元最大值邻域分析(NS_MAX3)和 3×3 栅格单元最小值邻域分析(NS_MIN3),利用栅格计算器求栅格文件 NS_MAX3 与 NS_MIN3 的差,得到起伏度栅格文件(NS_QFD);提取栅格文件 NS_QFD 中 DN 值大于 8 的区域,即得到分界带外的建设用地(NS_QFD8)。其次,对预处理后的 DMSP/OLS 夜间灯光影像数据做 5×5 栅格单元最小值邻域分析(NS_MIN5),将其与栅格文件 NS_MIN3 相减,即得到分界带(NS_BJ),提取 DN 值小于 -7 的区域,即得到分界带内的建设用地(NS_BJ-7)。最后,将分界带外的建设用地(NS_QFD8)与分界带内的建设用地(NS_BJ-7)叠加即得到全部建设用地[②]。

(2)能源碳排放空间模拟

本研究采用 IPCC 参考方法,计算 1995—2013 年长三角地区各省市的化石燃料消费所排放的 CO_2 量。其计算公式如下:

$$E_C = \sum (A_i \times e_i \times c_i \times 10^{-3} - S_i) \times o_i \times \frac{44}{12} \qquad (16-5)$$

式中:E_C 表示长三角各市某年能源所产生的 CO_2 量;A_i 表示化石燃料 i 某年的表观消费量;e_i(热值,单位 $TJ/10^3 t$)表示化石燃料 i 的热量转换系数,即把燃料原始单位转换为通用热量单位的转换系数;c_i 表示燃料 i 的平均含碳量,即碳排放因子;S_i 表示作为非燃料使用的化石燃料 i 的固碳量;o_i 表示燃料 i 的碳氧化系数。

---

① 苏泳娴,陈修治,叶玉瑶,等. 基于夜间灯光数据的中国能源消费碳排放特征及机理[J]. 地理学报,2013,68(11):1513-1526.

② Su Y, Chen X, Wang C, et al. A new method for extracting built-up urban areas using DMSP-OLS nighttime stable lights: A case study in the Pearl River Delta, southern China[J]. GIScience & Remote Sensing, 2015, 52(2):218-238.

现有研究表明[①②],能源碳排放与 DMSP/OLS 夜间灯光 DN 值总量之间具有较强的线性相关关系。为了提高降尺度模型反演的精度,本研究采用不含截距的线性模型[③],表达式如下[④]:

$$NC_{it} = aD_{it} \qquad (16-6)$$

式中,NC_{it} 为 t 年 i 省市的能源 CO_2 排放统计量,D_{it} 为 t 年 i 省市的夜间灯光影像 DN 值之和,a 为回归系数。

由于受到回归模型的影响,每年各省域的碳排放估计值与实际统计值可能存在一定的误差,为了使得每年各省域内的碳排放估计值与实际值保持一致,构建每年各省域的碳排放修正系数[⑤⑥]。表达式如下:

$$MC_{it} = aD_{it} \qquad (16-7)$$

$$NC_{it} = b_{it}MC_{it} \qquad (16-8)$$

式中,MC_{it} 为 t 年 i 省市的能源 CO_2 排放估计值,b_{it} 为 t 年 i 省市的碳排放修正系数。

利用建设用地边界提取 DMSP/OLS 夜间灯光影像,并统计建设用地边界范围内的 DN 值之和,将其与对应区域的能源碳排放统计值进行拟合分析,结果表明(图 16-1 和公式 16-9),能源 CO_2 统计量与夜间灯光总灰度值的线性相关性较强,在 1% 水平上显著,R^2 为 0.821 2。对比 CO_2 模拟值与统计值可知,平均相对误差为 5.964 9%,说明基于夜间灯光数据模拟能源碳排放的精度较高,可以用于长三角地区能源 CO_2 的模拟。

$$MC = 0.032 3 \times D \qquad (16-9)$$

---

① 苏泳娴,陈修治,叶玉瑶,等. 基于夜间灯光数据的中国能源消费碳排放特征及机理[J]. 地理学报,2013,68(11):1513-1526.

②⑥ 顾羊羊,乔旭宁,樊良新,等. 夜间灯光数据的区域能源消费碳排放空间化[J]. 测绘科学,2017,42(2):140-146.

③ 吴健生,牛妍,彭建,等. 基于 DMSP/OLS 夜间灯光数据的 1995—2009 年中国地级市能源消费动态[J]. 地理研究,2014,33(4):625-634.

④⑤ Shi K, Chen Y, Yu B, et al. Modeling spatiotemporal CO₂(carbon dioxide) emission dynamics in China from DMSP-OLS nighttime stable light data using panel data analysis[J]. Applied Energy,2016,168:523-533.

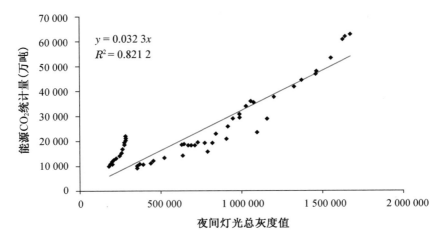

图 16 - 1　能源 CO_2 统计量与夜间灯光总灰度值拟合关系

3. 工业生产过程碳排放核算

工业生产过程比较复杂,生产工艺不同,则碳排放量不同。由于工业生产过程的数据难以获取,因此,利用工业产品产量,采用经验参数估计碳排放量。结合长三角地区主要工业产品类型,选择碳排放量较高的水泥、钢、合成氨、玻璃和铝计算工业生产过程碳排放。碳排放计算公式如下:

$$CS_{industry} = \sum_{i=1}^{n} Q_i \times V_i \times \frac{44}{12} \qquad (16-10)$$

式中,$CS_{industry}$ 为工业生产过程的碳排放量,Q_i 为 i 工业产品的产量,V_i 为 i 工业产品的碳排放因子。各工业产品的碳排放系数见表 16 - 3[①]。

表 16 - 3　长三角地区主要工业产品的碳排放系数　　　　　(单位:t/t)

工业产品	水泥	钢	合成氨	玻璃	铝
碳排放因子	0.037	0.289	0.893	0.057	0.463

1995—2013 年长三角地区的行政区划发生了调整,为了能够使前后的结果具有较好的可比性,本研究将 2013 年的行政区划范围作为参照研究区,将

---

① 赵荣钦,黄贤金,彭补拙. 南京城市系统碳循环与碳平衡分析[J]. 地理学报,2012,67(6):758 - 770.

与之不同年份的市域研究单元进行调整,按照工业产值的所占比重折算工业生产过程碳排放。对于缺失数据,以全省数据为基础,按照对应的产业部门产值在全省中所占比例折算工业生产过程碳排放。

二、长三角地区碳收支平衡分析

1. 碳盈余分析

碳盈余情况用碳吸收量减去碳排放量表示,大于 0 时,表示碳盈余,小于 0 时,表示碳赤字。在 1995 和 2000 年,仅丽水为碳盈余区,其他年份,长三角地区各市均为碳赤字区。1995 年,丽水的碳盈余为 195.171 万吨,碳赤字较大区域主要分布在上海、苏州、南京、无锡、南通、徐州和杭州,基本与碳排放较大区域一致,主要是由于以上区域碳排放远大于碳吸收,因此,碳排放决定了碳盈余情况。碳赤字较小区域主要分布在舟山、衢州、宿迁、台州和金华。与 1995 年相比,2000、2005、2010 和 2013 年,碳赤字较大区域逐渐扩张,且向苏南和浙东北地区集中,碳赤字较小区域逐渐缩小。由于随着工业化和城镇化的快速发展,碳排放量迅速增加,而陆地碳汇能力变化不大,净碳排放量逐渐减小,在苏南和浙东北地区经济相对发达,1995 年以来经济得到了快速发展,而经济发展对能源依赖较强,导致能源消费增加,碳排放增加。

2. 碳补偿率分析

碳补偿率是碳吸收和碳排放的比值,能表示区域碳排放压力状况,该值越高,说明该区域的碳汇能力越强[①]。长三角地区的碳补偿率呈减小趋势,由 1995 年的 6.7%,减小到 2013 年的 2%,表明长三角地区的碳排放明显大于碳吸收,且有增强趋势,表现为净碳源。碳补偿率的基尼系数呈减小趋势,由 1995 年的 0.651,减小到 2013 年的 0.537,均大于 0.4 的警戒线,表明各市碳排放与碳吸收高度不协调,但这种不协调性呈减弱趋势。由碳补偿率与人均

---

① 赵荣钦,刘英,马林,等.基于碳收支核算的河南省县域空间横向碳补偿研究[J].自然资源学报,2016(10):1675-1687.

GDP 的斯皮尔曼相关系数可知(见表 16-4),相关系数均为负,且通过了 5%
水平的显著性检验,表明碳补偿率与人均 GDP 呈显著的负相关,即人均
GDP 越高的区域,碳补偿率反而越低;人均 GDP 越低的区域,碳补偿率反而
越高。可能是由于人均 GDP 越高,经济越发达,工业化水平高,碳排放越
高;人均 GDP 较低地区主要分布在第一产业所占比例相对较高区域,耕地
和林地面积相对较多,碳吸收能力相对较高,而碳排放量相对较低,因此,碳
补偿率较高。

表 16-4　碳补偿率时间特征

年份	碳补偿率	基尼系数	相关系数	P
1995	0.067	0.651	−0.482	0.015
2000	0.058	0.613	−0.479	0.015
2005	0.033	0.556	−0.435	0.030
2010	0.022	0.554	−0.568	0.003
2013	0.020	0.537	−0.559	0.004

由图 16-2 可知,碳补偿率存在明显的空间差异,上海和江苏的碳补偿
率明显较低,浙江的碳补偿率相对较高,碳补偿率总体上呈"北低南高"的空
间格局。1995 年,碳补偿率较高地区主要分布在浙江,包括丽水、衢州、金
华、温州和台州,碳补偿率较低地区主要分布在上海和江苏,包括上海、嘉
兴、无锡、南通、南京、苏州、常州、泰州、镇江、扬州、徐州和连云港。丽水的
碳补偿率最高,为 1.881,说明其碳吸收量是碳排放量的 1.881 倍。上海的
碳补偿率最低,为 0.005,表明其碳排放量远大于碳吸收量。到 2013 年,碳
补偿率最高的是丽水,为 0.246,碳补偿率最低的是上海,为 0.003。与
1995 年相比,2000、2005、2010 和 2013 年的碳补偿率较低地区呈扩张趋
势,碳补偿率较高地区呈缩小趋势,碳补偿率的最低值和最高值均减小,碳
补偿率的区域差异减小。

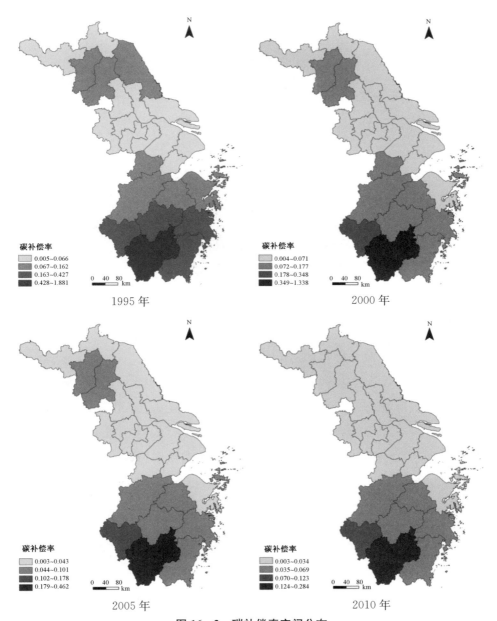

图 16 - 2　碳补偿率空间分布

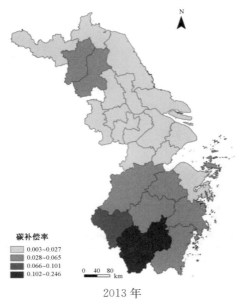

2013 年

图 16-2 碳补偿率空间分布(续)

3. 碳生态承载分析

碳生态承载系数是某区域碳吸收占长三角地区碳吸收的比例与该区域碳排放占长三角地区碳排放比例的商①②。碳生态承载基尼系数呈减小趋势,由1995 年的 0.651,下降到 2013 年的 0.537,均大于 0.5,表明长三角地区碳生态承载处于"高度不平均"状态,该种不平均状态呈减弱趋势。由于近年来,长三角地区为高碳排放地区,碳汇能力不断增强,提高了碳吸收与碳排放之间的协同程度。

① 卢俊宇,黄贤金,戴靓,等.基于时空尺度的中国省级区域能源消费碳排放公平性分析[J].自然资源学报,2012(12):2006-2017.
② 赵荣钦,张帅,黄贤金,等.中原经济区县域碳收支空间分异及碳平衡分区[J].地理学报,2014(10):1425-1437.

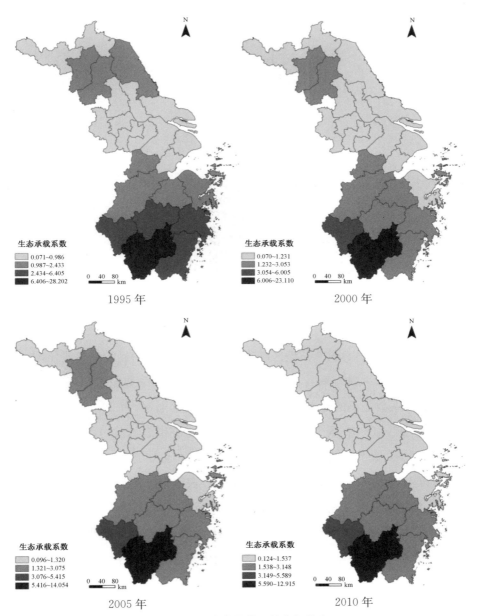

生态承载系数

0.071~0.986
0.987~2.433
2.434~6.405
6.406~28.202

0　40　80
km

1995 年

生态承载系数

0.070~1.231
1.232~3.053
3.054~6.005
6.006~23.110

0　40　80
km

2000 年

生态承载系数

0.096~1.320
1.321~3.075
3.076~5.415
5.416~14.054

0　40　80
km

2005 年

生态承载系数

0.124~1.537
1.538~3.148
3.149~5.589
5.590~12.915

0　40　80
km

2010 年

图 16 - 3　生态承载系数空间分布

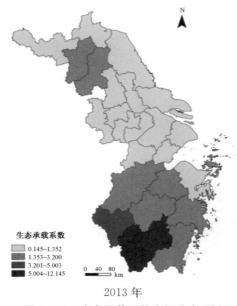

2013 年

图 16-3　生态承载系数空间分布(续)

由图 16-3 可知,长三角地区碳生态承载系数存在明显的空间差异,上海和江苏的碳生态承载力系数较小,浙江的碳生态承载系数较大。1995 年,碳生态承载力系数最小的是上海,为 0.071,最大的是丽水,为 28.202,最大值是最小值的 397.211 倍,碳生态承载力差异较大。碳生态承载力系数较小地区主要包括上海、嘉兴、无锡、南通、南京、苏州、常州、泰州、镇江、扬州、徐州和连云港。以上地区的碳生态承载力系数小于 1,表明以上地区碳生态承载力相对较低,碳排放对长三角地区的贡献,大于碳吸收的贡献。碳生态承载力系数较大地区主要分布在浙江中南部,包括丽水、衢州、金华、温州和台州。与1995 年相比,2000、2005、2010 和 2013 年碳生态承载力较小值分布区域呈扩张趋势,较大值分布区域呈缩小趋势,总体空间格局变化不大。

第二节　长三角地区城镇化与碳排放效率关系分析

为进一步分析碳排放效率与相邻市城镇化水平之间的局部空间关系,本节将计算碳排放效率与城镇化水平的双变量局部 Moran's I 值,在5%显著性水平下开展长三角地区城镇化与碳排放效率关系分析。

一、城镇化水平与碳排放效率的相关性分析

为分析碳排放效率与相邻市城镇化水平之间的局部空间关系,计算碳排放效率与城镇化水平的双变量局部 Moran's I 值,在5%显著性水平下,绘制碳排放效率与城镇化水平的双变量 Moran's I 集聚图(图 16-4),主要包括 LL、LH、HL、HH 四种类型:LL 类型表示本市碳排放效率低于平均碳排放效率,相邻市城镇化水平低于平均城镇化水平;LH 类型表示本市碳排放效率低于平均碳排放效率,相邻市城镇化水平高于平均城镇化水平;HL 类型表示本市碳排放效率高于平均碳排放效率,相邻市城镇化水平低于平均城镇化水平;HH 类型表示本市碳排放效率高于平均碳排放效率,相邻市城镇化效率水平高于平均城镇化水平。

1995 年,LL 类型的仅有丽水,LH 类型包括泰州、南京和湖州,HL 类型的包括徐州、台州和温州,HH 类型的包括镇江、常州、苏州、嘉兴和南通。2000 年,LL 类型的市数明显增加,且主要分布在浙江,主要包括杭州、金华、丽水、台州和温州;LH 类型的包括嘉兴、泰州和南京;没有 HL 类型的市;HH 类型的市数减少,包括镇江、常州、苏州和南通。嘉兴由 1995 年的 HH 类型变为 LH 类型,由于其碳排放效率的提高速度较其他市慢。

2005 年,LL 类型的包括金华、丽水、台州和温州,杭州摆脱了 LL 类型,由于杭州碳排放效率明显提高,由 2000 年的 0.692 增加到 2005 年的 0.886;LH 类型的包括常州、南通和嘉兴;不存在 HL 类型和 HH 类型的市。

2010 年,LL 类型的主要分布在江苏,包括连云港和淮安,与 2005 年相比,

由原来位于浙江南部转移到了江苏的北部,由于江苏的碳排放效率 2006 年后呈下降趋势,而浙江的碳排放效率一直增加,2007 年时浙江的碳排放效率超过江苏;LH 类型的仅有嘉兴;HH 类型的仅有湖州;不存在 HL 类型的市。

2013 年,与 2010 年相比,LL 类型的市数量减少,仅有淮安;LH 类型的市数增加,主要包括常州、南通和嘉兴;HH 类型的仅有湖州;不存在 HL 类型的市。

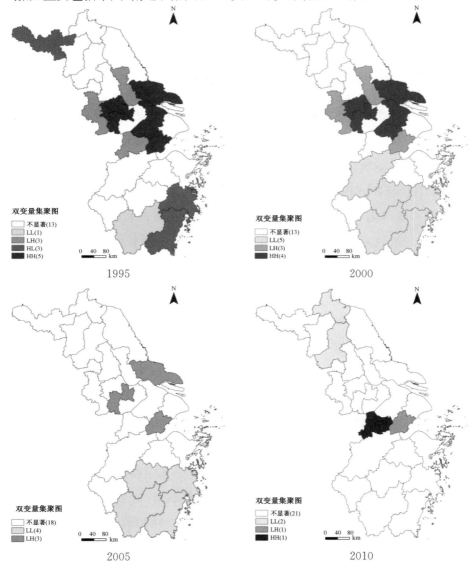

图 16 - 4 1995—2013 年碳排放效率与城镇化的双变量集聚图

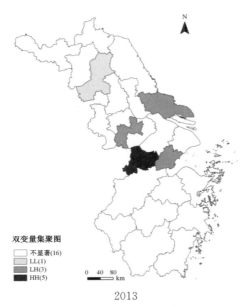

2013

图 16 - 4 1995—2013 年碳排放效率与城镇化的双变量集聚图(续)

HH 类型形成的原因是高碳排放效率市对其相邻市具有正向的辐射带动作用,同时,相邻市城镇化水平较高,而城镇化水平较高地区,经济相对发达,具有较多的就业机会,能够吸引高素质人才和先进的技术,具有先进的管理水平,有助于提高碳排放效率,进而形成碳排放高效率中心。HH 类型地区应该充分发挥其辐射带动作用,将先进的低碳技术向其他区域推广,帮助低碳技术相对落后地区提高低碳技术水平,提高其碳排放效率。

LH 类型形成的原因是相邻市具有相对较高的城镇化水平,具有相对较强的竞争力,可能与本市形成了明显的竞争关系,而城镇化水平相对较低地区,由于在资金、技术和人才等方面都不具有优势,很难在竞争中获胜,"马太效应"越来越明显,而一些优质资源、劳动力和技术可能被高城镇化水平地区吸引,本市由于缺少资金、劳动力和技术等方面的支持,碳排放效率很难得到提高。因此,LH 类型地区应该发挥自身优势,加强与相邻市合作,尽量减弱高城镇化市的"极化效应",将其逐渐转换为"涓滴效应",带动低碳排放效率市共同发展。

HL 类型的市碳排放效率较高,其可能具有相对先进的低碳技术,而相邻市的城镇化水平相对较低,对于资源、技术和人才的吸引力有限,因此,本市可能具有一定的比较优势,能够整合其优势资源,充分发挥其核心作用,该种类型的市应将其先进的技术向低城镇化水平的相邻市推广,充分发挥其"增长极"作用。

LL 类型市的碳排放效率较低,相邻市的城镇化水平较低,缺少资金和先进低碳技术的支持,碳排放效率也会较低,形成了碳排放低效率中心,本市与相邻市均缺少资金和技术支持,因此,LL 类型的市很难摆脱低碳排放效率。该类型市可通过周围大环境的改变,通过"渗透作用",慢慢发展起来。要实现碳排放效率的跨越式发展,必须积极主动引入先进的低碳技术。

二、城镇化水平与碳排放效率的动态演进

为了较为详细地分析长三角地区碳排放效率与城镇化水平的动态演进特征,使用核密度研究它们的动态分布特征,选择常用的 Epanechnikov 函数,选取 1995 年、2000 年、2005 年、2010 年和 2013 年 5 个时间截面数据,绘制核密度图(图 16-5,图 16-6)。由图 16-5 可知,从密度分布曲线的平移情况可看到,碳排放效率的密度分布曲线呈明显的向右平移,表明长三角地区各市的碳排放效率呈升高趋势。从密度分布曲线的峰度变化来看,1995—2013 年,长三角地区各市碳排放效率呈现由"宽峰型"发展为"尖峰型",且变化较为明显,说明各市碳排放效率趋同,进一步验证了碳排放效率的 β 收敛分析的结果。从曲线的形状来看,1995—2013 年,长三角地区碳排放效率呈双峰趋同,表明一部分市的碳排放效率集聚在较高水平,另一部分市的碳排放效率集聚在较低水平。2010 年碳排放效率表现出明显的"双峰"分布,第一波峰碳排放效率集中分布在 0.8 左右,而第二波峰的碳排放效率集中在 0.95 以上,这种双峰模式意味着长三角地区的碳排放效率存在不均衡现象。

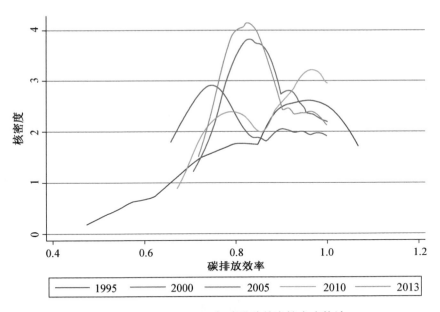

图 16‑5　1995—2013 年碳排放效率核密度估计

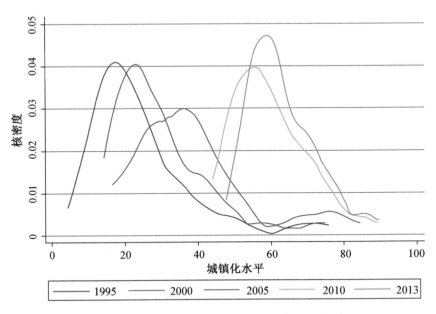

图 16‑6　1995—2013 年城镇化水平核密度估计

图 16-6 表示 1995—2013 年城镇化水平核密度估计,由密度分布曲线的平移情况可知,城镇化水平的密度分布曲线呈明显的向右平移,表明长三角地区各市的城镇化水平总体上不断提高。2005 和 2010 年向右移动的幅度较大,表明 2005 和 2010 年城镇化水平提高较快。城镇化水平总体上呈"右偏",说明存在少数的城镇化水平相对较高的市,从密度分布曲线的峰度变化可看出,在 1995—2013 年,长三角地区各市碳排放效率由"宽峰型"发展为"尖峰型",且变化较为明显,说明各市城镇化水平有逐渐向高水平趋同的趋势;1995—2005 年,波高下降,波宽增加,峰值右移,表明各市的城镇化水平总体上不断提高,各市差距增大;2005—2013 年,波高升高,波宽变窄,峰值右移,表明各市的城镇化水平总体上不断提高,各市差距缩小。

三、城镇化水平与碳排放效率的脱钩分析

Tapio 模型是一种常用的脱钩模型,其对基期时间要求较低,不易受量纲的影响,能够较好地表现长三角地区不同年份的脱钩状态。因此,采用 Tapio 模型分析长三角地区碳排放效率与城镇化发展之间的脱钩关系,其表达式如下:

$$E_t = \frac{\Delta CE_t}{\Delta UR_t} \qquad\qquad (16-11)$$

式中,E_t 为 t 时期碳排放效率对城镇化发展的脱钩弹性系数,ΔCE_t 和 ΔUR_t 分别为 t 时期碳排放效率变化率和城镇化变化率。

依据脱钩弹性系数的特征,脱钩状态可分为 8 类[1],见表 16-5。

---

① 王仲瑀. 京津冀地区能源消费、碳排放与经济增长关系实证研究[J]. 工业技术经济,2017,36(1):82-92.

表 16 - 5　城镇化与碳排放效率脱钩状态判断标准

脱钩状态	负脱钩			脱钩			连结	
	强负脱钩	弱负脱钩	扩张负脱钩	强脱钩	弱脱钩	衰退脱钩	增长连结	衰退连结
ΔCE	>0	<0	>0	<0	>0	<0	>0	<0
ΔUR	<0	<0	>0	>0	>0	<0	>0	<0
E_t	<0	$0<E_t<0.8$	$E_t>1.2$	<0	$0<E_t<0.8$	$E_t>1.2$	$0.8<E_t<1.2$	$0.8<E_t<1.2$

在 1996—2013 年中,8 年呈现强脱钩,5 年呈现弱脱钩,3 年呈现扩张负脱钩,2 年呈现增长连结。其中强脱钩与弱脱钩占了总年数的 72%,在发展过程中,主要呈现的是城镇化与碳排放效率之间的强脱钩与弱脱钩的反复。由于长三角地区城镇化水平不断提高,而碳排放效率可能受到一些国际事件和国内事件的影响,出现一些下降趋势,如 1998 年受到亚洲金融危机的影响,长三角地区的碳排放效率呈现一定程度的下降,城镇化与碳排放效率呈现强脱钩;2003 年非典的暴发,对长三角地区的社会经济造成了较大影响,碳排放效率下降幅度较大,城镇化与碳排放效率呈现强脱钩。弱脱钩说明碳排效率增长速度小于城镇化增长速度。扩张负脱钩表明城镇化增长速度小于碳排放效率提高速度。弱脱钩、增长连结和扩张负脱钩均表明碳排放效率提高,同时城镇化水平提高,占所有年份的 56%,因此,城镇化水平与碳排放效率同向提高的可能性较大。

第三节　长江经济带长三角地区碳排放配额分配研究

在经济—环境系统中,碳排放是非期望产出。在评价环境效率的 DEA 模型中,处理非期望产出有多种方法,可将非期望产出作为投入,该处理方法意味着非期望产出越小,期望产出越大,效率越高,符合 DEA 模型的设计思路。进而开展长江经济带长三角地区碳排放配额分配研究。

一、模型构建

在经济—环境系统中，碳排放是非期望产出。在评价环境效率的 DEA 模型中，处理非期望产出有多种方法，将非期望产出作为投入，是常用的处理方法[①]，该处理方法意味着非期望产出越小，期望产出越大，效率越高，符合 DEA 模型的设计思路。

1. 指标选择

参照已有研究成果[②③]，使用二氧化碳作为唯一的投入项，使用国内生产总值（GDP）、人口和能源消费为产出变量。其中，GDP 作为期望产出的含义较为明确，即相同的二氧化碳排放的前提下，GDP 越高，GDP 的效率越高。人口作为期望产出的含义为在二氧化碳排放相同的前提下，该地区的人口越多，表明碳排放效率越高。在相同的能源消耗的前提下，碳排放水平越低，碳排放效率越高。由于各市在投入产出与效率上存在明显的区域差异，因此，选择可变规模收益（variable return to scale，VRS）的模型。

2. 情景设置

由于本研究分析"十三五"时期长三角地区各市的碳排放分配问题，要用到"十三五"时期的相应变量，因此，首先，要对相应的变量进行情景设置，预测各投入产出变量。其中，GDP 转换成 2000 年不变价，参照"十三五"规划，将"十三五"规划目标设置为经济增长中速，即与情景设置中的基准情景相对应，而经济增长速度中的低速和高速，分别对应情景设置中的低碳情景和高碳情景，根据情景设置参数计算"十三五"时期的 GDP。参照上海市、江苏省和浙江省的人口发展"十三五"规划，设置人口发展情景，假设在低碳情

---

① 郑立群. 中国各省区碳减排责任分摊——基于零和收益 DEA 模型的研究[J]. 资源科学，2012,34(11):2087 - 2096.

② Gomes E G, Lins M P E. Modelling undesirable outputs with zero sum gains data envelopment analysis models[J]. Journal of the Operational Research Society, 2008, 59(5): 616 - 623.

③ Zeng S, Xu Y, Wang L, et al. Forecasting the Allocative Efficiency of Carbon Emission Allowance Financial Assets in China at the Provincial Level in 2020[J]. Energies, 2016, 9(5): 329.

景、基准情景和高碳情景下，人口发展状况相同。2010年各市能源消费数据利用DMSP/OLS夜间灯光数据模拟反演获得，"十三五"时期的能源消费数据，通过设置国内生产总值的增长速度和能源消耗降低速度的参数，经计算获得。

依据长三角地区"十二五"时期各市碳排放强度，参照"十三五"时期国内生产总值与碳排放强度降低的目标参数，计算碳排放量。通过整理和计算获得长三角地区"十三五"时期各市的投入与产出变量的预测值，分别设置上海、江苏和浙江内各市的国内生产总值增长速度，并将其分为三种情景，分别为低碳情景、基准情景和高碳情景，与规划目标相同的设定为基准情景，比规划速度低0.005的为低碳情景，比规划速度高0.005的为高碳情景。

2015年上海市常住人口数2 415.27万，"十三五"期间，要响应国家号召，严格控制人口规模，到2020年常住人口控制在2 500万，经计算常住人口年均自然增长率应控制在6.9‰以内；全面"二胎"政策的实施，会增加生育率和人口数量，为有效治理江苏省人口发展问题，保障人的发展权益，全面提升人力资本水平，协调人口资源环境与经济社会发展，应适度控制人口发展速度，江苏省人口发展"十三五"规划中，将人口自然增长率控制在5‰；人口问题与社会经济发展密切相关，在人口逐渐增加和经济发展新常态的情景下，浙江省人口发展"十三五"规划中预计浙江省常住人口的自然增长率为7.2‰左右。

参照《"十二五"控制温室气体排放工作方案》和《"十三五"控制温室气体排放工作方案》中规定的单位国内生产总值能源消耗目标，设置长三角地区各市的单位国内生产总值能源消耗降低速度，由于在"十二五"和"十三五"期间，上海、江苏和浙江分配到的降低速度相同，因此，假设长三角地区各市的单位国内生产总值能源消耗具有相同的降低速度，分别计算长三角各市的5年累计降低速度和年均降低速度。具体情景设置如下表：

表 16 - 6　不同情景下的单位国内生产总值能源消耗降低速度

年份	低碳情景		基准情景		高碳情景	
	累积降低	年均降低	累积降低	年均降低	累积降低	年均降低
2010—2015	−0.190	−0.041	−0.180	−0.039	−0.170	−0.037
2015—2020	−0.180	−0.039	−0.170	−0.037	−0.160	−0.034

依据《"十二五"控制温室气体排放工作方案》和《"十三五"控制温室气体排放工作方案》规定的碳排放强度目标,设置长三角地区各市的碳排放强度年均降低速度。由于在"十二五"和"十三五"期间,上海、江苏和浙江分配到的下降任务相同,因此,假设长三角地区各省市所辖市碳排放强度的下降目标相同,分别计算得到基准情景、低碳情景和高碳情景下长三角各市的 5 年累积降低碳排放强度和年均降低速度,具体的情景设置如表 16 - 7。

表 16 - 7　不同情景下的碳排放强度降低速度

年份	低碳情景		基准情景		高碳情景	
	累积降低	年均降低	累积降低	年均降低	累积降低	年均降低
2010—2015	−0.200	−0.044	−0.190	−0.041	−0.180	−0.039
2015—2020	−0.215	−0.047	−0.205	−0.045	−0.195	−0.042

根据以上情景设置可计算出 2020 年长三角各市的投入产出变量的值,在基准情景、低碳情景和高碳情景下,各变量的统计性描述特征如表 16 - 8、表 16 - 9 和表 16 - 10 所示。

表 16 - 8　基准情景下 2020 年投入产出变量统计性描述

变量	单位	最小值	最大值	均值	标准差	研究单元数
碳排放量	万吨	746.043	25 533.406	6 145.608	4 861.171	25
人口	万人	119.407	2 499.755	656.750	457.626	25
能源消费量	万吨	392.407	14 926.442	3 235.990	2 797.009	25
GDP（2000 年不变价）	亿元	955.456	25 799.311	5 853.809	5 179.061	25

表 16-9　低碳情景下 2020 年投入产出变量统计性描述

变量	单位	最小值	最大值	均值	标准差	研究单元数
碳排放量	万吨	727.564	24 900.969	5 993.388	4 740.765	25
人口	万人	119.407	2 499.755	656.750	457.626	25
能源消费量	万吨	384.325	14 619.008	3 169.339	2 739.401	25
GDP (2000 年不变价)	亿元	955.456	25 799.311	5 853.809	5 179.061	25

表 16-10　高碳情景下 2020 年投入产出变量统计性描述

变量	单位	最小值	最大值	均值	标准差	研究单元数
碳排放量	万吨	782.875	26 793.978	6 448.260	5 100.938	25
人口	万人	119.407	2 499.755	656.750	457.626	25
能源消费量	万吨	412.265	15 681.797	3 399.364	2 938.466	25
GDP (2000 年不变价)	亿元	978.096	26 410.642	5 991.865	5 301.562	25

二、碳排放初始配额分配及优化分配研究

1. 碳排放初始配额分配研究

借鉴 Gomes[1] 和 Zeng[2] 的研究成果,使用二氧化碳作为唯一的投入项,使用国内生产总值(GDP)、人口和能源消费为产出变量。计算结果如表 16-11 所示。

在基准情景下,2020 年碳排放占长三角地区比重在 5% 以上的有 3 个市,即 2020 年碳排放相对较高地区,其中,最大的是上海,为 25 533.406 万吨,占长三角地区碳排放总量的 16.619%;其次为苏州和无锡,分别为 14 731.912 万吨和 7 756.508 万吨,占长三角地区碳排放总量的 9.589% 和 5.048%;而舟山、衢州和

①　Gomes E G, Lins M P E, Modelling undesirable outputs with zero sum gains data envelopment analysis models[J]. Journal of the Operational Research Society, 2008, 59(5): 616-623.

②　Zeng S, Xu Y, Wang L, et al. Forecasting the Allocative Efficiency of Carbon Emission Allowance Financial Assets in China at the Provincial Level in 2020[J]. Energies, 2016, 9(5): 329.

丽水等3个市的碳排放量偏低，仅占长三角地区碳排放总量的2%以下，其中，舟山最低，仅746.043万吨，占长三角地区碳排放总量的0.486%。

表16-11 基准情景下2020年长三角地区各市碳排放配额分配及效率

地区	碳排放预测值（万吨）	初始DEA效率	ZSG-DEA效率值			最终碳排放配额（万吨）	碳减排量（万吨）
			初始值	第一次迭代	第二次迭代		
上海	25 533.406	1.000	1.000	1.000	1.000	27 253.456	−1 720.050
南京	7 448.163	0.952	0.955	0.997	1.000	7 571.842	−123.679
无锡	7 756.508	0.985	0.986	1.000	0.999	8 162.068	−405.560
徐州	6 596.259	0.911	0.914	0.995	1.000	6 413.824	182.436
常州	5 685.692	0.881	0.885	0.993	1.000	5 349.462	336.230
苏州	14 731.912	0.882	0.892	0.994	1.000	13 872.387	859.525
南通	7 428.031	0.886	0.890	0.993	1.000	7 021.324	406.707
连云港	4 292.257	0.894	0.896	0.993	1.000	4 094.059	198.198
淮安	4 066.902	0.906	0.908	1.000	0.994	3 954.263	112.638
盐城	6 367.776	0.898	0.902	0.994	1.000	6 102.091	265.685
扬州	5 194.463	0.883	0.886	0.993	1.000	4 894.366	300.097
镇江	4 502.520	0.885	0.888	0.993	1.000	4 253.317	249.203
泰州	4 959.043	0.885	0.890	0.992	1.000	4 686.058	272.985
宿迁	3 546.044	0.920	0.922	0.995	1.000	3481.472	64.572
杭州	7 483.475	1.000	1.000	1.000	1.000	7 987.464	−503.989
宁波	7 314.794	0.950	0.952	0.997	1.000	7 417.657	−102.863
温州	4 376.547	1.000	1.000	1.000	1.000	4 671.371	−294.825
嘉兴	5 152.753	0.912	0.915	0.995	1.000	5 015.728	137.024
湖州	3 648.804	0.918	0.920	0.995	1.000	3 575.699	73.106
绍兴	4 595.667	0.968	0.969	0.998	1.000	4 749.595	−153.928
金华	4 790.703	0.928	0.930	0.996	1.000	4 744.886	45.816
衢州	1 600.941	0.958	0.958	0.999	1.000	1 638.576	−37.635
舟山	746.043	1.000	1.000	1.000	1.000	796.300	−50.257
台州	4 160.531	0.954	0.955	0.997	1.000	4 237.499	−76.968
丽水	1 660.972	0.954	0.954	1.000	0.998	1 695.439	−34.468

注：碳减排量是各市碳排放预测值和最终碳排放配额之差。若为负，表示该地区可增加碳排放量。

2. 碳排放配额分配公平性分析

为了分析碳排放配额分配的公平性,构建碳排放配额公平性评价模型,使用基尼系数测算评价碳排放配额分配的公平程度,按照国际惯例,基尼系数小于 0.2 为碳排放配额分配"绝对公平";0.2~0.3 为"相对公平";0.3~0.4 表示"基本公平";0.4~0.5 表示"不公平";大于 0.5 表示"绝对不公平"。一般将 0.4 作为分配公平的"警戒线"[①]。

（1）总碳排放配额公平性分析

基准情景下,初始碳排放配额的基尼系数为 0.331,经过碳排放优化分配后,最终碳排放配额的基尼系数为 0.340,由此可知,考虑效率优先原则,使各市碳排放效率均达到最优,调整各市碳排放配额后,公平性有所降低。优化调整前后的基尼系数均小于 0.4,表明碳排放配额分配在基本公平的范围内,因此,该优化分配方案基本兼顾了效率与公平。计算低碳情景和高碳情景下对应分配方案的基尼系数,与基准情景下相同,可见,三种发展情景下,碳排放配额分配的公平性相同。

（2）人均碳排放配额公平性分析

基准情景下,人均初始碳排放配额的基尼系数为 0.136,经过碳排放优化分配后,人均最终碳排放配额的基尼系数为 0.125,由此可知,考虑效率优先原则,使各市碳排放效率达到最优,调整各市人均碳排放配额后,公平性有所升高。优化调整前后的基尼系数均小于 0.2,表明人均碳排放配额绝对公平,因此,从人均碳排放配额的视角分析,该优化分配方案很好地兼顾了效率与公平。计算低碳情景和高碳情景下对应人均碳排放配额分配方案的基尼系数,与基准情景下相同,可见,三种发展情景下,人均碳排放配额分配的公平性相同。

---

① 卢俊宇,黄贤金,戴靓,等. 基于时空尺度的中国省级区域能源消费碳排放公平性分析[J]. 自然资源学报,2012(12):2006-2017.

第四节 碳排放优化分配研究及低碳发展路径

低碳经济是指在可持续发展理念指导下，通过技术创新、制度创新、产业转型、新能源开发等多种手段，尽可能地减少煤炭、石油等高碳能源消耗，减少温室气体排放，达到经济社会发展与生态环境保护双赢的一种经济发展形态。因此，本节着重是以碳排放优化分配研究为基础开展低碳发展路径的研究。

一、优化分配与行政分配碳排放强度差异

《"十三五"控制温室气体排放工作方案》规定的"十三五"期间上海、江苏和浙江的碳排放强度下降目标均为 20.5%，因此，假设长三角地区各市在"十三五"期间行政分配的碳排放强度下降目标均为 20.5%。比较"十三五"期末长三角地区各市优化分配后的碳排放强度与行政分配目标的差异，结果如表 16 - 12 所示。

表 16 - 12 基准情景下 2020 年与 2015 年长三角地区碳排放强度比较

地区	2015 年碳排放强度（t/万元）	优化分配后碳排放强度（t/万元）	相比 2015 年下降幅度（%）	与行政分配差异（%）
上海	1.245	1.030	17.267	−3.233
南京	1.044	0.823	21.200	0.700
无锡	0.983	0.801	18.509	−1.991
徐州	1.455	1.097	24.620	4.120
常州	1.371	1.000	27.072	6.572
苏州	1.359	0.992	27.010	6.510
南通	1.434	1.054	26.502	6.002
连云港	2.185	1.616	26.019	5.519
淮安	1.979	1.483	25.065	4.565
盐城	1.669	1.240	25.722	5.222

（续表）

地区	2015 年碳排放强度（t/万元）	优化分配后碳排放强度（t/万元）	相比 2015 年下降幅度（%）	与行政分配差异（%）
扬州	1.599	1.168	26.966	6.466
镇江	1.395	1.022	26.778	6.278
泰州	1.719	1.267	26.285	5.785
宿迁	2.526	1.930	23.567	3.067
杭州	0.962	0.796	17.266	−3.234
宁波	1.138	0.895	21.398	0.898
温州	1.043	0.863	17.267	−3.233
嘉兴	1.576	1.189	24.549	4.049
湖州	1.661	1.262	24.041	3.541
绍兴	1.067	0.855	19.891	−0.609
金华	1.522	1.169	23.229	2.729
衢州	1.585	1.256	20.758	0.258
舟山	0.982	0.813	17.267	−3.233
台州	1.166	0.921	21.001	0.501
丽水	1.962	1.548	21.105	0.605

二、低碳经济发展路径分析

低碳经济发展主要涉及经济发展和碳减排两个方面，由于长三角各市在经济发展基础、产业结构和能源结构等方面存在一定差异，将《"十三五"控制温室气体排放工作方案》中规定的 20.5% 碳排放强度下降目标平均分配到长三角地区各市，由表 16 - 12 可知，该种分配方式并没有实现碳排放、人口、GDP 和能源消耗的最优配置。因此，下文主要分析经优化配置后，长三角地区低碳经济发展路径，比较经优化分配后不同情景下的碳排放强度发现，基准情景下的碳排放强度下降最多，更符合碳排放强度目标的约束，为此，选择基准情景探索长三角地区低碳经济发展路径。

由于在"十三五"期间长三角地区碳排放强度下降目标为 20.5%，基准情景下长三角地区的人均 GDP 为 8.913 万元,因此,分别以人均 GDP 8.913 万元和碳排放强度下降 20.5% 为分界线,从"经济发展"和"碳减排"两个维度,将长三角地区各市分为 4 类,分别为高人均 GDP 高碳强度约束(HH)、高人均 GDP 低碳强度约束(HL)、低人均 GDP 低碳强度约束(LL)和低人均 GDP 高碳强度约束(LH),将其在 ArcGIS10.4 中进行可视化表达,得到图 16-7,各市应根据其发展现状及自身优势,进行积极调整,并向高人均 GDP 低碳强度约束(HL)类型靠拢,以实现经济平稳健康可持续发展。

由图 16-7 可知,HH 类型的市有 6 个,主要包括南京、镇江、常州、湖州、苏州和宁波,表明以上 6 市人均 GDP 高于 8.913 万元,碳排放强度需下降目标大于20.5%,即经济较为发达,碳减排压力较大。在其低碳发展中,应以降低碳排放强度为重点。南京和镇江虽然经济相对发达,但其重工业比重相对较高,消耗的能源较多,碳排放相对较高,碳减排压力较大,应该降低重工业比重。

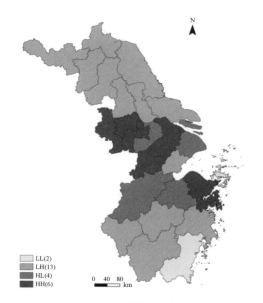

图 16-7 人均 GDP 与碳排放强度关系空间分布图

LL 类型的市有 2 个,主要包括舟山和温州,表明以上 2 市人均 GDP 低于8.913 万元,碳排放强度需下降目标小于 20.5%,即经济发展相对落后,碳减排压力较小。以上 2 市在保证低碳发展的同时,重点提升其人均 GDP 水平。舟山有丰富的海洋资源,旅游业相对发达,经济的发展对能源的依赖相对较低,碳排放量较低,碳减排压力较小。温州作为中国低碳试点城市,通过传统低碳产业转型、培育新兴低碳产业和发展现代服务业等方式,形成了较为完备的低碳产业体系。

　　LH 类型的市有 13 个,主要分布在苏中、苏北及浙西南地区,包括徐州、连云港、宿迁、淮安、盐城、扬州、泰州、南通、嘉兴、衢州、金华、台州和丽水,表明以上 13 市人均 GDP 低于 8.913 万元,碳排放强度需下降目标大于 20.5%,即经济发展相对落后,碳减排压力较大。其中,扬州、南通、嘉兴和泰州的人均 GDP 水平较接近于长三角地区的人均 GDP,而碳减排压力较大,以上地区应优先发展当地的经济,提高人均 GDP,向 HH 类型靠拢,然后,再考虑降低碳排放强度。台州、衢州和丽水碳减排压力接近于长三角的行政分配目标,但人均 GDP 则距长三角地区平均人均 GDP 水平较远,该类地区应该注重挖掘潜力,降低碳排放强度,先向 LL 类型靠近。宿迁、淮安、连云港、徐州、盐城和金华在低碳发展过程中应同时考虑发展经济和降低碳排放强度。

　　HL 类型的市有 4 个,主要包括上海、杭州、绍兴和无锡,表明以上 4 市的人均 GDP 高于 8.913 万元,碳排放强度需下降目标小于 20.5%,即经济较为发达,碳减排压力较小,基本实现了低碳发展的模式。上海应优化调整产业结构,积极发展以金融服务业为主的第三产业,增加高附加值产业比重,同时,增加风电和水电等清洁能源比重,改变能源结构,提高能源效率,进一步降低碳排放强度,以上地区低碳发展的经验,可供长三角其他市学习和借鉴。

第十七章 / 长江经济带产业空间转型升级与生态空间优化

　　长江经济带是我国三大国家发展战略之一,是我国的经济中心和活力所在。我国40％以上的人口集聚于此,40％以上的地区生产总值由该区域九省二市创造。长江经济带的建设担负着进一步开发长江黄金水道,加快推动长江经济带发展,形成生态文明建设先行示范带的重任。"全国第三次生态状况变化遥感调查评估"揭示长江自然岸线保有率仅为44.0％,自然滩地长度保有率仅为19.4％,长江岸线利用率为26.1％,造船厂、船舶修理厂占用长江岸线131 km,化工企业占用长江岸线148 km。长期以来长江沿岸重化工业高密度布局,是我国重化工产业的集聚区,企业沿江产业发展惯性较大,对增加地方政府财政收入起到了重要的作用。基于此,项目选取长江干流沿线26个评价单元,分析其水资源利用与水环境时空演变特征,进而测算各地级市水资源承载力;基于承载力评价结果结合长江经济带以及沿线化工企业时空演变格局提出长江干流化工产业优化布局调整的对策建议。

第一节　长江经济带工业产业转型升级与国际治理经验

　　化学工业在全球各国国民经济中占有重要地位,是众多国家的基础产业和支柱产业[①]。但是化学工业也是公认的资源消耗和污染"大户",其门类众多、工艺繁杂、产品多样导致生产中排放的污染物种类多、数量大、毒性高,同时在加工、贮存、使用和废弃物处理等环节都有可能产生大量有毒物质而影响自然生态环境、危及人类福祉[②]。促进并实现化工产业可持续发展对经济、社会发展具有重要的现实意义。本节着重以长江经济带为研究区域开展工业产业转型升级与治理经验研究。

一、化工行业与水资源、水环境关联分析

　　化工污染,又以水污染为主要特征。为定量分析化工行业与水环境的关联关系,以《中国环境统计年鉴(2018)》中的各行业工业废水排放及处理情况为基础,统计石油加工、炼焦和核燃料加工,化学原料和化学制品制造业,化学纤维制造业 3 类主要化工产业的废水、氨氮、化学需氧量的排放情况。经统计,2017 年上述化工行业废水排放量为 379 013 万吨,占全行业废水排放量的 20.87%;其中,仅化学原料和化学制品制造业废水排放量就高达 256 428 万吨,占全行业废水排放量的 14.12%,位居全行业废水排放量首位。化学需氧量排放方面,2017 年上述 3 类化工行业化学需氧量排放 578 019 吨,占全行业化学需氧量排放比重的 22.62%;其中,仅化学原料和化学制品制造业化学需氧量排放达 346 296 吨,占全行业化学需氧量排放比重的 13.55%,排全行业第 2 位,仅次于农副食品加工业。氨氮排放量上,2017 年上述 3 类化工行业

---

　　①　刘鹤,刘毅. 石化产业空间组织研究进展与展望[J]. 地理科学进展,2011,30(2):157-163.
　　②　刘玮. 中国工业节能减排效率研究[D]. 武汉:武汉大学,2010.

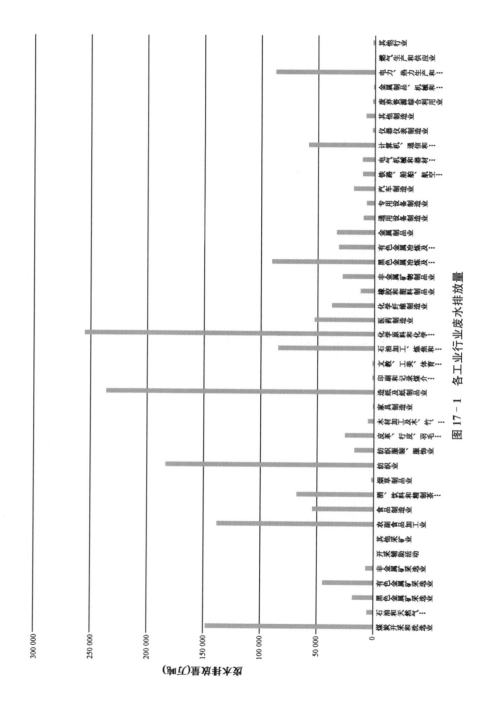

图17-1 各工业行业废水排放量

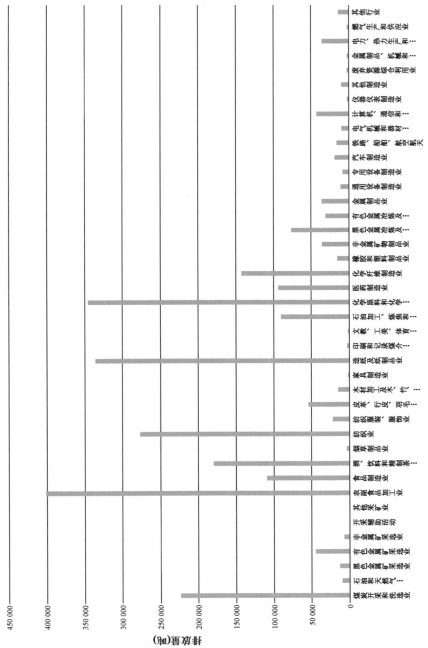

图 17 - 2　各工业行业化学需氧量排放量

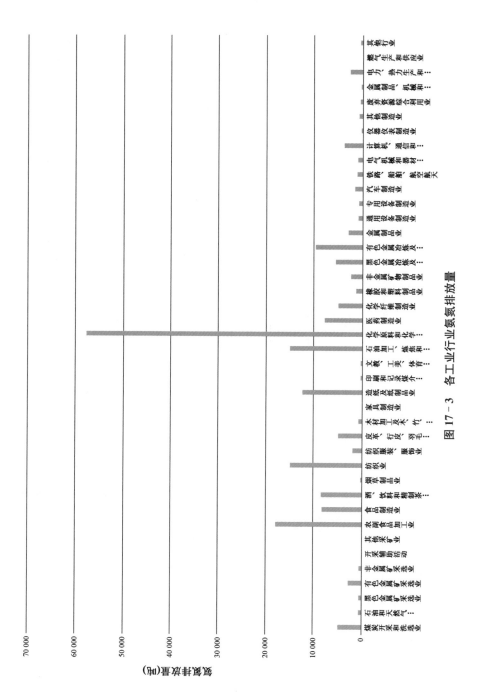

图 17 - 3 各工业行业氨氮排放量

氨氮排放量为77 353吨,占全工业行业化学需氧量排放比重的39.40%;其中,仅化学原料和化学制造业氨氮排放量高达57 594吨,占全行业氨氮排放量的29.34%,排名全行业第一,远高于其他行业。此外,通过《重点行业用水效率指南(2013)》判断化工行业与水资源的关联关系,2010年,石化和化工取水量为72.75亿 m³,石油炼制、合成氨、硫酸等行业取水量占比较高[①]。

由于不同类型化工行业单位产品取水量差异较大,故不讨论化工行业的用水效率问题。可以看出,从废水排放量、氨氮排放量、化学需氧排放量,以及用水总量来看,化工行业是水污染大户,也是用水大户,对地区水资源与水环境保护影响重大,两者存在高度的关联性。长江干流作为化工行业高度集聚分布的地带,化工行业与水资源、水环境关联关系将更为密切,因此,通过评价地区水资源与水环境承载力,揭示水资源供给与水环境容量对优化化工行业布局具有重要意义,同时,化工行业布局的优化调整将在很大程度上提升长江干流水资源与水环境的保护绩效。

现阶段我国化工产业已形成规模较大、门类齐全、配套完善的化学工业体系,全行业产值占全国工业总产值的11.9%,位居全国36个工业部门之首。近十年来化学工业产值以年均18%的速度增长,对促进国家经济发展具有重要作用。2010年我国化学工业产值超越美国,位居世界第一,2016年化工园区20强中60%均分布在长江经济带。在各工业部门中,化工产业废水量居第1位、废气居第3位、废渣居第4位;同时,化工企业事故频发,对生态环境及人类健康造成严重威胁。长江经济带废水排放总量占全国40%以上,单位面积化学需氧量、氨氮、二氧化硫、氮氧化物、挥发性有机物排放强度是全国平均水平的1.5~2.0倍,污染排放总量大、强度高[②]。化工产业耗水量大、污染排放量大,对长江经济带水资源、水环境影响较大,分析长江经济带化工企业现状分布并揭示其与水资源、水环境及承载力这一综合指标的关系,对长江经济带生态环境保护及指导化工企业优化布局具有重要意义。本章化工企业主

① 石化等行业用水有了效率指南[J].化工时刊,2013,27(10):5.
② 李干杰.坚持走生态优先、绿色发展之路　扎实推进长江经济带生态环境保护工作[J].环境保护,2016,44(11):7-13.

要指化学原料和化学制品制造业、化学纤维制造业,以及石油加工、炼焦和核燃料加工业等耗水量相对较高、污染相对严重的企业,结合 1998—2013 年中国工业企业数据库资料分析其发展历程与污染物排放状况。

首先,通过对国际著名流域工业综合治理典型案例的梳理和分析,探寻其对中国流域综合治理,特别是长江经济带综合治理中有关化工产业布局优化调整的经验与启示。其次,分析长江经济带化工产业时空格局演变特征,重点摸清长江干流沿线化工产业空间分布情况,尤其是长江干流相应缓冲区范围内的化工产业布局数量与产值。再者,分析长江经济带化工行业发展与区域水环境的空间耦合关系。最后,基于资源环境承载力评价结果,并结合现有化工产业布局、主体功能区规划、水资源综合规划、生态功能区划,提出长江经济带化工产业布局的优化调整对策。

二、国际著名流域工业综合治理经验与启示

工业革命以来,人类的发展史既是一部资源消耗与环境污染的历史,也是资源保护与环境治理的历史。20 世纪的"八大公害事件"引起了人们对环境保护的关注,促使人类对发展与保护之间的关系进行深刻反思。由于工厂、居住地倾向于沿河流布局,生产废水、生活污水向河流倾倒,流域水污染问题突出,如 20 世纪的日本水俣病事件、骨痛病事件、莱茵河污染事件等。流域水污染,作为环境污染的重要部分,由于其系统性、跨界性、综合性、政治性等特征,治理方式与实践难度较大。围绕国际著名流域综合治理典型案例,分析污染特征与治理方式,为我国长江经济带流域综合治理提供借鉴与启示。

德国莱茵河流域走的是"先污染,后治理"的路径。1850 年以来,由于独特的区位优势,莱茵河沿岸人口不断增长,工业化进程逐渐加速。第二次世界大战后,工业化进程速度进一步提升,流域内工业密集,主要以化学工业和冶金工业为主。20 世纪 80 年代,上下游化工企业密集,工业、农业、城镇居民生活污水均直接排入河道,破坏了河流生态系统环境,十余种动植物绝迹。经历了 100 多年的工业化进程后,莱茵河流域环境污染、生态退化等问题日益严

重,主要表现在以下 6 个方面:水土污染严重、生态环境退化以及生物多样性降低、洪水频发、经济损失加剧、土地无序开发、次生灾害显著①。在日益严峻的形势下先后采取了一系列措施,如兴建污水处理厂、实施严格的排污标准和环保法案、加大环保执法力度、实施多样化恢复工程等,同时积极开展流域保护与治理合作,取得了较好的成果,生态环境明显改善,工业实现绿色发展。但发源地阿尔卑斯山麓的冰川萎缩给流域保护带来了一定挑战②。

莱茵河流域综合治理措施与做法主要包括③:(1)建立流域跨国合作机制;(2)树立一体化系统生态修复理念;(3)推进流域基础地质、环境地质与生境调查;(4)分阶段编制并联合实施流域治理规划;(5)建立量化指标体系和各种生态修复模式;(6)建立完善的监测预警体系;(7)建立流域信息互通平台。

对我国的启示如下:一是建立全流域跨部门的综合管理机构;二是制订流域总体目标和行动计划;三是以流域为单元开展自然资源与生态环境调查评价;四是协调流域内各方利益,建立生态补偿机制;五是建立全流域统一的监测体系;六是加强河流生态保护与修复;七是从源头治理污染,提升水质;八是积极鼓励企业和公众参与;九是建立高效的跨行政区全流域协调机制;十是研究制订流域综合规划与治理行动方案。

对长江经济带流域生态环境治理与化工企业布局的启示:

对照莱茵河发展与治理实践,长江经济带建设与发展应在保护流域生态安全的目标下,统筹协调人口集聚、产业布局及发展与生态环境保护的关系,通过财政补贴等措施促进产业实现绿色发展,支持沿江/重点城市环保基础设施(如污水治理厂)适度超前发展以应对日益增长的环境压力。明确并控制各行政单位污染物排放总量,建立流域排污权交易制度,激发微观主体的积极性。加强政府监管职责,尤其是针对重点排污企业。实时监测流域水质变化,将流域生态环境保护与治理作为硬性指标纳入地方政府绩效考核体系。甄别

---

①③ 郑人瑞.莱茵河流域综合治理经验与启示[N].中国矿业报,2018-06-20(001).

② 叶振宇,汪芳.德国莱茵河经济带的发展经验与启示[J].中国国情国力,2016(06):65-67.

全球气候变化对流域发源地生态环境的影响及其连锁效应,建立积极有效的应对措施[①]。

德国莱茵河流域经济带曾布局着一批化工、制药和冶金等行业企业,同时,装载着危险品的船舶常年穿行于莱茵河流域,致使流域生态安全时刻受到威胁。我国长江流域也存在同样的问题,有些问题甚至更为突出。为此,在长江流域生态环境目前的容量下,建议统筹考虑长江流域化工、制药和石化等重点行业布局,实地核查已建项目布局的合理性,对在建化工类项目布局进行必要的调整,确保项目选址符合行业布局规划要求。同时,重新评估我国长江流域城市饮用水源安全形势,加强饮用水源水质跟踪,建立城市水源安全应急机制,提高地方政府处置城市水源污染的突发应急能力。

第二节 长江经济带工业产业发展现状与空间优化布局

本节主要是分析 1998—2013 年长江经济带化工产业时间变化过程、空间变化格局,揭示长江经济带化工产业布局演化规律,为优化与调整化工产业布局提供科学基础和有益借鉴。

一、长江经济带化工产业空间布局特征

化工行业数据均来源于国家统计局发布的《中国工业企业数据库(1998—2013)》,由样本企业提交给当地统计局的季报和年报汇总,样本包含全国国有工业企业及规模以上非国有工业企业,统计单位为企业法人[②③]。注意到,"规模以上"要求企业每年主营业务收入(即销售额)在 500 万元以上,2011 年该

---

① 叶振宇,汪芳. 德国莱茵河经济带的发展经验与启示[J]. 中国国情国力,2016(06):65 – 67.

② 聂辉华,江艇,杨汝岱. 中国工业企业数据库的使用现状和潜在问题[J]. 世界经济,2012,35(05):142 – 158.

③ 陈林. 中国工业企业数据库的使用问题再探[J]. 经济评论,2018(06):140 – 153.

标准调整为 2 000 万元及以上,因此 2011 年工业企业较之前几年骤减,这是统计标准的提高造成对企业的过滤,并非企业总量的减少,这是需要特别注意的。由于数据获取的限制,化工企业信息截至 2013 年,时效性相对欠佳,此外,由于统计的是"规模以上"化工企业,遍布全国的中小化工企业难以度量,而这些企业由于数量庞大,设备工艺落后,缺乏监督监管等,成为环境污染的一支重要力量。当然,我们认为由于化工行业空间布局具有明显的地域分异特征,来源于中国工业企业数据库的化工企业基本能够反映化工企业空间分布格局与发展态势,可以作为化工企业布局优化调整的基本参考。

基于《中国工业企业数据库(1998—2013 年)》企业详细信息,依据化工产业概念及国民经济行业分类标准(GB/T 4754—2017),将门类 C 制造业的 25(石油、煤炭及其他燃料加工业)、26(化学原料和化学制品制造业)、28(化学纤维制造业)视为本章关注的化工企业范畴①,提取长江经济带 11 省市化工产业信息,统计时间变化趋势,并基于地理编码空间化化工企业的空间位置,分析 1998—2013 年长江经济带化工产业时间变化过程、空间变化格局,揭示长江经济带化工产业布局演化规律,为优化与调整化工产业布局提供科学基础和有益借鉴。

(1) 1998—2013 年化工产业时空演变格局

从时间序列上看,1998—2013 年长江经济带化工产业呈不断增长趋势,从 6 024 家增长到 13 742 家,增加了 7 718 家,增加了一倍。由于化工企业统计标准在 2011 年由原来主营业务收入 500 万增加到 2 000 万,加之 2009 年数据的不完整性,可知,实际化工企业数量比原先按照 500 万统计的数量要多,但基本可以反映长江经济带化工产业持续增长的态势。不同时间阶段,长江经济带化工产业增长特征差异明显,1998—2003 年,化工产业呈现低速增长态势,由 6 024 家增加到 7 751 家,增加了 1 727 家;2004—2008 年,化工产业呈现高速增长态势,由 11 113 家增长到 16 450 家,增加了 5 337 家;2009—

<hr />

① 邹辉,段学军.长江沿江地区化工产业空间格局演化及影响因素[J].地理研究,2019,38(04):884-897.

2010 年,化工产业呈现波动增长态势,数据统计误差造成数据变化的波动性与不平稳性;2011—2013 年,为化工产业为中速增长期,由 2011 年的 12 158家增长到 2013 年的 13 758 家,由于统计口径与标准变化,造成了规模以上化工产业的骤减,但之后又呈现增长态势。

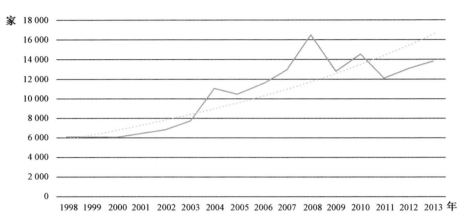

图 17-4　长江经济带化工产业时间变化过程

从空间分布上看,长江经济带化工产业空间分布区域差异巨大,呈现下游—中游—上游产业数量与产值递减的分布态势,形成了以长江三角洲城市群、长江中游城市群、成渝城市群三大化工产业集聚区。注意到,长江经济带化工产业布局以长江干流为界线呈现南多北少的空间分布格局,下游主要分布于长江以南的苏南、上海、杭州及其周边地区,中游主要分布于长江以南的武汉、长株潭及其周边地区,上游则集聚分布于长江以北的四川盆地内。此外,化工产业布局呈现出依城市群规模、城市规模由大到小渐次分布的格局,大中城市由于其完善的工业体系、交通运输等优势条件,吸引了大量化工产业的区位选择。如图 17-5 所示,长江经济带"重化工围江"态势明显,主要集聚于干流、支流,如葡萄悬挂于葡萄藤之上,且不同河流等级与航运条件等因素决定了化工企业集中程度。从空间变化格局上看,1998—2013 年长江经济带化工产业空间变化明显,且地区呈增长态势;1998—2003 年主要集中于长江下游的苏南、上海、浙北地区,其他地区分布密集程度相对较低;2004—2008 年,长江经济带化工产业剧增,以成都—重庆为中心的川渝化工产业集聚区、以长株潭为中心的长江中游化工产业集聚区均不断增长发育,集聚程度进一步增加;2009—2013 年,长江经济带化工产业分布格局相对稳定,长江下游城市群化工产业集聚区进一步向中游扩散,与长江中游城市群逐渐连接成更大层级的集聚区,而川渝城市群则进一步在四川盆地集聚,难以突破二级阶梯与长江中游城市群,以及云南、贵州的化工产业空间上关联,云南、贵州的化工产业相对分散,但围绕中心城市也有一定规模的集聚,总体上化工产业由下游地区向上游地区转移,由中心城市向外扩散,由干流到支流扩散,同时,地区间又有不同程度的集聚态势。

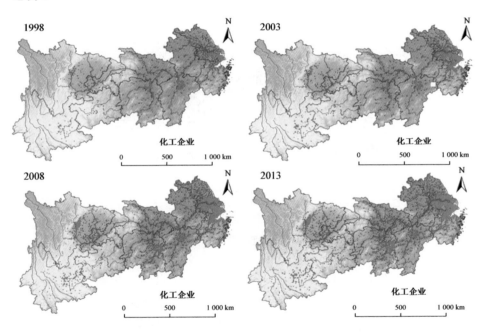

图 17 - 5　1998—2013 年长江经济带规模以上化工企业空间分布图

（2）长江上游化工企业密度时空演变格局

从空间角度分析，长江上游区域的化工企业主要是在成都、贵阳和昆明这三个省会城市高度集聚，并对其周边有辐射带动作用，而远离省会城市的地区其化工企业密度值极低。

从时间尺度分析，1998—2000 年，密度高值区域有所增加，而中值区域减少；2003—2008 年，化工企业集聚密度高值覆盖范围明显减少；2008—2013年，以成都为中心的成渝城市群和以昆明为中心的部分云南地区的密度值都有较大的增加。

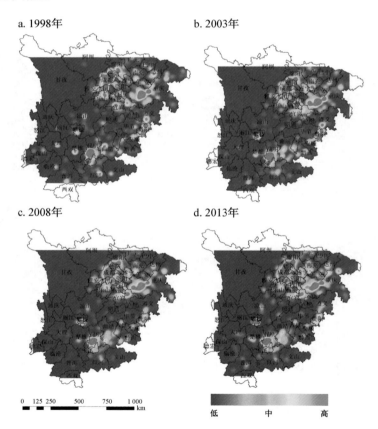

图 17-6　1998—2013 年长江经济带上游地区规模以上化工企业核密度分布图

（3）长江中游化工企业密度时空演变格局

如图，长江中游化工企业整体呈现点状分散格局，核密度高值区即化工企业较集中的地区，空间范围远小于长江下游的集聚范围，未形成连续的空间分布态势。

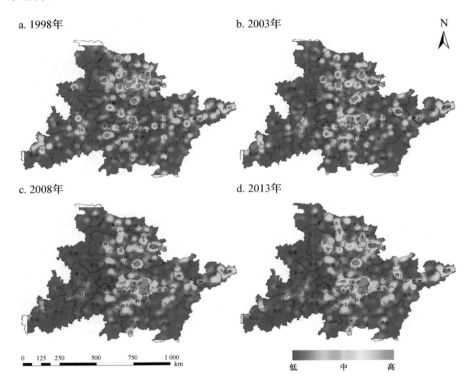

图 17-7　1998—2013 年长江经济带中游地区规模以上化工企业核密度分布图

（4）长江下游化工企业密度时空演变格局

下游地区化工企业自 1998 年以来就形成了以长三角地区核心城市上海、杭州、南京为核心的集聚区，随着社会经济不断发展，区域不断发展，也逐渐出现了几个集聚程度相对较低的中心区。

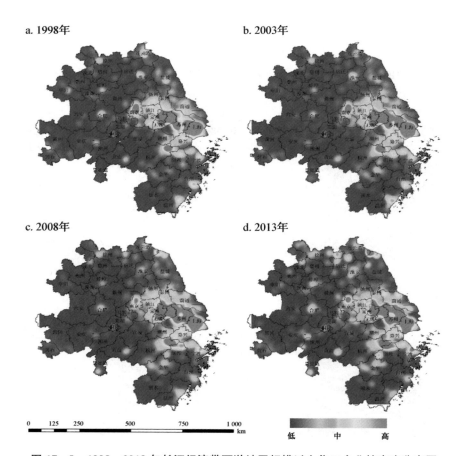

a. 1998年

b. 2003年

c. 2008年

d. 2013年

0　125　250　　500　　750　1 000
km

低　　中　　高

图 17-8　1998—2013 年长江经济带下游地区规模以上化工企业核密度分布图

二、长江干流沿线化工产业空间分布情况

（一）沿江地级市

（1）沿江地级市化工企业数量及产值分析

从长江沿线化工企业数量及产值变化图中可以看出，1998—2013 年化工企业数量整体呈现波动上升的趋势，除 2005、2009 和 2011 年企业数量较前一年略有减少外，其他年份均呈现增加的趋势，其中 2008 年企业数量达到峰值，说明化工企业迅速发展，规模扩展；同时长江沿线化工企业数量与全国化工企

业数量变化趋势完全一致；长江沿线化工企业产值在 1998—2013 年也呈现整体增加的趋势，变化情况大体与其化工企业数量波动保持一致，只有 2008 年企业数量达到顶峰但产值却有所下降，2009 开始到 2013 年产值持续升高，到 2013 年达到 20 000 亿元。长江沿线化工企业数量及产值的增加也说明其企业排污给长江水资源带来的压力越来越大。

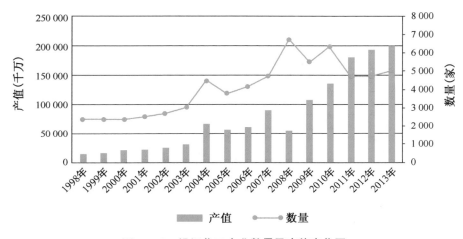

图 17-9　沿江化工企业数量及产值变化图

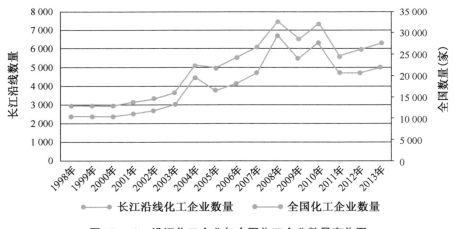

图 17-10　沿江化工企业与全国化工企业数量变化图

将长江沿线化工企业数量和产值分别与长江经济带规模以上企业进行比较（长江经济带规模以上企业 2004 年和 2010 年产值数据缺失，通过插值获得),由结果可以看出,1998—2013 年长江沿线化工企业与长江经济带规模以上企业数量之比虽上下波动幅度较大,但比值大小始终约为 0.03,说明 1998—2013 年长江沿线化工企业数量一直占长江经济带规模以上企业数量的 3%左右。虽然企业数量之比变化较小,但企业产值之比波动较大,在 2000 年长江沿线化工企业产值约占长江经济带规模以上企业产值的 7%,达到研究时段内的峰值,之后所占比重下降;2008 年长江沿线化工企业产值占比仅约为 3%,从 2009—2013 年化工企业产值之比保持在 5%,上下略有波动。

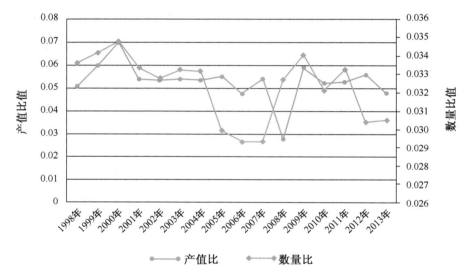

图 17-11   沿江化工企业与长江经济带规模以上工业企业数量及产值比值变化图

为更直观地了解长江沿线化工企业产值分别在全国规模以上工业企业及全国化工企业产值中所占的比重(全国规模以上企业和化工企业 2004 和 2010 年产值数据缺失,通过插值获得),本研究绘制 1998—2013 年以上两项比值的变化情况,可以看出这两项比重的变化趋势整体保持一致,除在 2008 年长江沿线化工企业产值达到低峰,也导致其所占比重达到最小值外,其他年份比值波动度较小,长江沿线化工企业产值占全国化工企业产值的比重多年均接近 18%,可以看出长江沿线的化工企业发展较好,在全国工业企业中发挥重要作用,但同时其良好的发展也势必带来更多污染。

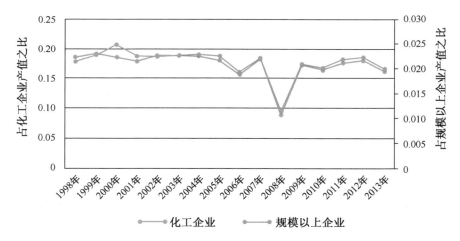

图 17-12 沿江化工企业产值与全国规模以上工业及化工企业产值比值变化图

（2）沿江地级市 2013 年化工企业产值空间变化情况

从 2013 年长江沿线各地级市化工企业产值空间分布情况来看，总体上东部地区产值要大于西部地区，东部城市包括苏州、南京、南通和无锡等，化工企

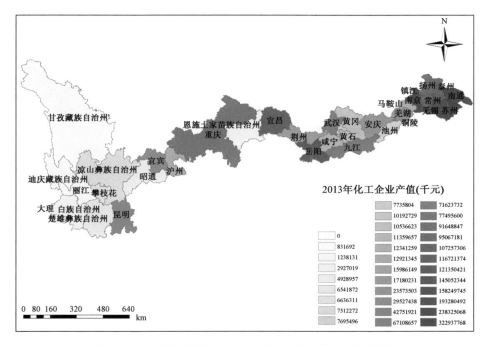

图 17-13 沿江地级市 2013 年化工企业产值空间分布图

业产值普遍偏高。其中苏州市 2013 年化工企业产值最高,约为 3 万亿元,苏州地理位置良好,交通发达,工业发展迅速;中部城市如重庆、宜昌等,化工企业产值也明显较周围城市偏高,可以看出化工企业产值较高的均为长江沿线较发达地级市,化工企业的迅速发展,产生大量的工业废水等,也给长江干流水资源带来巨大压力。

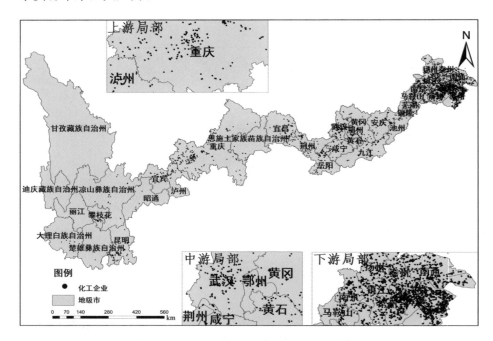

图 17‐14 2013 年沿江城市化工企业分布图

(二)沿江不同范围缓冲区

在长江干流分别以 1 km、5 km 和 10 km 范围建立缓冲区,绘制各缓冲区内化工企业产值时间变化及其与沿江化工企业总产值比值的时间变化图。可以看出从 1998—2013 年不同范围缓冲区内化工企业产值变化趋势一致,整体上呈增长的趋势,只在 2008 年略有下降。

不同范围缓冲区内化工企业产值与沿江化工企业总产值之比则有较大不同,1 km 范围缓冲区内,该比值从 1998—2013 年在个别年份波动较大,2004

年突然减少,但整体上略有增加,说明 1 km 范围缓冲区内的化工企业产值占长江沿线化工企业产值的比重增加,近几年增长到约 16%;而 5 km 和 10 km 范围缓冲区内比值则整体呈下降的趋势,5 km 范围缓冲区内的化工企业产值占长江沿线化工企业产值的比重近几年在 30% 附近波动,10 km 范围缓冲区内该比重则从约为 10% 下降到 8%,说明越靠近长江干流区域的化工企业增加的趋势越明显。

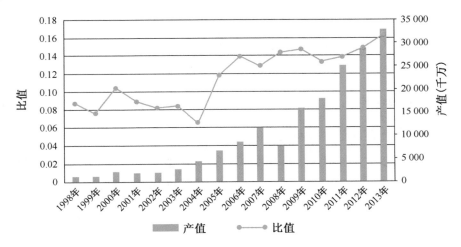

图 17‐15　长江干流 1 km 缓冲区内化工企业产值及其与沿江化工企业产值之比变化图

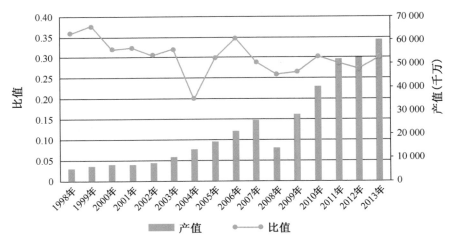

图 17‐16　长江干流 5 km 缓冲区内化工企业产值及其与沿江化工企业产值之比变化图

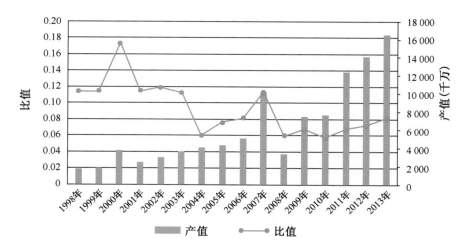

图 17-17 长江干流 10 km 缓冲区内化工企业产值及其与沿江化工企业产值之比变化图

可以看出不同范围缓冲区内化工企业产值与长江经济带规模以上企业产值之比则有较大不同，1 km 范围缓冲区内，该比值从 1998—2013 年在个别年份波动较大，如 2000 年和 2009 年到达峰值，2008 年突然减少，但整体上略有增加，说明 1 km 范围缓冲区内的化工企业产值占长江经济带所有规模以上企业的产值的比重增加，近几年稳定在约 0.8%；而 5 km 和 10 km 范围缓冲区内比值则整体呈下降的趋势，5 km 范围缓冲区内的化工企业产值占长江经济带所有规模以上企业的产值的比重近几年约 1.5%。

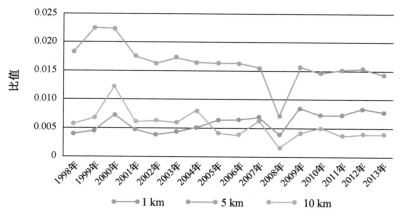

图 17-18 各缓冲区内化工企业产值与长江经济带规模以上企业产值比的时间变化图

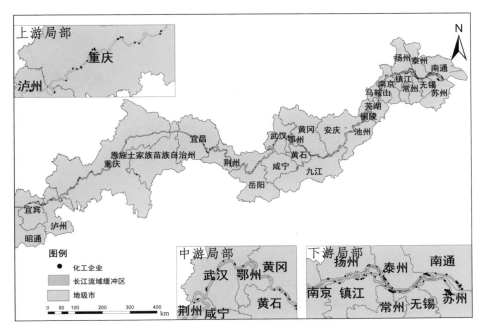

图 17‒19 2013 年 1 km 缓冲区化工企业分布图

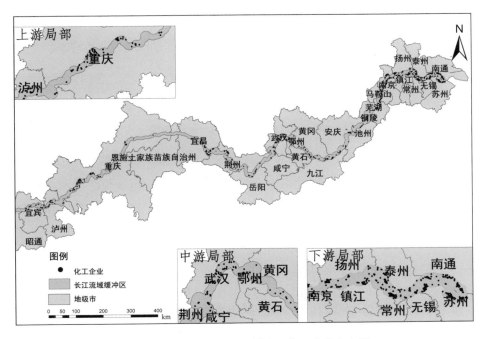

图 17‒20 2013 年 5 km 缓冲区化工企业分布图

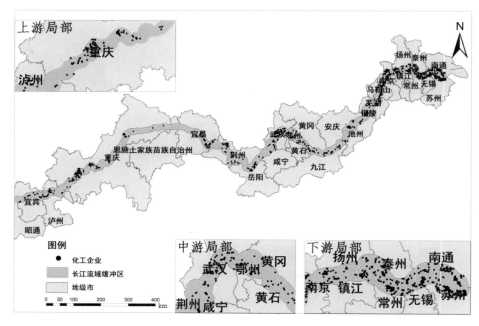

图 17‑21 2013 年 10 km 缓冲区化工企业分布图

第三节　长江干流化工产业布局特征及优化建议

　　化工产业耗水量大、污染排放量大,对长江经济带水资源、水环境影响较大,分析长江经济带化工企业现状分布并分析其与水资源、水环境及承载力这一综合指标的关系,对长江经济带生态环境保护及指导化工企业优化布局具有重要的意义。本节基于对化工企业发展与水环境耦合,及长江干流水资源承载力与化工企业发展的关联研究,开展长江干流化工产业的时空变化趋势及优化政策研究。

一、化工企业发展与水环境耦合

　　(1) 地级市化工产值及其比重—城市水环境空间耦合分析

　　以 2013 年长江经济带 92 个地级市(不包括自治州)的化工产值占比和水

环境为横纵坐标,其中化工产值占比是化工总产值占工业产值的比重,水环境指标以优于三类水河长的比例来表征(图17－22)。横纵坐标分别以对应指标的平均值为界将图分为四个象限。位于第二象限的地区属于水环境优良,化工产值占比小,有51个城市,如昆明市、成都市、南昌市和长沙市;第三象限的地区属于水环境较差,化工产值占比较小的地区,有18个,如宣城市、滁州市、湖州市和金华市;第四象限中的城市属于水环境较差,化工产值占比较重的,有9个,如上海市、南京市、镇江市和嘉兴市;第一象限中的城市属于水环境较好,并且化工产值比重也较大的,有14个,如衢州市、德阳市、宜昌市和新余市。不难看出,处在第二象限中的城市最多,说明化工产值占比较少,能够为良好的水环境提供一定的基础。

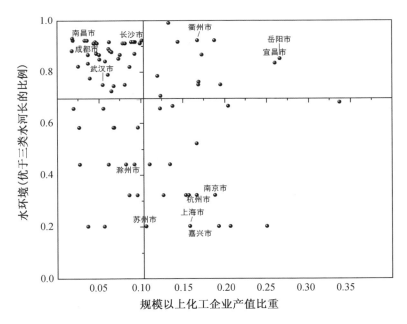

图 17－22　水环境—化工产值占比四象限图

(2) 化工产业产值空间密度—城市水环境空间耦合分析

以2013年长江经济带92个地级市(不包括自治州)的化工产值空间密度和水环境为横纵坐标,其中化工产值空间密度是单位面积的化工总产值,水环境指标以优于三类水河长的比例来表征。横纵坐标分别以对应指标的平均值为界将图分为四个象限(图 17 - 23)。其中,位于第二象限的地区属于水环境优良,化工产值空间密度较小,有 65 个城市,如南昌市、长沙市、贵阳市和成都市;第三象限的地区属于水环境较差,化工产值空间密度较小的地区,有 14 个城市,如安庆市、滁州市、六安市和湖州市;第四象限中的城市属于水环境较差,化工产值空间密度比较大的,有 13 个,如上海市、南京市、杭州市和宁波市;第一象限中的城市属于水环境较好,并且化工产值空间密度也较大的,包括新余市、德阳市和岳阳市。通过这些数据,可以看出化工聚集的城市中没有水环境优良的城市,尤其是上海市,化工产业聚集程度远远高于其他城市,水环境也是所有城市中最差的。水环境优良的城市全是化工产业密度低的区域,可以很充分地说明化工产业的聚集对城市水环境有着很强的负面影响作用。

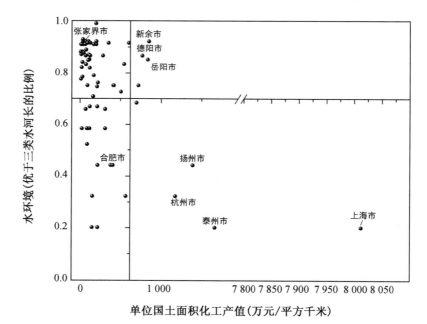

图 17 - 23　水环境—化工产值空间密度四象限图

二、长江干流水资源承载力与化工企业发展关联特征

采用双变量皮尔逊分析方法探究长江经济带 110 个地级市承载力与化工企业产值及数量的相互关系,结果如下:

表 17-1　长江经济带各地级市化工企业数量及产值与承载力的皮尔逊相关系数

企业特征	水资源	水环境	水效率(资源)	水效率(环境)
规模以上化工企业总产值(千元)	.104	—.520**	.300**	.292**
规模以上化工企业数量	.109	—.486**	.248**	.318**

注：**．在 0.01 级别(双尾)，相关性显著；*．在 0.05 级别(双尾)，相关性显著；由于数据的有限性，化工企业数量和产值为 2013 年数据。

反映化工企业发展水平的化工企业产值及数量在 0.01 水平上与水环境维度承载力显著负相关，且相关系数远高于其他维度，进一步验证了化工企业发展对水环境保护存在明显的威胁；化工企业产值及数量与水资源效率、水环境效率均呈现显著正相关，表明在可持续发展战略倡导下化工企业正朝着资源集约、环境友好的趋势发展。

化工产业集聚对城市水环境有较强的负面影响，欠发达城市废水排放处理能力亟须提升。长江经济带地级市中，水环境较好、化工产值占比较小类别的城市最多，表征化工产值占比较小的地级市水环境状况相对较好。水环境相对优良的城市化工产业密度相对较低，表征化工产业的聚集对城市水环境有着很强的负面影响作用。上海市、江苏省和浙江省单位工业增加值污染物排放量较少，重庆市单位工业增加值的氨氮和 COD 排放强度最高，分别为上海的 24.7 倍、27.7 倍。随着技术的不断改进，上游地区的工业减排尚存足够的潜力。化工聚集的城市水环境质量较差，如上海。部分城市单位面积化工产值远低于上海但城市水环境状况与上海等同，亟须通过技术进步提升其绿色发展能力。

化工产业耗水量大、污染排放量大，对长江经济带水资源、水环境影响较大。长江经济带各地级市规模以上化工企业数量及产值与各维度承载力的相关性分析表明，化工企业发展水平与水环境维度承载力显著负相关，验证了化工企业发展对水环境保护存在明显的威胁；化工企业产值及数量与水资源效率、水环境效率均呈现显著正相关，表明在可持续发展战略倡导下化工企业正朝着资源集约、环境友好的趋势发展。

三、长江经济带化工产业集聚化趋势

长江经济带化工产业发展区域差异显著,呈现下游—中游—上游产业数量与产值递减的分布态势,形成了长江三角洲城市群、长江中游城市群、成渝城市群三大化工产业集聚区。长江经济带化工产业布局以长江干流为界线呈现南多北少的空间分布格局,下游主要分布于长江以南的苏南、上海、杭州及其周边地区,中游主要分布于长江以南的武汉、长株潭及其周边地区,上游则集聚分布于长江以北的四川盆地内。

此外,化工产业布局呈现出依城市群规模、城市规模由大到小渐次分布的格局,大中城市由于其完善的工业体系、交通运输等优势条件,吸引了大量化工产业的区位选择。长江经济带"重化工围江"态势明显,主要集聚于干流、直流,如葡萄悬挂于葡萄藤之上,且不同河流等级与航运条件等因素决定了化工企业集中程度。

1998—2013年化工产业空间变化显著,逐渐由下游地区向上游地区转移,1998—2003年主要集中于长江下游的苏南、上海、浙北地区,其他地区集聚程度相对较低;2004—2008年化工产业剧增,以成都—重庆为中心的川渝化工产业集聚区、以长株潭为中心的长江中游化工产业集聚区均不断增长发育,集聚程度进一步增加;2009—2013年化工产业分布格局相对稳定,长江下游城市群化工产业集聚区进一步向中游扩散,与长江中游城市群逐渐连接成更大层级的集聚区,而川渝城市群则进一步在四川盆地集聚,难以突破二级阶梯与长江中游城市群,以及云南、贵州的化工产业空间上关联,云南、贵州的化工产业相对分散,但围绕中心城市也有一定规模的集聚现象。总体上化工产业由下游向上游转移,由中心城市向外扩散,由干流到支流扩散,同时,地区间又有不同程度的集聚态势。

化工产业沿江发展惯性大,长江干流沿线34个地级市、沿江10 km范围内仍布局较多数量的化工企业。1998—2013年沿线化工企业数量整体呈波动上升趋势,化工企业数量、产值不断增加,沿线化工企业数量约占规模以上企业数量的3%。2009—2013年长江沿线化工企业产值约占长江经济带规模

以上企业产值5％,占全国化工企业产值的比重多年均接近18％,表明长江沿线化工企业发展较好,是全国工业企业体系中重要组成部分,表明了化工企业沿江发展的惯性。1998—2013年不同范围缓冲区内化工企业产值均呈增长的趋势,1 km范围缓冲区内的化工企业产值占长江沿线化工企业产值的比重增加,近几年增长到约16％;5 km和10 km范围缓冲区内呈下降的趋势,前者占长江沿线化工企业产值的比重约为30％,10 km范围缓冲区内该比重从10％下降到8％。

四、长江经济带化工产业发展的建议

（1）分区建立化工企业关停与退出补偿机制

严格推进化工企业关停工作,根据水资源承载力分区分级结果,从关停企业所在区域水资源承载压力的紧迫性上看,超载区＞临界承载区＞基本承载区＞可承载区,首先考虑实施超载区、临界承载区的排放不达标的化工企业关停退出工作,即长江下游、长江上游的北部地区,以及长江中游南部地区,基本承载区、可承载区次之。并依据承载力分级分区结果明确发布各地化工企业关停退出标准及时间表,并由环境监督部门督查与检查关停退出进度,对未能按时完成关停工作的地区实施一定惩罚,如不予通过环保系统考核等①。同时,建立沿江化工业退出补偿机制,对关停退出企业相关人员给予一定补偿以适当降低相关企业和工作人员的损失。如企业进行新投资时依据其已有设备按照比例得到优惠贷款;给予一定的现金补偿;对关停退出企业的员工进行再就业帮扶等。

（2）坚持产业集聚与优化升级策略

考虑产业的上下游联系及污染的集中治理,集聚是化工产业空间布局的重要原则②。长江经济带化学工业布局应更加体现集聚的要求,石油化工企业进一步向大型基地集聚,化工企业向原料产地或消费地集聚,向园区集聚。

优先从严对沿江1 km范围内化工生产企业进行分类整治,特别是各类

---

①②　周冯琦,陈宁.优化长江经济带化学工业布局的建议[J].环境保护,2016,44(15):25-30.

危、重污染源。从选址、技术、环境保护、安全生产等环节梳理,转移一批、关停一批、升级一批。此外,沿江分布的化工企业主要为大型原料加工企业,这类企业也是重大风险源,应强化突发环境事件预防应对,严格管控环境风险,建设装置级、企业级、园区级、流域级的多级水风险防范体系,确保极端事故状态下,事故污水不流入长江。

(3)建立长江干流排污权交易与生态补偿机制

探索流域上中下游排污权交易机制。主要涉及以下几方面:首先,权威机构遵循保护流域生态环境的目标,明晰长江流域环境容量,进而提出主要污染物限制排放总量,遏制下游地区高污染企业向上游地区蔓延的趋势;其次,结合国家或流域自然保护区相关规划,明确划定禁止排污范围,逐步退出生态重要性较高地区的化工企业;再次,利用市场机制逐步淘汰技术落后企业,提升企业的绿色发展水平。

尝试构建流域生态补偿创新机制。已有流域生态补偿机制多发生在不同行政区域政府部门之间,主要方式是资金补偿,面临补充标准较难科学确定、资金来源缺乏等难题,亟须探索生态补偿的新机制。可尝试构建上、中、下游企业之间的生态补偿机制,由下游企业对上游具有重大生态价值的区域或企业进行投资等。

(4)建设水资源保护与管理数据平台

2016年12月印发的《关于全面推进河长制的意见》提出,河湖管理保护是一项复杂的系统工程,涉及上下游、左右岸、不同行政区域和行业。由于水资源保护与管理的自身复杂性、综合性、系统性,涉及多部门、多学科、多领域,迫切需要整合各部门、各学科的基础数据,建设水资源保护与管理的数据信息平台,覆盖产业经济数据、水质水量实时监测数据、废水废物排放数据、生态环境数据、遥感地面观测数据等多源数据。

因此,应该建立多部门联合的全要素数据收集与发布平台,为水资源保护管理提供强有力的基础支撑。大中型化工企业,工艺技术较为先进,且有相对全面的排污状况统计,而对于中小型化工企业,它们空间分布分散,排污情况难以监管,需加强对该类企业排污状况的监测,统筹规模以上化工企业,建立覆盖全部规模类型的化工企业监测监管体系,实时监测其排污情况并输入总平台。

（5）提升行业用水效率

针对不同产品类型、不同生产工艺的化工行业的特点,从化工行业用水效率、污染物排放规模等方面,提出精细化、规范化、靶向化的化工企业水资源与水环境压力评测,以及提升行业用水效率与减少污染物排放政策,通过对不同主导产品化工行业的用水总量与用水效率评价,例如,针对乙烯、纯碱、尿素、聚氯乙烯、甲醇、烧碱、硫酸、合成氨、石油炼制等化工产品,分析不同化工产品的用水总量,在水资源总量控制前提下,合理分配水资源开发利用总量,提高水资源开发利用效率。

流域水资源开发与水环境治理过程中存在诸多利益冲突,需要有效的制度安排来协调各方利益。特别是水资源污染严重、水资源短缺、生态环境脆弱、经济社会发展相对滞后等问题区域,需要统筹长江经济带经济社会稳定风险、产业发展政策动态、多利益主体博弈关系,基于行业用水效率尤其是水资源水环境可持续承载,提出化工产业布局优化调整区划建议。

第五篇　流域发展与政策创新

流域政策创新是长江经济带可持续发展的重要支撑。长江经济带流域发展离不开流域可持续发展政策和特大城市资源环境政策的创新，而且这两个方面是相辅相成、相得益彰的。因此，本篇在借鉴国际大流域资源环境与可持续发展政策、国际特大城市建设用地管控政策的基础上，探讨了长江经济带流域资源环境政策以及特大城市对于资源紧约束的应对策略。

第十八章 / 国际大流域资源环境与可持续发展政策

从国际经验看,发达国家的工业化多最先发展于沿海或沿江区域,流域开发是现代化进程的战略重点,依托水资源及有利的航运条件,逐渐形成具有一定规模、陆海联动的产业集聚区,进而成为促进区域发展的经济增长极,如莱茵河、密西西比河、田纳西河、泰晤士河和多瑙河,经过多年发展已成为著名的人口、经济集聚区①。在工业化过程中,这些流域都逐渐暴露出了严重的生态环境问题。经济发达国家的大河流域开发都经历了严重的生态环境污染之后,政府和公众才有了强烈的环保意识,开始治理被污染的生态环境。长江作为中国和亚洲的第一大河,世界第三大河,随着长江经济带开放开发战略提出,长江流域面临开发高潮。鉴于国际上先污染后治理的经验,长江经济带开发高度重视生态环境保护工作。在长江流域资源环境可承载的基础上,针对水资源的综合利用、产业带的协调布局、岸线资源的合理利用等方面的开发模式都做出了全面的探索②。因此,有必要对国际大流域的环境治理、机制创新方面进行梳理。

---

① 张莉.欧美流域经济开发的经验及启示[J].群众,2015,9:12-13.

② 钟钢,陈雯.从世界大河流域开发实践构想长江开发模式[J].长江流域资源与环境,1997,6(2):122-126.

第一节　资源环境治理与国际大流域可持续发展

本节主要对国际大流域开发过程的资源环境治理及其可持续发展方面的经验进行梳理,分别选择世界上著名的莱茵河、密西西比河、泰晤士河的环境治理过程,跨国家区域的治理模式进行深入分析,为长江经济带的生态保护研究工作提供国际经验和启示。

一、莱茵河资源环境治理与可持续发展

莱茵河是欧洲的跨国河流,发源于瑞士境内的阿尔卑斯山,流经瑞士、意大利、德国、法国、卢森堡、比利时、荷兰等数十个国家。全长 1 320 千米,流域面积25.2 万km²,绝大部分位居德国和荷兰境内[1]。20 世纪 70 年代前莱茵河污染严重、生态环境破坏严重,经沿岸各国合作治理后,现已成为欧洲最干净的河流之一[2],成为当前人口稠密、工商业发达、城市密集、开发度极高的地区,主要原因是流域沿岸国家发挥水资源的优势,依靠航运发展对外贸易,同时,依靠干流与支流的人工运河和错综复杂的航道网建设拓展流域腹地,形成了紧密联系的经济网。

莱茵河能够得到今天的开发建设,与当初成功地对其生态环境进行治理有很大关系。跨国合作是莱茵河能够顺利推进资源环境治理的重要原因,1950 年,在荷兰提议下,瑞士、法国、卢森堡和德国等共同参与,在瑞士巴塞尔成立了"保护莱茵河国际委员会"(ICPR),旨在全面处理莱茵河流域保护问题并寻求解决方案。1963 年又签署伯尔尼公约,即有关莱茵河国际委员会的框架性协议。ICPR 自成立以来,先后签署了一系列的莱茵河环保协议和公约,公约目标主要涉及保持和改善莱茵河水质,尽可能防止、减少点源和面源污

① 张文合.国外流域开发问题的探讨[J].区域经济理论与实践,45-49.

② 荆春燕,黄蕾,曲常胜.跨界流域环境管理与预警—欧洲经验与启示[J].环境监控与预警,2011,3(1):8-11.

染,保护生物多样性,保持、改善和恢复河流的自然功能,保护莱茵河成为饮用水的安全水源等方面①。各个相关国家互相博弈,在莱茵河治理的过程中通过成本分摊和治理收益获取来平衡。

二、密西西比河资源环境治理与可持续发展

密西西比河是美国流程最长、流域面积最广的河流,流域覆盖美国 31 个州和加拿大两个省的部分地区,全长 3 730 千米②。18 世纪 80 年代到 20 世纪 80 年代,历经 200 多年的土地开发等建设活动,密西西比河干流沿岸 67% 的湿地消失③。此外,由于过量的农药、营养物质、工业废水和市政污水的排放,河流水质严重恶化,氮磷富集引起的富营养化问题最为突出。

密西西比河流域水质治理和保护主要有两方面的经验,首先,通过立法和设立监测评价机构,对密西西比河进行实时的动态监测。1972 年颁发《清洁水法》,建立了排污许可证制度,有效控制了密西西比河流域点源污染。同时,整合了联邦、州、部落和地方 400 多个管理部门的公开数据,美国地质调查局、美国环保局、美国水质监测委员会和美国农业部 4 个相关部门合作建立了水质门户网站,实现了流域水质和富营养化的长期监测④。

其次,推行跨州协调机制和流域联邦管理政策。从美国国家层面制定总体治理目标,并设立了 2025 年和 2035 年的长期治理目标,2025 年降低氮和磷负荷 20%⑤。经过实践,20 世纪 80 年代中期,流域生态环境明显改善,证明了以流域为基本单元的水环境管理模式的价值,1996 年美国环保局颁布了《流域保护方法框架》,综合流域之间、跨部门之间的合作来治理水污染。同时,加强了密西西比河流域各个州之间的协调合作,富营养化治理、农业面源污染治理都取得了有效成果。

---

① 杨正波. 莱茵河保护的国际合作机制[J]. 水利水电快报,2008,29(1):9.
②④ 李瑞娟,徐欣. 长江保护可借鉴密西西比河治理经验[N]. 中国环境报,2016-08-30(3).
③ 任美锷. 人类活动对密西西比河三角洲最近演变的影响[J]. 地理学报,1989,44(2):221-119.
⑤ http://www.cgs.gov.cn/ddztt/jqthd/ddy/jyxc/201807/t20180703_462743.html.

三、泰晤士河资源环境治理与可持续发展

泰晤士河发源于英格兰西部的科茨沃尔德山,横贯英国,流经伦敦市区及沿河 10 多座城市,全长 402 千米,流域面积达到 13 000 平方千米,是伦敦人生产生活用水的主要来源。随着工业化进程的推进,大量工厂依河而建,人口集聚。大量工业废水和生活污水的排放导致水质严重恶化,20 世纪 50 年代末,流域生态环境退化严重,鱼类几乎绝迹。

泰晤士河先后经历了两个阶段的治理过程,1858—1892 年以"排污"为核心的基础设施完善阶段、20 世纪 60 年代起的全流域生态系统治理阶段。前一阶段只是把污水从上游转移到了下游,并没有从根本上解决污染问题[①];系统治理阶段先后颁布一系列法律法规,如《河流法》《水资源法》《水法》《污染控制法》等,明确了相关惩罚机制。逐渐形成了河水治理从供水、截污排污、废水处理、河流整治、水质改良,一直到管理体制的一整套完备的法律体系。同时,政府成立泰晤士河水务管理局,负责对泰晤士河流域进行统一规划与管理,有权提出水污染控制的政策法令、标准,控制污染排放,负责协调与各个部门以及公众的合作关系,同时通过宣传使公众对政府在污水处理系统方面的投资有清晰的了解[②]。

泰晤士河流域水质治理和保护主要有两方面的经验:流域治理需要统筹考虑流域上下游整个水域环境,甚至整个流域生态环境的优化,不能仅仅局限于局部地区;需要建立完善的法律法规体系,明确惩罚机制;建立流域管理机构,协调相关部门即利益相关者的合作。

---

① 王友列. 从排污到治污:泰晤士河水污染治理研究[J]. 齐齐哈尔师范高等专科学校学报,2014,137(1):105 - 107.
② 东方财富网. 伦敦:全流域治理泰晤士河污染[Z]. 2016:2020.

第二节　区域发展创新与国际大流域可持续发展

国际大流域的可持续管理计划以获得和重建良好的、可持续的水陆复合生态环境为最高原则,跨国家或者区域的各部门的计划方案应以共同改善流域生态环境和可持续发展为目标,而目标的实现是以地方、地区(州)、国家和国际的紧密合作、共同规划和实施为前提。

一、优先发展航运,构建综合交通网络

优先发展航运是国际流域可持续发展过程中的共同特点,通过发达的航运网络,与陆路、铁路等其他运输方式形成综合交通网络。例如,莱茵河沿岸各国整治河道提高航道等级,积极发展内河航运;通过一系列运河与其他大河连接,构成一个四通八达的水运网。同时,在积极发展航运的基础上,加大力度建设与航运相连的公路、铁路以及管道运输网络[①]。沿线主要的港口有杜伊斯堡、杜塞尔多夫、诺伊斯、科隆、美因茨、曼海姆、卡尔斯鲁厄和开尔等,其中杜伊斯堡是欧洲最大的内河港,从这里可以通往鹿特丹、安特卫普与阿姆斯特丹等海港。

二、加强港口和城市联系,发展流域经济

国外大河流域治理充分利用了流域跨区域的合作机制,充分发挥了流域经济的优势,加强了各大港口城市与腹地城市的联系。例如,莱茵河发达的航运条件吸引人口的集聚,促进了沿河产业带的形成,进而带动临近区域的发展,形成了以港口城市为点、沿河产业带为轴、流域经济区为面的"点—轴—

---

① 刘松,张中旺,任艳,等.莱茵河开发经验对汉江综合开发的启示[J].农村经济与科技,2012,23(04):13-14.

面"空间发展模式①。莱茵河成功治理后,沿岸的美因茨、科布伦茨、波恩、诺伊斯和科隆等现代化城市,成为当前独具特色的小镇,依靠发展旅游业带动区域发展。在发展流域经济过程中,优化城镇空间结构布局成为莱茵河整治后区域协调发展的重要原因。德国是莱茵河治理的主要地区,德国产业与城镇布局的特色之一就是发展多中心城市,特大城市极少,各中心城市之间具有发达的交通运输体系,要素高度流动和市场信息交流迅速,各个地区之间合作多于竞争,通过共享城市功能来互补自身的不足,真正实现了区域的协调发展。

三、完善环保基础设施和环境整治技术

从国际流域治理经验来看,完善环保基础设施和环境整治技术是环境整治的保障,对流域污水处理厂进行优化布局、污染物集中处理、遥感技术进行排污监测等方面都有了实质性的成效。例如,1965—1985 年,莱茵河 5 个沿岸国家投资了约 600 亿美元改进和建设污水处理厂,并加强了管道自来水的建设,不断改进和升级治污技术,且,使点污染源、农业和交通之类的扩散源得到了治理②。泰晤士河污染治理先后建设堤坝与城市污水排放系统,确定河流污染治理的基本规划,改造了污水处理设施相关技术,引用遥测等新技术。同时两岸经济结构与模式也实现转型,各类服务机构与文化企业取代原先的煤气厂以及炼油厂。

第三节　国际大流域可持续发展的机制创新

纵观世界人类发展进程,工业化、城镇化在促进社会经济发展、提升人类福祉的同时会带来资源匮乏、水域污染、生态环境破坏等难题。莱茵河、密西西比河、泰晤士河的治理实践表明,严格的法律法规在促进河流水域及其生态

---

① 刘松,张中旺,任艳,等.莱茵河开发经验对汉江综合开发的启示[J].资源与环境科学,2012,23(4):13-14.
② 王同生.莱茵河的水资源保护和流域治理[J].水资源保护,2002,4:60-62.

环境的恢复过程中起着举足轻重的作用。国际上的发达国家对大河流域的污染治理，在体制制度、立法管理、监测手段和公众参与等方面进行了创新。本节对此进行总结。

一、创新流域立法机制

立法是流域管理的重要前提，可以赋予流域管理机构规划和管理方面的权力，从法律上确定流域管理机构的地位和工作职责，厘清相关利益关系，为具体工作的开展提供法律保障。莱茵河流域的许多协定属于国际法范畴，协定明确各国共同遵守的责任和义务，如1999年新的莱茵河保护协定成为指导莱茵河流域未来开发利用和保护的依据①。泰晤士河大胆的体制改革和科学管理，对流域生态环境恢复起到重要作用，被欧洲称为水工业管理体制上的一次重大革命。主要措施是对河段实施统一管理，将泰晤士河划分成10个子区域，合并200多个管水单位而建成一个新水务管理局——泰晤士河水务管理局，依据业务性质明确分工并严格执行。

二、推动跨区域的合作机制

总体来看，国际上大河流域的环境整治离不开跨区域的合作，区域之间通过成立流域管理的综合委员会，出台流域总体管理的立法条例，有效保障了大流域环境治理效果。美国、英国等国家就针对跨区域合作机制有了不同的创新形式，例如，莱茵河流域流经欧洲10多个国家，国家间尽管经济发展水平存在差距，但在实施莱茵河流域可持续管理方面形成共识。在莱茵河国际委员会(ICPR)协调下，构建了以委员会、部长会议、实施小组和秘书处为运行方式的合作工作框架②。委员会的机构设置和分工比较详细，包括了莱茵河流域水文委员会、摩泽尔河和萨尔河保护国际委员会、莱茵河流域自来水厂国际协会等部门，分别担当着莱茵河治理过程中水质监测、预警系统开发、监测数据

---

① 周刚炎.莱茵河流域管理的经验和启示[J].水利水电快报,2007(05):28-31.
② 杨正波.莱茵河保护的国际合作机制[J].水利水电快报,2008,29(1):9.

预报分析等工作,构建先进的监测手段和定量评价体系。

利用科技手段对流域进行报警监测,是国外大流域治理过程的一大创新。为了能对莱茵河随时进行监测,国际委员会研制了一套报警系统——水质监测与预警系统,旨在促进突发水污染事件发生时的信息传递,减少污染事故对水质的影响。ICPR建立了国际性测量网络,在共同制定的分析方法的指导下对水质可以进行客观评价①。有害物浓度突然升高时,可立即通过该系统报告国际委员会或有关部门,有效地将莱茵河上的污染物监测与支流及其地方的污染监测集成到一个监测预警系统,实现了全流域和整个地方的全覆盖监测,这对莱茵河的水质治理起了很好的效果②。

三、鼓励公众和企业参与

公众和企业作为流域发展的重要成员,其认知和行为对生态环境的恢复可起到重要作用。企业具有双重地位,既是环境管理的监管对象,也是环境保护的主体。欧盟国家建立了环境许可申报、审批,企业排污监控,企业污染治理等一系列完善的法律和制度体系。同时独立企业和化工园区均建立了严格的自我监测机制,单个企业在排污口设有监测点位,化工园区在受纳河流的上、下游均设置监测断面③。公众的参与在水资源的管理、不合法事件监督、防洪预警与撤退等方面可发挥重要作用。同时公众可以依据流域管理的政策法规、水文、生态和环境信息,直接参与决策过程,同时对相关机构及企业进行监督④。

①④ 沈文清,鄢帮有,刘梅影.莱茵河的前世 鄱阳湖的今生?——莱茵河流域管理对鄱阳湖综合治理的启示[J].环境保护,2009(07):68-72.

② 刘晓光.莱茵河的水质管理概况[J].环境科学丛刊,1983(2):28-32.

③ 宋永会,沈海滨.莱茵河流域综合管理成功经验的启示[J].世界环境,2012(04):25-27.

第十九章 / 国际特大城市资源环境与建设用地管控

城市扩张是一个全球性现象,也是全球经济发展大势所趋。1950 年,全球城市人口仅占全球人口总量的 30%。2015 年,这一比重已经跃升至 54%,并且预期于 2050 年将达到 66%。为此,本章以美国林肯土地政策研究院发布的《2016 年全球城市扩张地图集》(*Atlas of Urban Expansion—2016 Edition*)为数据基础开展国际比较分析。该数据库包含全球城市人口数量 100 万以上的城市 200 座。这里选取其中城市人口数量 500 万以上的 52 座城市作为样本,从城市建设用地的规模与密度、类型结构、空间形态和扩张策略四个方面入手,对国际特大城市城乡建设用地的时空变化特征进行横向比较,以期为长江经济带城市群或城市建设用地的规模管控提供经验参考。

第一节 国际特大城市城乡建设用地空间扩张特征

联合国人口司 2014 年发布的年度报告显示,未来城市人口增长将进一步向发展中国家倾斜。发达国家城市人口增长规模预计仅为 1.3 亿人,而发展中国家城市人口增长则可能高达 23 亿人[①]。联合国人居署 2016 年世界城市

---

① UNPD. World Urbanization Prospects The 2014 Revision: Final Report[R/OL]. https://www.un.org/en/development/desa/population/publications/index.asp.

发展报告同样显示,发展中国家预计在未来 20 年内每年还将吸纳近 7 500 万城市人口。由此可见,城市扩张在 2050 年之前仍是全球城市发展的主要趋势,尤其是发展中国家。

城市快速扩张对于城市土地利用形成了极大的挑战。城市土地较之人口表现出更为迅猛的增长势头。1990—2015 年,发展中国家的城市人口翻了一倍,而城市土地面积增加了 3.5 倍。即便是在发达国家,同一时期人口增长了 1.2 倍,而城市土地面积增加了 1.8 倍,土地增长同样快于人口。直接表现为城市扩张进程中城市人口密度的持续下降。此外,发展中国家的城市人口密度数倍于发达国家。可见,人均城市用地需求并不是一成不变的,随着经济发展与收入水平的提升,人均城市用地需求同样可能增加。

在双重压力的作用下,城市发展屡屡突破既定的人口规模预期和增长边界范围。从全球范围看,发达国家人均城市用地需求如若按照现有趋势增长,2050 年城市建设用地将是 2015 年的 1.9 倍。即便维持现有的人均用地需求规模不变,2050 年城市建设用地仍将是 2015 年的 1.1 倍。对于发展中国家而言,用地矛盾将更加尖锐。按照现有趋势增长,发展中国家 2050 年的城市用地规模将是 2015 年的 3.7 倍。即便人均用地规模不增长,城市用地规模的增长仍将达到 1.8 倍。反观中国过去的发展现实,同样深刻地印证了这一矛盾。北京市于 2010 年人口总量达到 1 961.2 万人,提前十年突破了城市总体规划所预期的 2020 年城市人口规模(1 800 万人)。无独有偶,上海市于 2010 年人口同样突破"十一五"规划预期规模(1 900 万人),达到 2 301.9 万人①。对此,在城市持续扩张和人均用地需求增长的双重压力下,土地资源对城市发展的紧约束将变得愈发明显。

一、特大城市持续吸纳人口与土地制约日益凸显

凭借积极的规模效应,资本、劳动力等可流动资源往特大城市汇聚,成为城市规模持续扩张的核心动力。特大城市扩张同样消耗着固有的不可流动资

---

① 陆铭. 大国大城[M]. 上海:上海人民出版社,2016.

源,迫使城市发展面临突破本地环境容量的风险。1990 年,研究样本的 52 座特大城市人口总量为 3.27 亿人,占 200 座大城市的 76.9%;城市用地面积 $5.25 \times 10^4 \, km^2$,占 200 座大城市的 72.2%。2015 年,样本城市人口总量增加至 6.08 亿人,占比增至 77.3%;相比之下,城市用地面积 $1.12 \times 10^5 \, km^2$,占比降至 71%,直观地反映出 1990—2015 年,特大城市较之大城市仍保持人口较快增长,但建设用地的增长有所放缓。

过去 20 年的发展过程中,全球特大城市用地规模变化存在显著差异。在 52 座样本城市中,用地年均增速范围低至 0.2%(伦敦),高至 13.7%(天津),相差近 70 倍。图 19-1 依据 52 座样本城市用地年均增速的四分位数将样本分为四组,并依次展示了每座样本城市的用地增速。结果显示,发展中国家特大城市普遍表现出快速增长的态势,尤以东亚、东南亚、南亚地区的特大城市为典型。相比之下,发达国家特大城市增幅普遍较小。

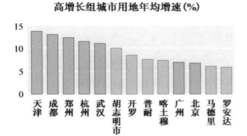
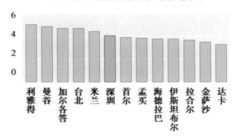
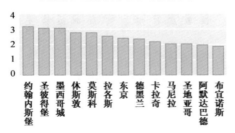
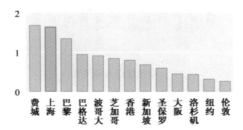

图 19-1 2000—2015 年 52 座样本特大城市用地年均增速

中国大陆特大城市的用地增速远高于其他国际特大城市。在样本城市中,年均增速高于 10% 的城市有 6 座,其中,前 5 座均为中国大陆的特大城市。样本城市包含 9 座中国大陆特大城市，其中 7 座位于用地增长的第一梯队。值得注意的是，在中国大陆的 9 座样本城市中，作为一线城市的上海、深圳、北京、广州用地增速显著低于作为二线城市的天津、成都、郑州、杭州和武汉。可见，中国特大城市的快速扩张已然面临着有限土地资源的约束。

二、发展中国家庞大人口基数加剧土地对城市发展的约束

发展中国家庞大的人口基数决定了特大城市需要承载更多的人口，这使得发展中国家特大城市现有的人均用地远低于发达国家，并且在未来发展过程中将面临更为显著的用地约束。图 19 - 2 展示了 2015 年 52 座样本城市人均用地规模差异。结果表明：

（1）尽管发达国家特大城市用地规模增长缓慢，但其人均城市用地规模普遍较高，尤以北美地区特大城市为典型。北美地区特大城市纽约、洛杉矶、芝加哥、费城、休斯敦城市人口总量仅占样本城市的 8.9%，但城市用地面积占比高达 28.2%，城市建成区面积占比更是达到 29.8%。类似地，欧洲特大城市伦敦、巴黎、米兰、马德里、莫斯科、圣彼得堡等亦表现出类似特征。

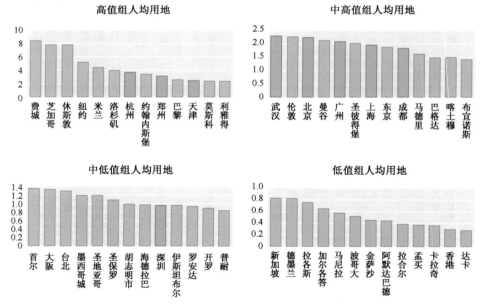

图 19 - 2　2015 年 52 座样本城市人均用地规模（km²/万人）

（2）虽然多数发展中国家特大城市用地规模快速增长，但其人均城市用地规模仍处于较低水平，显著表现在南亚、东南亚、西亚和北非等地区的特大城市。例如，越南胡志明市 2000—2015 年用地年增长率高达 10％，但 2015 年城市人均用地规模为 97 m²/人，相当于美国费城 840 m²/人的九分之一。此外，印度孟买、加尔各答、海德拉巴，巴基斯坦拉合尔，伊朗德黑兰，孟加拉达卡，刚果民主共和国金萨沙，埃及开罗等城市均面临着庞大的人口基数形成的用地压力。

（3）部分快速城镇化地区特大城市的城市用地快速扩张支撑着人均用地规模维持在较高水平，以中国大陆最为典型。中国大陆地区特大城市的人均用地规模在样本城市中处于较高水平。最高的杭州人均用地规模达到 356 m²/人，接近洛杉矶的水平。郑州、天津人均用地规模亦达到 250 m²/人左右，与巴黎的水平相当。

由此可见，庞大的人口基数决定了发展中国家特大城市发展难以比照发达国家特大城市的人均用地规模。尽管大量发展中国家城市用地快速发展，但人均用地规模仍处于较低水平。庞大的人口基数和快速的城镇化进程加剧了发展中国家特大城市所面临的土地紧约束。虽然部分国家的特大城市在现阶段依托于用地快速扩张维持较高的人均用地规模水平，但随着可利用土地资源的逐步减少，土地对城市发展的制约亦将逐步显现。

三、中国大陆特大城市用地扩张与人口规模不相适应

通过特大城市横向对比，现阶段中国特大城市用地快速扩张所支撑的人均城市用地规模与其庞大的人口基数相比并不协调。就人均用地规模而言（图 19－2），与亚洲地区发达国家的特大城市相比，中国大陆的特大城市人均用地规模普遍偏高。日本东京作为全球最大的城市，人均用地规模为 185 m²/人，大阪则仅为 130 m²/人。韩国第一大城市——首尔集聚了韩国 40％的人口，人均用地规模则为 133 m²/人。面临土地紧约束的新加坡和中国香港，人均用地规模分别只有 82 m²/人和 28 m²/人。相比之下，中国大陆 9 座样本城市的平均人均用地规模高达 223 m²/人。

进一步从动态视角进行分析,中国大陆特大城市用地扩张显著超前于人口规模的增长。图 19-3 以 2000—2015 年特大城市人口年增长率为横轴、以城市用地年增长率为纵轴绘制散点图。结果显示:

(1) 特大城市发展存在人均用地规模扩大的倾向。理论上,特大城市经济发展推动人均收入水平提升,同时进一步吸引中高收入人群在本地集聚。由于对居住条件、公共服务、基础设施、环境品质等生活和生态空间需求水平的提升,人均用地规模势必相应提高。实际如图 19-3 所示,70%的城市样本点位于 45°线上方,表明城市用地规模扩张的速率大于人口增长速率。土地资源较为充裕的北美地区、欧洲地区的特大城市,以及快速发展的东亚地区、东南亚地区部分特大城市,均表现出这一特征。相比之下,对于土地资源已然相对紧张的发达特大城市,以及部分人口基数庞大的发展中特大城市,人口增长速率则快于城市用地增长速率。

(2) 发展成熟的特大城市人口与用地增长率较为协调。理论上,城市发展过程中产业、人口和土地之间应当形成较为积极的正循环过程,人均用地规模应当处于相对稳定、适度提升的状态。如此一来,城市样本点应当围绕 45°线分布,而不过分偏离。通过图 19-3 可以看出,绝大多数特大城市样本点围绕着 45°线波动,并根据实际情况差异而存在不同程度的偏离。不难发现中国大陆地区的天津、成都、郑州、杭州、武汉等城市不仅城市用地扩张处在较高水平,而且显著偏离了 45°线。越南胡志明市、埃及开罗也存在类似现象。这也进一步说明了中国特大城市快速发展的过程中,人口与用地之间并不协调。此外,上海、深圳等快速发展的一线城市已经步入人口增长快于用地增长的阶段,侧面反映出未来中国特大城市发展所必然面临的用地制约。

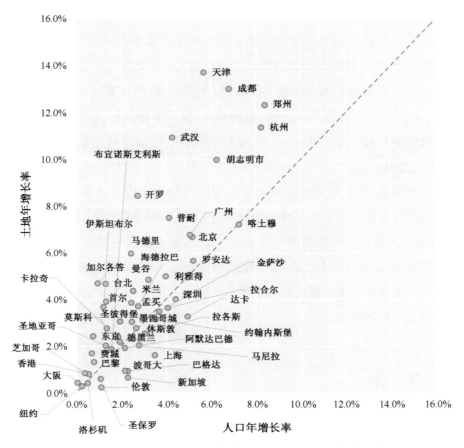

图 19‑3　2000—2015 年 52 座样本城市人口与土地年增长率散点图

四、用地规模约束决定特大城市用地结构的非均衡增长

城市用地主要包含建成区与开放空间。其中,建成区根据所在位置不同,又可进一步分为城市建成区、城市近郊区建成区和乡村建成区。整体而言,城市建成区占特大城市用地的主导。若将 52 个样本城市视为一个整体,城市建成区面积占建成区面积的 81.6%,占城市用地面积的 56.1%。城市近郊区建成区和乡村建成区虽然占比不大,但二者在一定程度上体现出城市向外扩张的潜在需求。开放空间在城市用地中同样具有重要意义,一方面满足城市生活、生态空间需求,另一方面也能够为城市发展预留空间。开放空间占样本城

市用地面积的31.3%。

不同区域特大城市的建设用地结构特征存在显著差异。如图19-4所示,东亚和东南亚地区的特大城市具有较高的城市近郊区用地比重。其中,中国大陆特大城市的比重整体偏高。杭州、北京、武汉的比重高于30%,广州、郑州、天津也在25%以上。此外,泰国曼谷、俄罗斯莫斯科、印度加尔各答等特大城市亦超过25%。相比之下,洛杉矶、纽约、芝加哥的比重仅在10%左右,大阪仅为6%。

与之相对,东亚和东南亚的建成区与开放空间比值显著低于其他区域。拉美地区特大城市建成区与开放空间的比值则普遍较高。在52个样本城市中,建成区与开放空间比值的均值为2.48。东南亚地区均值仅为1.70,东亚地区均值为2.12。相比之下,拉美地区均值高达3.77。除了深圳之外,样本中的中国大陆特大城市该比值均显著低于整体平均值。与东亚地区均值持平的也仅有上海和成都。

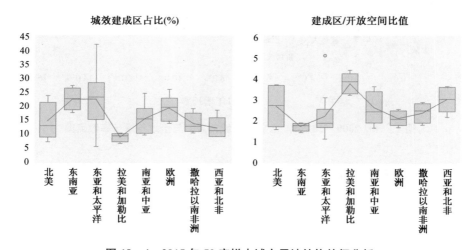

图19-4 2015年52座样本城市用地结构特征分析

图19-5刻画了2000—2015年全球部分特大城市不同类型建成区动态变化特征。结果显示,特大城市用地扩张在结构上存在着多样化路径,包括均衡增长与非均衡增长。非均衡增长可进一步细分为侧重城市建成区的直接增长和侧重郊区建成区的渐进增长。均衡增长对于城市用地规模而言是一大挑

战,需要同时满足城市、郊区、乡村建成区的增长,又要保障开放空间的需求,
城市规模增速较快。如图 19‑5 所示,首尔、台北、成都、曼谷、胡志明市都表
现出均衡增长的趋势。在图 19‑5 所示的样本城市中,部分城市表现出了极
高的城市用地面积年均增长率,其中,成都年均增长率高达 13%,胡志明市亦
达到 10%,台北和首尔则分别为 4.7% 和 4.0%。

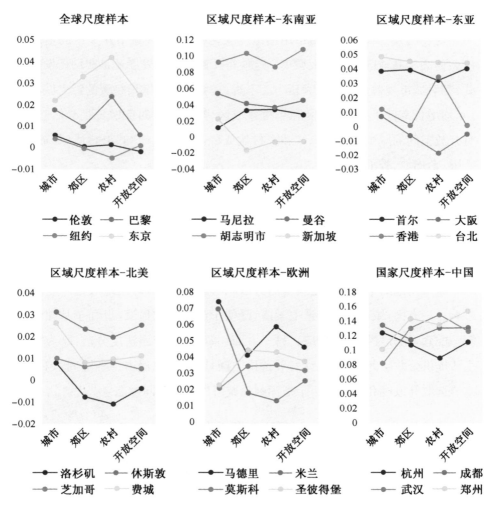

图 19‑5 2000—2015 年全球部分特大城市不同类型建成区增长率

在非均衡增长模式中,直接增长表现为城市建成区的增长率显著高于郊
区和乡村建成区,侧面反映出旺盛的城市用地需求。为此,直接增长同样对城

市规模形成较大压力。休斯敦、费城、马德里、米兰、杭州等城市均属于直接增长模式。马德里、米兰年均城市用地规模增长率达到 6.0% 和 4.7%。休斯敦和费城也达到 2.8% 和 1.7%,这一比例在美国特大城市中已处于较高水平。相比之下,渐进增长表现为郊区和乡村建成区的增长率高于城市建成区的增长率,表现出城市规模扩张较为平稳,更倾向以外延发展带动城市建成区的扩张。东京、马尼拉、莫斯科、圣彼得堡、武汉、郑州等城市表现出这一特征。

对比国外特大城市的城市用地结构变化,中国特大城市建成区的增长速度整体高于其他区域的特大城市。这使得无论是均衡发展还是非均衡发展模式,都对城市规模形成了巨大压力。不过,在城市规模增长趋缓的特大城市中(年均增长率低于 1%),郊区和乡村建成区、开放空间的负增长是必然趋势,且开放空间的减少滞后于郊区和乡村建成区,如伦敦、纽约、洛杉矶、芝加哥、大阪、新加坡、香港等城市。

第二节　国际特大城市建设用地格局及其实现路径

城市用地的空间形态是紧凑与分散相协调的结果,对用地效益产生直接影响。一方面,城市用地应适度紧凑,既便于产业活动集聚,也利于基础设施统一配套,充分发挥规模效应。另一方面,城市用地应当适度分散,既为日常生活提供公共空间,也为长远发展预留空间,同时避免侵占生态空间。对此,本节选取开放度和聚合度两个指标刻画城市用地的空间形态。

一、规模约束下特大城市发展趋于紧凑且开放度降低

开放度依据每一个城市用地单元步行距离之内(半径 564 米的圆形范围)的开放空间单元数量的平均值计算而得。开放度介于 0~1。开放度越大,表明城市用地与开放用地相交织的程度越高。聚合度则以与城市用地面积相同的圆形为基准,计算等面积圆形内部两两单元之间平均距离与城市内部两两单元之间的平均距离的比值。这一数值同样介于 0~1,越接近 1,表明城市用

地形态越接近标准圆形,意味着用地越紧凑。

在《2016 年全球城市扩张地图集》关注的 200 个样本城市中,开放度的平均值为 0.31,紧凑度平均值为 0.76。相比之下,52 座样本城市的开放度平均值为 0.26,紧凑度平均值为 0.78。这反映出特大城市在用地规模扩张过程中,囿于用地压力,城市空间紧凑程度提升,但开放程度将明显降低。52 座样本城市的分析结果表明(图 19-6),现阶段东南亚、东亚地区的特大城市具有相对较高的开放程度,紧凑度则相对较低。与之相对,拉美城市由于典型的蔓延式扩张,所以特大城市普遍具有较高的紧凑度,但开放度显著低于其他地区。

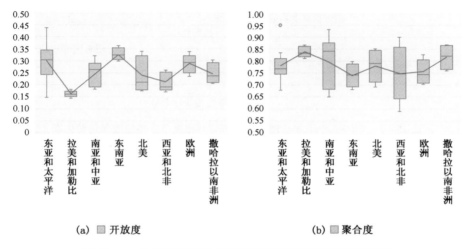

图 19-6　2015 年全球特大城市用地的破碎程度与紧凑程度

进一步从变化特征上看(图 19-7),绝大多数特大城市在扩张过程中表现出紧凑度上升、开放度下降的特征。尤其是在变动较为明显的 25 座特大城市中(即聚合度或集聚度的年均变化率大于 1%),16 座集中于第二象限,即开放度下降、聚合度上升。值得注意的是,中国大陆的样本城市呈现出不同的空间动态。在城市规模总量快速扩张的背景下,郑州表现出聚合度、开放度共同增长的空间特征。杭州、成都则更多表现为聚合度的增长,开放度出现一定程度的下降,但并不显著。而北京、武汉、天津则表现出开放程度的显著提升,而聚合度亦有少量波动。相比之下,总量规模扩张相对较慢的深圳则表现出显著的聚合度增加、开放度下降。类似地,上海同样表现出显著的开放度下降。

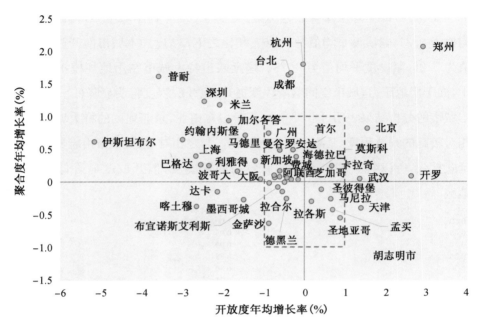

图 19－7　2000—2015 年全球特大城市破碎程度与紧凑程度年均变化率

二、特大城市因发展阶段差异表现出差异化用地扩张路径

城市用地规模扩张在空间上存在多样化路径,包括利用现有城市边界内开放空间的填充式扩张、围绕现有城市边界向外部延伸的拓展式扩张,以及依托城市边界外部空间发展的飞地式扩张。纵观 52 座样本城市的发展路径,以填充为代表的内涵式扩张和以拓展为代表的外延式扩张是特大城市规模扩张的主导方式(图 19－8)。

2000—2015 年,北美城市普遍表现出以填充为主的内涵式增长,尤其是洛杉矶填充式扩张占新增城市用地面积比重 60％左右。相比之下,欧洲城市的飞地式扩张明显。莫斯科、圣彼得堡依托飞地扩张新增面积的占比均高于50％。相比之下,亚洲、拉美地区的特大城市普遍表现出对拓展式扩张的依赖。在东南亚,拓展式扩张占据曼谷新增城市用地近 60％,马尼拉和胡志明市该比例达到 40％;在撒哈拉以南非洲,金萨沙和罗安达拓展式扩张占比近

80%；在南亚、西亚和北非的诸多特大城市亦是如此。

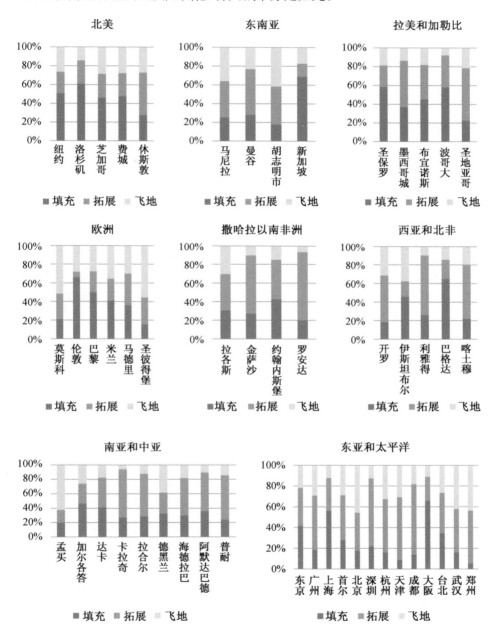

图 19–8　2000—2015 年 52 座样本城市不同用地扩张方式比重（不含中国香港）

　　具体就中国特大城市而言,除了上海之外,众多特大城市扩张普遍依赖于拓展式和飞地式扩张相结合的方式,填充式发展的比重普遍较低。广州、北京、杭州、成都、武汉等填充式扩张占比不足 20%,天津和郑州甚至不足 10%。换言之,中国诸多特大城市的用地扩张表现为多中心、组团式蔓延,在利用填充式发展方面并不充分,而这一点恰是在城市用地总量趋紧的现状下需要进一步思考的问题。

三、总量锁定下,特大城市依托乡村建设用地进行填充式开发

　　在分析 52 座样本城市总体特征的基础上,进一步选择 4 座样本城市进行比较分析,包括伦敦、新加坡、圣保罗和上海。这 4 座城市的人口增速与用地增速比值大于 2。伦敦、新加坡和圣保罗用地总量增速低于 1%,而上海的用地增速仅为 1.6%。整体而言,这 4 座样本城市在 2000—2015 年维持着城市用地规模的相对稳定,同时持续吸纳着大规模的人口集聚,土地资源紧约束特征明显。

　　总量锁定的特大城市用地主要依托郊区和乡村建设用地进行填充式开发,同时保障开放空间。在总量锁定约束下,特大城市势必逐步转向内涵式扩张的道路,郊区和乡村建设用地支撑着城市新增建设用地需求。4 座特大城市在 20 世纪 90 年代仍旧经历了较为显著的城市用地规模扩张。自 2000 年之后,城市用地规模趋于稳定,建成区面积增长不再驱动城市用地边界扩张。填充式发展是这些特大城市满足新增用地需求的关键来源,占比 60% 左右。新增城市建成区面积主要占用了城郊和乡村建成区。

　　具体地,伦敦自 20 世纪 60 年代至 80 年代通过新城建设对城市中心进行功能疏解,形成了如今飞地组团式的城市空间形态。伦敦自 1990 年以来城市规模的扩张源于城市复兴计划。城市规模较为明显地增加,增加方式仍旧为飞地式与内填式并举。类似地,新加坡新城建设普遍以城郊的小镇或大型住宅区为基础进行优化开发,以生活功能为先导,在空间上构成多个组团。

　　相比之下,圣保罗和上海同样通过对传统远郊城镇进行功能提升实现新城建设,实现对城市功能的疏解。但是,圣保罗和上海更倾向于拓展式与内填

式并举的扩张模式。新城开发很快融入原有城市建成区之中,并不注重保留开放空间。这也使得城市建成区表现出蔓延的态势。上海目前城市边界已经十分趋近城市行政边界,并且建成区的开发强度也显著高于伦敦和新加坡。

整体而言,面对总量锁定的特大城市,依托郊区和乡村建设用地进行填充式开发(通常表现为新城建设的形式)是较为普遍的做法。从土地利用的角度而言,这种做法一方面对既有建成区的用地效益进行了集中提升,减少了新城建设的用地需求;另一方面,新组团发展配套不断完善,能够有效疏解城市中心由于用地规模限制而形成的拥挤效应,优化资源配置效率。

四、高密度特大城市依托开放空间预留发展用地

除了土地总量规模约束外,庞大人口基数所导致的高人口密度同样是城市用地压力来源所在。在此情况下,城市普遍面临用地规模扩张的压力。选择 4 座高人口密度样本城市进行比较分析,包括东京、首尔、孟买和开罗。4 座城市人口密度介于 54~278 人/公顷,城市用地年增速介于 2%~8%。整体而言,4 座样本城市是典型的人口密度高、用地增长快的特大城市。与伦敦、新加坡、圣保罗、上海等特大城市相比,这类城市的人口增速明显放缓。可以说,前者是人口增量加剧土地紧约束,而后者则是人口存量凸显用地矛盾。

从用地空间格局看,高密度特大城市向外扩张是渐进式的,依托开放空间的扩张为空间发展预留用地。2000—2015 年,东京、首尔开放空间和建成区的增速持平,分别为 2.4%和 4.0%。孟买、开罗开放空间增速显著快于建成区增速。其中,开罗开放空间增速高达 12.19%。4 座样本城市用地持续向外扩张。新增城市足迹中,以开放空间为主。东京的北扩,首尔的向西、向南扩张,孟买向东扩张,以及开罗的东西向延伸都保留了大量的开放空间。4 座样本城市普遍以外延式扩张为主导,包括飞地式和拓展式扩张。孟买和开罗的填充式扩张占比不足 20%,东京和首尔则不足 40%。

进一步从建成区的增长来看,4 座样本城市的城市建成区增长同样慢于郊区建成区和乡村建成区的增长。以城市足迹增速最高的开罗为例,开罗城市足迹增速高达 8.4%。其中开放空间增速高达 12.2%,而建成区增速为

7.1%。建成区之中，城市建成区增速为 6.3%，低于建成区整体的增速。与之相对，郊区建成区和乡村建成区增速则分别达到 11.5% 和 10.2%。由此可见，在人口密度较高的现状条件下，特大城市亦可能选择渐进式地发展卫星城，一方面疏解既有城区的人口密度，另一方面也对涌入城市的人口进行分流。

第三节　特大城市建设用地规模多元导向

特大城市人口和生产要素的持续集聚决定其势必面临土地资源的紧约束。不过，发展基础、发展阶段、发展路径的差异决定了全球特大城市的建设用地规模存在多元导向。通过上述全球 52 座样本城市的对比分析，可以归纳出 4 种较为典型的建设用地规模导向。

（1）环境容量挖潜：针对土地开发强度已经逼近临界阈值且人口数量仍显著持续增长的特大城市而言，环境容量挖潜成为建设用地规模导向的核心目标，如伦敦、上海、新加坡、圣保罗、波哥大等城市。城市建设用地需求以内填式为主导，通过在原有城郊和乡村建设用地基础上建设新城进行功能疏解。组团式发展是环境容量挖潜的普遍选择，表现在两个层面：在区域层面，通过发展都市圈进行分工协作，缓解城市用地压力[①]；在城市层面，由单中心向多中心形态转变，通过用地结构与布局优化，提升用地效益。

（2）人口密度疏解：针对现状人口密度高而城市用地有限增长的特大城市而言，保障基本人均用地需求成为建设用地规模导向的核心目标。这既是东京、首尔等发达城市所面临的问题，更是如达卡、卡拉奇、孟买、拉合尔、阿默达巴德、开罗等新兴特大城市用地矛盾所在。这些城市所在国家国土面积有限，人口基数庞大。特大城市集聚了全国绝大多数的城镇人口。城市建设用

---

① Mao X，Huang X，Song Y，et al. Response to urban land scarcity in growing megacities：Urban containment or inter-city connection? [J] Cities，2020，96：UNSP102399.

地需求以外延式扩张为绝对主导,包括拓展式和飞地式扩张。城市用地渐进式特征明显。一方面,在拓展建成区的同时注重保留开放空间,为发展预留用地;另一方面,注重城郊和乡村建成区的开发利用,缓解城区人口密度持续提升的压力。

（3）人均用地提升:针对人口和用地增长保持相对稳定的特大城市而言,适度提升人均用地水平,改善城市环境,并为未来发展预留弹性空间成为建设用地规模导向的目标,例如,莫斯科、圣彼得堡等。由于人口扩张的压力相对较小,此类特大城市用地扩张以新增城郊建设用地与开放空间为主,一方面有利于提升城市环境质量,另一方面也可作为城市弹性发展空间。

（4）城市形态紧凑:针对土地资源丰富且人口密度较低的特大城市而言,避免城市蔓延所导致的资源环境低效利用是用地规模导向的压力所在,以美国城市为典型代表。基于土地分区制度,提升土地利用强度、鼓励土地混合利用、降低对汽车通勤的依赖,从而促进土地集约、城市紧凑发展是此类特大城市的发展目标,主要依赖于内填式增长,避免蔓延式开发。直观地表现在,样本中的休斯敦作为美国唯一一个不施行土地分区制度的特大城市,外延式开发是城市规模扩张的主导路径。相比之下,纽约、费城、洛杉矶和芝加哥均以内填式开发为主导。

对比上述 4 类用地规模导向,中国现阶段一线特大城市的发展（京、沪、穗、深)已经逐步表现出第一类与第二类相复合的特征。高人口密度基础、人口持续增长、逼近环境容量阈值迫使这些特大城市面临极大的土地紧约束。部分二线特大城市的发展面对着高人口密度的同时仍旧选择外延式为主导的扩张路径,人均用地规模快速扩张的同时加快了逼近环境容量阈值的速度。实际上,中国二线特大城市具备第二类与第三类相复合的特征,承担着高人口密度的同时也面临着人均用地规模提升的压力。对此,城市建设用地规模导向应当明确"渐进发展规模",协调并确定近期、长期、远景和环境容量阈值的用地规模。

第二十章 / 长江经济带资源环境与可持续发展政策

　　长江经济带内部各省市的资源环境基底及社会经济发展水平仍存在较大差异。从未来发展的空间和诉求来审视这一差异,资源配给的差序状态成为限制地区发展潜力发挥的主要障碍①。长江经济带生态脆弱区与发展潜力区在空间上交互重叠,未来进一步发展所能够依赖的资源环境基础不断削弱,发展的空间被压缩②。因此,需要创新长江经济带资源环境承载的政策机制,从战略协同、空间协同、政策协同和监管协同多个方面保护生态环境,提高资源环境承载力。

第一节　战略协同与资源环境可持续承载

　　长江轴线在全国国土开发中至关重要,在全世界也是独一无二的,促进长江经济带高质量发展,对中国、对世界都具有示范意义③。长江经济带横跨我国东、中、西三大区域,在经济发展水平和资源环境承载方面都存在着梯度差异。长江经济带的资源环境可持续承载离不开长江经济带发展的战略性安

---

　　①② 黄贤金.基于资源环境承载力的长江经济带战略空间构建[J].环境保护,2017,45(15):25 - 26.
　　③ 刘毅,周成虎,王传胜,等.长江经济带建设的若干问题与建议[J].地理科学进展,2015,34 (11):1345 - 1355.

排。因此,长江经济带资源环境可持续发展的战略安排不仅要与国家大的区域发展格局战略相适应,更要与流域层面、资源环境保护层面相协调。加快消除地区间隐形壁垒,实现流域经济一体化发展,建立上中下游园区间产业协作、人才流动机制,推动产业跨区域有序转移,引导流域间、区域间企业错位发展[①],提高资源利用效率,加强流域区域间的资源配置效率,明确流域间的资源环境保护责任。坚持"山水林田湖是一个生命体"来协同管制自然资源。

一、国家层面发展战略协同

长江经济带发展战略的实施存在复杂的层级关系,需要与我国的区域发展战略统筹协同。在我国国土空间开发格局中"点轴系统"逐渐上升到国家空间战略的层面,对打造有序国土空间开发格局发挥着战略性指引作用[②]。长江经济带开发开放过程在中国国土开发格局中占有重要地位。1949年以来,产业和城市经历了优先集中于沿海地区、逐步向内地扩展的空间发展格局,沿海地区经济活动集聚度进一步提升。20世纪以来,随着国家一系列协调发展战略的实施,国土空间开发格局出现新变化[③]。《长江经济带发展规划纲要》确立了长江经济带"一轴、两翼、三极、多点"的发展新格局,这需要从国家区域发展战略出发,协同好东、中、西区域的协调发展。

长江经济带在交通走廊建设、新型城镇化、生态文明建设等方面都需要与国家的总体战略协调。长江经济带综合交通走廊建设,需要处理好内河航运、公路运输、铁路运输等不同运输方式的关系,强调协同发展,建立立体式交通网络。长江经济带也是国家未来新型城镇化的主战场,目前尚处于城镇化快速成长阶段。从城镇密度分析,该带现有9 071个城镇,城镇密度为44.25个/万 km²,超出全国城镇密度(20.96个/万 km²)1倍多。可见,长江经济带

---

① 刘毅,周成虎,王传胜,等.长江经济带建设的若干问题与建议[J].地理科学进展,2015,34(11):1345-1355.

② 樊杰,王亚飞,陈东,等.长江经济带国土空间开发结构解析[J].地理科学进展,2015,34(11):1336-1344.

③ 肖金成,欧阳慧,等.优化国土空间开发格局研究[J].经济学动态,2012,5:18-23.

是一个城市与城镇高度密集带,也是未来高密度城镇化集聚地区①。2014年年末,长江经济带建设用地总面积达14.47万km²,占全国建设用地总面积的37.95%,城镇人口3.17亿,占全国城镇总人口的42.32%,GDP占全国的44.71%,平均经济增长速度为8.77%,明显高于全国水平(7.3%)②。《国土资源"十三五"规划纲要》提出,将实行建设用地总量和强度双控措施,"十三五"期间新增建设用地总量控制在3256万亩,单位国内生产总值建设用地面积降低20%,长江经济带城镇化过程需要协调好建设用地增量、存量与经济发展刚性需求的关系。"十三五"规划纲要指出:"将长江经济带建设成为中国生态文明建设先行示范带、创新驱动带、协调发展带。"生态优先、绿色发展,是国家赋予长江经济带的新型战略定位,确立了长江经济带生态保护和经济发展两大基本特征。长江经济带发展更是要从共抓大保护、不搞大开发的基调入手,协调好人与自然的关系,统筹山水林田湖生命共同体的保护与开发。

二、长江流域层面发展战略协同

纵观长江经济带发展历程,从沿江产业带到城市群发展,再到当前的长江流域经济发展,长江经济带区域内部经济发展差异较大、资源禀赋特征对经济发展的制约因素越发突出,长江经济带整体联动发展是我国区域协调战略的重要组成部分。2015年7月国务院批复《长江流域综合规划(2012—2030年)》,着重关注水资源合理开发、防灾减灾、水生态保护、河道整治等问题,而对社会经济发展、国土综合整治等领域内容关注较少。

长江经济带需要协同行政区经济与流域经济之间的关系。促进区域一体化是形成长江经济带整体开放格局的核心,需要打破行政区经济的壁垒,为要素自由流动和各类经济主体合作竞争提供良好的政策环境和发展条件,加强区

---

① 方创琳,周成虎,王振波.长江经济带城市群可持续发展战略问题与分级梯度发展重点[J].地理科学进展,2015,34(11):1398-1408.

② 陈伊翔,朱红梅,吴飞,等.长江经济带建设用地扩张与经济增长关系及区域差异[J].地域研究与开发,2017,36(5):93-114.

域间产业分工与合作①。加强流域层面的合作,能够有效提高资源的利用效率,避免区域间恶性竞争导致的资源浪费。同时,流域一体化建设也能够促进流域环境保护立法的顺利推行,保障资源环境监测预警机制的建立。

三、资源环境保护战略层面协同

2003—2012 年的十年间,长江经济带废水排放量呈不断上升的态势,2007 年突破 300 亿吨,2012 年接近 400 亿吨,总量相当于黄河一年的水量②。健康的水生态系统对保证水域抵抗干扰、恢复自身结构和功能,为流域提供合乎自然和人类需求的生态服务具有重要作用③,水资源保护是长江经济带资源环境的重点之一。目前,有关长江水资源管理与保护的法律法规都未从整体上对长江流域性水资源管理、水环境保护、水污染防治等做出明确规定,且在执行中也缺乏整体性保护和治理的体制机制和有效措施,对全流域资源环境保护难以形成有效保障④。

长江经济带历史上的绿水青山造就了今天的金山银山,而只有保住今天的绿水青山,才能换来明天的金山银山。为此,长江经济带的生态环境保护,需要尊重自然规律,坚持"绿水青山就是金山银山"的基本理念。遵循《长江经济带生态环境保护规划》,协同水资源、森林资源、土地资源、生态系统等各单要素的保护战略,坚持"山水林田湖是一个生命共同体"来对自然资源进行管制。"山水林田湖是一个生命共同体,人的命脉在田,田的命脉在水,水的命脉在山,山的命脉在土,土的命脉在树",即"山、水、林、田、湖、草"的物质、物质运动及能量转移与它们之间互为依存又相互激发活力的复杂关系。我国自然资源实行分类型管理,但这也不可避免地带来一些问题:多头管理导致没有一个部门对

① 李春艳,文传浩.长江经济带合作共赢的理论与实践探索——"长江经济带高峰论坛"学术研讨会观点综述[J].中国工业经济,2015(02):44-49.

② 黄娟,程丙.长江经济带"生态优先"绿色发展的思考[J].环境保护,2017,45(7):59-64.

③ 孟伟,范俊韬,张远.流域水生态系统健康与生态文明建设[J].环境科学研究,2015,28(10):1495-1500.

④ 西部论坛."新常态"下长江经济带发展略论——"长江经济带高峰论坛"主旨演讲摘要[J].西部论坛,2015,25(01):23-41.

特定区域的自然资源问题负责①。因此,资源环境保护需要协同资源环境的相关立法和行政管理部门,从流域整体对长江经济带的资源环境进行保护。

第二节　空间协同与资源环境可持续承载

长江经济带以"水域"为主要纽带形成了上中下游以及区域间联系密切的空间单元,在规划、发展及环境保护的各个维度均需从空间协同的视角进行统筹考虑,考虑城市布局、工业布局、产业结构布局等。协调整体与局部,干流与支流,上游与下游,左岸与右岸各个维度的关系②。

一、"三生空间"协同发展

基本农田保护红线、生态保护红线和城市开发边界线的划定是制定长江流域国土总体规划、全面实施长江生态大保护的有效途径,是保障长江经济带发展永久可持续的必要条件。促进长江经济带全流域生态红线划定,全面落实三线划定,切实为长江经济带生态保护、绿色可持续发展提供资源环境保障。首先,优化国土空间开发格局,强化国土空间开发的生态指引。长江经济带沿线省市严格按照国土规划集中集约开发用地,加强沿线城市群与省级以上开发区资源开发利用与布局的有序性与规范性,尤其是水电、矿产等自然资源的开发利用。同时,建立有效的长江岸线资源保护与利用空间协调机制,优化国土空间开发格局,逐步形成空间利用集约性强、生态空间利用率高的国土空间开发格局。其次,提高重要城市群和省级及以上开发区集中集约开发用地效率,严控城市开发边界线,及城市与开发区、产业园的无序蔓延。再次,合理引导城市群发展。依据长三角、长江中游、成渝、江淮、黔中、滇中城市群资

① 黄贤金,杨达源.山水林田湖生命共同体与自然资源用途管制路径创新[J].上海国土资源,2016,37(3):1-4.
② 陈莹,刘昌明.大江大河流域水资源管理问题讨论[J].长江流域资源与环境,2004,13(3):240-245.

源环境承载力、城镇化发展、经济发展的现实需求,科学合理地设定土地利用开发强度,划定城市扩展的增长边界线,保障农业生产空间以及绿色开敞空间。

当前长江经济带人口空间分布的密度呈现出东高西低的局面,进一步挖掘中上游人口承载的潜力将有助于引导人口由沿海向内陆有序流动,一方面缓解下游地区的资源环境压力,另一方面也将为中西部经济发展注入活力。根据长江经济带各省市未来人口承载状态的预测结果,长江中下游地区以当前的社会经济发展速度将出现超载的局面,因此上述人口空间布局的优化应当是一个较为长期的过程,同时需要进一步加强中上游地区社会经济发展的步调。

二、长江流域上中下游区域近远程耦合协同

远程耦合是一个远距离社会经济和环境相互作用的总体概念。人类与自然耦合系统是研究在特定地点发生的相互作用,远程耦合概念是对人类与自然耦合系统研究的自然延伸。远程耦合框架包括五个相关的组成部分,即人类与自然耦合系统、流、代理、原因和影响[①]。方创琳等学者从系统论视角集成远程耦合框架和近程耦合研究,对城市群城镇化过程与生态环境系统进行的物质与能量的交换做了定量的研究[②]。

鉴于长江经济带生态环境保护需要协调长江上、中、下游区域,资源环境可持续发展存在区域之间的远程协同效应,同时在上游或者下游的区域内部,也存在资源环境可持续的协同发展。资源环境近远程耦合协同能够从流域整体考虑,综合考虑资源环境单元素之间、多要素之间和系统之间的错综复杂的空间协同关系,为长江经济带资源环境可持续发展谋划全局。

---

①　刘建国. 远程耦合世界的可持续性框架[J]. 生态学报,2016,36(23):7870-7885.
②　方创琳,任宇飞. 京津冀城市群地区城镇化与生态环境近远程耦合能值代谢效率及环境压力分析[J]. 中国科学,2017,47(7):833-846.

三、"港口—腹地"城市空间的协同发展

　　港口腹地是指港口的服务区域①。港口作为对外联系的重要载体,地位不断提升,和腹地的联系也通过基础设施建设愈加密切。长江航运能力的提升离不开长江流域的港口城市,同时,对港口城市的城市功能和货物吞吐能力都有更高的要求,需要港口城市与腹地形成良好的功能互补、资源配置合理的协同发展关系。

　　岸带区域是港口城市经济活动主要发生地,也是河湖水域和陆地生态系统之间的交错地带,生态系统较脆弱和生物多样性程度高,在防止河岸带水土流失、净化水质、调蓄洪水和维护生物多样性等方面具有重要作用②;同时长江岸带区域也是人类开发建设和农业活动的重要区域,土地利用变化显著,人类活动的加剧直接影响岸带的生态系统,港口城市的合理开发对长江经济带生态环境保护至关重要。但是,依据区域空间双核理论,港口城市与腹地内的中心城市必定形成双核结构,正如美国港口城市纽约与腹地城市芝加哥之间形成的当今的"美国经济地理横轴"③。长江经济带港口城市需要与腹地的中心城市在空间上能够协同发展,优化城市规模等级,避免港口城市过度开发造成岸带区域的生态环境恶化,也要避免与腹地之间的恶性竞争,造成资源浪费。

---

　　① 肖青.港口规划[M].大连:大连海事大学出版社,1998.
　　② 张哲,倪贺伟,王维,等.长江流域不同尺度岸线区域的土地利用及其变化[J].环境工程技术学报,2017,7(4):500-508.
　　③ 陆玉麒,董平.区域空间结构模式的发生学解释—区域双核结构模式理论地位的判别[J].地理科学,2011,31(9):1035-1042.

第三节　政策协同与资源环境可持续承载

忽视政策行动者的多层次性和异质性以及不同政策部门间的协同作用，必将导致政府治理的失败①。长江经济带资源环境可持续的相关政策的制定和实施需要达到政策之间协同，共同推进政策落地。

一、环境保护规划与多规合一

国土空间是人类社会发展的载体，具有唯一性，但现阶段的国土空间规划、城市规划多呈现"分立"甚至"冲突"的现象，导致了空间资源开发管理无序，一定程度降低了规划的权威性和效率。为解决这一问题，统筹城乡空间资源，国家相关部委开始主导并着力推动"多规合一"。2014 年国家出台《国家新型城镇化规划（2014—2020 年）》，明确提出加强城市规划与经济社会发展、主体功能区建设、国土资源利用、生态环境保护、基础设施建设等规划的相互衔接，推动有条件地区开展"多规合一"②。

《长江经济带生态环境保护规划》明确要求，严格空间管控，严守生态红线。各省市要系统构建长江经济带的区域生态安全格局，强化"生态保护红线、环境质量底线、资源利用上线、环境准入负面清单"硬约束。但是，目前各地基本建立了以土地利用总体规划、城乡规划、区域规划为主体的国土空间规划体系，长江经济带的大部分区域也是《主体功能区规划》的重要部分，现行的规划体系存在"规划自成体系、内容冲突、缺乏衔接协调"和"重局部轻全局、重当前轻长远、重建设轻保护"等问题，多规合一的提出就是为了解决这些既有规划之间的冲突。因此，长江经济带的生态保护红线划定与落地需要多方面

①　张国兴，高秀林，汪应洛，等.政策协同：节能减排政策研究的新视角[J].系统工程理论与实践，2014，34(3)：545−559.

②　唐燕秋，刘德绍，李剑，等.关于环境规划在"多规合一"中的定位的思考[J].环境保护，2015，43(7)：55−59.

协调,需要做到与长江经济带各个省市的多个规划之间的协同,才能解决相互交叉等问题。最终才能达到生态环境保护和满足城市社会经济发展双赢的局面。

二、节能减排政策协同与碳峰值

中国 2007 年提出第一个应对气候变化的国家行动方案,落实环境友好,资源节约的基本国策,发展循环经济,并积极履行《气候公约》规定的相应国际义务,努力控制温室气体排放。在《中美气候变化联合声明》和巴黎气候大会中,中国进一步明确提出在 2030 年前后实现二氧化碳排放达峰,将非化石能源占一次能源消费的比重提高到 20% 左右。长江经济带碳排放及增长率、人均碳排放及增长率、能源强度都高于全国平均水平,能源强度下降率低于全国平均水平。碳排放量从西往东呈梯度上升,碳排放量与经济发展程度明显正相关,东、中、西段碳排放量所占比例分别为 37.8%、32.3% 和 29.9%[①]。由此可见,长江经济带的东部地区是长江经济带碳排放主要的贡献地区。在碳峰值目标的约束上应该区别长江经济带不同省市的碳排放达峰目标。

长江经济带各个省市做出了碳峰值到来前的减排承诺,但是碳排放的配额分配上东部省份与中西部省份之间存在公平性问题。东部省份江苏省、上海市、浙江省的人均碳排放量和碳排放密度较大,严重占用其他省份的碳排放空间。针对产业转移的加快,中西部地区将是承接东部产业转移的主要区域,在碳减排政策上需要关注东、中、西部各个省份之间的碳减排政策协同,在分配节能降耗和污染减排目标时,针对不同省份或区域应全面综合考虑地区经济、社会、生态影响,同时采取区别对待,有所侧重的方针,特别是对中部地区碳排放公平性差异明显的省份。

---

① 黄国华,刘传江,赵晓梦.长江经济带碳排放现状及未来碳减排[J].长江流域资源与环境,2016,25(4):638-644.

第四节　监管协同与资源环境可持续承载

创新流域保护的制度,应该将已有的行政为主导的监管与市场调节手段、预警技术相结合。借鉴莱茵河、密西西比河和泰晤士河的环境治理理念,根据长江流域的具体情况,改革资源保护和供求方式,协调长江经济带各个部门和上、中、下游地区,以及各个长江支流地区,建立水资源交易市场和完善长江流域生态补偿机制。同时,通过数据集成和平台开发,建立长江经济带的环境监测机制和资源环境承载力预警机制,实时动态协同监管长江经济带资源环境状况。以市场手段为抓手,以科技监测手段为支撑,以协同监管为目标,实现长江经济带资源环境承载的可持续发展。

一、长江经济带资源环境保护的市场化机制

长江流域的水资源保护是生态环境保护的重要内容,当前对水资源的管理以行政区为主,但是,行政区的壁垒效应使得水资源保护责任不清,保护效果不显著。因此,有必要创新流域保护的制度,建立横向联系的长江经济带水资源市场。建立完善的水资源市场同时配套完善机制,打破条块分割的体制限制,协调不同相关者下的利益冲突,提高管理效率,将流域保护和水务活动纳入社会再生产领域,依靠市场机制调节供求关系,通过竞争促进水资源的节约利用[①]。引入市场主体,构建循环经济产业链,变废水为净水,建立局域性的水市场,能通过市场方式实现治水的产业化运作。

建立长江经济带生态补偿机制是另一重要的市场化手段。2018 年 2 月,财政部下发《关于建立健全长江经济带生态补偿与保护长效机制的指导意见》,中央财政将增加均衡性转移支付分配的生态权重,加大对长江经济带相

---

① 张晓理. 钱江流域跨行政区保护制度研究——莱茵河流域保护制度启示与借鉴[J]. 中共杭州市委党校学报,2007(04):30-34.

关省(市)地方政府开展生态保护、污染治理、控制排放等带来的财政减收增支的财力补偿。并且对长江经济带重点生态功能区和专项保护领域做出了资源扶持力度的部署。同时,也要求地方政府统筹加大生态保护补偿投入力度,探索建立长江流域生态保护和治理方面专项转移支付资金整合机制。到2020年,长江流域保护和治理多元化投入机制更加完善,上下联动协同治理的工作格局更加健全,中央对地方、流域上下游间的生态补偿效益更加凸显。它包含了上下游、左右岸,一省对多省、多省对一省等补偿关系①。

二、长江经济带环境监测预警机制

从国际流域治理的路程来看,一旦流域环境受到污染和破坏,修复和治理的过程都是漫长的,得到的经验教训是惨痛的。长江流域的资源环境破坏虽然没有达到莱茵河、泰晤士河那样的程度,但是以史为鉴,先污染后治理的老路在长江经济带绝不可以再发生。可以参考欧洲严格的环境管理标准,监督水质动态,强化监督机制,对重点排放单位进行检测②。除此之外,长江经济带整个流域层面缺乏统一的监测预警系统,借鉴莱茵河治理经验,针对长江经济带的水环境治理,制定统一的污水排放标准,搭建长江流域上中下游省份的排污监测系统平台,集成各类污染物排放的数据,开发长江经济带水环境污染报警系统,建立长江经济带统一的监测监管机制。

三、长江经济带资源环境承载力预警机制

长江经济带资源环境承载力评估及其预警是对长江流域摸清家底的重要前提,也是下一步落实长江经济带生态保护、绿色发展工作的基础支撑。借鉴国外大河流域治理经验,结合我国中央和地方对长江经济带保护的战略定位,全面推进长江经济带资源环境承载力的预警机制构建。2017年国务院印发

---

① 生态文明网:http://www.cecrpa.org.cn.
② 姜彤.莱茵河流域水环境管理的经验对长江中下游综合治理的启示[J].水资源保护,2002(03):45-50.

《关于建立资源环境承载能力监测预警长效机制的若干意见》①，提出资源环境承载力预警需做到四个"坚持"，即坚持定期评估与实时监测相结合、坚持设施建设与制度建设相结合、坚持从严管理与有效激励相结合、坚持政府监管与社会监督相结合。根据《意见》，将资源环境承载能力分为超载、临界超载和不超载三个类型，以及红色、橙色、黄色、蓝色和绿色五个预警等级，并设计了综合配套措施与单项管控措施相结合的立体式管控措施。同时，也要求建立信息化的资源环境承载力预警管理机制。

长江经济带上中游需要从限制性因素入手，突破资源环境承载力的瓶颈。主要是：

对处于长江经济带下游的省市而言，经济发展的良好基础带动了地区环境条件的改善和社会生活水平的提升，但是地理位置所决定的自然禀赋状况以及发展过程不可避免的资源消耗使得资源要素的限制作用突出。对于上海市和浙江省，缓解人口承载压力的首要任务是进一步加强对现存资源的保护。江苏省各要素的承载能力相对均衡，然而依旧需要强调耕地资源的保有，并进一步增加对教育事业的投入。

位于中游的省份经济发展整体处于中上水平，资源的赋存状况也要优于下游地区，然而城市建设以及公共服务的提供等社会生活条件的滞后限制了当地人口综合承载力的提升。对于安徽、江西、湖北和湖南，在进一步发展经济的同时，需要加强经济发展成果的转化，使得人口生活水平的提升能与经济发展实现同步。

上游地区的四个省市具体情况差异较大，直辖市重庆的发展水平较高，同上海市和浙江省一样资源限制作用最为明显，仍需要注意资源的保护问题。四川、贵州和云南三省主要的限制要素为经济和环境，其中贵州省和云南省社会生活要素的人口承载水平也相对偏低。经济要素作为发展最基础的物质条件，很大程度上决定了环境要素和社会生活要素的水平。

---

① 中华人民共和国中央人民政府网：http://www.gov.cn/zhengce/2017-09/20/content_5226466.htm.

第二十一章 / 长江经济带资源紧约束的应对策略

资源紧约束不仅来源于物质空间对发展支撑能力的约束,更源于提升发展质量、改善人地关系的内在需求。当前城市发展,尤其是特大城市的发展,已少有具备进行新一轮空间扩张的条件,城市发展空间的增量递减已是必然趋势。多样化的新发展需求、新老功能的置换调整,都将竞争有限的空间资源,对资源利用及其空间配置形成挑战。对此,本章提出以需求管理为导向的空间策略作为城市与区域发展应对资源紧约束、平衡人地关系的抓手。分别围绕增量递减趋势下的用地效率提升、碳排放达峰约束下的产城空间优化等方面讨论如何通过空间需求调整应对资源环境紧约束。

第一节 减量发展背景下全国城市用地政策管理思路

城市用地政策创新,是引导城市理性发展的重要举措。这里较为系统地梳理改革开放以来我国出台的城市用地相关政策文件,通过对中共中央、全国人大、国务院及其所属相关部门官方网站进行直接检索,最终梳理出包含"条例"、"意见"、"办法"、"通知"等规范性文件在内的 36 条相关政策,以厘清减量发展背景下我国城市用地政策的管理思路演变历程。

一、城市用地政策变迁

1988 年《中华人民共和国城镇土地使用税暂行条例》（国务院令 17 号）发布，标志着初步探索有偿使用机制来提高城镇节约集约用地水平。随着 1991 年发布《关于批准国家高新技术产业开发区和有关政策规定的通知》（国发〔1991〕12 号），我国进入开发区建设的高潮阶段，"开发区热"带来的土地粗放利用等一系列问题引起国家高度重视。1997 年《关于进一步加强土地管理切实保护耕地的通知》（中发〔1997〕11 号）提出进一步严格建设用地的审批管理，严格控制城市建设用地的规模。1998 年修订的土地管理法正式提出实行土地用途管制制度。这一阶段相关政策措施的颁布成为我国探索城市节约集约用地机制的萌芽。

1999 年，《闲置土地处置办法》（国土资源部令〔1999〕5 号）的颁布实施标志着专门针对节约集约用地的政策法规正式确立。随后国家出台了系列相关政策，直至《关于深化改革严格土地管理的决定》（国发〔2004〕28 号）提出"实施强化节约和集约用地政策，严格控制建设用地增量，积极盘活存量"，标志着节约集约用地政策体系的基本确立。该阶段围绕"用途管制"、"市场配置"、"闲置土地处置"、"规划计划管理"、"标准控制"、"总量控制和盘活存量"、"集中工业区"等方面初步构建起节约集约用地政策体系。

表 21－1　减量发展背景下我国城市用地政策梳理

政策形式	政策文本名称
党中央指导方针	《中共中央关于全面深化改革若干重大问题的决定》（2013 年党的十八届三中全会通过）
行政法规	《中华人民共和国城镇土地使用税暂行条例》（国务院令〔1988〕17 号）
	《闲置土地处置办法》（国土资源部令〔1999〕5 号、〔2012〕53 号）
	《土地利用年度计划管理办法》（国土资源部令〔1999〕2 号、〔2004〕26 号、〔2006〕37 号）
	《划拨用地目录》（国土资源部令〔2001〕9 号）
	《国务院关于修改〈中华人民共和国城镇土地使用税暂行条例〉的决定》（国务院令〔2006〕483 号）

（续表）

政策形式	政策文本名称
	《土地储备管理办法》（国土资发〔2007〕277号）
	《城乡建设用地增减挂钩试点管理办法》（国土资发〔2008〕138号）
	《节约集约利用土地规定》（国土资源部令〔2014〕61号）
通知意见	《国务院关于批准国家高新技术产业开发区和有关政策规定的通知》（国发〔1991〕12号）
	《关于加强土地管理促进小城镇健康发展的通知》（国土资发〔2000〕337号）
	《关于清理整顿现有各类开发区的具体标准和政策界限的通知》（发改外资〔2003〕2343号）
	《关于发布和实施〈工业项目建设用地控制指标（试行）〉的通知》（国土资发〔2004〕232号）
	《国务院关于加强土地调控有关问题的通知》（国发〔2006〕31号）
	《关于印发限制用地项目目录（2006年本增补本）和禁止用地项目目录（2006年本增补本）的通知》（国土资发〔2006〕296号）
	《关于发布实施全国工业用地出让最低价标准的通知》（国土资发〔2006〕307号）
	《关于落实工业用地招标拍卖挂牌出让制度有关问题的通知》（国土资发〔2007〕78号）
	《国务院关于促进节约集约用地的通知》（国发〔2008〕3号）
	《关于发布和实施〈工业项目建设用地控制指标〉的通知》（国土资发〔2008〕24号）
	《关于严格规范城乡建设用地增减挂钩试点　切实做好农村土地整治工作的通知》（国发〔2010〕47号）
	《关于严格执行土地使用标准　大力促进节约集约用地的通知》（国土资发〔2012〕132号）
	《关于大力推进节约集约用地制度建设的意见》（国土资发〔2012〕47号）
	《关于推进土地利用计划差别化管理的意见》（国土资发〔2012〕141号）
	《国土资源部、国家发展和改革委员会关于发布实施"限制用地项目目录（2012年本）"和"禁止用地项目目录（2012年本）"的通知》（国土资发〔2012〕98号）
	《国务院关于加强城市基础设施建设的意见》（国发〔2013〕36号）

（续表）

政策形式	政策文本名称
	《关于开展城镇低效用地再开发试点的指导意见》（国土资发〔2013〕3号）
	《关于推进土地节约集约利用的指导意见》（国土资发〔2014〕119号）
	《国务院办公厅关于进一步加强城市轨道交通规划建设管理的意见》（国办发〔2018〕52号）
	《自然资源部关于健全建设用地"增存挂钩"机制的通知》（自然资规〔2018〕1号）
	《城乡建设用地增减挂钩节余指标跨省域调剂实施办法》（自然资规〔2018〕4号）
规划报告	《全国土地利用总体规划纲要（2006—2020年）》（第四章）
	《国家新型城镇化规划（2014—2020年）》（第四篇、第五篇）
	《1999年国务院政府工作报告》（"小城镇建设要科学规划，合理布局，注意节约用地"）
	《2014年国务院政府工作报告》（"提高城镇建设用地效率"）
	《2015年国务院政府工作报告》（"坚持节约集约用地，完善和拓展城乡建设用地增减挂钩试点"）
	《全国国土规划纲要（2016—2030年）》（第六章）

2004年后，在国发〔2004〕28号文中有关节约集约用地精神的指导下，我国城市节约集约用地政策步入不断完善的新阶段。2006年《关于加强土地调控有关问题的通知》（国发〔2006〕31号）提出了建立工业用地出让最低价标准统一公布制度，促进集约用地，健全责任制度，加强了土地市场的建设。2008年国务院发出《关于促进节约集约用地的通知》（国发〔2008〕3号），从审查调整各类相关规划和用地标准、提高建设用地利用效率、发挥市场配置土地资源基础性作用、健全节约集约用地长效机制、推进农村集体建设用地节约集约利用等多个方面对节约集约用地工作进行了全面部署，是完善节约集约用地政策体系的重要文件。2012年《关于大力推进节约集约用地制度建设的意见》（国土资发〔2012〕47号）确定以"规划管控、计划调节、标准控制、市场配置、政策鼓励、监测监管、考核评价、共同责任"为基本框架，建立健全节约集约用地制度。2014年，伴随着《节约集约利用土地规定》的颁布实施，国家层面的顶

层设计雏形基本形成。为了进一步推动新常态下节约集约用地,国土资源部专门出台《关于推进土地节约集约利用的指导意见》(国土资发〔2014〕119号),进一步完善落实政策框架体系,推动节约集约用地政策体系的成熟发展[1]。同时,为优化城市土地利用结构、提升用地效率,2014年10月起国家土地督察机构在全国相继开展了以清理批而未供和闲置土地为主要内容的节约集约用地专项督察。

近年来,随着城市用地压力的不断增加与可开发建设空间的骤减,城市建设用地总量控制和减量化管理是新时期土地利用转型的核心要求,以减量发展倒逼存量建设用地的盘活,也是缓解我国城市资源环境紧约束的重要路径[2]。《全国国土规划纲要(2016—2030年)》明确提出推进低效建设用地再开发,依法处置闲置土地,鼓励盘活低效用地,推进工业用地改造升级和集约利用。自然资源部亦出台相关文件要求推进土地利用计划"增存挂钩",以消化批而未供土地和盘活利用闲置土地;同时,推动实施城乡建设用地增减挂钩节余指标的跨省域调剂。这一阶段在城市资源环境紧约束与谋求减量发展大背景下,我国城市用地政策愈发强调推动土地利用方式转变的迫切性,提出减量增效、盘活存量的发展路径。

二、减量发展背景下各地工业用地政策实践

作为建设用地的重要组成部分,工业用地节约集约利用直接影响到城市土地利用和管理的效果,对工业用地推行"减量增效"是减量发展理念下城市建设用地规模管控的重要方面。土地供应政策是决定土地利用效率最为关键的环节,而我国不分企业类型一律采取50年期的工业用地使用年限实际在很大程度上造成了工业用地利用效率低下,利用模式粗放,甚至用地闲置的现象。2014年,国土资源部发布《节约集约利用土地规定》(国土资源部令第61

---

① 吕晓,牛善栋,黄贤金,等.基于内容分析法的中国节约集约用地政策演进分析[J].中国土地科学,2015,13(9):11-18,26

② 刘红梅,孟鹏,马克星,等.经济发达地区建设用地减量化研究——基于"经济新常态下土地利用方式转变与建设用地减量化研讨会"的思考[J].中国土地科学,2015,13(12):11-17

号），强调以市场配置土地资源，指出可以采取先租后让、在法定最高年期内实行缩短出让年期等方式出让土地。在该文件指导下，各地区结合区域自身特征相继开展了工业用地供应政策的改革实践。综合来看，当前我国工业用地供应政策地方性探索主要有先租后让租让结合、弹性年期出让、分期分阶段出让、土地直接租赁以及代建厂房供应等5种模式。

工业用地先租后让租让结合模式。"先租后让"实质上是让用地企业先租赁土地，等进入稳定期后，再决定是否购买土地或者由政府对其进行评估后决定是否将土地出让，从而减少由盲目购地所导致的土地浪费[①]。例如，上海市鼓励采取工业用地"租让结合，先租后让"的供应方式，由中标人或竞得人先行承租土地进行建设，通过达产验收并符合土地出让合同约定条件的，再按照协议方式办理出让手续；山东寿光实行以租赁方式将国有建设用地使用权在一定期限内出租给土地使用者，按照租赁合同约定时间达到约定条件后，可申请将租赁转为出让土地。

工业用地弹性年期出让模式[②]。"弹性年期出让"主要是指市、县国土资源主管部门将国有建设用地使用权在可变年期内出让给土地使用者，而不再局限工业用地50年的出让年限要求。例如，广州市提出工业用地可结合产业类型和产业生命周期弹性确定出让年限，首期出让年限届满后对项目经营情况和出让合同履行情况进行评估，再视情况有偿续期或收回土地使用权；上海市在法定的工业用地最高出让年限内，结合企业特点，分别设定10年、20年、30年、40年、50年的出让年限。

工业用地分期分阶段出让模式。分阶段出让模式与弹性出让模式类似，即由政府设定总出让年期（20～50年不定）和先期出让年期（一般为6年），先期出让到期后，政府根据评估情况决定是否按照总年期继续供地。例如，安徽合肥将工业用地出让年限划分为两个阶段，根据企业类型分别确立为"6＋14"

---

①　杨俊，黄贤金，孟浩，等.基于企业生命周期的工业用地政策创新——以南通市为例[J].土地经济研究，2018，(1)：80-94.

②　徐小峰.集约型工业用地监管创新模式——对国内一些地区的调查[J].中国土地，2015，(4)：40-42.

年、"6+24"年、"6+34"年和"6+44"年等,即首期出让年期为6年,6年期满后由项目所在地政府进行用地效益评估,通过评估的,按照剩余年期(14、24、34、44年)继续出让。未通过评估的,限期整改(不超过2年,整改期可租赁),整改后通过的期满后可继续出让,仍未通过的,依法收回土地使用权[①]。

工业用地直接租赁模式。工业用地租赁也是工业用地供应的一种重要方式,可分为短期租赁和长期租赁两种模式。例如,北京市设定工业用地租赁年限一般为10年,期限届满时,用地单位若达到入区时承诺的经济指标,可申请续租;山东寿光提出工业用地租赁年期为10~20年,具体租赁年期根据产业生命周期确定,综合考虑企业盈利能力、纳税情况、吸纳就业情况、投资状况等方面。

工业用地代建厂房供应模式。工业厂房可以在很大程度上提高工业用地利用集约水平。因此在供地阶段直接以代建厂房的模式供应工业用地成为一些地区探索的方向。例如,杭州市鼓励开发区建设标准厂房,标准厂房可分幢、分层转让,中小企业原则上通过标准厂房解决生产用房;北京市则由建设方通过出让或直接租赁方式取得国有建设用地使用权,建设标准厂房或者按照产业要求定制厂房,将厂房出租给入区企业[②]。

第二节 增量递减趋势下的用地减量增效策略

减量发展是高质量发展与可持续发展的重要内核之一,是资源减量和效用增量的协调统一。"减量"强调改变传统通过资源增量带动效用增量的简单思路,通过主动刚性的底线约束,积极向效率提升要发展资源、向存量盘活要发展空间,摆脱经济社会发展对资源绝对投入的依赖。就城市与区域发展而言,随着城镇化越过增速峰值、加速度逐步放缓,城镇发展逐步从外延式发展

①② 杨俊,黄贤金,孟浩,等.基于企业生命周期的工业用地政策创新——以南通市为例[J].土地经济研究,2018(1):80-94.

向内涵式发展转变。建设用地持续扩张所带来的规模报酬收益逐步下降,同时,在资源环境约束下,各类负面效应显著增多,规模不经济风险提升。为此,切实推进建设用地减量增效是城市应对资源环境约束、维持城市良性发展的重要抓手。

建设用地减量增效,减量是过程,增效是目标。除北京、上海等超大城市之外,绝大多数城市的减量增效策略未必追求建设用地的"绝对减量",更可行的策略是推进"相对减量",即增量递减的发展路径。转变单纯依靠规模目标配置新增建设用地资源的方式,代之以分期、分类、分区进行弹性规划、实现发展空间灵活供给;完善土地市场运行机制,借助市场力量实现资源优化配置。以"规划为体、市场为用"形成精准减量的内在运作机制,实现供需匹配引领下的"增效"。

为实现这一目标,必须做好存量用地规划。一方面,以三条红线管控为依据开展存量用地调整,体现国土空间用途管制和主体功能区划的相关理念,同时对管控区内违规用地展开调整与挪腾;另一方面,基于长期节约集约用地的政策实践,探索城市低效用地再开发的政策创新与实施路径,尤其是基于工业用地全生命周期管理,对其弹性出让与后期退出机制展开探索,以着重实现工业用地减量增效的目标。

具体而言,"三线"是依据生态空间、农业空间和城镇空间划定的生态保护红线、永久基本农田和城镇开发边界三条控制线。**城镇开发边界**是控制城市建设与非建设的重要控制线[①],通过明确城市一定时期内有条件且可建设的空间范围,引导城镇空间有序发展,提升土地利用效率,避免城镇发展空间挤压农业生产空间、破坏资源生态环境;**永久基本农田**是优质连片、稳定持续的耕地[②],通过保护永久基本农田保障农业持续发展的功能空间,稳定供给维持人口和经济社会发展的农产品;**生态保护红线**是对生态功能特殊重要、生态环

---

① 林坚,乔治洋,叶子君.城市开发边界的"划"与"用"——我国 14 个大城市开发边界划定试点进展分析与思考[J].城市规划学刊,2017(02):37-43.

② 钱凤魁,王秋兵,边振兴,等.永久基本农田划定和保护理论探讨[J].中国农业资源与区划,2013,34(03):22-27.

境敏感脆弱区域进行严格管控的空间边界,划定生态保护红线并实行分级分类管理,有助于优化国土空间利用、构建生态安全格局[①]。约束城镇开发边界,严守生态保护红线与永久基本农田,控制好"三条红线"将是减量化实施的重要依据。

以三条边界管控为基准的存量用地规划思路,旨在国土空间用途管制的基础上对各分区用地展开规模把控、功能调整和结构优化。一方面,对于优化开发区和重点开发区,积极推行面向结构优化的增减挂钩制度,实现存量用地的优化增效;通过划分各类增减挂钩统筹单元,逐步建立以区为主体、以街道或乡镇为基本单元的统筹规划实施机制,同时促使单一项目平衡向区域平衡转变,全面实行增减挂钩,实现整体多减少占、多拆少建,进而达到减量发展的目标;逐步建立"拆占比"、"拆建比"等约束性指标的严格挂钩管控制度,将其作为增减挂钩实施的规划抓手。另一方面,对生态保护区内的建设空间展开集中治理,特别是对历史遗留的用地问题进行整治;基于"四线三区"的划定,严格实施分区管制与铁线管理,对于限制开发区,通过权益置换、异地重建和到期退出等方式对存量低效建设用地进行合法疏导,对于禁止开发区则严格执行非法建设清退,同时注重生态空间修复与耕地占补平衡。

以集约节约用地为理念的城市低效用地再开发思路,旨在长期实践经验和政策创新的基础上对低效产业用地、工业园区、旧城镇、已批未建土地和棕地等城市低效用地类型展开综合整治并谋求二次开发,以缓解城市用地压力的同时进一步提升用地效率。对于低效产业用地尤其是工业用地,通过"退二优二、退二进三"以推动产业结构转型升级和用地效率提升;引入土地全生命周期管理制度,丰富工业用地弹性出让与退出的多元化机制;将旧城改造、城市更新与土地再开发相结合,着力实现低效现状城镇用地的用地效益提升;对于已批未建土地,通过用途变更处置、强度调整处置与用地区位调整等一系列举措,着力提升城市土地利用率,从源头上遏制闲置土地;此外,通过环境整

---

① 刘冬,林乃峰,邹长新,等. 国外生态保护地体系对我国生态保护红线划定与管理的启示[J]. 生物多样性,2015,23(06):708-715.

治、用途转变等方式妥善处置因环境污染和生态破坏而闲置或难以有效利用的城市土地，进而实现棕地再开发。

基于上述存量用地规划和减量增效理念，本研究整理提出了在减量发展背景下的城市用地调控策略，并总结如表 21 - 2。具体包括以下五个方面：

第一，严格引控以"精简规模"，有序增减以"紧缩空间"。

严格引控以"精简规模"。一方面，以水资源承载、碳峰值约束、环境承载和土地生态承载等资源环境承载水平为科学依据，对城乡建设用地实施严格"双控"，即遏制现状城镇建设用地的粗放蔓延，基本保持现状农村建设用地总量稳定，逐年减少城乡新增建设用地规模，由近期的增量递减逐步向远期的多减少增过渡，从而实现建设用地减量化。另一方面，有效管控区、镇（乡）政府在用地规模约束下转而寻求大拆大建、竖向增长、延续数量扩张的惯性发展旧路径。北京市在全国超大城市中第一个提出城乡建设用地现状"减量发展"，以底线约束倒逼发展方式转型，并在新一轮城市总体规划编制中设定用地约束目标以锁定用地规模，即重点遏制平原地区城乡建设的粗放蔓延，总体多减少增，实现建设用地总量减少，生态空间增加，力争到 2035 年平原地区开发强度由现状 46% 降低到 44%；在水、生态承载指标的约束下，总规还提出到 2035 年城乡建设用地规模由 2015 年的 2 921 km² 减少到 2 760 km² 左右，减量规模达到 5.5%。

有序增减以"紧缩空间"。一方面，划定城市"绿线、蓝线、紫线和黄线"，将市域空间划分为"集中建设区"、"限制建设区"和"生态控制区"，实现"四线三区"的全域空间管制。另一方面，在全域管控基础上实施分区减量，"集中建设区"内有序推动旧村落有机更新，逐步开展低效工业用地的整理与改造，结合产业更新完善公共设施建设；"限制建设区"内优先腾退集体产业用地，持之以恒拆除违法建筑，逐步开展宅基地的整理。总之，通过科学划定"四线三区"，并以此为蓝本推动城市合理增长与城乡建设用地分区减量，形成紧缩有序的城市空间结构。

表 21-2　增量递减趋势下的用地边界调控策略模式对比

调控策略	实施路径
严格引控以"精简规模"，有序增减以"紧缩空间"	**精简规模**：以资源环境承载水平为科学依据，对城乡建设用地实施严格管控，逐年减少城乡新增建设用地规模； **紧缩空间**：划定城市"绿线、蓝线、紫线和黄线"以及"集中建设区"、"限制建设区"和"生态控制区"，实现"四线三区"的全域空间管制；在全域管控基础上实施分区减量
实施边界约束的全域空间管制，刚性管控与弹性调整相结合	基于"四线三区"和城市开发边界、生态控制线进行**全域空间管制**； **刚性管控**：划定城镇建设空间刚性管控边界，与城镇建设区外的减量任务捆绑挂钩，保障生态空间只增不减、土地开发强度只降不升； **弹性调整**：村庄建设用地的减量化应弹性调整管理边界，重点实施集体建设用地腾退减量和生态建设
创新规划管理体制，协同"多规合一"指标	以乡镇为单元，构建集控制性详细规划、土地整治规划和增减挂钩规划为一体的**规划编制体系**；制定"多规合一"的建设用地分类对接标准，不仅包括城乡建设用地规模和建设用地总规模的建设指标，也包括对农用地约束管理的基本农田保护面积和耕地保有量指标
建立增减挂钩统筹单元，推行严格挂钩管控制度	**建立增减挂钩统筹单元**：以区为主体、以街道或乡镇为基本单元统筹规划实施，强化土地资源、实施成本收益分配和实施监管统筹管理； **探索跨区域平衡机制**：变单一项目平衡为区域平衡； **推行严格挂钩管控制度**：在量化"拆"与"占"、"建"挂钩比例关系的基础上，逐步实施"拆占比"、"拆建比"的约束性指标管控
探索郊野公园建设模式，推动乡村整治与生态保护	开展郊野公园为代表的郊野单元规划建设试点； **实施乡村综合整治**：推动郊野公园内新增建设用地需求与现状建设用地减量化实施相结合，推动低效工业用地的淘汰复垦和农村零散居民点的适当归并；开展田水路林村综合整治和基础配套设施建设； **实施生态空间保护**：开展田水路林村等乡村土地要素在功能和形态上的综合整治；整合土地整治、生态补偿、片林建设、农田水利、村庄改造等各类项目和专项资金

第二,约束规划边界,刚性管控与弹性调整相结合。

结合国家空间规划体系改革提出的要求,在国土空间规划中划定"四线三区"以进行全域空间管制,同时提出城市开发边界与生态控制线,以建立全市保护与发展的空间格局。

刚性管控。一方面,城市开发边界是控制城市无序蔓延的重要措施。对于城乡建设用地规模减量目标,设定永久开发边界范围原则上不超过市域面积20%的管理目标,根据现有规划与建设情况,划定城镇建设空间刚性管控边界,强调城镇建设集约高效和宜居适度,与城镇建设区外的减量任务捆绑挂钩。另一方面,生态控制线框定了法定保护空间与具有重要生态价值的生态用地。生态控制区内,现状建设用地要逐步拆除腾退,严格控制与生态保护无关的建设活动,保障生态空间只增不减、土地开发强度只降不升[1]。如北京市新一轮城市总体规划中提出"到2020年城镇集中建设区面积约占市域面积的14%,到2050年全市生态控制区比例提高到80%以上"的刚性管控指标。

弹性调整。关于城镇建设区外的村庄建设用地(集体建设用地为主)减量实施,要根据现状情况逐步协商推进,弹性调整管理边界。实施管理中,将已划定的生态控制区和城镇集中建设区以外地区确定为限制建设区,重点实施集体建设用地腾退减量和生态建设,限制建设区用地逐步划入生态控制区和集中建设区[2]。北京市亦提出到2050年实现城市开发边界与生态控制线"两线合一"的目标。

第三,创新规划管理体制,协同"多规合一"指标。

国土空间规划中要根据不同城市各自的减量目标,创新规划管理机制,以乡镇为单元,搭建"两规合一"的规划编制体系;构建集控制性详细规划、土地整治规划和增减挂钩规划为一体的规划编制体系,整合相关规划,明确工作重点与责权,搭建融合平台落实减量工作;完善相关奖励机制,提高各区实施减

① 陈思淇,王宏达,刘丽丽.北京浅山区乡村规划中"留白增绿"策略研究[J].北京规划建设,2019(02):92-96.

② 徐勤政,彭珂,甘霖,等.北京实施"两线三区"全域空间管制的思考[J].北京规划建设,2019(04):15-18.

量发展的积极性。各区可对拆旧后形成的占补平衡指标进行收购,在区级层面构建规划统筹机制。

全面建立"多规合一"的规划实施管控体系,以城市总体规划为统领,重视土地利用总体规划,统筹各级各项规划。对于建设用地指标,核心是两规的合一。应制定"两规合一"的建设用地分类对接标准,指标的选取与确定应与自然资源部紧密沟通,对接全国土地利用总体规划纲要调整工作,不仅包括城乡建设用地规模和建设用地总规模的建设指标,也包括对农用地约束管理的基本农田保护面积和耕地保有量指标,未来应实现"两规"核心指标的协同一致。

这方面上海市的经验值得借鉴。上海市规土局构建了由市级土地整治规划、区县土地整治规划、郊野单元规划(镇乡土地整治规划)和土地整治项目可研组成的四级土地整治规划体系。规划体系以郊野单元规划为载体,对郊野地区开展全覆盖单元网格化管理。上海市的郊野单元规划基于镇乡级土地整治规划,是落实减量化任务的实施规划,是土地整治规划、增减挂钩规划与城乡规划结合后的成果。通过多规合一,建设用地减量化的实施得以有序推进①。

第四,建立增减挂钩统筹单元,推行严格挂钩管控制度。

减量规划应以城乡建设用地增减挂钩为重要抓手,优化土地资源配置,用地模式由"增量扩张"逐渐转变为"存量增效"。为此,上海市"超级增减挂钩"模式的经验值得借鉴,通过建立增减挂钩统筹单元和跨区域平衡实施,全面实行增减挂钩,实现整体多减少占、多拆少建,进而达到减量发展的目标。未来应逐步建立以区为主体、以街道或乡镇为基本单元的统筹规划实施机制,变单一项目平衡为区域平衡,强化土地资源、实施成本收益分配和实施监管统筹管理,针对实施任务较重的地区,探索跨区域平衡机制②。

上海市在城乡建设用地增减挂钩政策方面探索较早,目前已形成独具特

① 田莉,姚之浩,郭旭,等.基于产权重构的土地再开发——新型城镇化背景下的地方实践与启示[J].城市规划,2015,39(01):22-29.

② 赵之枫,朱三兵.基于实施单元的北京小城镇规划策略研究[J].小城镇建设,2019,37(06):5-13.

色的"超级增减挂钩"模式。上海模式在顶层设计上先锁定了区域建设用地总规模的"天花板",严控城市开发边界;同时既在城乡又在区域之间实现建设用地增减挂钩,通过"拆三还一"的运作机制,集建区外低效建用地的减量化,将减量后节约出的指标用于集建区内的国有土地开发[①]。

此外,现行规划管理对于增减挂钩没有约束性指标,缺少规划管理的底线。应在量化"拆"与"占"、"建"挂钩比例关系的基础上,逐步建立"拆占比"、"拆建比"的严格挂钩管控制度[②],将其作为增减挂钩实施的规划抓手。总体层面,应测算规划未实施用地规模与规划实施任务间的比例关系,以拟定城乡建设用地实施的平均拆占比标准;进而出台管理办法,编制下一级城乡建设用地减量规划及实施方案,确定各区挂钩比例要求。

第五,探索郊野公园建设模式,实现乡村综合整治与生态空间保护。

积极开展郊野公园为代表的郊野单元规划建设试点。在资源环境紧约束下,各地应积极探索郊野公园的建设模式,将土地综合整治、城乡建设用地增减挂钩等土地政策工具与郊野地区空间、景观要素开发、生态环境保护相融合,促进集中建设区外节约集约用地、空间布局优化、生态文明提升和城乡一体化发展等目标的统筹实现,从而遏制城市建设用地无序蔓延,推动建设用地减量化工作,以及实现对郊野地区的生态空间保护。

实施乡村综合整治。基于城乡建设用地增减挂钩,郊野公园内新增的建设用地需求应与现状建设用地减量化实施结合,建立互相转化的途径(例如上海市"以增促减"的政策设计);推动低效工业用地的淘汰复垦和农村零散居民点的适当归并,调整和优化郊野地区用地布局、产业结构和节约集约用地水平[③]。

实施生态空间保护。统筹各类资源,完善生态补偿机制,加强生态基础设

---

① 田莉,姚之浩,郭旭,等.基于产权重构的土地再开发——新型城镇化背景下的地方实践与启示[J].城市规划,2015,39(01):22-29.

② "拆占比"指一定区域内拆除(拆)的原有建设用地总面积与建设(占)的建设用地总面积的比值;"拆建比"指一定区域内拆除(拆)的原有总建筑规模与新建(建)的总建筑规模的比值。

③ 管韬萍,吴燕,张洪武.上海郊野地区土地规划管理的创新实践[J].上海城市规划,2013(05):11-14.

施和生态安全格局的构建,形成景观功能复合多样、体系优化、连通性强的生态功能空间。上海市自 2013 年起陆续出台《上海市郊野公园布局选址和试点基地概念规划》《关于本市郊野公园建设管理的意见》《上海市郊野公园建设设计导则(试行)》等政策文件,初步规划总用地面积约 400 平方千米的 20 个郊野公园,并启动试点规划工作。通过一系列土地综合整治、农田水利建设和村落改造等措施,推动以郊野公园建设为代表的郊野单元减量化工作开展,使得城市开发边界外围形成生态连通性好、生态效益高的绿地圈层空间,达到严控城市建设用地空间、保护生态空间的目的。

第三节　碳排放达峰约束下的产城空间优化策略

能源碳排放和土地承载力是我国各大城市目前面临的较为显著的资源环境紧约束,亟须采取有效的策略进一步提升其承载能力。城市产业结构调整和技术进步能有效地降低碳排放。比如,近年来南京市产业结构不断朝着高级化的方向演变,2008 年产业结构由“二三一”调整为“三二一”,2017 年第三产业比重达到 59.7%,呈现出三次产业相对协调发展的趋势。不同产业在资金、土地的投入产出方面存在差异,对城市地均产出也存在较为显著的影响。2015 年南京市三次产业结构为 2.39∶40.29∶57.32,在 GDP 达万亿量级的城市中与深圳最为相似,两座城市二三产相对比值均为 0.7,但南京市二三产地均产出仅为深圳市的 28.34%,建设用地规模约为深圳市的两倍。

总体来看,对比其他国际大城市、国内一线城市,目前南京市、重庆市、武汉市产业结构相对偏“重”、工业用地占比较高,能源碳排放强度和产业能耗强度仍较高,碳减排目标对产业结构转型提出了新的要求;在新旧动能转换时期,产业结构“优二”“进三”并举,工业用地效益有较为明显的提升。在碳减排目标和土地资源紧约束背景下,合理优化产业结构、制定满足产业空间调整需求的土地利用及空间规划策略,是促进这些城市承力力提升、土地利用效益提高的重要途径,主要可从以下四个方面考虑:

一、基于碳减排目标的产业结构调整趋势

产业结构调整既是推动区域经济增长的关键，也是提升城市环境承载力的重要抓手。基于碳峰值约束的城市产业结构调整势必存在以下整体趋势：

推进传统制造业绿色化改造，提升城市工业竞争力。引导和支持工业企业依法开展清洁生产审核，鼓励重点行业企业快速审核和工业园区、集聚区整体审核等新模式，全面提升重点行业和园区清洁生产水平；结合城市主导产业，积极提升传统制造业的价值链治理能力，推动传统制造业沿着价值链实现绿色转型升级，培育具有推广性的绿色产品、支持具有引领性的龙头企业、探索具有示范性的绿色园区发展模式。

"优二进三"并举，促进产业结构低碳化、高级化。淘汰落后并化解过剩产能，改造或升级传统工业，推进节能改造示范、减排改造示范、再制造示范等，改革产业准入和监管办法，实施负面清单制度；积极引导扶持第三产业发展，尤其是与第二产业高度关联度的生产性服务业发展，可从全面提升软件和信息服务业、加快发展现代物流业、大力发展旅游会展业、积极发展商务服务业、抓住机遇发展文化创意产业五个方面优先发展现代服务业；坚持现代服务业和先进制造业的"双轮驱动"，从而构建低碳化、高级化的现代产业结构体系。

构筑以高新技术为支撑的产业结构体系，保证城市发展活力。将高新技术融入产业的各个环节中，促使农业、工业和服务业不断朝着科技化、生态化的方向发展。依托高校、科研院所等优质资源，促进依赖于创新性活动与高新技术应用的创新型产业发展；充分发挥国家自主创新示范区、国家高新区的辐射带动作用，创新区域产业合作模式，提升区域创新发展能力。通过自主创新，提高产业的技术竞争力和环境友好性，进而提升城市竞争力。

构建产业互补联动格局，实现城市群协同发展。应增强长江经济带不同城市群及其他城市之间的产业合作与联动效应，推动城市群产业空间布局优化，逐步提高城市群产业整体竞争力；努力打破城市群、都市圈之间的贸易和

行政壁垒,形成产业—产业链—产业集群—产业网络化格局[①],加强区域合作,引导部分生产制造环节向郊县、卫星镇和周边城市工业园区转移,实现产业布局的区域统筹和协调发展。

二、产业结构调整下的土地利用空间需求

深度优化制造业、服务业空间,适度混合、具有弹性的多样化空间单元。 产业结构转型是由量的积累到质的飞跃过程,但产业布局的演进却具有相对滞后性,要及时为产业结构转型提供空间支撑,必须首先基于区域产业结构转型趋势对产业布局重构调整做出预判,深度优化制造业、服务业空间。依据区域已有的科研机构的空间分布及水平层次构建生产性服务业区、生活性服务业区以及休闲生态旅游区,划定都市农业发展区、高效农业区、生态休闲农业区。

生产性服务业集聚载体、企业总部单元和研发单元的集聚载体。"服务社会"时代,生产性服务业在产业转型过程中对经济增长的作用十分显著,而生产性服务业集聚对区域经济的发展及其空间结构的演变产生巨大的促进作用;随着信息通信技术、交通运输网络以及现代物流的快速发展,总部经济不断成长演化,在企业总部集中分布的地区出现了总部集聚区,如南京的苏宁、杭州的阿里巴巴、上海的拼多多,对经济发展起着重要作用。同时,企业集聚可以促进技术、信息、人才、政策以及相关产业要素等资源得到充分共享,形成规模经济,进而大大提高整个产业群的竞争力。

支撑生产+研发企业一体化的空间载体。 产学研一体化发展已成为一种新兴的发展趋势,对促进科研机构成果转化、提高企业创新能力、提升城市竞争力具有重要的作用,亟须促进企业、政府、大学、科研机构、中介和服务机构等多主体跨越地理区位建立多向功能联系,将创新空间拓展至"虚拟流"空间,形成多中心、多层次、多尺度的创新空间网络体系,创建从科研、生产到公共配

---

① 徐磊,陈恩,董捷.长江中游城市群产业结构优化与土地集约利用协调性测度[J].城市问题,2017(11):17-24.

套设施的一体化建设的空间载体①。

企业孵化、成长、迁移的弹性空间需求。创新型产业的快速发展需要充足的空间作为支撑。以南京市为例,南京市独特的区域优势、活跃的市场化环境以及有序的政府引导,为高新技术产业的超高速发展提供了沃土,但由于地域空间的有限性,现有产业园区内高新技术用地很快会趋于饱和,为突破土地资源的限制,必须为高新技术产业预留足够的发展空间,需在不同阶段调整规划布局,采用各种空间利用形式应对创新型产业持续性的空间拓展需求②。同时,随着全球化、区域一体化进程的加快,产业在区域间的迁移已成为常态,需合理高效利用迁出产业腾退的闲置土地,为承接新兴产业预留一定的发展空间。

三、面向产业空间调整需求的土地配置策略

当前调整土地来调控国民经济平稳运行已成为国家宏观调控的重要手段,土地利用结构优化是国民经济宏观调控尤其是经济结构调控方面的有效途径之一③。通过土地配置来引导产业结构调整、促进产业机构优化升级、满足产业空间调整需求,是减轻当前产业发展对土地资源的压力的重要途径,可从以下几个方面考虑:

完善工业布局规划,绘制产业发展地图。严格按照资源环境承载能力,加强分类指导,确定工业发展方向和开发强度,构建特色突出、错位发展、互补互进的工业发展新格局;分析现有产业基础、结构及产业空间同质性、区域优势等特征,以资源环境承载力、国土空间适宜性评价为基础,因地制宜,从空间和产业两个维度绘制区域现状和未来产业布局图,为各类投资者、重大项目选址提供指导。

设立产业用地供地门槛值,严控建设用地增长,提升土地利用效益。从容积率、投资强度、产出强度等方面提高产业用地供地门槛(随社会经济增长、科

①② 张惠璇,刘青,李贵才."刚性·弹性·韧性"——深圳市创新型产业的空间规划演进与思考[J].国际城市规划,2017,32(03):130-136.

③ 伴晓淼.土地利用结构与产业结构相互关联研究[D].北京:中国地质大学,2012.

学技术创新以及产业转型升级动态变化),控制各类产业用地建设规模和园区发展,提高土地资源集约利用水平,提升土地使用效益。合理供给和利用住宅用地,保证住房市场健康发展;改善商业建设用地配置,提高城市生活水平;推进和创新工业用地的出让制度,激发土地活力;合理规划交通道路用地,保障城市产业及发展需求。

开展土地置换/更新工作,探索工业用地退出与再开发机制,以及用地综合整治。 从全国层面来看,长江经济带目前仍有相当比例的工业企业在主城区,用地效益低下、环境污染严重,应积极探索工业用地退出与再开发机制,升级改造旧工业区,拆除重建质量较差、档次较低的厂房,支持其升级改造为鼓励发展的都市产业园区、科创产业园区、创意文化产业功能区;支持老工业区实施综合整治和功能改变,促进高效益产业和高素质人才集聚,建设生产、生活、生态和谐发展的现代化产业园区[①]。整合零散土地,突破行政单位或用地权属限制,将工业区用地划分为成熟型、重点型和一般型更新单元,在整体统筹的基础上,分单元实施更新策略,促进置换空间的完整性[②]。

探索产业用地的规划地类创新,保障企业生产的基本用地需求。 依据产业结构演变趋势创新产业用地规划,依据产业发展需求、参照国内外现代化都市的先进规划理念,在现状用地情况上科学合理地调整土地利用结构,统筹规划配套完善的现代服务业、高新技术产业、先进制造业、优势传统产业园区等多层次、全方位的产业空间载体,促进产业集聚化、高端化发展,使城市土地利用结构满足产业结构调整以及现代产业体系构建需要,保障各类企业现阶段及未来发展的基本用地需求。预留"灰色用地"、"白色地段"以赋予地块易置换的用地功能。

探索适应于新产业模式的用地划分,加强土地混合利用,支持新兴行业发展。 分析新兴产业用地孵化、成长的弹性空间需求,考虑创新型产业持续性的

---

① 邸昂,邹兵,刘成明. 由"单一"转向"复合"的深圳旧工业区更新模式探索[J]. 规划师,2017,33(05):114-119.

② 张惠璇,刘青,李贵才. "刚性·弹性·韧性"——深圳市创新型产业的空间规划演进与思考[J]. 国际城市规划,2017,32(03):130-136.

空间拓展需求、空间组织形式等情况，构筑高新技术产业带，统筹优化各产业片区的创新资源配置，获取创新型产业用地的外向弹性；同时进一步提高现有产业园区的土地开发度、土地利用效益，挖掘内向弹性；应用弹性化手段进行有机组织与整合，为创新型产业的快速发展预留足够的支撑空间及其配套空间，探索适应于新产业模式的用地划分；提倡用地布局混合，处理好产业用地和其他用地，尤其是居住用地和公共服务设施用地的关系，使土地利用与产业发展良性互动、相互促进。

表 21-3　长江经济带城市产业结构优化调整与土地利用优化策略

碳峰值约束下的产业结构调整	产业结构调整的空间需求	面向产业调整空间需求的土地配置策略
推进传统制造业绿色化改造，提升城市工业竞争力；"优二进三"并举，促进产业结构低碳化、高级化；构筑以高新技术为支撑的产业结构体系，保证城市发展活力；构建产业互补联动格局，实现城市群协同发展	深度优化制造业、服务业空间，适度混合、具有弹性的多样化空间单元；生产性服务业集聚载体、企业总部单元和研发单元的集聚载体；支撑生产＋研发企业一体化的空间载体；企业孵化、成长、迁移的弹性空间需求	完善工业布局规划，绘制产业发展地图。设立产业用地供地门槛值，严控建设用地增长，提升土地利用效益；开展土地置换/更新工作，探索工业用地退出与再开发机制，以及用地综合整治；探索产业用地的规划地类创新，保障企业生产的基本用地需求；探索适应于新产业模式的用地划分，加强土地混合利用，支持新兴行业发展

四、低碳城市空间规划策略

由于城市空间结构的锁定作用，西方国家城市交通所需要消耗的能源及排放的二氧化碳和其他温室气体总量增长迅速而且十分难以控制。城市规划对于城市发展有长期的、结构性的作用，可从以下几个方面考虑促进长江经济带有关城市实现低碳发展的目标：

树立韧性空间规划理念，提高城市适应调整能力。借鉴深圳市韧性规划经验,利用道路系统、生态绿地等刚性核心要素建构弹性空间,运用容积率激励、二维和三维土地复合利用等弹性手段运作刚性指标体系,建立"滚动规划"刚性管理制度,实行韧性城市规划。在时间维上,制订城市近远期建设方案,采取整体规划、分片实施、分步启动、滚动开发的精细化管理方式,使规划行动能根据外部环境变化及时得到调整,满足不断发展的动态需求[1]。

划定城市开发边界,控制城市用地规模。对于城乡建设用地规模减量目标,设定永久开发边界范围原则上不超过市域面积 20% 的管理目标,保护城市自然资源和生态环境,守住自然本底,节约和保护耕地;根据现有规划与建设情况,划定城镇建设空间刚性管控边界,强调城镇建设集约高效和宜居适度,与城镇建设区外的减量任务捆绑挂钩,合理引导城市土地的开发与再开发,促进城市转型发展,提高城镇化质量,避免城市呈现摊大饼式扩张,降低交通碳排放。

合理确定城市空间结构,保证城市有序发展。采取多中心城市发展战略,政府应发挥其追寻城市整体利益最大化的作用,在尊重城市经济发展规律的基础上及时做出空间转型的决策,并制定政策聚焦和资源调动策略,积极主动地推进长江经济带不同城市群之间多中心空间结构的形成,实现城市空间布局最优化和城市整体利益最大化[2];加强产城融合发展,提出不同区域产城融合发展的模式。借鉴英国新城就业与居住就地平衡、法国巴黎产业与居住区域平衡、新加坡 TOD 导向的全域融合的产城融合经验,在城市规划确定的空间布局的整体框架下,通过明确功能区定位、吸引产业集聚和优化升级、促进基本公共服务设施均衡分布、调整优化交通基础设施布局、提高社会治理水平、营造绿色低碳宜居生活环境等措施,积极引导人口在长江经济带范围的合理分布,保证城市有序发展。

改造提升产业园区,构建产业集聚载体。开展长江经济带内现有园区清

① 张惠璇,刘青,李贵才."刚性·弹性·韧性"——深圳市创新型产业的空间规划演进与思考[J].国际城市规划,2017,32(03):130-136.

② 孙斌栋,王旭辉,蔡寅寅.特大城市多中心空间结构的经济绩效——中国实证研究[J].城市规划,2015,39(08):39-45.

理整顿工作,对不符合规范要求的园区实施改造提升或依法退出;统筹规划配套完善的现代服务业、高新技术产业、先进制造业、优势传统产业园区等多层次、全方位的产业空间载体,促进产业集聚化、高端化发展;发挥长江中下游有关高新技术开发区的示范带头作用,加强工业园区硬件建设,推进生活服务设施向园区延伸,增强园区承接产业转移的承载能力,加强产业空间分区规划指引,引导新增产业向产业集聚区布局,将产业园区打造成产业转移的主要载体,发挥规模优势。

索　引

后　记

　　长江经济带覆盖上海、江苏、浙江、安徽、江西、湖北、湖南、重庆、四川、贵州、云南等 11 省市，以占全国 20％的国土空间，创造了占全国 40％的 GDP，承载了占全国 40％的人口，不仅是中国东中西互动合作的协调发展带，也是中国最具全球影响力的巨流域空间，还是中国生态文明建设的先行示范带。

　　也正是长江经济带对于中国乃至世界的意义，才使得本著作所关注的长江经济带资源环境与绿色发展问题得到了更多的学术关注。本著作出版得益于国家出版基金的资助。此外，本项成果研究还得到了国家社会科学基金重大项目（17ZDA061）、水利部"长江经济带水资源水环境承载力研究"、原国土资源部公益性行业专项（200811033）等项目的资助。感谢自然资源部国土整治中心、中国国土勘测规划院、南京水利科学研究院以及江苏省自然资源厅、南京市规划与自然资源局、江苏省土地勘测规划院、江苏省地质调查研究院、南京扬子集团等有关部门对于本项研究工作的支持与帮助。

　　感谢国家出版基金项目申报过程中，中国科学院院士、南京大学王颖教授，中国科学院南京地理与湖泊研究所副所长段学军研究员的推荐；以及书稿撰写、研究过程中，南京农业大学王万茂教授、北京师范大学王红旗教授、华中科技大学谭术魁教授、首都经贸大学王德起教授、南京大学濮励杰教授、浙江大学吴宇哲教授、南京师范大学汤爽爽教授、南京水利科学研究院王小军研究员、南京市长江河道管理处李涛章研究员等给予的支持与帮助。

　　本书由黄贤金（南京大学地理与海洋科学学院）拟订编撰大纲，由黄贤金、李焕（浙江工商大学公共管理学院）统稿。各章节主要执笔人（未标注单位者，其单位均为南京大学地理与海洋科学学院）如下：

第一章：黄贤金、金雨泽、徐国良（江西财经大学）、吴常艳（浙江工商大学）；第二章：吴常艳、李焕；第三章：沈晓艳、王广洪、黄贤金；第四章：吴常艳、周艳（云南师范大学）、王丹阳、毛熙彦、纪学朋；第五章：陈逸、张竞珂、史敏琦；第六章：黄贤金、宋娅娅；第七章：金雨泽、李焕、朱怡（上海市规划和自然资源局普陀区分局）；第八章：宋娅娅、李焕、黄贤金、蒋昀辰；第九章：徐晓晔、黄贤金；第十章：金雨泽、李焕、朱怡、黄贤金；第十一章：黄贤金、周艳、金雨泽、李佳豪、李升峰、钟苏娟；第十二章：毛熙彦、孟浩（南京财经大学）、谭琦川（中国城市规划设计院西部分院）、朱怡、宋娅娅；第十三章：乔文怡、王丹阳、陈逸、刘泽森、钟苏娟；第十四章：杨达源、黄贤金、施利峰、高敏燕；第十五章：李佳豪、童岩冰（浙江省城市规划设计院）、李升峰；第十六章：李建豹（南京财经大学）；第十七章：纪学朋、宋娅娅、孙延伟、王丹阳；第十八章：纪学朋、宋娅娅；第十九章：毛熙彦、孟浩；第二十章：宋娅娅、纪学朋；第二十一章：宋娅娅、谭琦川、朱怡、毛熙彦。

长江经济带绿色发展是中华民族永续发展的千年大计。本书仅仅就长江经济带资源环境与绿色发展做了些初步的探索性研究，这是我们进一步开展更多研究的起点，书中不够成熟或错误之处还希望得到各位读者的关注与指正。